Lutz Hofmann
Elektrische Energieversorgung
De Gruyter Studium

Weitere empfehlenswerte Titel

Elektrische Energieversorgung 1
L. Hofmann, 2019
ISBN 978-3-11-054851-8, e-ISBN (PDF) 978-3-11-054853-2,
e-ISBN (EPUB) 978-3-11-054870-9

Elektrische Energieversorgung 2
L. Hofmann, 2019
ISBN 978-3-11-054856-3, e-ISBN (PDF) 978-3-11-054860-0,
e-ISBN (EPUB) 978-3-11-054875-4

Energy Harvesting
O. Kanoun (Ed.), 2018
ISBN 978-3-11-044368-4, e-ISBN (PDF) 978-3-11-044505-3,
e-ISBN (EPUB) 978-3-11-043611-2

Energietechnik
D. Liepsch, F. Bajic, C. Steger
ISBN 978-3-486-72769-2, e-ISBN (PDF) 978-3-486-76967-8,
e-ISBN (EPUB) 978-3-486-98965-6

Communication and Power Engineering
R. Rajesh, B. Mathivanan (Eds.), 2016
ISBN 978-3-11-046860-1, e-ISBN (PDF) 978-3-11-046960-8,
e-ISBN (EPUB) 978-3-11-046868-7

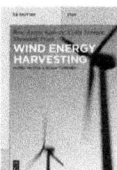

Wind Energy Harvesting
R. Kishore, C. Stewart, S. Priya, 2018
ISBN 978-1-61451-565-4, e-ISBN (PDF) 978-1-61451-417-6,
e-ISBN (EPUB) 978-1-61451-979-9

Lutz Hofmann

Elektrische Energieversorgung

Band 3: Systemverhalten und Berechnung
von Drehstromsystemen

DE GRUYTER
OLDENBOURG

Prof. Dr. Ing. habil. Lutz Hofmann
Leibniz Universität Hannover
Institut für Elektrische Energiesysteme
Appelstr. 9A
30167 Hannover
hofmann@ifes.uni-hannover.de

ISBN 978-3-11-060824-3
e-ISBN (PDF) 978-3-11-060827-4
e-ISBN (EPUB) 978-3-11-060872-4

Library of Congress Control Number: 2019936038

Bibliografische Information der Deutschen Nationalbibliothek
Die Deutsche Nationalbibliothek verzeichnet diese Publikation in der Deutschen
Nationalbibliografie; detaillierte bibliografische Daten sind im Internet über
http://dnb.dnb.de abrufbar.

© 2019 Walter de Gruyter GmbH, Berlin/Boston
Coverabbildung: Pobytov/DigitalVision Vectors/Getty Images
Satz: le-tex publishing services GmbH, Leipzig
Druck und Bindung: CPI books GmbH, Leck

www.degruyter.com

Inhalt

Inhaltsverzeichnis Band Band 1:
Grundlagen, Systemaufbau und Methoden —— X

Inhaltsverzeichnis Band 2:
Betriebsmittel und ihre quasistationäre Modellierung —— XV

Größenbezeichnungen —— XXI

1	Einführung und Übersicht —— 1	
2	Berechnung von 3-poligen Kurzschlüssen —— 3	
2.1	Kurzschlussstromzeitverlauf und Kurzschlussstromkenngrößen —— 3	
2.2	Generatornaher und generatorferner Kurzschluss —— 5	
2.3	Kurzschlussstromkenngrößen —— 9	
2.3.1	Anfangskurzschlusswechselstrom —— 9	
2.3.2	Stoßkurzschlussstrom —— 9	
2.3.3	Ausschaltwechselstrom —— 11	
2.3.4	Dauerkurzschlussstrom —— 12	
2.3.5	Thermisch gleichwertiger Kurzschlussstrom —— 13	
2.4	Ersatzschaltungen der Betriebsmittel —— 14	
2.5	Umrechnung aller Größen auf eine Spannungsebene —— 16	
2.6	Exakte Kurzschlussstromberechnung —— 19	
2.6.1	Exakte Kurzschlussstromberechnung mit den Maschen- und Knotensätzen —— 19	
2.6.2	Exakte Kurzschlussstromberechnung mit dem Überlagerungsverfahren —— 20	
2.7	Genäherte Kurzschlussstromberechnung gemäß DIN EN 60909 —— 20	
2.7.1	Schritt 1: Anwendung des Überlagerungssatzes —— 21	
2.7.2	Schritt 2: Einführung der Ersatzspannungsquelle und von Vereinfachungen —— 23	
2.7.3	Schritt 3: Berücksichtigung von über Umrichter einspeisenden Erzeugungsanlagen —— 25	
2.8	Anfangskurzschlusswechselstromleistung (Kurzschlussleistung) —— 26	
2.9	Maßnahmen zur Kurzschlussstrombegrenzung —— 28	
3	Berechnung von unsymmetrischen Quer- und Längsfehlern —— 31	
3.1	Übersicht: Fehlerarten und Fehlerhäufigkeit —— 32	
3.2	Definition von Fehlertoren —— 34	
3.3	Fehlerbedingung für die natürlichen und die Symmetrischen Komponenten —— 35	

3.4   Torbeziehungen an der Fehlerstelle (Fehlertorgleichungen) —— **38**
3.4.1   Torbeziehungen an der Querfehlerstelle —— **39**
3.4.2   Torbeziehungen an der Längsfehlerstelle —— **41**
3.5   Dualität der Fehler und ihrer Fehlerbedingungen —— **43**
3.6   Allgemeine Vorgehensweise zur Behandlung
         von unsymmetrischen Fehlern —— **44**
3.7   Einfachquerfehler —— **45**
3.7.1   1-poliger Erd(kurz)schluss —— **45**
3.7.2   2-poliger Kurzschluss mit Erdberührung —— **48**
3.7.3   2-poliger Kurzschluss ohne Erdberührung —— **50**
3.7.4   3-poliger Kurzschluss mit Erdberührung —— **52**
3.7.5   3-poliger Kurzschluss ohne Erdberührung —— **55**
3.8   Einfachlängsfehler —— **57**
3.8.1   1-polige Unterbrechung —— **57**
3.8.2   2-polige Unterbrechung —— **59**
3.8.3   3-polige Unterbrechung —— **62**
3.9   Berücksichtigung von Fehlerimpedanzen —— **64**
3.9.1   1-poliger Erd(kurz)schluss mit Fehlerimpedanz —— **64**
3.9.2   2-poliger Kurzschluss mit/ohne Erdberührung
         mit Fehlerimpedanz —— **66**
3.9.3   3-poliger Kurzschluss mit/ohne Erdberührung
         mit Fehlerimpedanz —— **67**
3.9.4   1-polige Unterbrechung mit Fehlerimpedanz —— **69**
3.9.5   2-polige Unterbrechung mit Fehlerimpedanzen —— **70**
3.9.6   3-polige Unterbrechung mit Fehlerimpedanzen —— **72**
3.10   Vergleich der Kurzschlussstrombeträge für die Querfehler —— **72**
3.11   Mehrfachfehler —— **74**

4   **Übertragungsverhältnisse in NS- und MS-Netzen** —— **81**
4.1   Einleitung und Grundlagen —— **81**
4.2   Einseitig gespeiste Leitung mit einer Abnahme —— **81**
4.3   Einseitig gespeiste Leitung mit mehreren Abnahmen —— **83**
4.4   Behandlung von Verzweigungen —— **86**
4.5   Zweiseitig gespeiste Leitung mit mehreren Abnahmen —— **87**
4.5.1   Allgemeine Vorgehensweise —— **87**
4.5.2   Stromverteilung bei gleichen Spannungen
         an den Einspeisepunkten —— **89**
4.5.3   Stromverteilung bei ungleichen Spannungen
         an den Einspeisepunkten —— **91**
4.5.4   Auftrennung in zwei einseitig gespeiste Leitungen —— **92**

5   **Stabilität der Energieübertragung** ⸻ **93**
5.1   Übersicht und Einteilung ⸻ **93**
5.2   Einmaschinenproblem ⸻ **94**
5.3   Statische Stabilität ⸻ **94**
5.3.1   Berechnungsziel und Näherungen ⸻ **94**
5.3.2   Mathematisches Modell und Vereinfachungen ⸻ **95**
5.3.3   Statische Stabilitätsbeurteilung durch Eigenwertanalyse ⸻ **97**
5.3.4   Vereinfachte Stabilitätsbetrachung ⸻ **100**
5.3.5   Künstliche Stabilität ⸻ **102**
5.3.6   Stabilitätsverbessernde Maßnahmen ⸻ **104**
5.4   Transiente Stabilität ⸻ **105**
5.4.1   Mathematisches Modell und Vereinfachungen ⸻ **106**
5.4.2   Zeigerbild ⸻ **107**
5.4.3   Bewegungsgleichungen für die drei Systemzustände ⸻ **108**
5.4.4   Beurteilung der transienten Stabilität mit dem Flächenkriterium ⸻ **109**
5.4.5   Stabilitätsverbessernde Maßnahmen ⸻ **117**
5.4.6   Mehrmaschinenproblem und Winkelzentrum ⸻ **117**

6   **Frequenzregelung und Anpassung der Erzeugung an den Verbrauch** ⸻ **119**
6.1   Regelleistungsarten und ihre Bereitstellung ⸻ **119**
6.2   Punktmodell des Netzes ⸻ **121**
6.3   Frequenzverhalten der Lasten ⸻ **124**
6.4   Verbraucherkennlinie ⸻ **125**
6.5   Primär- und Sekundärregelung ⸻ **126**
6.6   Kraftwerkskennlinie ⸻ **127**
6.7   Resultierende Bewegungsgleichung des Netzes und Netzkennlinie ⸻ **129**
6.8   Schwungleistung (Momentanreserve) ⸻ **130**
6.9   Selbstregeleffekt und Inselnetz ohne Primärregelung ⸻ **130**
6.10   Primärregelung im Inselnetz ⸻ **134**
6.11   Sekundärregelung im Inselnetz ⸻ **138**
6.12   Frequenz-Übergabeleistungsregelung im Verbundbetrieb ⸻ **140**
6.12.1   Netzkennlinien und Primärregelung für den Verbundbetrieb ⸻ **141**
6.12.2   Sekundärregelung mit der Netzkennlinienregelung im Verbundbetrieb ⸻ **145**
6.13   Netzkennlinienregelung in Verbundsystemen mit mehr als zwei Regelzonen ⸻ **148**
6.14   Netzregelverbund ⸻ **150**
6.15   Frequenzabhängiger Lastabwurf ⸻ **153**

7 **Kurzschlussfestigkeit elektrischer Anlagen** —— 155
7.1 Thermische Kurzschlussfestigkeit —— 155
7.1.1 Erwärmungsvorgang eines Körpers —— 155
7.1.2 Thermisch gleichwertiger Kurzschlussstrom —— 157
7.1.3 Auslegung von elektrischen Anlagen und Betriebsmitteln —— 162
7.2 Mechanische Kurzschlussfestigkeit —— 163
7.2.1 Stromkräfte auf parallele stromdurchflossene Leiter —— 165
7.2.2 Stromkräfte auf Hauptleiter und wirksamer Leiterabstand —— 172
7.2.3 Stromkräfte auf Teilleiter —— 172
7.2.4 Biegemomente von biegesteifen Leitern —— 174
7.2.5 Berechnung der Biegespannungen —— 176
7.2.6 Zulässige Biegespannung —— 179
7.2.7 Kräfte auf Stützpunkte —— 180

8 **Sternpunkterdung** —— 183
8.1 Übersicht —— 184
8.2 Minimales Netzmodell und Ersatzschaltung —— 185
8.3 Ströme, Spannungen und Erdfehlerfaktor bei 1-poligen Leiter-Erde-Fehlern —— 187
8.4 Netze mit isoliertem Sternpunkt —— 190
8.4.1 Erdschlussstrom, Leiter-Erde- und Sternpunkt-Erde-Spannungen —— 190
8.4.2 Zeigerbild —— 192
8.4.3 Einsatzgebiet, Löschgrenze und Vor- und Nachteile —— 192
8.5 Netze mit Resonanzsternpunkterdung —— 196
8.5.1 Ströme, Spannungen und Erdfehlerfaktor bei 1-poligen Leiter-Erde-Fehlern —— 196
8.5.2 Reststrom, Verstimmung und Dämpfung —— 197
8.5.3 Zeigerbild —— 201
8.5.4 Verlagerungsspannung im fehlerfreien Betrieb —— 202
8.5.5 Einsatzgebiet, Löschgrenze und Vor- und Nachteile —— 204
8.5.6 Kurzzeitige niederohmige Sternpunkterdung —— 207
8.6 Netze mit niederohmiger Sternpunkterdung —— 207
8.6.1 Erdkurzschlussstrom, Leiter-Erde- und Sternpunkt-Erde-Spannungen —— 207
8.6.2 Erdfehlerfaktor sowie wirksame und nicht wirksame Sternpunkterdung —— 209
8.6.3 Einsatzgebiet und Vor- und Nachteile —— 210
8.7 Automatische Wiedereinschaltung —— 211
8.8 Transiente Vorgänge —— 213
8.9 Übersicht über die Sternpunkterdungsarten —— 216

A   Anhang —— 219
A.1   Ausgewählte SI-Basis-Einheiten —— **219**
A.2   Ausgewählte abgeleitete SI-Einheiten —— **219**
A.3   Naturkonstanten und mathematische Konstanten —— **220**

Literaturverzeichnis —— 221

Stichwortverzeichnis —— 223

Inhaltsverzeichnis Band 1:
Grundlagen, Systemaufbau und Methoden

Inhaltsverzeichnis Band 2:
Betriebsmittel und ihre quasistationäre Modellierung —— X

Inhaltsverzeichnis Band 3:
Systemverhalten und Berechnung von Drehstromsystemen —— XV

Größenbezeichnungen —— XXI

1   Einführung und Übersicht —— 1

2   Stationäre und quasistationäre Zustände des Elektroenergiesystems —— 3

3   Komplexe Zeitzeigerdarstellung —— 5
3.1   Zusammenhang zeitabhängige Größe und
        rotierender Amplitudenzeitzeiger —— 5
3.2   Zeitzeiger —— 6
3.3   Spezielle Zeiger und Versoren —— 9
3.4   Zeigerdrehungen mit $\underline{a}$ und j —— 10
3.5   Spezielle Werte der Winkelfunktionen —— 10
3.6   Umrechnungsformeln von Winkelfunktionen —— 11

4   Matrizen und Vektoren —— 13
4.1   Matrizenschreibweise von Gleichungssystemen —— 13
4.2   Lösung von linearen Gleichungssystemen —— 13
4.3   Spezielle Matrizen —— 17
4.4   Rechenregeln für Matrizen —— 17
4.5   Koordinatentransformation, Eigenwerte und Eigenvektoren —— 19
4.6   Eigenwerte und inverse Matrizen spezieller Matrizen —— 20

5   Verbraucherzählpfeilsystem, Impedanz und Admittanz —— 23
5.1   Zählpfeilzuordnung im Verbraucherzählpfeilsystem —— 23
5.2   Impedanz und Admittanz —— 24
5.3   Zeigerbilder für typische Grundschaltelemente von Zweipolen
        im VZS —— 26
5.4   Hinweise zur Konstruktion von Zeigerbildern —— 27

6   Leistungsberechnung und Oberschwingungen —— 29
6.1   Leistung im VZS —— 29

6.2	Eigenschaften von typischen Grundschaltelementen von Zweipolen im VZS —— **31**	
6.3	Oberschwingungen —— **33**	
6.4	Verschiebungsfaktor, Leistungsfaktor und Verzerrungsleistung —— **34**	

7   Zwei-, Vier- und Mehrpoldarstellung —— 37
7.1   Satz von der Ersatzspannungsquelle —— **37**
7.2   Satz von der Ersatzstromquelle —— **38**
7.3   Umwandlung Spannungsquellenersatzschaltung in Stromquellenersatzschaltung —— **38**
7.4   Vier- und Mehrpolgleichungen —— **39**
7.4.1   Impedanzdarstellung —— **39**
7.4.2   Admittanzdarstellung —— **40**
7.4.3   Kettenformdarstellung —— **40**
7.4.4   Spezielle Vierpole und ihre Ersatzschaltungen —— **42**

8   Kirchhoff'sche Gesetze und Strom- und Spannungsteilerregeln —— 45
8.1   Graphen und Subgraphen —— **45**
8.2   Knotenpunktsatz (1. Kirchhoff'sches Gesetz) —— **46**
8.3   Maschensatz (2. Kirchhoff'sches Gesetz) —— **49**
8.4   Topologische Regeln und Anzahl der Gleichungen und Unbekannten —— **50**
8.5   Spannungsteilerregel —— **51**
8.6   Stromteilerregel —— **52**

9   Drehstromsystem —— 55
9.1   Vom Wechselstromsystem zum Drehstromsystem —— **55**
9.2   Stern- und Dreieckschaltung —— **57**
9.2.1   Sternschaltung —— **58**
9.2.2   Dreieckschaltung —— **58**
9.2.3   Bezeichnungen für Spannungen und Ströme —— **59**
9.2.4   Zusammenhänge zwischen Außenleiter- und Stranggrößen —— **59**
9.3   Umrechnungen zwischen Dreieckschaltung und Sternschaltung —— **61**
9.4   Induktive und kapazitive Kopplung —— **62**
9.5   Leistung im Drehstromsystem —— **63**

10   Positionswinkel, Winkelgeschwindigkeit und Drehimpulssatz —— 65
10.1   Mechanischer und elektrischer Winkel und Winkelgeschwindigkeiten —— **65**
10.2   Drehimpulssatz —— **66**

11   **Induzierte Spannungen und verkettete Wicklungen** —— **69**
11.1   Induktionsgesetz —— **69**
11.2   Verkettete Wicklungen —— **73**
11.3   Kraftwirkung auf stromdurchflossene Leiter im Magnetfeld —— **74**
11.4   Drehmoment einer stromdurchflossenen Leiterschleife im Magnetfeld —— **76**

12   **Wärme, Wärmeübertragung und Wärmespeicherung** —— **77**
12.1   Wärmeleitung —— **77**
12.2   Konvektion —— **77**
12.3   Wärmestrahlung —— **78**
12.4   Energieerhaltung: 1. Hauptsatz der Thermodynamik —— **79**
12.5   Wärmewiderstand —— **79**
12.6   Analogie zwischen thermischen und elektrischen Größen —— **80**

13   **Energiewandlungskette und Elektroenergie** —— **81**
13.1   Energieumwandlungskette —— **81**
13.2   Sankey-Diagramm der Energiewandlung —— **82**
13.3   Bereitstellung der Elektroenergie und Elektrizitätsflussbild —— **84**
13.4   Grundbegriffe der Energiewirtschaft —— **85**

14   **Verläufe und Kenngrößen für Erzeugung und Verbrauch** —— **87**
14.1   (Leistungs-)Ganglinien und (Leistungs-)Dauerlinien —— **87**
14.2   Kenngrößen zur Charakterisierung der Ganglinien und Dauerlinien —— **88**
14.3   Belastungsgrad und Benutzungsstundendauer —— **88**
14.4   Ausnutzungsgrad und Ausnutzungsstundendauer —— **90**
14.5   Verlustarbeit und Arbeitsverlustfaktor —— **90**
14.6   Gleichzeitigkeitsfaktor —— **91**
14.7   Netzanschlussebenen —— **93**

15   **Aufbau von Elektroenergiesystemen** —— **95**
15.1   Wechsel-, Drehstrom- und Gleichstromsysteme —— **95**
15.2   Aufbau des Drehstromsystems —— **96**
15.3   Übertragungsnetz —— **97**
15.4   Verteilungsnetz —— **100**

16   **Gestaltung und Planung von Netzen** —— **105**
16.1   HöS- und HS-Netzformen —— **106**
16.2   MS-Netzformen —— **107**
16.2.1   MS-Strahlennetz —— **108**
16.2.2   MS-Ringnetz —— **109**
16.2.3   Netze mit Gegenstation —— **111**

16.2.4   Stützpunktnetze —— **111**
16.2.5   Strangnetz —— **112**
16.2.6   MS-Maschennetze —— **113**
16.3   NS-Netzformen —— **113**
16.3.1   NS-Strahlennetze —— **114**
16.3.2   NS-Ringnetze —— **115**
16.3.3   NS-Maschennetze —— **116**
16.4   Eigenschaften der Netzformen —— **118**
16.5   Spannungshaltung und Spannungsregelung
        mit Transformatoren —— **119**
16.6   ($n - 1$)-Sicherheit —— **121**
16.7   Versorgungszuverlässigkeit —— **123**

17   Schalter, Sicherungen und Messwandler —— 129
17.1   Leistungsschalter —— **129**
17.2   Lastschalter und Lasttrennschalter —— **131**
17.3   Trennschalter —— **133**
17.4   Niederspannungs-Hochleistungs-Sicherungen —— **137**
17.5   Hochspannungs-Hochleistungs-Sicherungen —— **139**
17.6   Stoßkurzschlussstrombegrenzer (I_S-Begrenzer) —— **140**
17.7   Messwandler —— **141**
17.7.1   Stromwandler —— **142**
17.7.2   Spannungswandler —— **146**
17.7.3   Kombinierte Wandler —— **149**

18   Schaltanlagen und Umspannanlagen —— 151
18.1   Übersicht —— **151**
18.2   Sammelschienensystem —— **153**
18.3   Prinzipieller Aufbau von Schaltfeldern —— **155**
18.3.1   HöS- und HS-Schaltfeld —— **155**
18.3.2   MS-Abzweig —— **156**
18.3.3   NS-Abzweig —— **157**
18.4   Sammelschienenschaltungen in Schaltanlagen —— **158**
18.4.1   Längs- und Querkupplung und Längs- und Quertrennung —— **159**
18.4.2   Schaltanlagen mit Einfachsammelschienen mit und
        ohne Längskupplung —— **161**
18.4.3   Schaltanlagen mit Mehrfachsammelschienen —— **161**
18.4.4   Schaltanlagen mit Umgehungssammelschienen —— **163**
18.4.5   Schaltanlage mit 1½-Leistungsschalter —— **164**
18.4.6   Schaltanlagen mit Ringsammelschienen —— **164**
18.5   Schaltungen in Umspannanlagen —— **165**
18.5.1   HöS/HS-Umspannwerk —— **165**

18.5.2   HS/MS-Umspannstation —— **166**
18.5.3   MS/NS-Netzstation —— **169**
18.6   Bauweisen von Schaltanlagen und Umspannanlagen —— **172**
18.6.1   Luftisolierte Freiluftschaltanlagen —— **172**
18.6.2   Luftisolierte 110-kV-Innenraumschaltanlagen —— **177**
18.6.3   MS-Innenraumschaltanlagen in Zellenbauweise —— **177**
18.7 SF_6-Schaltanlagen —— **179**
18.8   Vergleich von luftisolierten mit SF_6-isolierten Schaltanlagen —— **180**

19   Symmetrisches Drehstromsystem und Strangersatzschaltung —— 181
19.1   Symmetriebedingungen —— **183**
19.1.1   Elektrische Symmetrie —— **183**
19.1.2   Geometrische Symmetrie —— **184**
19.2   Symmetrisches Drehstromsystem —— **184**
19.3   Strangersatzschaltung —— **185**
19.4   Dreileiterleistung —— **187**
19.5   Rechnen mit bezogenen Größen —— **187**

**20   Unsymmetrisches Drehstromsystem und Symmetrische
          Komponenten —— 191**
20.1   Ursachen für Unsymmetrie —— **191**
20.2   Transformation der Leitergrößen in modale Größen
          (Modaltransformation) —— **191**
20.3   Leistung in modalen Komponenten —— **193**
20.4   Symmetrische Komponenten —— **193**
20.5   Ersatzschaltungen der Symmetrischen Komponenten —— **197**
20.6   Leistung in Symmetrischen Koordinaten —— **199**
20.7   Symmetrische Komponenten für spezielle Unsymmetriefälle —— **199**
20.8   Messung der Mit-, Gegen- und Nullsystemimpedanzen —— **202**
20.8.1   Mitsystemimpedanz —— **202**
20.8.2   Gegensystemimpedanz —— **202**
20.8.3   Nullsystemimpedanz —— **203**
20.9   Oberschwingungssysteme —— **204**

A   Anhang —— 207
A.1   Ausgewählte SI-Basis-Einheiten —— **207**
A.2   Ausgewählte abgeleitete SI-Einheiten —— **207**
A.3   Naturkonstanten und mathematische Konstanten —— **208**

Literaturverzeichnis —— 209

Stichwortverzeichnis —— 211

Inhaltsverzeichnis Band 2:
Betriebsmittel und ihre quasistationäre Modellierung

Inhaltsverzeichnis Band 1:
Grundlagen, Systemaufbau und Methoden —— X

Inhaltsverzeichnis Band 3:
Systemverhalten und Berechnung von Drehstromsystemen —— XV

Größenbezeichnungen —— XXI

1   Einführung und Übersicht —— 1

2   Synchronmaschinen —— 3
2.1   Prinzipieller Aufbau einer Synchronmaschine und Wicklungsschema —— 3
2.1.1   Ständerwicklungen und Ständerdrehfeld —— 3
2.1.2   Läuferwicklung und Läuferdrehfeld —— 11
2.1.3   Wicklungsschema und Zweiachsentheorie —— 14
2.2   Nichtstationäres Betriebsverhalten —— 20
2.3   Quasistationäres Modell —— 21
2.4   Ersatzschaltungen für die Symmetrischen Komponenten —— 24
2.4.1   Ersatzschaltungen für das Mitsystem —— 25
2.4.2   Ersatzschaltung für das Gegensystem —— 33
2.4.3   Ersatzschaltung für das Nullsystem —— 34
2.5   Funktionsweise und stationäres Betriebsverhalten —— 35
2.5.1   Funktionsweise —— 35
2.5.2   Stromquellenersatzschaltung für den stationären Zustand —— 36
2.5.3   Leerlauf und Polradspannung —— 37
2.5.4   Ankerrückwirkung —— 37
2.6   Stationäres Betriebsverhalten und Zeigerbilder —— 40
2.6.1   Blindleistungsregelung —— 40
2.6.2   Wirkleistungsregelung —— 41
2.6.3   Zeigerbild der Vollpolsynchronmaschine —— 43
2.6.4   Zeigerbild der Schenkelpolsynchronmaschine —— 44
2.7   Leistung und Drehmoment —— 44
2.7.1   Leistungsfluss in einer Drehfeldmaschine —— 45
2.7.2   Drehmoment und Wirkungsgrad einer Drehfeldmaschine —— 46
2.7.3   Leistungsfluss, Wirkungsgrad und Drehmoment einer Synchronmaschine —— 47
2.7.4   Vom Synchrongenerator an das Netz abgegebene Leistung —— 47

2.7.5   Wirkleistung-Winkel-Kennlinie —— **48**
2.7.6   Blindleistung-Winkel-Kennlinie —— **50**
2.7.7   Leistungsdiagramm —— **51**
2.8   Bewegungsgleichung —— **53**
2.9   Blockgröße und Bemessungsgrößen von Turbogeneratoren —— **56**
2.10   Erregersysteme von Synchronmaschinen —— **57**

3   **Asynchronmaschinen —— 65**
3.1   Aufbau und Betriebsweise —— **65**
3.1.1   Kurzschlussläufer —— **65**
3.1.2   Schleifringläufer —— **66**
3.2   Wirkungsprinzip und Betriebsweise —— **67**
3.3   Ersatzschaltungen für die Symmetrischen Komponenten —— **69**
3.3.1   Ersatzschaltungen für das Mitsystem —— **70**
3.3.2   Ersatzschaltung für das Gegensystem —— **72**
3.3.3   Ersatzschaltung für das Nullsystem —— **73**
3.4   Bestimmung der Elemente der vereinfachten Ersatzschaltung —— **74**
3.5   Leistungsfluss und Drehmoment —— **74**
3.6   Bewegungsgleichung —— **77**
3.7   Zeigerbild —— **78**

4   **Ersatznetze —— 79**
4.1   Ersatzschaltung für das Mitsystem —— **79**
4.2   Ersatzschaltung für das Gegensystem —— **80**
4.3   Ersatzschaltung für das Nullsystem —— **80**

5   **Transformatoren —— 83**
5.1   Bauarten und Einsatz von
           Wechsel- und Drehstromtransformatoren —— **83**
5.1.1   Kernbauarten von Wechsel- und Drehstromtransformatoren —— **83**
5.1.2   Wicklungen, Kühlung und Bemessungsgrößen von
           Drehstromtransformatoren —— **84**
5.2   Einphasentransformator —— **87**
5.2.1   Strom- und Spannungsgleichung und Flussverteilung —— **87**
5.2.2   Ersatzschaltung des Einphasentransformators —— **89**
5.2.3   Vereinfachte Ersatzschaltung eines Einphasentransformators —— **90**
5.2.4   Idealer Transformator —— **91**
5.3   Drehstromtransformatoren —— **91**
5.3.1   Schaltungen von Drehstromwicklungen —— **91**
5.3.2   Schaltgruppen von Drehstromtransformatoren —— **94**
5.3.3   Übersetzungsverhältnis von Drehstromtransformatoren —— **96**

5.4   Einsatz von Drehstromtransformatoren —— 99
5.4.1   Maschinen- oder Blocktransformatoren —— 100
5.4.2   Blockeigenbedarfstransformatoren —— 100
5.4.3   Netzkuppeltransformatoren —— 101
5.4.4   Verteilungstransformatoren —— 102
5.4.5   Ortsnetztransformatoren —— 102
5.5   Ersatzschaltungen für die Symmetrischen Komponenten —— 104
5.5.1   Ersatzschaltung für das Mitsystem —— 104
5.5.2   Ersatzschaltung für das Gegensystem —— 105
5.5.3   Ersatzschaltung für das Nullsystem —— 106
5.6   Bestimmung der Ersatzschaltungselemente —— 108
5.6.1   Kurzschlussversuch und relative
           Bemessungskurzschlussspannung —— 108
5.6.2   Leerlaufversuch —— 110
5.6.3   Bestimmung der Nullsystemgrößen —— 112
5.7   Betriebsverhalten —— 112
5.7.1   Spannungsabfall und Kapp'sches Dreieck —— 112
5.7.2   Leerlauf —— 114
5.7.3   Kurzschluss —— 115
5.7.4   Wirkleistungsverluste und Blindleistungsbedarf —— 116
5.7.5   Wirkungsgrad —— 117
5.8   Unsymmetrische Belastung und Sternpunktbelastbarkeit —— 120
5.8.1   Durchflutungsgleichgewicht —— 120
5.8.2   Sternpunktbelastbarkeit Yyn0-Transformator mit Drei- und
           Fünfschenkelkern —— 121
5.8.3   Sternpunktbelastbarkeit Yyn0d5-Transformator
           mit Drei- und Fünfschenkelkern —— 126
5.8.4   Sternpunktbelastbarkeit Dyn5-Transformator
           mit Drei- und Fünfschenkelkern —— 127
5.8.5   Sternpunktbelastbarkeit Yzn5-Transformator mit Drei- und
           Fünfschenkelkern —— 130
5.9   Dreiwicklungstransformator —— 132
5.10   Parallelbetrieb von Transformatoren —— 135
5.11   Spartransformator —— 138
5.11.1   Typ- und Durchgangsleistung —— 139
5.11.2   Ersatzschaltung für das Mitsystem —— 140
5.11.3   Relative Bemessungskurzschlussspannung —— 142
5.12   Regeltransformator —— 144
5.12.1   Längsregelung —— 145
5.12.2   Querregelung —— 145
5.12.3   Schrägregelung —— 146

6   Leitungen: Freileitungen und Kabel — 147
6.1   Übersicht — 147
6.2   Drehstrom-Freileitung — 150
6.2.1   Aufbau von Freileitungen — 151
6.2.2   Maste — 153
6.2.3   Leiterseile — 156
6.2.4   Erdseil — 162
6.2.5   Isolatoren und Armaturen — 163
6.2.6   Mastfundament und bauliche Maßnahmen — 164
6.2.7   Querung von Verkehrswegen, Gewässern und Waldgebieten — 169
6.3   Drehstromkabel — 170
6.3.1   Übersicht — 170
6.3.2   Aufbau von Energiekabeln und Aufbauelemente — 171
6.3.3   Kabeltransport und Kabellegung — 187
6.3.4   Querung von Verkehrswegen — 193
6.3.5   Kabelhochspannungsprüfung — 194
6.4   Leitungsgleichungen im Frequenzbereich — 195
6.4.1   Lösung der Leitungsgleichungen,
            Wellenimpedanz und Ausbreitungskonstante — 195
6.4.2   Sonderfall der verlustlosen Leitung — 196
6.4.3   Sonderfall der verlustarmen Leitung — 197
6.5   Leitungsparameter — 198
6.5.1   Ohmsch-induktive Kopplung — 198
6.5.2   Kapazitive Kopplung — 203
6.5.3   Verdrillung — 206
6.5.4   Typische Parameter von Freileitungen und Kabel — 213
6.6   Vierpolgleichungen und Ersatzschaltungen — 214
6.6.1   Kettenform — 214
6.6.2   Admittanzform und Π-Ersatzschaltung — 215
6.6.3   Impedanzform und T-Ersatzschaltung — 215
6.6.4   Ersatzschaltungen für die elektrisch kurze Leitung — 216
6.6.5   Vereinfachte Ersatzschaltung — 217
6.7   Betriebsverhalten — 217
6.7.1   Zeigerbild und Spannungsabfall — 217
6.7.2   Übertragbare Leistung — 220
6.7.3   Verluste und Blindleistungsbedarf — 221
6.7.4   Natürlicher Betrieb (Anpassung) — 222
6.7.5   Leerlaufende Leitung, Ladestrom und Ferranti-Effekt — 225
6.7.6   Kurzgeschlossene Leitung — 227

7   **Drosselspulen, Kondensatoren und Kompensation —— 229**
7.1   Reihendrosselspule zur Begrenzung von Kurzschlussströmen —— **229**
7.2   Paralleldrosselspule zur Ladestromkompensation —— **230**
7.3   Sternpunktdrosselspule zur Sternpunkterdung —— **233**
7.4   Reihenkondensator zur Spannungs-
              und Stabilitätsverbesserung —— **234**
7.4.1   Einsatz im Mittelspannungsnetz
              zur Spannungsbetragsverbesserung —— **235**
7.4.2   Einsatz im Höchstspannungsnetz zur Stabilitätsverbesserung —— **236**
7.5   Parallelkondensatoren —— **237**

A   **Anhang —— 241**
A.1   Ausgewählte SI-Basis-Einheiten —— **241**
A.2   Ausgewählte abgeleitete SI-Einheiten —— **241**
A.3   Naturkonstanten und mathematische Konstanten —— **242**

Literaturverzeichnis —— 243

Stichwortverzeichnis —— 245

Größenbezeichnungen

Die Bezeichnungen der Größen werden im Text bei ihrer Einführung erläutert. Es gelten darüber hinaus die folgenden allgemeinen Vereinbarungen:

- Es wird einheitlich das Verbraucherzählpfeilsystem (VZS) verwendet.
- Es werden allgemein rechtsgängige Wicklungen vorausgesetzt. Damit fallen die Richtungen der Zählpfeile für den Magnetfluss bzw. für die Flussverkettung mit denen für den Strom und die Spannung zusammen.
- Die mechanischen Größen Drehwinkel, Winkelgeschwindigkeit und Drehmoment beschreiben die Drehung um die Rotationsachse. Sie sind ebenfalls einheitlich orientiert und hängen über die Rechte-Hand-Regel miteinander zusammen.
- Momentan-, Amplituden- und Effektivwerte werden wie folgt angegeben:

g	Momentanwert
$\hat{g}$	Amplitudenwert
G	Effektivwert

- Komplexe Größen werden durch Unterstreichen gekennzeichnet. Beispiele:

$\underline{G}$	komplexe Größe
$\underline{G} = Ge^{j\varphi} = G\angle\varphi$	ruhender Effektivwertzeiger
$\underline{\hat{g}} = \hat{g}e^{j\varphi} = \sqrt{2}\underline{G}$	ruhender Amplitudenzeiger
$\underline{\hat{g}} = \hat{g}e^{j(\omega t+\varphi)} = \sqrt{2}\underline{G}e^{j\omega t}$	mit ω umlaufender Amplitudenzeiger
$\underline{g}_{\mathrm{R}} = \hat{g}e^{j(\omega t+\varphi)}$	Raumzeiger in ruhenden Koordinaten
$\underline{g}_{\mathrm{L}} = \hat{g}e^{j\varphi}$	Raumzeiger in mit ω umlaufenden Koordinaten

- Betrag, Real- und Imaginäranteil einer komplexen Größe werden wie folgt angegeben:

$|\underline{G}|$	Betrag einer komplexen Größe
$\mathrm{Re}\{\underline{G}\} = G_{\perp}$	Realteil einer komplexen Größe
$\mathrm{Im}\{\underline{G}\} = G_{\perp\perp}$	Imaginärteil einer komplexen Größe
$\underline{G} = G_{\perp} + jG_{\perp\perp}$	komplexe Größe

- Es werden die folgenden speziellen komplexen Formelzeichen verwendet:

$j = e^{j\pi/2}$	imaginäre Einheit
$\underline{a} = e^{j2\pi/3}$	Drehoperator mit der Länge 1

- Die komplexe Konjugation wird durch den oberen Index * gekennzeichnet.
- Matrizen und Vektoren werden fett dargestellt. Beispiele:

$$\underline{\mathbf{A}} = \begin{bmatrix} \underline{a}_{11} & \cdots & \underline{a}_{1n} \\ \vdots & \ddots & \vdots \\ \underline{a}_{m1} & \cdots & \underline{a}_{mn} \end{bmatrix}, \qquad \underline{\mathbf{z}} = \begin{bmatrix} \underline{z}_1 \\ \vdots \\ \underline{z}_m \end{bmatrix},$$

$$\underline{\mathbf{A}}_{\mathrm{D}} = \mathrm{diag}\left(\begin{bmatrix} \underline{a}_{11} & \cdots & \underline{a}_{nn} \end{bmatrix}\right) = \begin{bmatrix} \underline{a}_{11} & & \\ & \ddots & \\ & & \underline{a}_{nn} \end{bmatrix}$$

https://doi.org/10.1515/9783110608274-201

$$\mathbf{E} = \mathrm{diag}\left(\begin{bmatrix} 1 & \cdots & 1 \end{bmatrix}\right) = \begin{bmatrix} 1 & & \\ & \ddots & \\ & & 1 \end{bmatrix},$$

$$\mathbf{I} = \begin{bmatrix} 1 & \cdots & 1 \\ \vdots & \ddots & \vdots \\ 1 & \cdots & 1 \end{bmatrix}, \qquad \mathbf{0} = \begin{bmatrix} 0 & \cdots & 0 \\ \vdots & \ddots & \vdots \\ 0 & \cdots & 0 \end{bmatrix}$$

– Die Inverse einer Matrix wird durch den oberen Index −1 und die Transponierte einer Matrix durch den oberen Index T gekennzeichnet.

$$\underline{A}^{-1} = \begin{bmatrix} \underline{a}_{11} & \cdots & \underline{a}_{1n} \\ \vdots & \ddots & \vdots \\ \underline{a}_{m1} & \cdots & \underline{a}_{mn} \end{bmatrix}^{-1} \quad \text{und} \quad \underline{A}^{\mathrm{T}} = \begin{bmatrix} \underline{a}_{11} & \cdots & \underline{a}_{1n} \\ \vdots & \ddots & \vdots \\ \underline{a}_{m1} & \cdots & \underline{a}_{mn} \end{bmatrix}^{\mathrm{T}} = \begin{bmatrix} \underline{a}_{11} & \cdots & \underline{a}_{m1} \\ \vdots & \ddots & \vdots \\ \underline{a}_{1n} & \cdots & \underline{a}_{mn} \end{bmatrix}$$

– Die Determinante einer Matrix wird mit det() angegeben.

$$\det\left(\underline{A}\right) = \det\left(\begin{bmatrix} \underline{a}_{11} & \cdots & \underline{a}_{1n} \\ \vdots & \ddots & \vdots \\ \underline{a}_{m1} & \cdots & \underline{a}_{mn} \end{bmatrix}\right) = \begin{vmatrix} \underline{a}_{11} & \cdots & \underline{a}_{1n} \\ \vdots & \ddots & \vdots \\ \underline{a}_{m1} & \cdots & \underline{a}_{mn} \end{vmatrix}$$

1 Einführung und Übersicht

Die drei Bände der Buchreihe „Grundlagen der Elektrischen Energieversorgung" behandeln die Inhalte meiner Vorlesungen „Grundlagen der elektrischen Energieversorgung", „Elektrische Energieversorgung I" und „Elektrische Energieversorgung II" an der Leibniz Universität Hannover und sind um einige notwendige mathematische und physikalische Grundlagen ergänzt worden. Alle drei Bände sind auf die grundlegende Behandlung von stationären und quasistationären Zuständen des Elektroenergiesystems fokussiert und sollen anhand von detaillierten Beschreibungen und Darstellungen das Verständnis fördern und das notwendige Rüstzeug zur Verfügung stellen, um selbständig entsprechende Frage- und Problemstellungen aus der Planung und Führung von elektrischen Energiesystemen behandeln zu können.

Im ersten Band „Grundlagen, Systemaufbau und Methoden" wird das notwendige Grundlagenwissen für das Verständnis der Inhalte der oben genannten Vorlesungen und für die in Band 2 und 3 entwickelten Betriebsmittelmodelle, Berechnungsmethoden sowie des Betriebsverhaltens des Gesamtsystems aufbereitet und erläutert. Hierfür werden die Grundlagen zur Zeigerdarstellung, Wechselstromlehre, Mehrpoldarstellung, Wärmelehre, etc. dargestellt. Des Weiteren werden die Energiewandlungskette, die Möglichkeiten der Bereitstellung von Elektroenergie, verschiedene Grundbegriffe der Energiewirtschaft erläutert und der Aufbau und die Topologie des Gesamtsystems sowie die Funktionen der schaltenden und nicht schaltenden Betriebsmittel in den verschiedenen Netzebenen und der darauf basierenden Schalt- und Umspannanlagen beschrieben. Abschließend erfolgt eine detaillierte Darstellung der mathematischen Behandlung von symmetrischen und unsymmetrischen Drehstromsystemen mit Hilfe der Symmetrischen Komponenten.

Der zweite Band „Betriebsmittel und ihre quasistationäre Modellierung" behandelt die Herleitung und Beschreibung der Betriebsmittelmodelle und ihrer Ersatzschaltungen in den Symmetrischen Koordinaten. Im Einzelnen wird auf die aktiven Betriebsmittel Synchronmaschine, Asynchronmaschine und Ersatznetz sowie auf die passiven Übertragungselemente Leitungen, d. h. Freileitungen und Kabel, Transformatoren, Drosselspulen und Kondensatoren detailliert eingegangen. Die Ersatzschaltungen sind die Basis für die Berechnung und Analyse von eingeschwungenen stationären und quasistationären Betriebszuständen in Elektroenergiesystemen und für die Auslegung der Betriebsmittel sowie für die Analyse des grundsätzlichen Betriebsverhaltens und der elektrischen Eigenschaften in fehlerfreien als auch in gestörten Betriebszuständen, auf die in den einzelnen Kapiteln vertiefend eingegangen wird.

Im vorliegenden dritten Band „Systemverhalten und Berechnung von Drehstromsystemen" werden dann aufbauend auf den Betriebsmittelmodellen und den Grundlagen aus den ersten beiden Bänden die wichtigsten Themen im Rahmen der Netzplanung und Netzführung sowie für die Auslegung der elektrischen Betriebsmittel und Schalter behandelt. Dies umfasst die Berechnung von 3-poligen Kurzschlüssen und

https://doi.org/10.1515/9783110608274-001

von unsymmetrischen Quer- und Längsfehlern, die Bestimmung der Übertragungsverhältnisse in NS- und MS-Netzen mit einfachen Netztopologien, die Analyse der Winkelstabilität bei kleinen und großen Störungen (statische und transiente Stabilitätsanalyse), die Berechnung der Vorgänge im Rahmen der Frequenzregelung in Insel- und in Verbundsystemen (Frequenzstabilität), die Auslegung der Betriebsmittel und Schalter im Rahmen der Untersuchung der thermischen und mechanischen Kurzschlussfestigkeit sowie die Eigenschaften, Vor- und Nachteile der Sternpunktbehandlung in den unterschiedlichen Netzebenen. Die Darstellungen dieser Themen erfolgt sehr detailliert und mit Fokus auf die Vermittlung eines grundlegenden Verständnisses des Systemverhaltens und des Zusammenspiels aller Betriebsmittel.

Mein besonderer Dank bei der Erstellung der drei Bände gebührt meinen wissenschaftlichen Mitarbeitern, den Herren Blaufuß, Breithaupt, Garske, Goudarzi, Huisinga, Kluß, Lager, Dr.-Ing. Leveringhaus, Neufeld, Pawellek, Sarstedt und Schäkel, die u. a. durch wertvolle Anmerkungen und Korrekturlesen zum Gelingen beigetragen haben, sowie Herrn Wagenknecht und den Hilfswissenschaftlern (HiWi) des Fachgebiets Frau Kengkat, Herrn Witt und Herrn Wenzel, die mich durch die Erstellung und Überarbeitung von zahlreichen Zeichnungen unterstützt haben. Besonders hervorheben möchte ich die Unterstützung durch Herrn Blaufuß, der sehr gewissenhaft die Erstellung des Gesamtdokuments koordiniert und die damit verbundenen Schwierigkeiten gemeistert hat, und die unermüdliche Tätigkeit von Herrn Wagenknecht bei der Anfertigung von Ersatzschaltungsbildern, Zeigerbildern, etc. Ebenso gilt mein Dank den in den Quellen genannten Unternehmen, Verbänden und Personen, die mir Zeichnungen und Bilder zur Veranschaulichung der Betriebsmittel zur Verfügung gestellt haben.

Die Leser bitte ich abschließend, mir die beim Lesen festgestellten Fehler, Korrekturvorschläge und gerne auch Ergänzungsvorschläge unter hofmann@ifes.uni-hannover.de mitzuteilen.

2 Berechnung von 3-poligen Kurzschlüssen

Die Berechnung der symmetrischen und unsymmetrischen (siehe Kapitel 3) Kurzschlussströme verfolgt zwei wesentliche Zielstellungen. Diese sind:
- die Auslegung der Betriebsmittel und elektrischen Anlagen hinsichtlich ihrer
  thermischen und mechanischen Kurzschlussfestigkeit (siehe Kapitel 7) und
- die Bestimmung der Einstellungen für die Schutzgeräte.

Hierfür sind die folgenden Berechnungen durchzuführen:
- Berechnung von symmetrischen Kurzschlüssen, d. h. Berechnung der maximalen
  und minimalen Kurzschlussströme bei 3-poligen Kurzschlüssen,
- Berechnung von unsymmetrischen Kurzschlüssen,
  - maximale und minimale Kurzschlussströme bei 1-poligen Kurzschlüssen,
  - Kurzschlussströme bei mehrpoligen Kurzschlüssen mit und ohne Erdberüh-
    rung.

Ergänzende, bei Bedarf mit den Ergebnissen der Kurzschlussstromberechnungen
durchzuführende Untersuchungen sind u. a.:
- die Bestimmung der Erdungsbedingungen und der Schritt- und Berührungsspannungen,
- die Bestimmung der Teilkurzschlussströme über Erdseile, Kabelmäntel, geerdete
  Anlagenteile und Erdungsanlagen,
- die Bestimmung der thermischen Beanspruchungen von Erdungsanlagen,
- die Beurteilung von induktiven Beeinflussungen von Fernmelde-, Bahnstrom-
  und Rohrleitungen oder
- die Beurteilung der Spannungsqualität und der Netzrückwirkungen.

In diesem Kapitel wird sich zunächst auf die Darstellung der wesentlichen Kurzschlussstromkenngrößen und die Berechnung von 3-poligen Kurzschlüssen beschränkt. Im folgenden Kapitel 3 wird auf die Berechnung von unsymmetrischen
Kurzschlüssen und Unterbrechungen eingegangen und eine dafür erforderliche all-
gemeingültige Vorgehensweise beschrieben.

2.1 Kurzschlussstromzeitverlauf und Kurzschlussstrom-
kenngrößen

Der Kurzschlussstromzeitverlauf und die charakteristischen Kurzschlussstromkenngrößen werden bislang maßgeblich durch die Ausgleichsvorgänge in den Synchronmaschinen (siehe Band 2, Kapitel 2) während des Kurzschlusses und durch den Zeitpunkt des Eintritts des Kurzschlusses beeinflusst.

https://doi.org/10.1515/9783110608274-002

In Abbildung 2.1 ist der typische Kurzschlussstromzeitverlauf für einen generatornahen Kurzschluss bei einem Kurzschlusseintritt zum Zeitpunkt $t = 0$ der Spannung $u(t) = \hat{u}\cos(\omega t + \varphi_\mathrm{u})$ an den leerlaufenden Klemmen einer Synchronmaschine dargestellt.

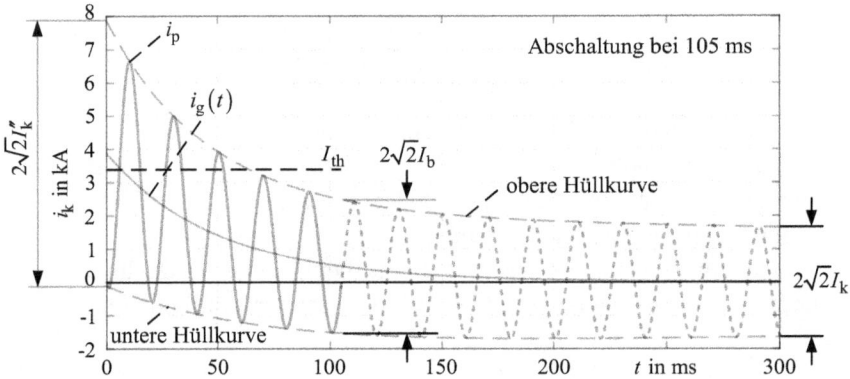

Abb. 2.1: Kurzschlussstromzeitverlauf bei Kurzschluss mit einem Nullphasenwinkel $\varphi_\mathrm{u} = -7\pi/12$ der Spannung am Kurzschlussort

Im Kurzschlussstromzeitverlauf sind ein abklingender Wechselstromanteil und ein abklingender Gleichstromanteil zu erkennen. Der Zeitverlauf kann durch die folgende Gleichung näherungsweise beschrieben werden:

$$i_\mathrm{k}(t) \approx \underbrace{\sqrt{2}\left[\left(I_\mathrm{k}'' - I_\mathrm{k}'\right)e^{-\frac{t}{T_\mathrm{d}''}} + \left(I_\mathrm{k}' - I_\mathrm{k}\right)e^{-\frac{t}{T_\mathrm{d}'}} + I_\mathrm{k}\right]\cos(\omega t + \alpha)}_{\text{Wechselstromanteil}} \underbrace{- \sqrt{2}I_\mathrm{k}''\cos\alpha\, e^{-\frac{t}{T_\mathrm{g}}}}_{\text{Gleichstromanteil}} \quad (2.1)$$

In Gl. (2.1) und in Abbildung 2.1 werden die in Tabelle 2.1 angegebenen charakteristischen Kurzschlussstromkenngrößen verwendet.

Das Prinzip der Kurzschlussstromberechnung ist in der DIN EN 60909 [7] bzw. der IEC 60909 [9] beschrieben. Zentrale Größe der Kurzschlussstromberechnung ist der Anfangskurzschlusswechselstrom I_k'', der dem Effektivwert des Wechselstromanteils im Augenblick des Kurzschlusseintritts entspricht und eine fiktive Rechengröße darstellt. Auf diesen Strom wird die Berechnung der anderen Kurzschlussstromkenngrößen mittels in der DIN EN 60909 bzw. in der IEC 60909 definierter Faktoren zurückgeführt (siehe Abbildung 2.2 und [7] bzw. [9]).

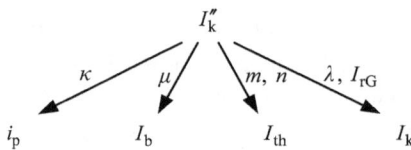

Abb. 2.2: Kurzschlussstromkenngrößen und ihre Berechnung aus dem Anfangskurzschlusswechselstrom I_k'' mittels Faktoren

Tab. 2.1: Charakteristische Kurzschlussstromkenngrößen

Bezeichnung und Definition	Kurzzeichen
Anfangskurzschlusswechselstrom (Effektivwert des Wechselstromanteils im Augenblick des Kurzschlusseintritts)	I_k''
transienter Kurzschlussstrom (Effektivwert des Wechselstromanteils im transienten Zeitbereich)	I_k'
Dauerkurzschlussstrom (Effektivwert des Kurzschlussstromes nach Abklingen aller Ausgleichsvorgänge)	I_k
Stoßkurzschlussstrom (maximal möglicher Momentanwert des zu erwartenden Kurzschlussstromes)	i_p
symmetrischer Ausschaltwechselstrom (Effektivwert des Wechselanteiles unmittelbar vor der Abschaltung des Kurzschlusses (Zeitpunkt der Fehlerklärung))	I_b
thermisch gleichwertiger Kurzschlussstrom (Effektivwert des Kurzschlussstromes, der die gleiche Wärmewirkung während der Kurzschlussdauer T_k wie der abklingende Kurzschlussstrom erzeugt)	I_{th}
subtransiente Zeitkonstante	T_d''
transiente Zeitkonstante	T_d'
Gleichstromzeitkonstante	T_g
Nullphasenwinkel des Kurzschlussstromes $i_k(t)$	$\alpha = \varphi_u - \varphi_{Zk}$
Nullphasenwinkel der Spannung am Kurzschlussort	φ_u
Winkel der Kurzschlussimpedanz $\underline{Z}_k$ an der Kurzschlussstelle	φ_{Zk}

2.2 Generatornaher und generatorferner Kurzschluss

Das Abklingen des Wechselstromanteils vom Anfangskurzschlusswechselsstrom auf den Dauerkurzschlussstrom wird durch die Ausgleichsvorgänge zwischen den Wicklungen in der Synchronmaschine hervorgerufen und kann mit Hilfe des quasistationären Modells der Synchronmaschine bestimmt werden (siehe Band 2, Abschnitt 2.3). Die Ständer- und Läuferströme ändern sich bei einem Kurzschluss so, dass die Läuferflussverkettungen zunächst näherungsweise konstant bleiben und sich in Abhängigkeit von der Größe der Widerstände in der kurzgeschlossenen Dämpfer- und der Erregerwicklung nur vergleichsweise langsam in Form eines abklingenden dominierenden Gleichanteils ändern. Über die Drehbewegung bedingen die abklingenden Gleichanteile in den Läuferflussverkettungen abklingende Wechselanteile in den Ständerströmen (siehe Band 2, Abschnitt 2.2). Mit größer werdenden elektrischen Entfernungen des Kurzschlussortes vom Generator wird der Einfluss der Generatorimpedanz $\underline{Z}_G$ auf die Kurzschlussimpedanz geringer, da die zwischen dem Kurzschlussort und den Generatorklemmen wirksame Kurzschlussimpedanz durch den Blocktransformator, Leitungen, Transformatoren, etc. größer wird. Dadurch ändern sich zum einen die in Tabelle 2.1 angegebenen Zeitkonstanten T''_d, T'_d und T_g. Zum anderen verschwindet auch der Unterschied zwischen den Kurzschlussstromkenngrößen I''_k, I'_k und I_k. Bei von den Synchronmaschinen elektrisch entfernten Kurzschlussorten unterscheidet man deshalb zwischen generatornahen und generatorfernen Kurzschlüssen. Bei einem generatornahen Kurzschluss ist mindestens ein Generatorteilkurzschlussstrom größer als der doppelte Bemessungsstrom des Generators $I''_{kGi} > 2I_{rGi}$ [7, 9]. In diesem Fall gilt für die Kurzschlussstromkenngrößen $I''_k > I_b > I_k$. Bei generatorfernen Kurzschlüssen $I''_{kGi} \leq 2I_{rGi}$ kann aufgrund des nur schwachen Abklingens des Wechselstromanteils näherungsweise angenommen werden, dass die Kurzschlussstromkenngrößen $I''_k \approx I_b \approx I_k$ ungefähr gleich groß sind.

Das Auftreten eines Gleichanteils im Kurzschlussstromzeitverlauf kann vereinfacht am Beispiel des Einschaltens einer Drosselspule mit dem Ohm'schen Widerstand R und der Reaktanz X an einer starren Spannungsquelle zum Zeitpunkt $t = 0$ in Abbildung 2.3 erläutert werden.

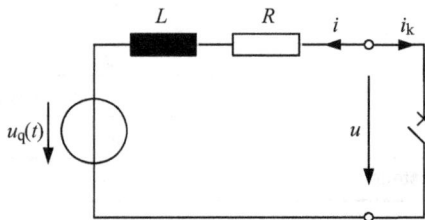

Abb. 2.3: Einschalten einer Drosselspule an einer starren Spannungsquelle

Die allgemeine Lösung der sich aus dem Maschensatz für die Schaltung in Abbildung 2.3 ergebenden Differentialgleichung setzt sich aus der homogenen Lösung und der partikulären Lösung für den eingeschwungenen Zustand, die sich mit Hilfe der komplexen Zeigerrechnung leicht angeben lässt, zusammen:

$$i_k(t) = \sqrt{2}\frac{U_q}{Z} \cos\left(\omega\, t + \varphi_u - \varphi_Z\right) + k\, e^{-\frac{t}{T}} \tag{2.2}$$

mit:

$$Z = \sqrt{R^2 + \omega^2 L^2}\,, \quad \varphi_Z = \arctan\left(\frac{\omega L}{R}\right) \quad \text{und} \quad T = \frac{L}{R} \tag{2.3}$$

Die Konstante k wird über die Anfangsbedingung bestimmt. An einer Induktivität kann sich der Strom nicht sprunghaft sondern nur stetig ändern. Es entspricht damit der Strom unmittelbar vor dem Einschalten ($t = 0^-$) dem Strom unmittelbar nach dem

Einschalten ($t = 0^+$):

$$i_{\mathrm{k}}(0^-) = 0 = i_{\mathrm{k}}(0^+) = \sqrt{2}\frac{U_{\mathrm{q}}}{Z}\cos(\varphi_{\mathrm{u}} - \varphi_{\mathrm{Z}}) + k$$

$$\Leftrightarrow \quad k = -\sqrt{2}\frac{U_{\mathrm{q}}}{Z}\cos(\varphi_{\mathrm{u}} - \varphi_{\mathrm{Z}})$$

(2.4)

Damit erhält man die spezielle Lösung für den Stromzeitverlauf für $t \geq 0$:

$$i_{\mathrm{k}}(t) = \sqrt{2}\frac{U_{\mathrm{q}}}{Z}\left(\cos(\omega t + \varphi_{\mathrm{u}} - \varphi_{\mathrm{Z}}) - \cos(\varphi_{\mathrm{u}} - \varphi_{\mathrm{Z}}) \cdot \mathrm{e}^{-\frac{t}{T}}\right)$$

(2.5)

Der Gleichanteil tritt nicht auf, wenn die Konstante $k = 0$ wird. Dies ist bei Kurzschlusseintritt an einem leerlaufenden Knoten in einem stark induktiven Netz ($R \ll \omega L$ bzw. $\varphi_{\mathrm{Z}} \approx \pi/2$) der Fall, wenn der Kurzschlusseintritt nahe des Spannungsmaximums bzw. für $R = 0$ im Spannungsmaximum bei $\varphi_{\mathrm{U}} = 0$ oder $\varphi_{\mathrm{U}} = \pm\pi$ erfolgt. Dementsprechend entsteht ein maximales Gleichglied bei Voraussetzung derselben Annahmen für $\varphi_{\mathrm{U}} = \pm\pi/2$, also bei Kurzschlusseintritt im Spannungsnulldurchgang.

Abbildung 2.4 bis Abbildung 2.7 zeigen vier charakteristische Kurzschlussstromzeitverläufe für generatornahe und generatorferne Kurzschlüsse im Spannungsmaximum bzw. Spannungsnulldurchgang, die die beschriebenen Charakteristika wiedergeben.

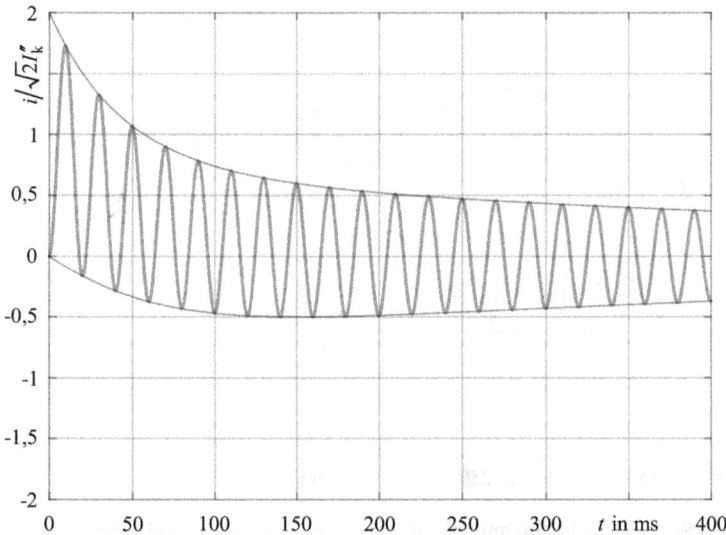

Abb. 2.4: Generatornaher Kurzschluss im Spannungsnulldurchgang (ablingender Wechselanteil, maximales Gleichglied)

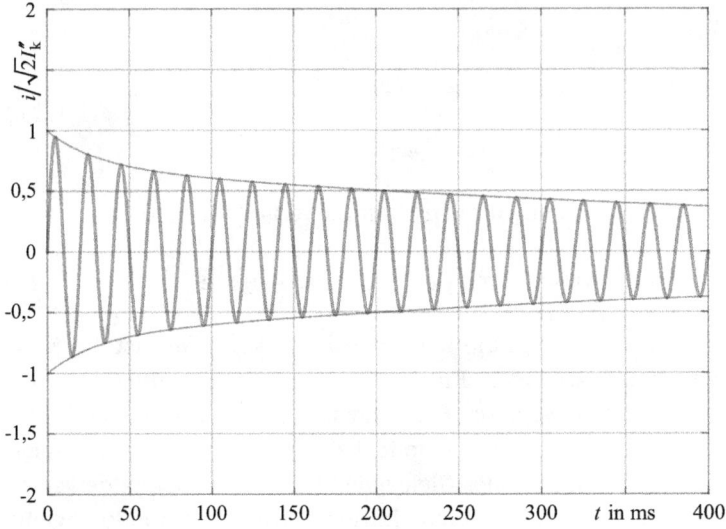

Abb. 2.5: Generatornaher Kurzschluss im Spannungsmaximum (ablingender Wechselanteil, kein Gleichglied)

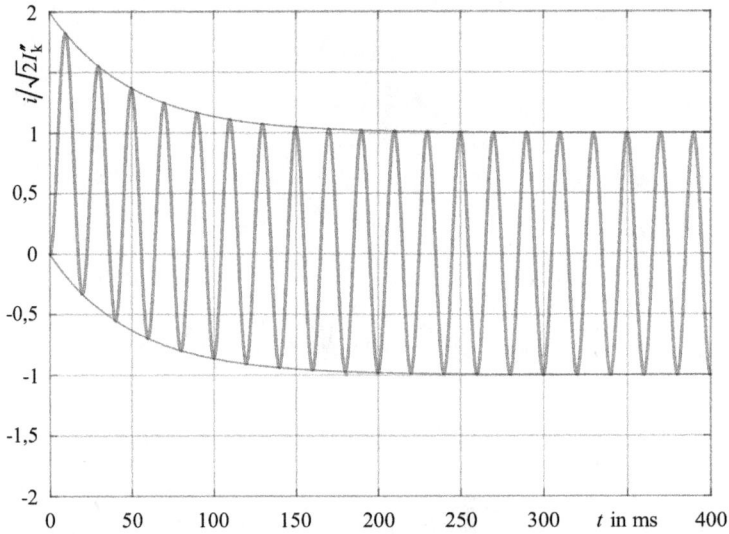

Abb. 2.6: Generatorferner Kurzschluss im Spannungsnulldurchgang (konstanter Wechselanteil, maximales Gleichglied)

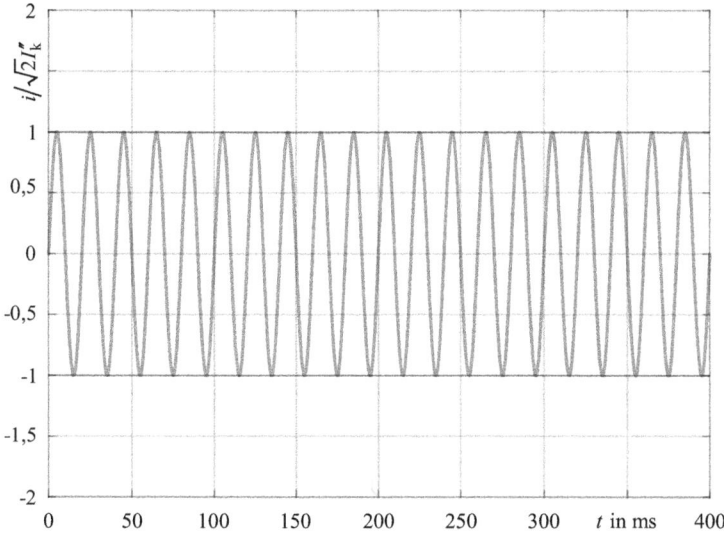

Abb. 2.7: Generatorferner Kurzschluss im Spannungsmaximum (konstanter Wechselanteil, kein Gleichglied)

2.3 Kurzschlussstromkenngrößen

2.3.1 Anfangskurzschlusswechselstrom

Der Anfangskurzschlusswechselstrom I_k'' ist der Effektivwert des Wechselstromanteils im Augenblick des Kurzschlusseintritts. Er kann aus der Differenz der in Abbildung 2.1 sowie in Abbildung 2.4 bis Abbildung 2.7 eingezeichneten Hüllkurven des Kurzschlussstromzeitverlaufs zum Zeitpunkt $t = 0$ bestimmt werden, die der doppelten Amplitude des Wechselstromanteils und damit $2\sqrt{2}I_k''$ entspricht. Der Anfangskurzschlusswechselstrom ist die zentrale Rechengröße. Sie wird im Rahmen der Kurzschlussstromberechnung (siehe Abschnitte 2.6 und 2.7) bestimmt und ist eine fiktive Rechengröße, die nicht messbar ist.

2.3.2 Stoßkurzschlussstrom

Der Stoßkurzschlussstrom i_p (Index p steht für peak) ist der maximal mögliche Momentanwert des zu erwartenden Kurzschlussstromes $i_k(t)$. Der Stoßkurzschlussstrom i_p wird insbesondere für die Berechnung der während eines Kurzschlusses auftretenden maximalen Stromkräfte und damit für die Überprüfung der mechanischen Kurzschlussfestigkeit (siehe Abschnitt 7.2) benötigt. Er kann entsprechend der DIN EN 60909 [7] bzw. IEC 60909 [9] mit Hilfe des Faktors κ durch drei alternative Methoden abgeschätzt werden. Der Faktor κ (siehe Abbildung 2.8) berücksichtigt dabei

das zeitliche Abklingen des Gleichstrom- und des Wechselstromanteils bei generatornahen Kurzschlüssen in Folge von unterschiedlichen R/X-Verhältnissen. Er berechnet
sich aus:

$$\kappa = 1,02 + 0,98\,e^{-3R/X} \tag{2.6}$$

und kann maximal den Wert $\kappa = 2$ annehmen, wobei ein Maximalwert von $\kappa \approx 1,8$
realistisch in der Praxis auftreten kann.

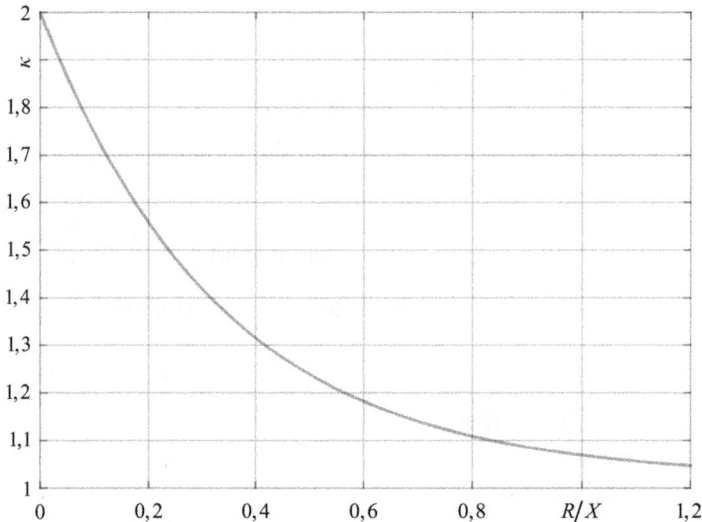

Abb. 2.8: Faktor κ für die Bestimmung des Stoßkurzschlussstroms i_p

Die drei Methoden unterscheiden sich in der Wahl des in Gl. (2.6) einzusetzenden
R/X-Verhältnisses für die Berechnung des Faktors κ:
- Methode a: Einheitliches Verhältnis R/X
  Für alle Kurzschlussorte gilt das kleinste R/X-Verhältnis der Netzzweige, die Teil-
  kurzschlussströme mit der selben Netznennspannung wie die Kurzschlussstelle
  führen. Es gilt $\kappa_{(a)} = \kappa(R/X)$.
- Methode b: R/X-Verhältnis an der Kurzschlussstelle
  Es gilt das R/X-Verhältnis der Fehlertorimpedanz $\underline{Z}_k$ an der Kurzschlussstelle mit
  $R/X = R_k/X_k$. Um die Ungenauigkeiten durch die Netzreduktion im Rahmen der
  Kurzschlussstromberechnung (siehe Abschnitt 2.7) abzudecken, gilt für den Fak-
  tor $\kappa_{(b)} = 1,15 \cdot \kappa(R/X)$ für $R_k/X_k \geq 0,3$, sonst $\kappa_{(b)} = \kappa(R/X)$.
- Methode c: Ersatzfrequenz f_c
  In Netzen mit einer Netzfrequenz von $f = 50\,Hz$ wird die Torimpedanz an der Kurz-
  schlussstelle $\underline{Z}_{kc} = R_{kc} + jX_{kc}$ mit der Ersatzfrequenz $f_c = 20\,Hz$ bestimmt. Es be-
  rechnet sich das R/X-Verhältnis aus: $R/X = (R_{kc}/X_{kc}) \cdot (f_c/f)$. Es gilt $\kappa_{(c)} = \kappa(R/X)$.

Für die Berechnung des Stoßkurzschlussstromes folgt damit:

$$i_\mathrm{p} = \sqrt{2}\kappa_{(v)}I_\mathrm{k}'' \quad \text{mit} \quad v = \mathrm{a}, \mathrm{b} \ \text{oder} \ \mathrm{c} \tag{2.7}$$

Weitere Bedingungen, Einschränkungen und Details zur Anwendung des Faktors κ und zur Berechnung des Stoßkurzschlussstromes sind [7] bzw. [9] zu entnehmen und zu beachten.

2.3.3 Ausschaltwechselstrom

Der (symmetrische) Ausschaltwechselstrom I_b (Index b steht für breaking) ist der Effektivwert des Wechselanteiles des Kurzschlussstromes unmittelbar vor der Kurzschlussabschaltung. Bei generatornahen Kurzschlüssen klingt der Wechselanteil des Kurzschlussstromes in Abhängigkeit vom Mindestschaltverzug t_min ab, so dass der Ausschaltwechselstrom I_b kleiner als der Anfangskurzschlusswechselstrom I_k'' ist. Der Mindestschaltverzug t_min ist der Zeitraum zwischen Kurzschlusseintritt und dem Beginn der Kontakttrennung. Er ist abhängig von der Schalterkonstruktion und den Relais-Eigenzeiten und entspricht der Summe der kleinstmöglichen Kommandozeit eines Schutzrelais und der kürzesten Ausschaltzeit eines Leistungsschalters. Dabei wird angenommen, dass der Auslösebefehl unverzögert an den Schalter weitergegeben wird, womit einstellbare Verzögerungszeiten der Schutzeinrichtungen grundsätzlich nicht mit berücksichtigt werden, so dass es bei späteren Änderungen dieser Verzögerungszeiten oder bei einem Versagen der Verzögerung nicht zu einer Überlastung des Leistungsschalters kommen kann.

Der Ausschaltwechselstrom wird für die Bemessung der Leistungsschalter benötigt, die ein ausreichendes Ausschaltvermögen zur Abschaltung des Kurzschlussstromes aufweisen müssen. Das Abklingen des Wechselanteils des Kurzschlussstromes wird über den Faktor μ und den Mindestschaltverzug beschrieben (siehe Abbildung 2.9).

Es gilt damit für die Berechnung des symmetrischen Ausschaltwechselstroms von Synchronmaschinen:

$$I_\mathrm{b} = \mu I_\mathrm{k}'' \tag{2.8}$$

Für generatornahe Kurzschlüsse mit $I_\mathrm{k}''/I_\mathrm{rG} > 2$ gilt für den abklingenden Wechselstromanteil entsprechend [7] bzw. [9] (vgl. mit Gl. (2.1) und siehe Abbildung 2.9):

$$\mu = \left(1 - \frac{I_\mathrm{k}'}{I_\mathrm{k}''}\right)\mathrm{e}^{-\frac{t_\mathrm{min}}{T_\mathrm{d}''}} + \frac{(I_\mathrm{k}' - I_\mathrm{k})}{I_\mathrm{k}''}\mathrm{e}^{-\frac{t_\mathrm{min}}{T_\mathrm{d}'}} + \frac{I_\mathrm{k}}{I_\mathrm{k}''} \tag{2.9}$$

Für generatorferne Kurzschlüsse mit $I_\mathrm{k}''/I_\mathrm{rG} \leq 2$ gilt $I_\mathrm{k}'' \approx I_\mathrm{b}$ mit $\mu = 1$ (vgl. Abbildung 2.9).

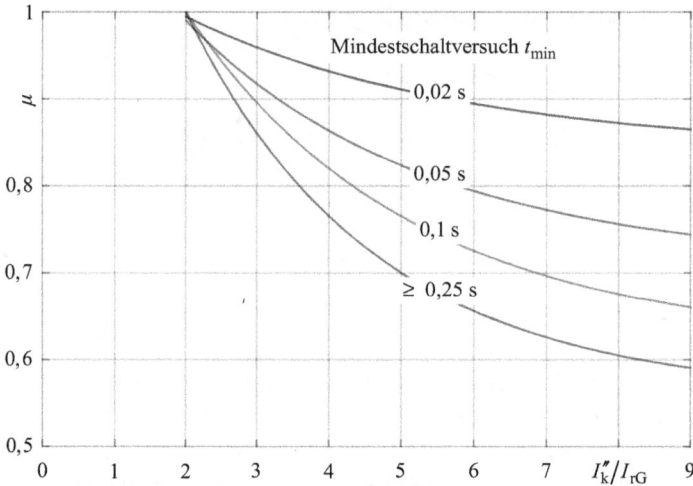

Abb. 2.9: Faktor μ für die Bestimmung des symmetrischen Ausschaltwechselstroms

Speziell für die Leistungsschalter von Kraftwerksblöcken, Generatoren und Motoren sind auch der unsymmetrische Ausschaltwechselstrom sowie ausbleibende Nulldurchgänge von Bedeutung, da es durch den abklingenden Gleichanteil des Kurzschlussstromes vorkommen kann, dass der Kurzschlussstrom erst nach einigen Perioden den ersten Nulldurchgang aufweist.

Der maximal für $\alpha = 0$ auftretende Gleichanteil klingt entsprechend Gl. (2.1) wie folgt mit der Zeit ab:

$$i_{\mathrm{kdc}}(t) = \sqrt{2}I_k'' \, e^{-\frac{t}{T_g}} \tag{2.10}$$

Die Gleichstromzeitkonstante $T_g = \omega R/X$ berechnet sich aus dem R/X-Verhältnis entsprechend Abschnitt 2.3.2. Der Gesamteffektivwert aus Gleichstrom- und Wechselstromanteil ergibt dann den asymmetrischen Ausschaltwechselstrom $I_{b,\mathrm{asym}}$, der sich wie folgt berechnet:

$$I_{b,\mathrm{asym}} = \sqrt{I_b^2 + I_{\mathrm{kdc}}^2} \quad \mathrm{mit} \quad I_{\mathrm{kdc}} = \sqrt{2}I_k'' \, e^{-\frac{t_{\min}}{T_g}} \tag{2.11}$$

Weitere Bedingungen, Einschränkungen und Details zur Anwendung des Faktors μ und zur Berechnung des symmetrischen und asymmetrischen Ausschaltwechselstroms sind [7] bzw. [9] zu entnehmen und zu beachten.

2.3.4 Dauerkurzschlussstrom

Der Dauerkurzschlussstrom I_k ist der Effektivwert des Kurzschlussstromes nach Abklingen aller Ausgleichsvorgänge. Diese Kenngröße hat von allen Kenngrößen die geringste praktische Bedeutung. Sie hat für die Bemessung der Betriebsmittel keine relevante Bedeutung und wird zum Teil noch für die Parametrierung des Netzschutzes verwendet, wobei anzumerken ist, dass die meisten Kurzschlüsse vor dem Erreichen des Dauerkurzschlussstromes unterbrochen werden. Die Berechnung des Dauerkurzschlussstromes ist nur mit einer vergleichsweise geringen Genauigkeit möglich, da zum einen aufgrund von dessen Abhängigkeit von der Polradspannung die Wirkung der während des Kurzschlussereignisses einsetzenden Spannungsregelung und zum anderen die Sättigungsabhängigkeit der ebenfalls den Dauerkurschlussstrom beeinflussenden synchronen Längsreaktanz (siehe Band 2, Abschnitt 2.4.1.3) schwer abzuschätzen ist.

Der Dauerkurzschlussstrom wird mit Hilfe des Faktors λ aus dem Anfangskurzschlusswechselstrom abgeschätzt:

$$I_k = \lambda I_k'' \tag{2.12}$$

Das Sättigungsverhalten wird in Kennlinien für Vollpol- und Schenkelpolmaschinen [7] bzw. [9] näherungsweise berücksichtigt. Der Erregungszustand der Synchronmaschinen (siehe Band 2, Abschnitt 2.5.3) wird durch die Berechnung von maximalen und minimalen Faktoren λ_{max} (entspricht der Berechnung mit der Deckenspannung, d. h. der maximalen Erregerspannung) und λ_{min} (entspricht der Berechnung mit der Leerlauferregung der ungesättigten Synchronmaschine) für die Bestimmung eines maximalen und eines minimalen Dauerkurzschlussstromes I_{kmax} und I_{kmin} nachgebildet. Die in den Kennlinien (siehe [7] bzw. [9]) angegebene Abhängigkeit vom Faktor I_k''/I_{rG} berücksichtigt die elektrische Entfernung vom Kurzschlussort.

Weitere Bedingungen, Einschränkungen und Details zur Anwendung des Faktors λ und zur Berechnung des Dauerkurzschlussstroms sind [7] bzw. [9] zu entnehmen und zu beachten.

2.3.5 Thermisch gleichwertiger Kurzschlussstrom

Der thermisch gleichwertige Kurzschlussstrom I_{th} ist der Effektivwert des Kurzschlussstromes, der die gleiche Wärmewirkung während der Kurzschlussdauer T_k erzeugt wie der mit der Zeit abklingende Kurzschlussstrom. Es gilt für die Berechnung des thermisch gleichwertigen Kurzschlussstromes:

$$I_{th} = \sqrt{m + n}\, I_k'' \tag{2.13}$$

Die beiden Faktoren m und n berücksichtigen die Wärmeeffekte der zeitlich abklingenden Wechsel- und Gleichstromanteile (siehe Abbildung 2.10 und Abbildung 2.11).

Der thermisch gleichwertige Kurzschlussstrom wird für die Beurteilung der thermischen Kurzschlussfestigkeit von elektrischen Betriebsmitteln verwendet (siehe Abschnitt 7.1).

Weitere Bedingungen, Einschränkungen und Details zur Anwendung der Faktoren m und n und zur Berechnung des thermisch gleichwertigen Kurzschlussstroms sind [7] bzw. [9] zu entnehmen und zu beachten.

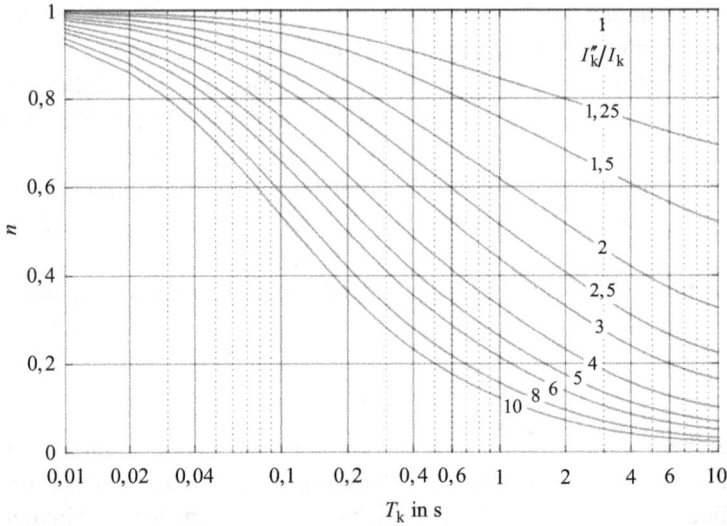

Abb. 2.10: Faktor *n* für den Wärmeeffekt des Wechselstromanteils des Kurzschlussstromes

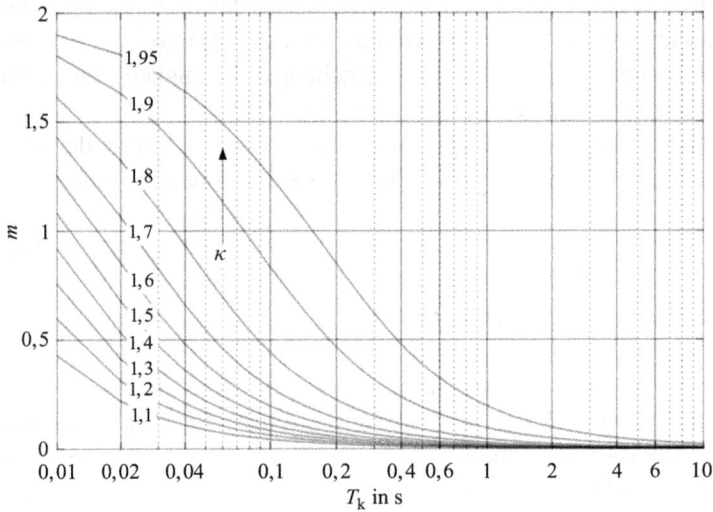

Abb. 2.11: Faktor *m* für den Wärmeeffekt des Gleichstromanteils des Kurzschlussstromes

2.4 Ersatzschaltungen der Betriebsmittel

Für die Berechnung der Kurzschlussströme beim Auftreten von symmetrischen Fehlern werden ausschließlich die Ersatzschaltungen der Betriebsmittel für das Mitsystem benötigt (siehe Band 1, Abschnitt 19.2). Dabei ist zwischen den aktiven Betriebsmitteln wie Synchron- und Asynchronmaschinen oder Ersatznetzen, die sich an der Kurzschlussstrombereitstellung durch die Lieferung von Teilkurzschlussströmen beteiligen, und passiven Betriebsmitteln wie Transformatoren, Leitungen oder Drosselspulen zu unterscheiden. Die entsprechenden Ersatzschaltungen sind in Band 2 in den Kapiteln 2 bis 7 zu finden. Dabei ist zu beachten, dass bei der Berechnung der größtmöglichen Kurzschlussströme entsprechend der DIN EN 60909 [7] bzw. IEC 60909 [9] die Impedanzen der Synchronmaschinen, Kraftwerksblöcke (Synchrongeneratoren mit Blocktransformatoren) und die der Zwei- und Dreiwicklungstransformatoren durch in [7] bzw. [9] definierte Faktoren (siehe Tabelle 2.2) korrigiert werden müssen, da ansonsten die Kurzschluss- und Teilkurzschlussströme falsch und insbesondere die der Generatoren zu klein berechnet werden.

Tab. 2.2: Korrigierte Impedanzen und Impedanzkorrekturfaktoren zur Berechnung der größtmöglichen Kurzschlussströme entsprechend [7] bzw. [9]

Betriebsmittel	korrigierte Impedanz und Korrekturfaktor [1]
Zweiwicklungstransformatoren [2]	$\underline{Z}_{TK} = K_T \underline{Z}_T$ $K_T = 0{,}95 \dfrac{c_{max}}{1 + 0{,}6x_T}$
Dreiwicklungstransformatoren	$\underline{Z}_{OSMS\,K} = K_{T\,OSMS}\,\underline{Z}_{T\,OSMS}$ $\underline{Z}_{OSUS\,K} = K_{T\,OSUS}\,\underline{Z}_{T\,OSUS}$ $\underline{Z}'_{MSUS\,K} = K_{T\,MSUS}\,\underline{Z}'_{T\,MSUS}$ $K_{T\,OSMS} = 0{,}95 \dfrac{c_{max}}{1 + 0{,}6x_{T\,OSMS}}$ $K_{T\,OSUS} = 0{,}95 \dfrac{c_{max}}{1 + 0{,}6x_{T\,OSUS}}$ $K_{T\,MSUS} = 0{,}95 \dfrac{c_{max}}{1 + 0{,}6x_{T\,MSUS}}$
Synchronmaschinen [3]	$\underline{Z}_{GK} = K_G\,\underline{Z}_G$ $K_G = \dfrac{U_{nN}}{U_{rG}}\dfrac{c_{max}}{1 + x''_d\sqrt{1 - \cos^2\varphi_{rG}}}$
Kraftwerksblöcke mit Stufenschalter [4]	$\underline{Z}_{SK} = K_S(\ddot{u}^2\underline{Z}_G + \underline{Z}_{T\,OS})$ $K_S = \dfrac{U_{nN}^2}{U_{rG}^2}\dfrac{U_{rT\,US}^2}{U_{rT\,OS}^2}\dfrac{c_{max}}{1 + |x''_d - x_T|\sqrt{1 - \cos^2\varphi_{rG}}}$
Kraftwerksblöcke ohne Stufenschalter [4]	$\underline{Z}_{SOK} = K_{SO}(\ddot{u}^2\underline{Z}_G + \underline{Z}_{T\,OS})$ $K_{SO} = \dfrac{U_{nN}}{U_{rG}(1 + p_G)}\dfrac{U_{rT\,US}}{U_{rT\,OS}}\dfrac{(1 \pm p_T)c_{max}}{1 + x''_d\sqrt{1 - \cos^2\varphi_{rG}}}$

[1] Bei unsymmetrischen Kurzschlüssen (siehe Kapitel 3) sollen die Impedanzkorrekturfaktoren auch auf die Gegen- und Nullsystemimpedanzen angewendet werden. Impedanzen zwischen einem Sternpunkt und Erde sind ohne Korrekturfaktoren zu berücksichtigen.
[2] c_{max} ist auf die Netznennspannung des Netzes der US-Seite des Transformators zu beziehen. Der Korrekturfaktor gilt nicht für Blocktransformatoren und Windenergieanlagen.
[3] Nicht bei Anschluss über einen Blocktransformator verwenden.
[4] Bei Kurzschluss auf der OS-Seite des Blocktransformators zu verwenden.

Eine besondere Behandlung bei der Kurzschlussstromberechnung erfahren die ebenfalls zu den aktiven Betriebsmitteln zählenden, vollständig über Umrichter („Vollumrichter") einspeisenden Erzeugungsanlagen wie Photovoltaik- und zahlreiche Windenergieanlagen. Sie werden im Mitsystem durch eine Stromquellenersatzschaltung nachgebildet, deren Innenimpedanz als unendlich groß angenommen wird. Der Wert der Stromquelle ist abhängig von der Fehlerart und wird vom Hersteller bereitgestellt ([7] bzw. [9]).

Weitere Bedingungen, Einschränkungen und Details zur Anwendung der Impedanzkorrekturfaktoren und zur Berechnung der Impedanzen sind [7] bzw. [9] zu entnehmen und zu beachten.

2.5 Umrechnung aller Größen auf eine Spannungsebene

In der klassischen Kurzschlussstromberechnung werden alle elektrischen Größen, d. h. alle Spannungen, Ströme, Impedanzen und Admittanzen, auf eine Bezugsspannungsebene umgerechnet, um die Umrechnungen über die Übertrager bei der Netzberechnung zu vermeiden und um ein galvanisch gekoppeltes Netzwerk zu erhalten. Die Bezugsspannungsebene ist typischerweise die Spannungsebene, in der der Kurzschluss vorliegt.

Für die Umrechnung der elektrischen Größen sind die Umrechnungsbeziehungen der Transformatoren, wie sie in Band 1 in Abschnitt 5.3.3 vorgestellt wurden, zu verwenden. Eine Übersicht über diese Umrechnungsbeziehungen ist in Tabelle 2.3 zusammengestellt.

Eine Umrechnung kann dabei durchaus mehrfach erforderlich werden, je nachdem wie viele Transformatoren bis zur Bezugsspannungsebene vorhanden sind. Darüber hinaus ist zu beachten, auf welcher Seite sich die jeweiligen Ober- und Unterspannungsseiten der Transformatoren befinden. Allgemein würde sich beispielhaft für die Umrechnung einer Spannung $\underline{U}_{\mathrm{org}}$ in einer beliebigen Spannungsebene auf die Spannung $\underline{U}'_{\mathrm{bez}}$ in der Bezugsspannungsebene ergeben:

$$\underline{U}'_{\mathrm{bez}} = \frac{\prod \underline{ü}_{ij}}{\prod \underline{ü}_{nm}} \underline{U}_{\mathrm{org}} \qquad (2.14)$$

Die Ströme, Impedanzen und Admittanzen sind entsprechend unter Beachtung der Regeln in Tabelle 2.3 umzurechnen.

Die Vorgehensweise soll beispielhaft anhand des Stromnetzes mit mehreren Spannungsebenen in Abbildung 2.12 verdeutlicht werden. Dargestellt sind die Prinzipschaltbilder des Netzes und die Ersatzschaltungen mit den Strangersatzschaltungen der Betriebsmittel. Es sollen alle Größen auf die 220-kV-Spannungsebene des Netzes A (Bezugsspannungsebene) umgerechnet werden.

Im ersten Schritt werden die Betriebsmittelimpedanzen und alle elektrischen Größen des Netzes C auf die Spannungsebene des Netzes B umgerechnet und damit der

Tab. 2.3: Umrechnung der elektrischen Größen zwischen zwei Spannungsebenen (OS = Oberspannungsseite, US = Unterspannungsseite)

elektrische Größe	Gleichungen für die Umrechnung [1]	Umrechnung von US- auf OS-Seite	Umrechnung von OS- auf US-Seite
		$\underline{I}'_{US} \; \underline{\ddot{u}}:1 \; \underline{I}_{US}$	$\underline{I}_{OS} \; \underline{\ddot{u}}:1 \; \underline{I}'_{OS}$
		$\underline{U}'_{US} \qquad \underline{U}_{US}$	$\underline{U}_{OS} \qquad \underline{U}'_{OS}$
Spannungen	$\dfrac{\underline{U}'_{US}}{\underline{U}_{US}} = \dfrac{\underline{U}_{OS}}{\underline{U}'_{OS}} = \underline{\ddot{u}}$	$\underline{U}'_{US} = \underline{\ddot{u}}\,\underline{U}_{US}$	$\underline{U}'_{OS} = \dfrac{1}{\underline{\ddot{u}}}\underline{U}_{OS}$
Ströme	$\dfrac{\underline{I}_{OS}}{\underline{I}'_{OS}} = \dfrac{\underline{I}'_{US}}{\underline{I}_{US}} = \dfrac{1}{\underline{\ddot{u}}^{*}}$	$\underline{I}'_{US} = \dfrac{1}{\underline{\ddot{u}}^{*}}\underline{I}_{US}$	$\underline{I}'_{OS} = \underline{\ddot{u}}^{*}\underline{I}_{OS}$
Impedanzen	$\dfrac{\underline{Z}'_{US}}{\underline{Z}_{US}} = \dfrac{\underline{Z}_{OS}}{\underline{Z}'_{OS}} = \underline{\ddot{u}}^{2}$	$\underline{Z}'_{US} = \underline{\ddot{u}}^{2}\underline{Z}_{US}$	$\underline{Z}'_{OS} = \dfrac{1}{\underline{\ddot{u}}^{2}}\underline{Z}_{OS}$
Admittanzen	$\dfrac{\underline{Y}'_{US}}{\underline{Y}_{US}} = \dfrac{\underline{Y}_{OS}}{\underline{Y}'_{US}} = \dfrac{1}{\underline{\ddot{u}}^{2}}$	$\underline{Y}'_{US} = \dfrac{1}{\underline{\ddot{u}}^{2}}\underline{Y}_{US}$	$\underline{Y}'_{OS} = \underline{\ddot{u}}^{2}\underline{Y}_{OS}$

[1] Annahmen: idealer Übertrager (streuungsfrei ($\mu_{Fe} \to \infty$) und verlustlos)

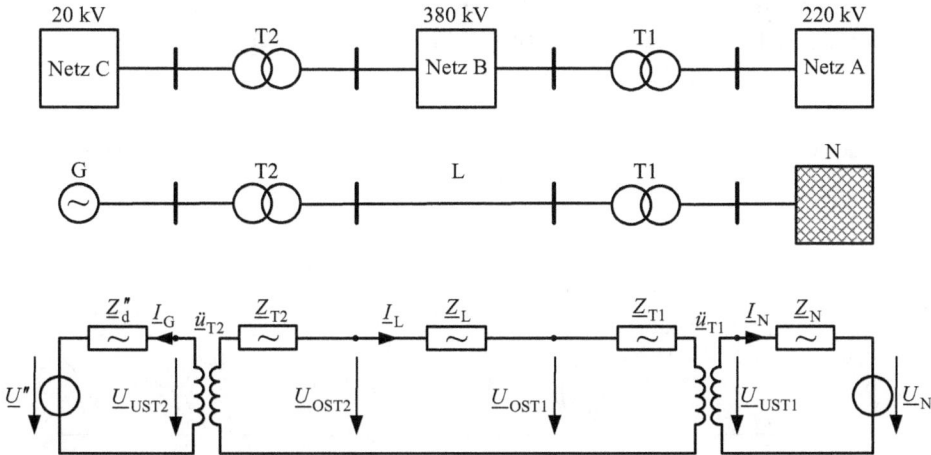

Abb. 2.12: Umrechnung der elektrischen Größen auf die 220-kV-Spannungsebene des Netzes A (Bezugsspannungsebene): Ausgangspunkt ist die Strangersatzschaltung des Gesamtnetzes

ideale Übertrager mit dem Übersetzungsverhältnis $\underline{\ddot{u}}_{T2}$ eliminiert. Die sich mit den Umrechnungsbeziehungen aus Tabelle 2.3 ergebenden entsprechenden Größen sind in Abbildung 2.13 eingetragen. Zur besseren Veranschaulichung der Änderungen wird die Strangersatzschaltung des Netzes des jeweiligen vorherigen Bearbeitungsschrittes nochmals mit dargestellt.

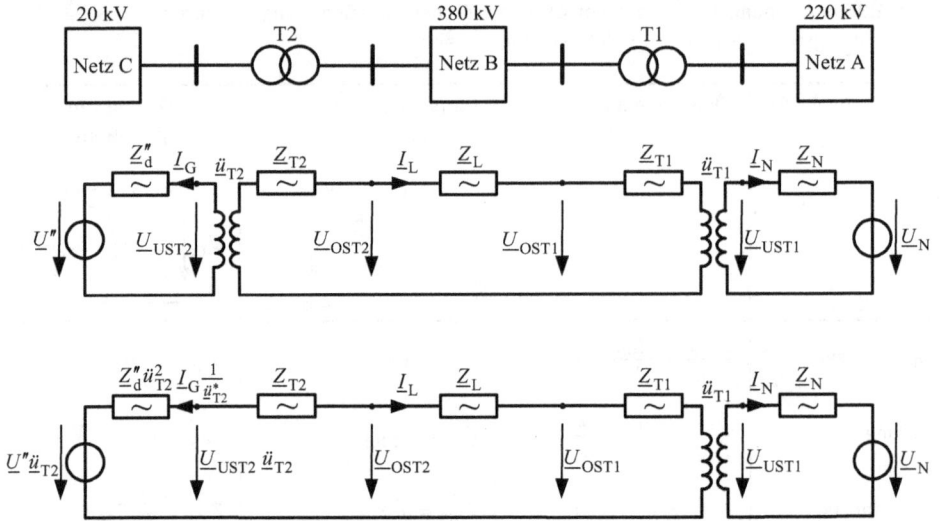

Abb. 2.13: Umrechnung der elektrischen Größen auf die 220-kV-Spannungsebene des Netzes A (Bezugsspannungsebene): Elimination des Übertragers $\underline{\ddot{u}}_{T2}$

In einem zweiten Schritt werden dann die Betriebsmittelimpedanzen und alle elektrischen Größen auf die Spannungsebene des Netzes A umgerechnet und damit der ideale Übertrager mit dem Übersetzungsverhältnis $\underline{\ddot{u}}_{T1}$ eliminiert. Die sich ergebenden Größen sind in Abbildung 2.14 eingetragen.

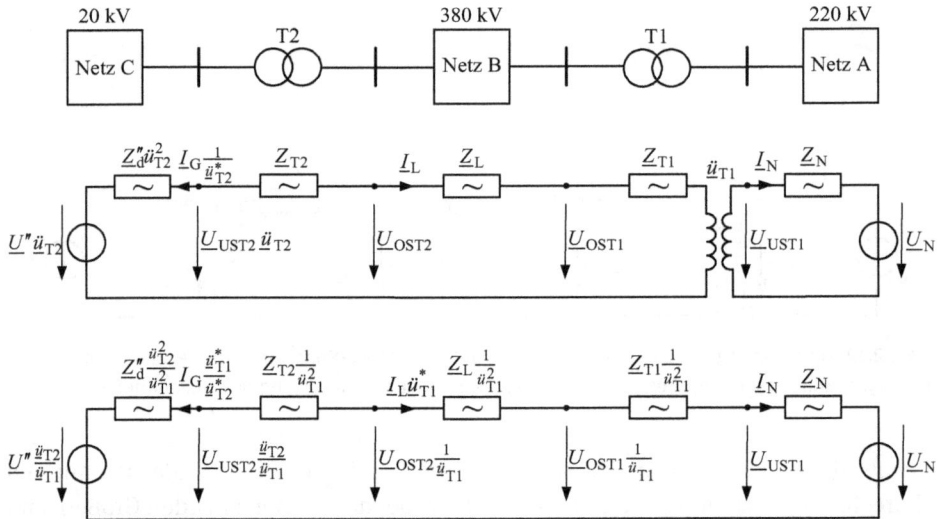

Abb. 2.14: Umrechnung der elektrischen Größen auf die 220-kV-Spannungsebene des Netzes A (Bezugsspannungsebene): Elimination des Übertragers $\underline{\ddot{u}}_{T1}$.

Es liegt damit ein galvanisch gekoppeltes Netzwerk vor, das z. B. mit den Knoten- und Maschensätzen berechnet werden kann. Um die Originalgrößen in ihren jeweiligen Spannungsebenen angeben zu können, ist eine entsprechende entgegengesetzte Umrechnung durchzuführen.

2.6 Exakte Kurzschlussstromberechnung

Die Kurzschlussstromberechnung kann mit verschiedenen Verfahren durchgeführt werden. Dabei ist es entscheidend, mit welchem Ziel die Kurzschlussströme (maximale und minimale Kurzschlussströme) berechnet werden sollen und welche Daten für die Berechnung zur Verfügung stehen. So sind im Rahmen der Netzplanung ggf. noch nicht alle Betriebsmitteldaten und der Schaltzustand endgültig festgelegt, die Transformatorstufenstellungen und/oder der Erregergrad der Synchrongeneratoren sind unbekannt. Demgegenüber sollten im Rahmen der Netzbetriebsführung diese Daten aus dem Leistungsfluss und der Zustandsschätzung (State Estimation) grundsätzlich bekannt sein.

Bei der Netzplanung geht es um die Auslegung der Betriebsmittel und elektrischen Anlagen sowie um die Festlegung der Schutzeinstellungen. Hierfür ist es wichtig, die maximal und minimal möglichen Kurzschlussströme zu bestimmen. Dafür ist die Anwendung spezieller Berechnungsverfahren, z. B. des Überlagerungsverfahrens zulässig, wenn sie mindestens die gleiche Genauigkeit aufweisen wie das empfohlene Verfahren der DIN EN 60909 [7] bzw. der IEC 60909 [9], das im Allgemeinen ausreichend genaue Ergebnisse liefert. Das beispielhaft genannte Überlagerungsverfahren liefert Ergebnisse für die Kurzschlussströme, die von dem gewählten Leistungsfluss abhängig sind, der nicht notwendigerweise auf den maximalen bzw. minimalen Kurzschlussstrom führen muss.

Im Folgenden werden zum einen in Abschnitt 2.6.1 und Abschnitt 2.6.2 Verfahren für die exakte Berechnung der Kurzschlussströme für eine festgelegte Leistungsflusssituation und zum anderen in Abschnitt 2.7 das Verfahren mit der Ersatzspannungsquelle an der Kurzschlussstelle, das ein Näherungsverfahren darstellt und dem Verfahren der DIN EN 60909 [7] bzw. der IEC 60909 [9] entspricht, vorgestellt.

2.6.1 Exakte Kurzschlussstromberechnung mit den Maschen- und Knotensätzen

Die exakte Kurzschlussstromberechnung basiert auf einem vorgegebenen Leistungsfluss, bei dem die Werte der Spannungs- und Stromquellen nach Betrag und Phase bekannt sind. Durch Anwendung der Maschen- und Knotensätze (siehe Band 1, Kapitel 8) lassen sich alle Spannungen und Ströme berechnen. Dabei sind in einem Netzwerk mit $k + 1$ Netzknoten (einschließlich des Bezugsknotens) entsprechend der Anzahl der $2z$ unbekannten Zweigspannungen und Zweigströme k unabhängige Knotengleichungen und $z-k$ unabhängige Maschengleichungen sowie die z Zweiggleichungen zu formulieren. Dabei ist für die Aufstellung der unabhängigen Maschengleichungen die Graphentheorie zu verwenden und ein vollständiger Baum zu finden. In einem linearen Netzwerk sind die $2z$ Gleichungen nach den unbekannten Zweigspannungen und Zweigströmen direkt aufzulösen. Sind Nichtlinearitäten vorhanden, ist das Gleichungssystem iterativ zu lösen.

2.6.2 Exakte Kurzschlussstromberechnung mit dem Überlagerungsverfahren

In linearen Netzwerken kann zur Kurzschlussstromberechnung auch das Überlagerungsverfahren eingesetzt werden. Dabei wird die Wirkung der einzelnen Spannungs- und Stromquellen separat mit Hilfe von Knoten- und Maschensätzen oder durch Anwendung der Strom- und Spannungsteilerregeln berechnet und anschließend überlagert. Dies gilt für die Teilspannungen und Teilströme in allen Netzzweigen. Insbesondere gilt für den Anfangskurzschlusswechselstrom:

$$\underline{I}_k'' = \underline{I}_{kG}'' + \underline{I}_{kN}'' + \cdots \tag{2.15}$$

mit den Teilkurzschlussströmen der Generatoren (Index G) und Ersatznetze (Index N) usw.:

$$\underline{I}_{kG}'' = \frac{\underline{U}''}{\underline{Z}_{ersG}} , \quad \underline{I}_{kN}'' = \frac{\underline{U}_N}{\underline{Z}_{ersN}} , \quad \text{usw}. \tag{2.16}$$

Diese berechnen sich aus den speisenden Spannungsquellen und den wirksamen Impedanzen $\underline{Z}_{ersG}$, $\underline{Z}_{ersN}$, usw. zwischen dem kurzgeschlossenen Fehlertor und dem Tor der jeweils speisenden Spannungsquelle.

2.7 Genäherte Kurzschlussstromberechnung gemäß DIN EN 60909

Eine genäherte Kurzschlussstromberechnung mit ausreichend genauen Ergebnissen kann mit dem Verfahren der Ersatzspannungsquelle an der Kurzschlussstelle gemäß der DIN EN 60909 [7] bzw. der IEC 60909 [9] erfolgen. Die Herleitung dieses Verfahrens erfolgt in drei Schritten und beschränkt sich zunächst auf die Berücksichtigung von Synchronmaschinen und Asynchronmaschinen als Kurzschlussströme bereitstellende aktive Betriebsmittel. In der neuen Ausgabe der DIN EN 60909 [7] bzw. der IEC 60909 [9] von 2016 werden auch die Kurzschlussstrombeiträge von doppelt gespeisten Asynchrongeneratoren und vollständig über Umrichter einspeisende Erzeugungsanlagen berücksichtigt. Hierfür wurde das im Folgenden beschriebene Berechnungsverfahren um einen dritten Berechnungsschritt erweitert. Auf diese drei Berechnungsschritte wird nachfolgend eingegangen, um die grundlegende Idee und den Berechnungsablauf dieses Verfahrens erläutern zu können. Die Details für eine normgerechte Anwendung sind [7] bzw. [9] zu entnehmen.

2.7.1 Schritt 1: Anwendung des Überlagerungssatzes

Im ersten Schritt der Herleitung wird der Überlagerungssatz einmalig angewendet. Dafür wird zunächst der Kurzschlusszustand eines Netzes mit mehreren einspeisenden Erzeugungsanlagen betrachtet. Das Netz ist in Abbildung 2.15 durch die schraffierte Fläche gekennzeichnet. Der Knoten F ist aus dem Netz graphisch herausgezogen worden. An diesem Knoten soll zum Zeitpunkt $t = 0$ ein 3-poliger Kurzschluss auftreten. Es handelt sich bei dem betrachteten Fehler um einen „satten" dreipoligen Kurzschluss (d. h. direkter 3-poliger Kurzschluss mit Erdberührung ohne Fehlerimpedanz), bei dem der Anfangskurzschlusswechselstrom bei Kurzschlusseintritt fließt und die Knotenspannung auf 0 V einbricht. Bei diesem Fehler sind alle drei Leiter gleich, d. h. symmetrisch betroffen. Es handelt sich um einen symmetrischen Fehler, so dass (bei Voraussetzung von geometrischer und elektrischer Symmetrie, siehe Band 1, Abschnitt 19.1) für die Modellbildung die Verwendung der Mitsystemersatzschaltungen der Betriebsmittel ausreicht.

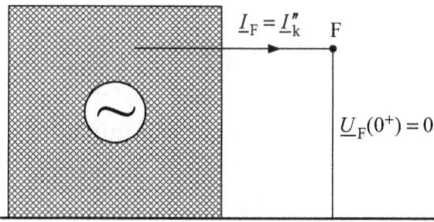

Abb. 2.15: Aktives Netz mit 3-poligem Kurzschluss am Fehlerknoten F

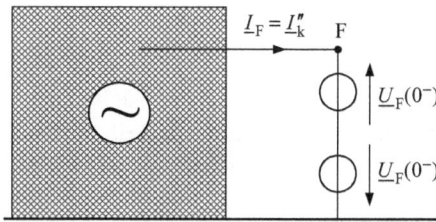

Abb. 2.16: Aktives Netz mit 3-poligem Kurzschluss am Fehlerknoten F nach Einführung von zwei Spannungsquellen mit entgegengesetzten Zählpfeilen im Kurzschlusszweig

In den Kurzschlusszweig werden gedanklich zwei Spannungsquellen mit gleichen Beträgen und Phasenlagen, aber mit entgegengesetzten Zählpfeilen eingeführt (siehe Abbildung 2.16). Damit ändern sich die Strom- und Spannungsverhältnisse nicht, da die Summe der beiden Spannungsquellen nach wie vor dem Spannungswert von 0 V vor der Einführung der beiden Spannungsquellen entspricht und damit der Kurzschlusszustand korrekt nachgebildet wird. Die Beträge und die Winkel der beiden Spannungsquellen sollen der Spannung an der Kurzschlussstelle unmittelbar vor Eintritt des Kurzschlusses zum Zeitpunkt $t = 0$ entsprechen. Die Werte der Spannungsquellen entsprechen damit der Leerlaufspannung $\underline{U}_F(t = 0^-)$ (siehe Band 1, Abschnitt 7.1) am Knoten F unmittelbar vor dem Kurzschluss.

Im nächsten Schritt wird das Überlagerungsverfahren erneut angewendet. Zunächst wirken alle Spannungs- und Stromquellen der aktiven Betriebsmittel im Netz und die Spannungsquelle im Kurzschlusszweig mit der typischen Zählpfeilrichtung vom Knoten zum Bezugsknoten (siehe Abbildung 2.17). Am Fehlerknoten stellt sich die Leerlaufspannung vor dem Kurzschluss ein. Alle anderen Quellen entsprechen ebenfalls den Verhältnissen vor dem Kurzschluss, so dass dieser Zustand dem stationären Zustand unmittelbar vor Kurzschlusseintritt entspricht. Der Strom an der Kurzschlussstelle muss deshalb dem Strom unmittelbar vor Kurzschlusseintritt entsprechen und ist damit gleich null („Leerlauf").

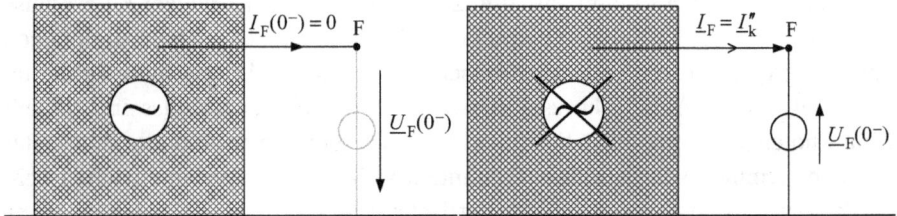

Abb. 2.17: Stationärer Zustand (0^-) des aktiven Netzes unmittelbar vor Kurzschlusseintritt

Abb. 2.18: Änderungszustand (Δ): Zustand der Rückwärtseinspeisung an der Kurzschlussstelle in das passiv gemachte Netz

Diesem Zustand wird der sogenannte Änderungszustand in Abbildung 2.18 überlagert, der auch als Zustand der Rückwärtseinspeisung an der Kurzschlussstelle in das passiv gemachte Netz aufgrund der am Fehlerknoten mit umgekehrter Zählpfeilrichtung einspeisenden Quelle bezeichnet wird. Alle anderen Strom- und Spannungsquellen im Netz haben bereits „gewirkt", es sind deshalb im Änderungszustand alle Stromquellen zu unterbrechen und Spannungsquellen kurzzuschließen. Das Netz ist dann passiv.

Die jeweilige Überlagerung der Zweig- und Knotenströme und -spannungen der beiden Zustände, d. h. des stationären Zustands (0^-) vor dem Fehler und des Änderungszustands (Δ) ergibt die tatsächlichen Größen für den Kurzschlusszustand. Es gilt z. B. für den Teilkurzschlussstrom $\underline{I}''_{ik}$ eines Zweigs zwischen den Knoten i und k:

$$\underline{I}''_{ik} = \underline{Y}_{ik}\,(\underline{U}_i - \underline{U}_k) = \underbrace{\underline{Y}_{ik}\,(\underline{U}_i(0^-) - \underline{U}_k(0^-))}_{\underline{I}_{ik}(0^-)} + \underbrace{\underline{Y}_{ik}\,(\Delta\underline{U}_i - \Delta\underline{U}_k)}_{\Delta\underline{I}_{ik}} \qquad (2.17)$$

An der Kurzschlussstelle genügt für die Berechnung des Kurzschlussstromes $\underline{I}_F = \underline{I}''_k$ wegen $\underline{I}_F(0^-) = 0$ allein der Änderungszustand. Er ergibt sich aus:

$$\underline{I}''_k = \frac{\underline{U}_F(0^-)}{\underline{Z}_k} \qquad (2.18)$$

mit der Kurzschlussimpedanz an der Kurzschlussstelle $\underline{Z}_k$, die der Torimpedanz des Fehlertores zwischen dem Knoten F und dem Bezugsknoten entspricht.

In jedem Fall wird durch die Abhängigkeit von der Spannung $\underline{U}_F(0^-)$ deutlich, dass es immer noch eine Abhängigkeit vom stationären Ausgangszustand vor dem Fehler gibt und dieser damit vorher z. B. durch eine Leistungsflussberechnung zu berechnen ist.

2.7.2 Schritt 2: Einführung der Ersatzspannungsquelle und von Vereinfachungen

Um sich von der Berechnung des stationären Ausgangszustands, dessen Daten und Betriebszustand unsicher bzw. in der Planungsphase unbekannt (siehe oben) sind, lösen zu können, wird für das genormte Verfahren gemäß [7] bzw. [9] nur noch der Änderungszustand in Abbildung 2.19 verwendet. Die „rückwärts", d. h. mit umgekehrten Zählpfeil, einspeisende Quelle $\underline{U}_F(0^-)$ wird durch eine Ersatzspannungsquelle $\underline{U}_{ers} = U_{ers}e^{j0} = U_{ers}$ ersetzt, deren Phasenlage null ist. Gleichzeitig können mit dieser vereinfachenden Näherung auch weitere Vernachlässigungen[1] für eine vereinfachte Netzberechnung durchgeführt werden. Dies sind (siehe Abbildung 2.19):
- die Vernachlässigung aller Querelemente wie Leitungskapazitäten oder Magnetisierungsimpedanzen der Transformatoren,
- Mittelstellung der Transformatorstufensteller (Verwendung des Bemessungsübersetzungsverhältnisses),
- die Vernachlässigung aller nicht-motorischen Lasten und
- die Vernachlässigung der motorischen Lasten bei der Berechnung der minimalen Kurzschlussströme.

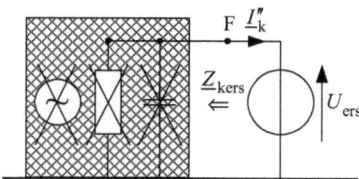

Abb. 2.19: Methode der Ersatzspannungsquelle an der Kurzschlussstelle

Insgesamt befindet sich damit das Netz ohne die aktiven Betriebsmittel und ohne die Querelemente in einem reinen Leerlaufzustand. Die durch die Vereinfachungen veränderte Tor- oder Kurzschlussimpedanz an der Kurzschlussstelle wird im Folgenden mit $\underline{Z}_{kers}$ gekennzeichnet.

Für die Kompensation dieser Vernachlässigungen und der pauschalen Annahme einer festen Ersatzspannung wird ein empirisch gewonnener Sicherheitsfaktor c berücksichtigt, der der Ersatzspannungsquelle als Spannungsbeiwert zugeschlagen wird und vom jeweiligen Berechnungsziel und von der Spannungsebene, in der sich der Fehler befindet, abhängig ist (siehe Tabelle 2.4).

---

[1] Für die Berechnung von unsymmetrischen Kurzschlüssen (siehe Kapitel 3) wird hinsichtlich der Bedingungen, Einschränkungen und Details der Anwendung der im Folgenden angegebenen vereinfachenden Näherungen auf die Ersatzschaltungen für das Mit-, Gegen- und Nullsystem auf [7] bzw. [9] verwiesen.

Tab. 2.4: Spannungsbeiwert c

Spannungsebene		c_{max} für die Berechnung der größten Kurzschlussströme	c_{min} für die Berechnung der kleinsten Kurzschlussströme
HöS/HS		1,1	1,0
MS		1,1	1,0
NS	Spannungstol. ±10 %	1,1	0,90
	Spannungstol. ±6 %[1]	1,05	0,95

[1] z. B. NS-Netze nach einer Umstellung der Netznennspannung von 380 V auf 400 V

Damit spielt auch die Berücksichtigung einer Phasenlage keine Rolle, so dass man zusätzlich zu einer reinen Berechnung von Kurzschlussstrom- und Impedanzbeträgen übergeht. Der Anfangskurzschlusswechselstrom berechnet sich damit aus (siehe Abbildung 2.19):

$$I_k'' = \frac{U_{ers}}{Z_{kers}} \tag{2.19}$$

mit der Ersatzspannung U_{ers}, die sich aus dem Spannungsbeiwert c und der Netznennspannung U_{nN} der Spannungsebene, in der der Kurzschluss auftritt, ergibt:

$$U_{ers} = c\frac{U_{nN}}{\sqrt{3}} \tag{2.20}$$

und dem Betrag der mit den oben genannten Vereinfachungen berechneten Tor- bzw. Kurzschlussimpedanz $\underline{Z}_{kers}$ am Fehlertor.

Bei der Kurzschlussstromberechnung mit dem Verfahren der Ersatzspannungsquelle an der Kurzschlussstelle und der damit verbundenen Vernachlässigung des Zustands vor dem Fehler wird entsprechend Gl. (2.17) der Stromanteil für den stationären Zustand (0^-) vor dem Fehler vernachlässigt, wodurch für die Ströme in den Netzzweigen nur Näherungswerte berechnet werden, da sie vor dem Kurzschluss im Allgemeinen nicht stromlos sind. Dadurch werden insbesondere die Teilkurzschlussströme der Generatoren zu gering und die der Motoren zu groß berechnet. Für die Korrektur der zu geringen Generatorkurzschlussströme werden die Impedanzen der Synchrongeneratoren und die der Kraftwerksblöcke (Synchrongenerator und Blocktransformatoren) durch Korrekturfaktoren $k_G < 1$ geeignet angepasst (siehe Tabelle 2.2). Bei den Motoren wird dies nicht durchgeführt, da deren Teilkurzschlussströme zu groß berechnet werden und man sich damit bei der Betriebsmittel- und Anlagenauslegung auf der sicheren Seite befindet. Darüber hinaus werden auch die Impedanzen der Transformatoren durch weitere Korrekturfaktoren angepasst, die den Einfluss der unbekannten bzw. unsicheren Betriebsbedingungen auf die Kurzschlussstromberechnungen nachbilden sollen.

2.7.3 Schritt 3: Berücksichtigung von über Umrichter einspeisenden Erzeugungsanlagen

Die Berücksichtigung der vollständig über Umrichter (Vollumrichter) einspeisenden Energieerzeugungsanlagen erfolgt in einem dritten Berechnungsschritt mit einer dritten Anwendung des Überlagerungsverfahrens. Die bereits in den beiden anderen Berechnungsschritten berücksichtigten aktiven Betriebsmittel werden kurzgeschlossen, und es wirken nur die durch ideale Stromquellen $\underline{I}_{qPFj}$ (Index PF gemäß [7, 9]: Power station unit with full size converter (Kraftwerksblock mit Vollumrichter)) nachgebildeten, über Umrichter einspeisenden Erzeugungsanlagen. Dabei wird angenommen, dass die Kurzschlussstrombeiträge dieser Anlagen unmittelbar durch die Leistungselektronik auf den Wert der idealen Stromquelle eingestellt werden. Folglich dürfen sie natürlich nicht in den ersten beiden Berechnungsschritten berücksichtigt werden und sind dort durch Unterbrechungen nachzubilden.

Ihr Beitrag $\underline{I}''_{kPFj}$ zum Kurzschlussstrom an der jeweiligen Kurzschlussstelle ist nun, z. B. durch die Anwendung der Stromteilerregel (siehe Band 1, Abschnitt 8.6) zu bestimmen. Dabei wird die Netznachbildung mit den Vereinfachungen entsprechend Berechnungsschritt 2 verwendet.

Bei n über Vollumrichter angeschlossenen Erzeugungsanlagen ergeben sich auch n eingeprägte Teilkurzschlussstrombeiträge I''_{kPFj} dieser Anlagen an einem Fehlerort i, die zu einem resultierenden Summenteilkurzschlussstrom I''_{kPF} zusammengefasst werden können und gemäß [7] bzw. [9] bei der Bestimmung des maximalen Anfangskurzschlusswechselstroms ohne Berücksichtigung ihrer jeweiligen Phasenlage zum Anfangskurzschlusswechselstrom aus Berechnungsschritt 2 addiert werden:

$$I''_{kmax} = I''_k + I''_{kPF} = \frac{U_{ers}}{Z_{kers}} + \sum_{j=1}^{n} I''_{kPFj} = c_{max}\frac{U_{nN}}{\sqrt{3}Z_{kers}} + \sum_{j=1}^{n} I''_{kPFj} \qquad (2.21)$$

Dabei berechnen sich die Teilkurzschlussstrombeiträge I''_{kPFj} an dem Fehlerknoten i aus:

$$I''_{kPFj} = \frac{Z_{ij}}{Z_{ii}}I_{qPFj} \quad \Rightarrow \quad I''_{kPF} = \sum_{j=1}^{n} I''_{kPFj} = \sum_{j=1}^{n} \frac{Z_{ij}}{Z_{ii}}I_{qPFj} \qquad (2.22)$$

Mit den eingeprägten Quellenströmen I_{qPFj} der Erzeugungsanlagen, dem Betrag der Tor- bzw. Kurzschlussimpedanz Z_{ii} (siehe Berechnungsschritt 2) und den Beträgen der Durchgangsimpedanzen Z_{ij}, die sich aus dem Quotienten der Leerlaufspannung $\underline{U}_i$ am Knoten i und dem Strom $\underline{I}_j$ am Knoten j berechnen (siehe Abbildung 2.20), wenn alle anderen Knotenströme zu null angenommen werden ($\underline{I}_k = 0$ mit $k = 1 \ldots n \wedge k \neq j$):

$$Z_{ij} = \left|\frac{\underline{U}_i}{\underline{I}_j}\right|_{\underline{I}_k=0} \quad \text{für} \quad k = 1 \ldots n \wedge k \neq j \qquad (2.23)$$

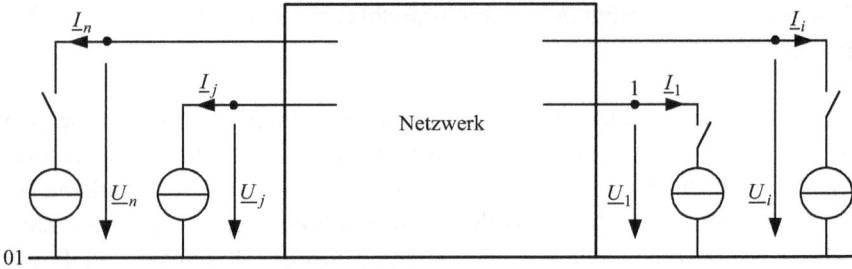

Abb. 2.20: Bestimmung der Durchgangsimpedanzen

Für die Berechnung der minimalen Anfangskurzschlusswechselströme sind die Beiträge der vollständig über Umrichter einspeisenden Erzeugungsanlagen (Windenergie- und Photovoltaikanlagen) I''_{kPFj} zu vernachlässigen.

2.8 Anfangskurzschlusswechselstromleistung (Kurzschlussleistung)

Der Begriff der Anfangskurzschlusswechselstromleistung S''_k, im allgemeinen Sprachgebrauch auch abkürzend als Kurzschlussleistung bezeichnet, ist ein alter Begriff, der als Synonym für die Anfangskurzschlusswechselströme I''_k an den Netzknoten verwendet wird und eine fiktive Rechengröße darstellt. Die Kurzschlussleistung ist ein Maß für den zu erwartenden Anfangskurzschlusswechselstrom an dem jeweiligen Netzknoten oder auch für den Kurzschlussstrombeitrag eines Randnetzes oder Ersatznetzes. Dies kann mit dem einfachen Ersatznetz in Abbildung 2.21 beschrieben werden.

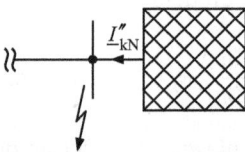

Abb. 2.21: Anfangskurzschlusswechselstrom eines Rand- oder Ersatznetzes

Das Ersatznetz speist an einem Netzanschlussknoten ein, an dem sich ein 3-poliger Kurzschluss ereignet. Es soll nur der Beitrag des Ersatznetzes zum Anfangskurzschlusswechselstrom bestimmt werden (Teilkurzschlussstrom). Das Netz kann durch eine konstante innere Spannungsquelle und seine Innenimpedanz (siehe Band 2, Abschnitt 4.1) nachgebildet werden (siehe Abbildung 2.22 links).

Die Berechnung des Teilkurzschlussstromes kann nun mit dem oben beschriebenen Verfahren aus der DIN EN 60909 [7] bzw. der IEC 60909 [9] durchgeführt werden

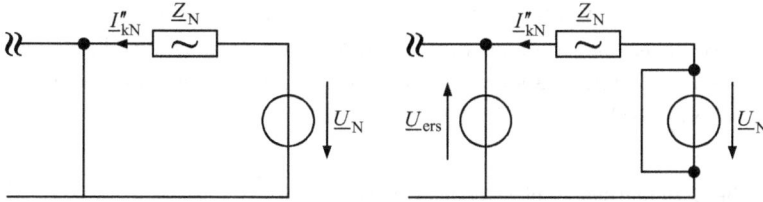

Abb. 2.22: Ersatzschaltung zur Berechnung des Teilkurzschlussstromes eines Ersatznetzes (links) und Ersatzschaltung zur Berechnung des Teilkurzschlussstromes eines Ersatznetzes mit der Ersatzspannungsquelle an der Kurzschlussstelle (rechts)

(siehe Abbildung 2.22 rechts). Mit der Einführung der Ersatzspannungsquelle ergibt sich für den Teilkurzschlussstrom des Ersatznetzes:

$$I''_{kN} = c \frac{U_{nN}}{\sqrt{3} \cdot Z_N} \tag{2.24}$$

Die Anfangskurzschlusswechselstromleistung S''_k ist nun das Produkt aus dem Anfangskurzschlusswechselstrom I''_{kN} und der Netznennspannung U_{nN}:

$$S''_k = \sqrt{3} U_{nN} I''_{kN} = c \frac{U^2_{nN}}{Z_N} \sim \frac{1}{Z_N} \tag{2.25}$$

Damit ist die Anfangskurzschlusswechselstromleistung S''_k auch ein Maß für den Betrag der Netzinnenimpedanz $\underline{Z}_N$ und umgekehrt:

$$Z_N = c \frac{U^2_{nN}}{S''_k} \tag{2.26}$$

Im physikalischen Sinn ist die Anfangskurzschlusswechselstromleistung S''_k keine echte Leistung, da mit der Netznennspannung U_{nN} und dem Anfangskurzschlusswechselstrom I''_{kN} zwei Größen miteinander verknüpft werden, die an der Kurzschlussstelle nicht gleichzeitig auftreten können. Sie darf deshalb auch auf keinen Fall mit der an der Kurzschlussstelle in Wärme umgesetzten Leistung, z. B. in Form einer Lichtbogenleistung in einem Lichtbogenwiderstand (Wirkleistung), verwechselt werden.

Mit der Anfangskurzschlusswechselstromleistung S''_k bzw. dem Anfangskurzschlusswechselstrom I''_k sind grundsätzlich Vergleiche von Beanspruchungen von elektrischen Anlagen oder Schaltgeräten möglich. Es können damit aber auch vorgelagerte oder unterlagerte Netzteile durch eine innere Netzspannung und eine Ersatzimpedanz berücksichtigt werden. Der Spannungsabfall über der Ersatzimpedanz zeigt an, wie stark die Spannung an den Anschlussklemmen des Netzes bei Belastung nachgibt. Ein starkes Netz weist eine annähernd konstante Spannung auf, so dass die Innenimpedanz vergleichsweise klein und damit die Kurzschlussleistung groß sein muss. Ein starres Netz besitzt eine unendlich große Kurzschlussleistung und gibt bei

Belastung hinsichtlich seiner Klemmenspannung nicht nach. Umgekehrt besitzen „weiche" Netze große Innenimpedanzen und entsprechend kleine Kurzschlussleistungen. In Tabelle 2.5 sind typische Wertebereiche für Anfangskurzschlusswechselstromleistungen in den verschiedenen Spannungsebenen angegeben.

Tab. 2.5: Wertebereiche für Anfangskurzschlusswechselstromleistungen

Spannungsebene		Anfangskurzschluss-wechselstromleistung S_k'' in GVA
HöS	380 kV	5–60
	220 kV	4,0–30
HS		1,0–8,0
MS	20 kV	0,5–1,25
	10 kV	0,25–0,75
NS		0,001–0,05

2.9 Maßnahmen zur Kurzschlussstrombegrenzung

Ist im Rahmen der Netzplanung abzusehen, dass die der Betriebsmittel- und Anlagenauslegung zugrundeliegenden Anfangskurzschlusswechselströme bzw. die Anfangskurzschlusswechselstromleistungen z. B. in Folge des Zubaus von weiteren Erzeugungsanlagen oder durch eine steigende Netzvermaschung überschritten werden, sind entweder die an ihre Grenzen der mechanischen und thermischen Kurzschlussfestigkeit (siehe Kapitel 7) kommenden Anlagen zu ertüchtigen, zu ersetzen oder Maßnahmen für die Begrenzung der Kurzschlussströme erforderlich.

Diese Maßnahmen können zunächst Maßnahmen auf Betriebsmittelebene umfassen. Dies sind zum einen schaltende Maßnahmen wie der Einbau von Sicherungen (siehe Band 1, Abschnitt 17.5), strombegrenzenden Schaltern, Stoßkurzschlussstrombegrenzern (siehe Band 1, Abschnitt 17.6) oder zukünftig auch von supraleitenden Strombegrenzern (z. B. [10–12]). Mit diesen Maßnahmen ist im normalen Netzbetrieb eine kleine Netzinnenimpedanz vorhanden, während sich diese dann im Fehlerfall sehr schnell erhöht und den Fehlerstrom unterbricht oder begrenzt. Zum anderen kann durch den Einsatz von Betriebsmitteln ohne eine schaltende Funktion, d. h. von Transformatoren mit höheren relativen Kurzschlussspannungen u_k, Synchrongeneratoren mit größeren bezogenen subtransienten Reaktanzen x_d'' oder durch den Einsatz von Reihendrosselspulen zur Kurzschlussstrombegrenzung (siehe Band 2, Abschnitt 7.1) zwischen zwei Sammelschienenabschnitten oder in den Sammelschienenabgängen die Netzinnenimpedanz dauerhaft, d. h. im Normalbetrieb als auch im

Fehlerfall, vergrößert werden. Letztere Maßnahmen haben dann immer Einfluss auf die Spannungshaltung (Vergrößerung der Spannungsabfälle), die Netzverluste, die Stabilität (Vergrößerung der Impedanz, vgl. Kapitel 5 und ggf. auch auf die Übersichtlichkeit bei der Netzführung [5]).

Auf Schaltanlagen- und Netzebene können weitere Maßnahmen zur Kurzschlussstrombegrenzung genannt werden, die alle auf die Vergrößerung der Netzinnenimpedanz mit den bereits oben genannten Nachteilen zielen. Dies sind [5]:

- Längstrennung und/oder Quertrennung von Sammelschienen (Entmaschung), wobei bei einem Betrieb mit Mehrfachsammelschienen (siehe Band 1, Abschnitt 18.4) noch eine ausreichende Freizügigkeit erhalten bleibt. Die Verteilung der Einspeiseanschlüsse von Kraftwerken, Erzeugungsanlagen und Transformatoren auf die Sammelschienenabschnitte sorgt für eine annähernd gleichmäßige Verteilung der Kurzschlussleistungen.
- Sammelschienen-Schnellentkupplung, bei der der Leistungsschalter der Kupplung als erster auslöst und in der Lage sein muss, den Kurzschlussstrom zu schalten, wodurch die später auslösenden Leistungsschalter in den Abgängen den dann reduzierten Kurzschlussstrom unterbrechen können. In der MS-Ebene könnte eine solche Schnellentkupplung auch mit einem I_S-Begrenzer, der ggf. parallel zu einer Kurzschlussstrombegrenzungsdrosselspule angeordnet ist (siehe Band 1, Abschnitt 7.1), durchgeführt werden.
- Einführung einer zusätzlichen höheren Spannungsebene mit Einteilung der unterlagerten Netze in getrennte Netzgruppen (Teilnetzbildung) mit entsprechend kleineren Kurzschlussleistungen. In die höhere Spannungsebene können dann auch zusätzliche Erzeugungsanlagen eingebunden werden, wodurch die Kurzschlussleistungen durch die dann höheren absoluten Impedanzen trotz der höheren treibenden Spannung beschränkt werden.
- Umstellung auf eine höhere Spannungsebene von Netzteilen (z. B. Umstellung von 10 kV auf 20 kV Netznennspannung). Bei gleichen Transformatorleistungen erhöhen sich die absoluten Impedanzen der Transformatoren (siehe Band 2, Abschnitt 5.6).
- Prinzipiell können auch Kurzschlussströme in ausgedehnten Netzen reduziert werden, wenn nach einer Teilnetzbildung die Teilnetze anschließend durch Hochspannungsgleichstromübertragungen (HGÜ) oder HGÜ-Kurzkupplungen miteinander verbunden werden. Die entsprechenden Kurzschlussstrombeiträge durch die HGÜ sind je nach Auslegung näherungsweise auf die Bemessungsströme der Anlagen begrenzt.

3 Berechnung von unsymmetrischen Quer- und Längsfehlern

Unsymmetrische Fehler sind alle Fehler, bei denen nicht immer alle drei Leiter gleichermaßen und gleichzeitig betroffen sind. Beispiele für symmetrische und unsymmetrische Querfehler (Erd(kurz)schluss[1], Kurzschlüsse) und Längsfehler (Unterbrechungen) sind in Abbildung 3.1 dargestellt.

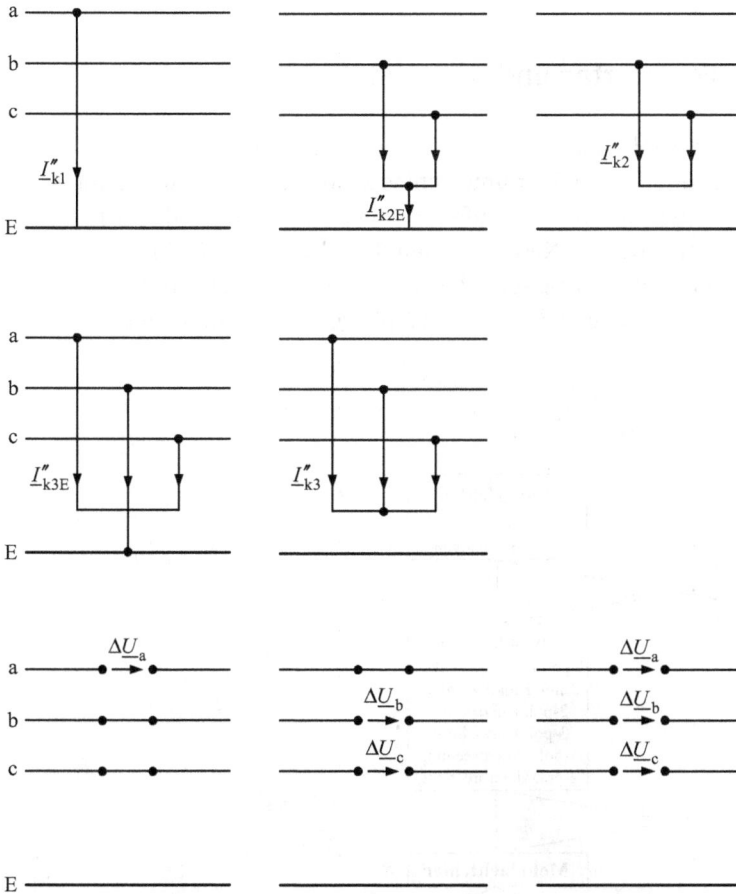

Abb. 3.1: Beispiele für symmetrische und unsymmetrische Querfehler und Längsfehler, oben: 1-poliger Erd(kurz)schluss, 2-poliger Kurzschluss mit und ohne Erdberührung, Mitte: 3-poliger Kurzschluss mit und ohne Erdberührung, unten: 1-polige, 2-polige und 3-polige Unterbrechung

---

1 Der Unterschied zwischen einem 1-poligen Erdkurzschluss und einem 1-poligen Erdschluss liegt in der Höhe des auftretenden Fehlerstroms und ist durch die Art der Sternpunkterdung (siehe Kapitel 8 bedingt.

https://doi.org/10.1515/9783110608274-003

Die Berechnung von unsymmetrischen Querfehlern und Unterbrechungen wird im Folgenden mit Hilfe der Symmetrischen Komponenten (siehe Band 1, Abschnitt 20.4) demonstriert. Dieses Komponentenverfahren ermöglicht eine übersichtliche und einfache Berechnung von unsymmetrischen Betriebszuständen auch in ausgedehnten Netzen, da die Komponentensysteme nur an der/den Unsymmetriestelle(n) durch für jede Fehlerart typische Verschaltungen miteinander gekoppelt werden. Das restliche Netz bleibt entkoppelt. Diese Verschaltungen sind darüberhinaus noch dual zueinander, so dass die Fehlerbedingungen und Gleichungen von einer Fehlerart auf eine andere Fehlerart leicht übertragen werden können.

3.1 Übersicht: Fehlerarten und Fehlerhäufigkeit

Grundsätzlich können Fehler nach ihrer Lage im Netz in symmetrische und unsymmetrische Querfehler und Längsfehler unterschieden werden (siehe Abbildung 3.2).

Dabei können diese Fehler als Einfachfehler oder als Mehrfachfehler, d. h. gleichzeitig an verschiedenen Orten im Netz, auftreten. Bei einem Mehrfachfehler können die Fehler gleich- oder ungleichartig sein, d. h. an einem Ort ist z. B. ein 1-poliger Erdkurzschluss und an einem anderen Ort z. B. ein 2-poliger Kurzschluss ohne Erdberüh-

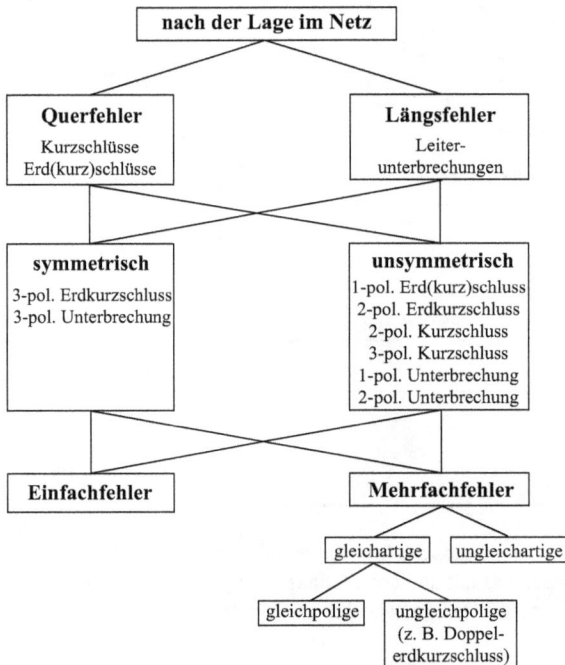

Abb. 3.2: Unterscheidung von symmetrischen und unsymmetrischen Quer- und Längsfehlern nach ihrer Lage im Netz

rung vorhanden. Handelt es sich um gleichartige Fehler, kann man weiterhin noch zwischen gleichpoligen oder ungleichpoligen Fehlern unterscheiden. Ein Beispiel für einen ungleichpoligen gleichartigen Mehrfachfehler ist der Doppelerdkurzschluss.

Des Weiteren können die unsymmetrischen Fehler, wie es in späteren Abschnitten noch deutlich wird, auch hinsichtlich der Schaltung der Symmetrischen Komponenten an der Fehlerstelle in Serienfehler und Parallelfehler unterschieden werden (siehe Abbildung 3.3). Bei Serien- bzw. bei Parallelfehlern werden die Ersatzschaltungen der Symmetrischen Komponenten an der Fehlerstelle in Serie bzw. parallel geschaltet. Bei den symmetrischen Fehlern (3-poliger Erdkurzschluss und 3-polige Unterbrechung) und beim 3-poligen Kurzschluss wird (in geometrisch und elektrisch symmetrischen Drehstromsystemen) nur das Mitsystem verwendet.

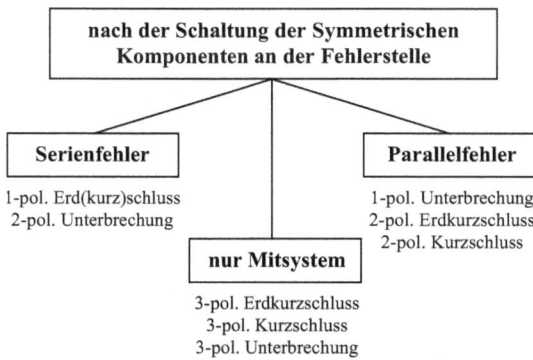

Abb. 3.3: Unterscheidung von symmetrischen und unsymmetrischen Fehlern nach der Schaltung der Symmetrischen Komponenten an der Fehlerstelle

Die am häufigsten vorkommenden Fehler in den HöS- und HS-Drehstromnetzen [13] sind mit ca. 80 % 1-polige Querfehler (siehe Abbildung 3.4), wovon der Großteil wiederum mit geschätzten 70 bis 80 % in den Netzen ohne Sternpunkterdung (siehe Abschnitt 8.4) bzw. in Netzen mit Resonanzsternpunkterdung (siehe Abschnitt 8.5) als Erdschlüsse auftreten [14, 13].

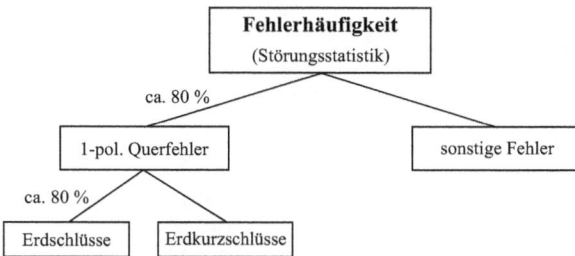

Abb. 3.4: Fehlerhäufigkeit von symmetrischen und unsymmetrischen Fehlern

3.2 Definition von Fehlertoren

Grundsätzlich sind unterschiedliche Fehlertore bei Quer- und Längsfehlern zu unterscheiden. Bei Querfehlern handelt es sich um Kurzschlüsse oder Erdschlüsse, die als Leiter-Erde-Fehler oder als Leiter-Leiter-Fehler an einem dreiphasigen Netzknoten F auftreten können. Der Knoten wird elektrisch durch seine drei Knotenspannungen $\underline{U}_{\nu F}$ und die drei vom Knoten wegfließenden Fehlerströme $\underline{I}_{\nu F}$ (ν = a, b, c) beschrieben. Das zugehörige (dreiphasige) Fehlertor wird aus dem (dreiphasigen) Netzknoten F und dem Bezugsknoten 0 gebildet (siehe Abbildung 3.5). Die sechs genannten Spannungen und Ströme entsprechen den Klemmengrößen dieses Fehlertors.

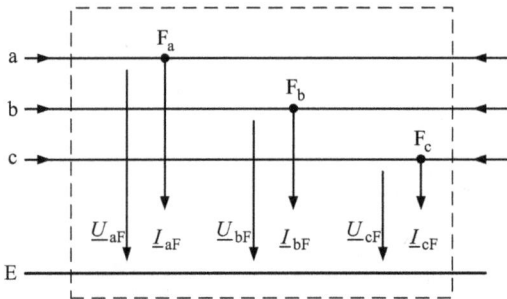

Abb. 3.5: (Dreiphasiges) Fehlertor beim Querfehler

Bei Längsfehler handelt es sich immer um eine Unterbrechung der dreiphasigen Anschlussklemmen eines Betriebsmittels. Durch die Unterbrechung entsteht neben dem dreiphasigen Fehlerknoten F grundsätzlich ein neuer (dreiphasiger) Knoten F' (siehe Abbildung 3.6). Die Unterbrechungsstelle wird elektrisch durch die drei Spannungen $\underline{U}_{\nu F}$ über der Unterbrechungsstelle und die drei Ströme $\underline{I}_{\nu F}$ (ν = a, b, c) durch die Unterbrechungsstelle beschrieben, die den Klemmenströmen des Betriebsmittels entsprechen. Das zugehörige (dreiphasige) Fehlertor wird aus dem (dreiphasigen) Netzknoten F und dem durch die Unterbrechung neu entstandenen (dreiphasigen) Knoten F' gebildet. Die sechs genannten Spannungen und Ströme entsprechen den Klemmengrößen dieses Fehlertors.

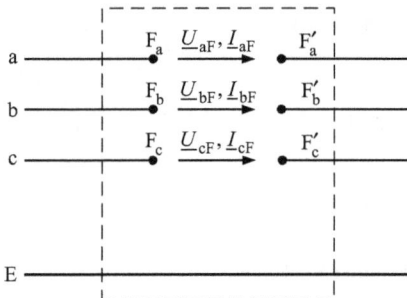

Abb. 3.6: (Dreiphasiges) Fehlertor beim Längsfehler

3.3 Fehlerbedingung für die natürlichen und die Symmetrischen Komponenten

Jeder Fehler ist durch drei Bedingungen für die Fehlertorspannungen und -ströme festgelegt. Dies sind die Knotenspannungen und Fehlerströme bei Querfehlern bzw. die Spannungen über der Unterbrechungsstelle und die Klemmenströme bei Unterbrechungen. Diese Bedingungen werden als Fehlerbedingungen bezeichnet. Zusammen mit den Torbeziehungen an der dreiphasigen Fehlerstelle, die ebenfalls drei Gleichungen liefern, können damit die insgesamt sechs unbekannten Größen $\underline{U}_{\nu F}$ und $\underline{I}_{\nu F}$ (ν = a, b, c) bestimmt werden.

Die drei Fehlerbedingungen werden zunächst in den natürlichen Koordinaten, d. h. für die drei Leiter a, b und c, formuliert (siehe Tabelle 3.1). Die Fehlerbedingungen betreffen bei unsymmetrischen Fehlern immer die Fehlertorspannungen und -ströme. Nur bei symmetrischen Fehlern betreffen sie entweder nur die Fehlertorspannungen (3-poliger Kurzschluss mit Erdberührung) oder nur die Fehlertorströme (3-polige Unterbrechung). Die drei Fehlerbedingungen können allgemein mit Hilfe der 3×3-Inzidenzmatrizen $\underline{F}_1$ und $\underline{F}_2$ in der folgenden Form angegeben werden[2]:

$$\underline{F}_1 \underline{u}_F + \underline{F}_2 \underline{i}_F = 0 \quad \text{mit} \quad \underline{u}_F = \begin{bmatrix} U_{aF} & U_{bF} & U_{cF} \end{bmatrix}^T \quad \text{und} \quad \underline{i}_F = \begin{bmatrix} I_{aF} & I_{bF} & I_{cF} \end{bmatrix}^T \quad (3.1)$$

Grundsätzlich ist es bei Einfachfehlern zur Vermeidung von zusätzlichen Übertragern zweckmäßig, die Unsymmetriestelle so zu legen, dass der Leiter, der durch die Unsymmetrie gegenüber den beiden anderen Leitern abweichende Eigenschaften aufweist, z. B. durch zyklisches Vertauschen oder durch eine andere Bezeichnung zum Bezugsleiter zu machen. Praktisch bedeutet dies, dass ein 1-poliger Erd(kurz)schluss in den Bezugsleiter a und dass ein zweipoliger Kurzschluss in die Leiter b und c gelegt wird. Nach der Durchführung der Berechnungen kann dann das Ergebnis entsprechend „zurückgetauscht" werden. Aufgrund des angenommenen symmetrischen Drehstromsystems ist dies aber nicht unbedingt erforderlich, da alle drei Leiter dieselben Eigenschaften aufweisen.

Bei Doppel- oder Mehrfachfehlern kann es durch die unterschiedliche Art und Lage der Fehler (z. B. beim Doppelerdkurzschluss) passieren, dass sich zusätzliche Übertrager nicht vermeiden lassen, und es keine zweckmäßige Regel für die Wahl der Leiter, in die die Umsymmetriestellen gelegt werden sollten, gibt.

In Tabelle 3.1 sind zur Vermeidung von zusätzlichen Übertragern die Unsymmetriestellen so gelegt worden, dass der Leiter, der durch die Unsymmetrie gegenüber den beiden anderen Leitern abweichende Eigenschaften aufweist, als Bezugsleiter a gewählt wurde. Der Bezugsleiter a ist auch der Bezugsleiter für die Symmetrischen Komponenten (vgl. Band 1, Abschnitt 20.4).

---

[2] Es wird bei der Angabe der Fehlerbedingungen für eine bessere Lesbarkeit und größere Übersichtlichkeit auf die eigentlich notwendige Angabe der jeweiligen Einheit, z. B. A oder V, hier und im Folgenden verzichtet.

Tab. 3.1: Fehlerbedingung für die natürlichen und die Symmetrischen Komponenten (SK) [15]

Fehlerart	Fehlerbedingungen (Spannungen und Ströme ohne Index F)				Schaltung der SK
	natürliche Koordinaten		Symmetrische Koordinaten		
3-pol. KS	$\underline{U}_a - \underline{U}_b = 0$ $\underline{U}_b - \underline{U}_c = 0$ ——	—— —— $\underline{I}_a + \underline{I}_b + \underline{I}_c = 0$	$\underline{U}_1 = 0$ $\underline{U}_2 = 0$ ——	—— —— $\underline{I}_0 = 0$	01 / 02 / 00
3-pol. EKS	$\underline{U}_a = 0$ $\underline{U}_b = 0$ $\underline{U}_c = 0$	——	$\underline{U}_1 = 0$ $\underline{U}_2 = 0$ $\underline{U}_0 = 0$	——	01 / 02 / 00
1-pol. EKS	$\underline{U}_a = 0$	$\underline{I}_b = 0$ $\underline{I}_c = 0$	$\underline{U}_1 + \underline{U}_2 + \underline{U}_0 = 0$	$\underline{I}_2 = \underline{I}_1$ $\underline{I}_0 = \underline{I}_2$	01 / 02 / 00
2-pol. KS	$\underline{U}_b - \underline{U}_c = 0$	$\underline{I}_a = 0$ $\underline{I}_b + \underline{I}_c = 0$	$\underline{U}_2 = \underline{U}_1$	$\underline{I}_1 + \underline{I}_2 = 0$ $\underline{I}_0 = 0$	01 / 02 / 00
2-pol. EKS	$\underline{U}_b = 0$ $\underline{U}_c = 0$	$\underline{I}_a = 0$	$\underline{U}_2 = \underline{U}_1$ $\underline{U}_0 = \underline{U}_2$	$\underline{I}_1 + \underline{I}_2 + \underline{I}_0 = 0$	01 / 02 / 00
3-pol. UB	——	$\underline{I}_a = 0$ $\underline{I}_b = 0$ $\underline{I}_c = 0$	——	$\underline{I}_1 = 0$ $\underline{I}_2 = 0$ $\underline{I}_0 = 0$	01 / 02 / 00
2-pol. UB	$\underline{U}_a = 0$	$\underline{I}_b = 0$ $\underline{I}_c = 0$	$\underline{U}_1 + \underline{U}_2 + \underline{U}_0 = 0$	$\underline{I}_2 = \underline{I}_1$ $\underline{I}_0 = \underline{I}_2$	01 / 02 / 00
1-pol. UB	$\underline{U}_b = 0$ $\underline{U}_c = 0$	$\underline{I}_a = 0$	$\underline{U}_2 = \underline{U}_1$ $\underline{U}_0 = \underline{U}_2$	$\underline{I}_1 + \underline{I}_2 + \underline{I}_0 = 0$	01 / 02 / 00

Die Transformation der Fehlerbedingungen in die Symmetrischen Koordinaten (siehe Band 1, Abschnitt 20.4) liefert die Strom- und Spannungsbeziehungen an der Fehlerstelle in Symmetrischen Komponenten, die als Bedingungen für die Verschaltung der Symmetrischen Komponentennetze an der Fehlerstelle interpretiert werden können (siehe Tabelle 3.1). Diese Transformation kann entweder direkt durch die getrennte Transformation der Fehlertorspannungen und -ströme erfolgen:

$$\boldsymbol{u}_{FS} = \begin{bmatrix} \underline{U}_{1F} \\ \underline{U}_{2F} \\ \underline{U}_{0F} \end{bmatrix} = \frac{1}{3} \begin{bmatrix} 1 & \underline{a} & \underline{a}^2 \\ 1 & \underline{a}^2 & \underline{a} \\ 1 & 1 & 1 \end{bmatrix} \begin{bmatrix} \underline{U}_{aF} \\ \underline{U}_{bF} \\ \underline{U}_{cF} \end{bmatrix} = \boldsymbol{T}_S^{-1} \boldsymbol{u}_F \quad \text{und}$$

$$\boldsymbol{u}_F = \boldsymbol{T}_S \boldsymbol{u}_{FS} = \begin{bmatrix} 1 & 1 & 1 \\ \underline{a}^2 & \underline{a} & 1 \\ \underline{a} & \underline{a}^2 & 1 \end{bmatrix} \boldsymbol{u}_{FS} \tag{3.2}$$

sowie:

$$\boldsymbol{i}_{FS} = \begin{bmatrix} \underline{I}_{1F} \\ \underline{I}_{2F} \\ \underline{I}_{0F} \end{bmatrix} = \frac{1}{3} \begin{bmatrix} 1 & \underline{a} & \underline{a}^2 \\ 1 & \underline{a}^2 & \underline{a} \\ 1 & 1 & 1 \end{bmatrix} \begin{bmatrix} \underline{I}_{aF} \\ \underline{I}_{bF} \\ \underline{I}_{cF} \end{bmatrix} = \boldsymbol{T}_S^{-1} \boldsymbol{i}_F \quad \text{und}$$

$$\boldsymbol{i}_F = \boldsymbol{T}_S \boldsymbol{i}_{FS} = \begin{bmatrix} 1 & 1 & 1 \\ \underline{a}^2 & \underline{a} & 1 \\ \underline{a} & \underline{a}^2 & 1 \end{bmatrix} \boldsymbol{i}_{FS} \tag{3.3}$$

oder alternativ durch Ersetzen der Fehlertorspannungen und -ströme durch ihre Symmetrischen Komponenten in Gl. (3.1):

$$\boldsymbol{F}_1 \boldsymbol{T}_S \boldsymbol{u}_{FS} + \boldsymbol{F}_2 \boldsymbol{T}_S \boldsymbol{i}_{FS} = \boldsymbol{F}_{1S} \boldsymbol{u}_{FS} + \boldsymbol{F}_{2S} \boldsymbol{i}_{FS} = \boldsymbol{0} \tag{3.4}$$

Beide Vorgehensweisen führen auf dasselbe Ergebnis. Im Folgenden wird die Angabe der Fehlerbedingungen entsprechend Gl. (3.1) bzw. Gl. (3.4) verwendet.

Für die Verschaltung der Komponentennetze werden für die nachfolgenden Betrachtungen die Fehlertore mit ihren beiden Klemmen aus den Netzwerken herausgezogen (siehe Abbildung 3.7), um das Klemmenverhalten einfacher und übersichtlicher analysieren zu können.

Die Komponentennetze sind nur an der Fehler- bzw. Unsymmetriestelle entsprechend der Fehlerbedingungen miteinander gekoppelt, alle anderen Netzbereiche bleiben entkoppelt, was für eine einfache und übersichtliche Berechnung hilfreich ist. Die Verschaltungen der Komponentennetze führen auf Parallel- und Serienschaltungen (siehe Abbildung 3.3 und Tabelle 3.1). Nur bei symmetrischen Fehlern bleiben die Komponentennetze entkoppelt, und es reicht unter der Voraussetzung von elektrischer und geometrischer Symmetrie aus, nur mit dem Mitsystem zu rechnen (siehe Band 1, Kapitel 20).

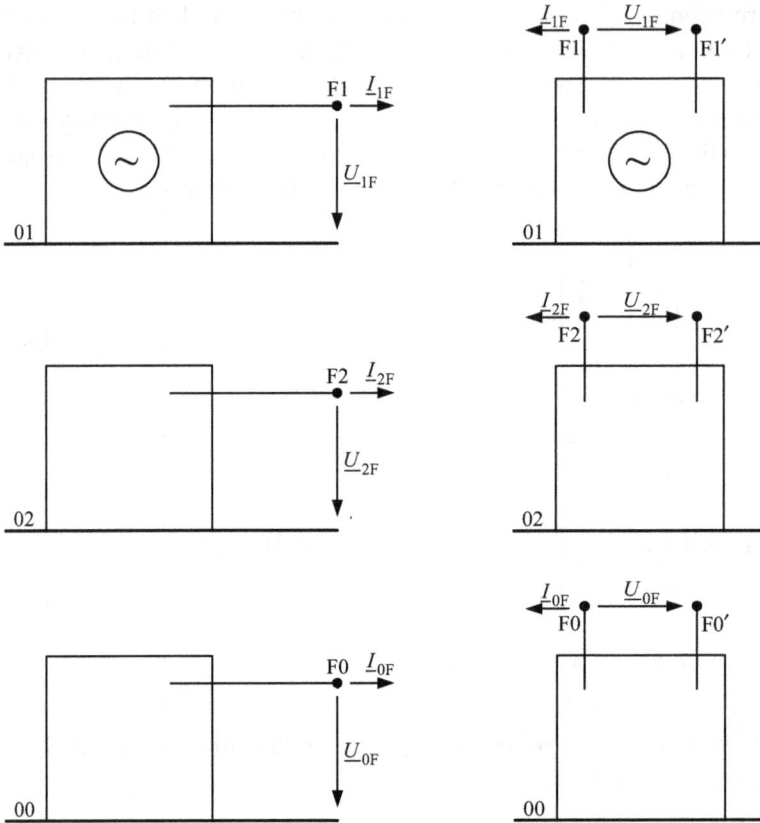

Abb. 3.7: Symmetrische Komponentennetze für Querfehler (links) und Längsfehler (rechts)

3.4 Torbeziehungen an der Fehlerstelle (Fehlertorgleichungen)

Um die Vorteile der ausschließlichen Kopplung an der Fehler- bzw. Unsymmetriestelle nutzen zu können und um eine größere Übersichtlichkeit zu erlangen, werden nun die Komponentennetze an den Fehlertoren mit Hilfe der Zweipoltheorie zu aktiven und passiven Zweipolersatzschaltungen (siehe Band 1, Kapitel 7) zusammengefasst. Die Komponentennetze bestehen aus den jeweiligen Komponentenersatzschaltungen der Betriebsmittel, die entsprechend der Topologie des Netzes an ihren Klemmen zusammengeschaltet werden. Durch seine Zweipolersatzschaltung an seinem Fehlertor wird das Klemmenverhalten des jeweiligen Komponentennetzwerks exakt nachgebildet, und es können die Größen an der Fehlerstelle damit übersichtlich und einfach berechnet werden. Die drei daraus resultierenden Fehlertorgleichungen liefern die drei noch fehlenden Gleichungen zur Bestimmung der insgesamt sechs unbekannten Spannungen und Ströme an der Fehlerstelle.

Unter der Voraussetzung elektrischer und geometrischer Symmetrie bildet das Mitsystem eine aktive Zweipolersatzschaltung und das Gegen- und das Nullsystem jeweils passive Zweipolersatzschaltungen. Dabei kann die Zweipolersatzschaltung für das Mitsystem als Spannungs- oder Stromquellenersatzschaltung mit Innenimpedanz angegeben werden (siehe Band 1, Abschnitt 7.3). Die Innenimpedanzen aller Ersatzschaltungen entsprechen den Fehlertorimpedanzen, und die Ersatzspannungsquelle bzw. die Ersatzstromquelle der Leerlaufspannung bzw. dem 3-poligen Kurzschlussstrom am Fehlertor. Die Auswahl einer Spannungs- oder Stromquellenersatzschaltung ist prinzipiell beliebig, doch ist für die Berechnung von Serienfehlern (vgl. Abschnitt 3.1) die Verwendung einer Spannungsquellenersatzschaltung und bei Parallelfehlern die Verwendung einer Stromquellenersatzschaltung günstiger und deshalb zu empfehlen.

3.4.1 Torbeziehungen an der Querfehlerstelle

Die Zusammenfassung der bei Querfehlern abstrahiert mit herausgezogenen Fehlerknoten Fν und Bezugsknoten 0ν (ν = 1, 2, 0) dargestellten Komponentennetze in Abbildung 3.7 zu Ersatzzweipolen an den Fehlertoren führt auf die Spannungs- und Stromquellenersatzschaltungen für die Symmetrischen Komponenten in Abbildung 3.8, die das Klemmenverhalten der Komponentennetze vollständig und identisch beschreiben.

Die Klemmenbeziehungen für die Darstellung mit einer Ersatzspannungsquelle $\underline{U}_{1lF}$ bzw. einer Ersatzstromquelle $\underline{I}_{1kF}$ lauten:

$$\begin{bmatrix} \underline{U}_{1F} \\ \underline{U}_{2F} \\ \underline{U}_{0F} \end{bmatrix} = \begin{bmatrix} \underline{U}_{1lF} \\ 0 \\ 0 \end{bmatrix} - \begin{bmatrix} \underline{Z}_1 & & \\ & \underline{Z}_2 & \\ & & \underline{Z}_0 \end{bmatrix} \begin{bmatrix} \underline{I}_{1F} \\ \underline{I}_{2F} \\ \underline{I}_{0F} \end{bmatrix}$$

$$\text{bzw.} \quad \begin{bmatrix} \underline{I}_{1F} \\ \underline{I}_{2F} \\ \underline{I}_{0F} \end{bmatrix} = \begin{bmatrix} -\underline{I}_{1kF} \\ 0 \\ 0 \end{bmatrix} - \begin{bmatrix} \underline{Y}_1 & & \\ & \underline{Y}_2 & \\ & & \underline{Y}_0 \end{bmatrix} \begin{bmatrix} \underline{U}_{1F} \\ \underline{U}_{2F} \\ \underline{U}_{0F} \end{bmatrix} \tag{3.5}$$

Die Impedanzen $\underline{Z}_1$, $\underline{Z}_2$ und $\underline{Z}_0$ sind die Torimpedanzen, und deren Kehrwerte $\underline{Y}_1$, $\underline{Y}_2$ und $\underline{Y}_0$ sind die Toradmittanzen. Das Fehlertor liegt dabei immer zwischen dem vom Querfehler betroffenen Netzknoten und dem Bezugsknoten. Der Wert der Ersatzspannungsquelle entspricht der Leerlaufspannung (Index l) an der Fehlerstelle unmittel-

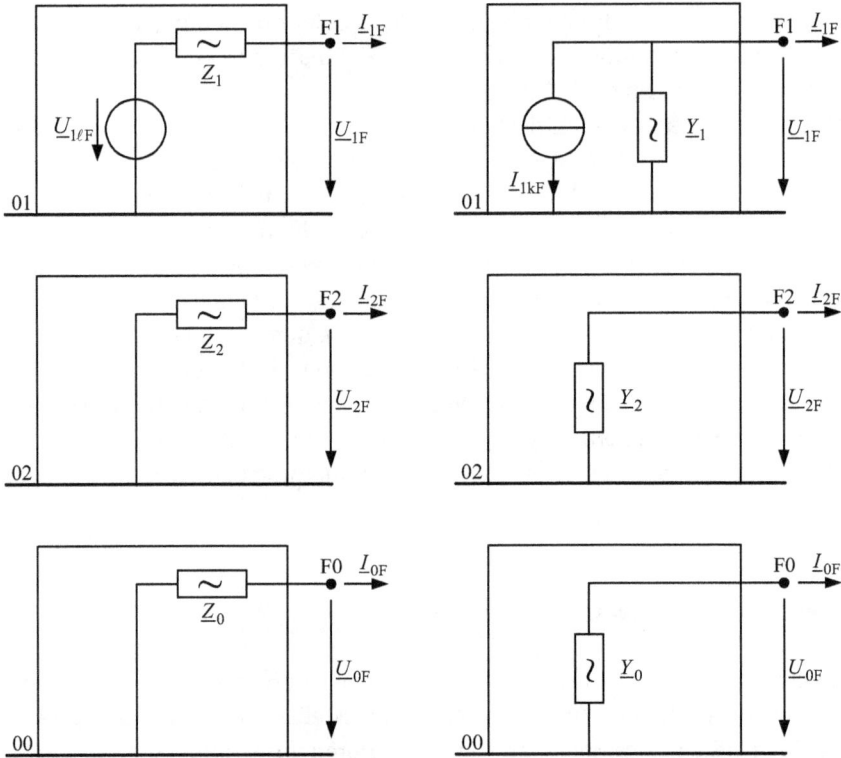

Abb. 3.8: Zweipolersatzschaltungen der Symmetrischen Komponentennetze für Querfehler

bar vor dem Querfehler:

$$
\begin{bmatrix} \underline{U}_{1\mathrm{lF}} \\ \underline{U}_{2\mathrm{lF}} \\ \underline{U}_{0\mathrm{lF}} \end{bmatrix} = \frac{1}{3} \begin{bmatrix} 1 & \underline{a} & \underline{a}^2 \\ 1 & \underline{a}^2 & \underline{a} \\ 1 & 1 & 1 \end{bmatrix} \begin{bmatrix} \underline{U}_\mathrm{a}(0^-) \\ \underline{U}_\mathrm{b}(0^-) \\ \underline{U}_\mathrm{c}(0^-) \end{bmatrix}
$$

$$
= \frac{1}{3} \begin{bmatrix} 1 & \underline{a} & \underline{a}^2 \\ 1 & \underline{a}^2 & \underline{a} \\ 1 & 1 & 1 \end{bmatrix} \begin{bmatrix} \underline{U}_\mathrm{a}(0^-) \\ \underline{a}^2 \underline{U}_\mathrm{a}(0^-) \\ \underline{a}\, \underline{U}_\mathrm{a}(0^-) \end{bmatrix} = \begin{bmatrix} \underline{U}_\mathrm{a}(0^-) \\ 0 \\ 0 \end{bmatrix} \tag{3.6}
$$

Die beiden Darstellungen in Gl. (3.5) und Abbildung 3.8 sind vollkommen dual zueinander und können auch ineinander umgerechnet werden (siehe Band 1, Abschnitt 7.3). Für Serienfehler ist die Verwendung der Spannungsquellenersatzschaltung und für Parallelfehler die Verwendung der Stromquellenersatzschaltung vorzuziehen.

Für die Verifizierung der Ersatzschaltung werden die beiden Sonderfälle Leerlauf und 3-poliger Kurzschluss mit Erdberührung an den Klemmen der Ersatzzweipole betrachtet. Im fehlerfreien Zustand sind die Fehlerströme $\underline{I}_{\mathrm{aF}} = \underline{I}_{\mathrm{bF}} = \underline{I}_{\mathrm{cF}} = 0$ bzw.

$\underline{I}_{1F} = \underline{I}_{2F} = \underline{I}_{0F} = 0$ gleich null („Leerlauf"). Damit entspricht die Spannung am Fehlerknoten der Leerlaufspannung an diesem Knoten:

$$
\begin{bmatrix} \underline{U}_{1F} \\ \underline{U}_{2F} \\ \underline{U}_{0F} \end{bmatrix} = \begin{bmatrix} \underline{U}_{1lF} \\ 0 \\ 0 \end{bmatrix} = \begin{bmatrix} -\underline{Y}_1 \underline{I}_{1kF} \\ 0 \\ 0 \end{bmatrix} = \begin{bmatrix} -\underline{I}_{1kF}/\underline{Z}_1 \\ 0 \\ 0 \end{bmatrix}
$$

(3.7)

bzw.
$$
\begin{bmatrix} \underline{U}_{aF} \\ \underline{U}_{bF} \\ \underline{U}_{cF} \end{bmatrix} = \begin{bmatrix} 1 & 1 & 1 \\ \underline{a}^2 & \underline{a} & 1 \\ \underline{a} & \underline{a}^2 & 1 \end{bmatrix} \begin{bmatrix} \underline{U}_{1lF} \\ 0 \\ 0 \end{bmatrix} = \begin{bmatrix} \underline{U}_{1lF} \\ \underline{a}^2 \underline{U}_{1lF} \\ \underline{a}\, \underline{U}_{1lF} \end{bmatrix}
$$

Für den anderen Sonderfall des 3-poligen Kurzschlusses mit Erdberührung gilt $\underline{U}_{aF} = \underline{U}_{bF} = \underline{U}_{cF} = 0$ bzw. $\underline{U}_{1F} = \underline{U}_{2F} = \underline{U}_{0F} = 0$. Damit entsprechen die symmetrischen Fehlerströme dem negativen Strom der Ersatzstromquelle:

$$
\begin{bmatrix} \underline{I}_{1F} \\ \underline{I}_{2F} \\ \underline{I}_{0F} \end{bmatrix} = \begin{bmatrix} -\underline{I}_{1kF} \\ 0 \\ 0 \end{bmatrix} = \begin{bmatrix} \underline{Y}_1 \underline{U}_{1lF} \\ 0 \\ 0 \end{bmatrix} = \begin{bmatrix} \underline{U}_{1lF}/\underline{Z}_1 \\ 0 \\ 0 \end{bmatrix}
$$

(3.8)

bzw.
$$
\begin{bmatrix} \underline{I}_{aF} \\ \underline{I}_{bF} \\ \underline{I}_{cF} \end{bmatrix} = \begin{bmatrix} 1 & 1 & 1 \\ \underline{a}^2 & \underline{a} & 1 \\ \underline{a} & \underline{a}^2 & 1 \end{bmatrix} \begin{bmatrix} -\underline{I}_{1kF} \\ 0 \\ 0 \end{bmatrix} = - \begin{bmatrix} \underline{I}_{1kF} \\ \underline{a}^2 \underline{I}_{1kF} \\ \underline{a}\, \underline{I}_{1kF} \end{bmatrix}
$$

3.4.2 Torbeziehungen an der Längsfehlerstelle

Die Zusammenfassung der bei Längsfehlern abstrahiert mit den beiden herausgezogenen Fehlerknoten Fv und Fv' (v = 1, 2, 0) dargestellten Komponentennetze in Abbildung 3.7 zu Ersatzzweipolen an den Fehlertoren führt auf die Spannungs- und Stromquellenersatzschaltungen für die Symmetrischen Komponenten in Abbildung 3.9, die das Klemmenverhalten vollständig und identisch beschreiben.

Die Klemmenbeziehungen für die Darstellung mit einer Ersatzspannungsquelle $\underline{U}_{1lF}$ bzw. Ersatzstromquelle $\underline{I}_{1kF}$ lauten:

$$
\begin{bmatrix} \underline{U}_{1F} \\ \underline{U}_{2F} \\ \underline{U}_{0F} \end{bmatrix} = \begin{bmatrix} \underline{U}_{1lF} \\ 0 \\ 0 \end{bmatrix} - \begin{bmatrix} \underline{Z}_1 & & \\ & \underline{Z}_2 & \\ & & \underline{Z}_0 \end{bmatrix} \begin{bmatrix} \underline{I}_{1F} \\ \underline{I}_{2F} \\ \underline{I}_{0F} \end{bmatrix}
$$

(3.9)

bzw.
$$
\begin{bmatrix} \underline{I}_{1F} \\ \underline{I}_{2F} \\ \underline{I}_{0F} \end{bmatrix} = \begin{bmatrix} -\underline{I}_{1kF} \\ 0 \\ 0 \end{bmatrix} - \begin{bmatrix} \underline{Y}_1 & & \\ & \underline{Y}_2 & \\ & & \underline{Y}_0 \end{bmatrix} \begin{bmatrix} \underline{U}_{1F} \\ \underline{U}_{2F} \\ \underline{U}_{0F} \end{bmatrix}
$$

Die Impedanzen $\underline{Z}_1$, $\underline{Z}_2$ und $\underline{Z}_0$ sind wieder die Torimpedanzen, und deren Kehrwerte $\underline{Y}_1$, $\underline{Y}_2$ und $\underline{Y}_0$ sind die Toradmittanzen. Das Fehlertor liegt dabei im Unterschied

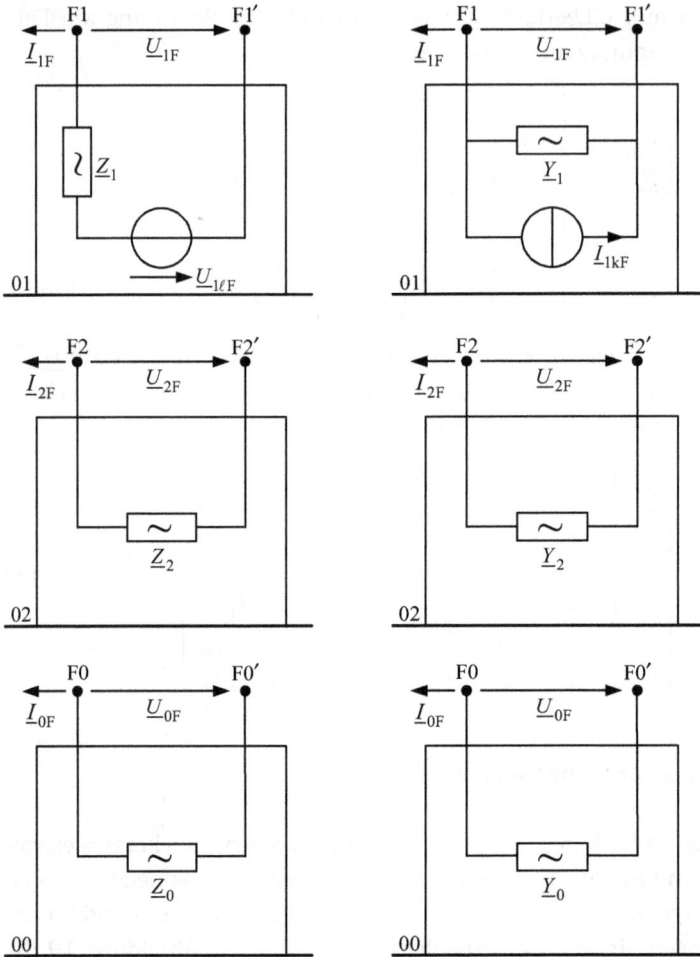

Abb. 3.9: Zweipolersatzschaltung der Symmetrischen Komponentennetze für Längsfehler

zu den Querfehlern immer zwischen dem vom Längsfehler betroffenen Netzknoten Fν und dem durch die Unterbrechung neu entstandenen Knoten Fν' ($\nu = 1, 2, 0$). Der Wert der Ersatzstromquelle entspricht dem negativen Strom an der Unterbrechungsstelle unmittelbar vor dem Längsfehler:

$$
\begin{bmatrix} \underline{I}_{1kF} \\ \underline{I}_{2kF} \\ \underline{I}_{0kF} \end{bmatrix} = - \begin{bmatrix} \underline{I}_{1F} \\ \underline{I}_{2F} \\ \underline{I}_{0F} \end{bmatrix} = -\frac{1}{3} \begin{bmatrix} 1 & \underline{a} & \underline{a}^2 \\ 1 & \underline{a}^2 & \underline{a} \\ 1 & 1 & 1 \end{bmatrix} \begin{bmatrix} \underline{I}_a(0^-) \\ \underline{I}_b(0^-) \\ \underline{I}_c(0^-) \end{bmatrix}
$$

$$
= -\frac{1}{3} \begin{bmatrix} 1 & \underline{a} & \underline{a}^2 \\ 1 & \underline{a}^2 & \underline{a} \\ 1 & 1 & 1 \end{bmatrix} \begin{bmatrix} \underline{I}_a(0^-) \\ \underline{a}^2 \underline{I}_a(0^-) \\ \underline{a}\, \underline{I}_a(0^-) \end{bmatrix} = \begin{bmatrix} -\underline{I}_a(0^-) \\ 0 \\ 0 \end{bmatrix} \tag{3.10}
$$

Die Darstellungen mit der Ersatzspannungsquelle und der Ersatzstromquelle sind ebenfalls wieder vollkommen dual zueinander und können ineinander umgerechnet werden (siehe Band 1, Abschnitt 7.3). Für Serienfehler ist die Verwendung der Spannungsquellenersatzschaltung und für Parallelfehler die Verwendung der Stromquellenersatzschaltung vorzuziehen.

Für die Verifizierung der Ersatzschaltung werden die beiden Sonderfälle Leerlauf und 3-poliger Kurzschluss mit Erdberührung an den Klemmen der Ersatzzweipole betrachtet. Im fehlerfreien Zustand (keine Unterbrechung) sind die Spannungen über der Unterbrechungsstelle $\underline{U}_{aF} = \underline{U}_{bF} = \underline{U}_{cF} = 0$ bzw. $\underline{U}_{1F} = \underline{U}_{2F} = \underline{U}_{0F} = 0$ gleich null („Kurzschluss"). Damit entsprechen die Fehlerströme in den Symmetrischen Koordinaten dem Strom der Ersatzstromquelle und damit dem Strom vor der Unterbrechung:

$$\begin{bmatrix} \underline{I}_{1F} \\ \underline{I}_{2F} \\ \underline{I}_{0F} \end{bmatrix} = \begin{bmatrix} -\underline{I}_{1kF} \\ 0 \\ 0 \end{bmatrix} = \begin{bmatrix} \underline{Y}_1 \underline{U}_{1lF} \\ 0 \\ 0 \end{bmatrix} = \begin{bmatrix} \underline{U}_{1lF}/\underline{Z}_1 \\ 0 \\ 0 \end{bmatrix}$$

$$\text{bzw.} \quad \begin{bmatrix} \underline{I}_{aF} \\ \underline{I}_{bF} \\ \underline{I}_{cF} \end{bmatrix} = \begin{bmatrix} 1 & 1 & 1 \\ \underline{a}^2 & \underline{a} & 1 \\ \underline{a} & \underline{a}^2 & 1 \end{bmatrix} \begin{bmatrix} \underline{I}_{1kF} \\ 0 \\ 0 \end{bmatrix} = - \begin{bmatrix} \underline{I}_{1kF} \\ \underline{a}^2 \underline{I}_{1kF} \\ \underline{a} \underline{I}_{1kF} \end{bmatrix}$$

(3.11)

Für den anderen Sonderfall der 3-poligen Unterbrechung gilt $\underline{I}_{aF} = \underline{I}_{bF} = \underline{I}_{cF} = 0$ bzw. $\underline{I}_{1F} = \underline{I}_{2F} = \underline{I}_{0F} = 0$, und damit entsprechen die Spannungen über der Unterbrechungsstelle der Leerlaufspannung $\underline{U}_{1lF}$:

$$\begin{bmatrix} \underline{U}_{1F} \\ \underline{U}_{2F} \\ \underline{U}_{0F} \end{bmatrix} = \begin{bmatrix} \underline{U}_{1lF} \\ 0 \\ 0 \end{bmatrix} = \begin{bmatrix} \underline{Z}_1 \underline{I}_{1kF} \\ 0 \\ 0 \end{bmatrix} = \begin{bmatrix} -\underline{I}_{1kF}/\underline{Y}_1 \\ 0 \\ 0 \end{bmatrix}$$

$$\text{bzw.} \quad \begin{bmatrix} \underline{U}_{aF} \\ \underline{U}_{bF} \\ \underline{U}_{cF} \end{bmatrix} = \begin{bmatrix} 1 & 1 & 1 \\ \underline{a}^2 & \underline{a} & 1 \\ \underline{a} & \underline{a}^2 & 1 \end{bmatrix} \begin{bmatrix} \underline{U}_{1lF} \\ 0 \\ 0 \end{bmatrix} = \begin{bmatrix} \underline{U}_{1lF} \\ \underline{a}^2 \underline{U}_{1lF} \\ \underline{a} \underline{U}_{1lF} \end{bmatrix}$$

(3.12)

3.5 Dualität der Fehler und ihrer Fehlerbedingungen

Im Vorgriff auf die nachfolgend detailliert dargestellten Fehlerbedingungen, Fehlertorgleichungen, Fehlertorströme und Fehlertorspannungen für die einzelnen unsymmetrischen Fehler wird auf die Dualität dieser Bedingungen und Gleichungen zwischen den Fehlerarten hingewiesen. Durch das gleichzeitige Vertauschen von Spannungen mit Strömen, Impedanzen mit Admittanzen und Leerlaufspannungsquellen mit Kurzschlussstromquellen und umgekehrt oder durch durch Übertragung der Bedingungen und Gleichungen von einem Querfehlertor auf ein Längsfehlertor und umgekehrt können die Bedingungen und Gleichungen wechselseitig auf eine andere Fehlerart übertragen werden. Im Ergebnis reicht es aus, die Bedingungen und

Gleichungen für einen Fehler zu kennen und auf Basis der Dualitätsbeziehungen diese Bedingungen und Gleichungen auf andere Fehler zu übertragen. Tabelle 3.2 gibt einen Überblick über diese Dualitätsbeziehungen und darüber, durch welche Vertauschungen die Ergebnisse für einen Fehler auf einen anderen Fehler übertragen werden können.

Tab. 3.2: Dualitätsbeziehungen zwischen unsymmetrischen Fehlern (E(K)S = Erd(kurz)schluss, KS = Kurzschluss, UB = Unterbrechung)

	Schaltung der Komponentensysteme					
	getrennt, nicht gekoppelt		Parallelschaltung		Dualitäts-bedingungen	Reihen-schaltung
EKS	3-pol. EKS		2-pol. EKS		$\underline{I} \Leftrightarrow \underline{U}$ $\underline{Y} \Leftrightarrow \underline{Z}$ $-\underline{I}_{1kF} \Leftrightarrow \underline{U}_{1lF}$	1-pol. E(K)S
Übergang	$\downarrow$ $\underline{I}_{0F} = 0$ $\downarrow$	$\updownarrow$ Änderung Fehlertor $\updownarrow$	$\downarrow$ $\underline{I}_{0F} = 0$ $\downarrow$	$\updownarrow$ Änderung Fehlertor $\updownarrow$		$\updownarrow$ Änderung Fehlertor $\updownarrow$
KS	3-pol. KS	$\underline{I} \Leftrightarrow \underline{U}$ $\underline{Y} \Leftrightarrow \underline{Z}$ $-\underline{I}_{1kF} \Leftrightarrow \underline{U}_{1lF}$	2-pol. KS			
UB	3-pol. UB		1-pol. UB		$\underline{I} \Leftrightarrow \underline{U}$ $\underline{Y} \Leftrightarrow \underline{Z}$ $-\underline{I}_{1kF} \Leftrightarrow \underline{U}_{1lF}$	2-pol. UB

3.6 Allgemeine Vorgehensweise zur Behandlung von unsymmetrischen Fehlern

Für die Behandlung von unsymmetrischen Fehlern werden als allgemeine Vorgehensweise die folgenden Arbeitsschritte empfohlen:

1. *Bestimmung der Fehlerbedingungen* (siehe Abschnitt 3.3) an der Unsymmetrie- bzw. Fehlerstelle in natürlichen Koordinaten.

2. *Transformation der Fehlerbedingungen* (siehe Abschnitt 3.3) an der Unsymmetrie- bzw. Fehlerstelle in die Symmetrischen Koordinaten.

3. *Aufbau der Symmetrischen Komponentennetzwerke*, d. h. der Ersatzschaltungen für das Mit-, Gegen- und Nullsystem, *für den fehlerfreien Zustand*. Dabei ist

    (a) ein Querfehler an den Fehlerknoten F1, F2 und F0 der Komponentennetzwerke noch nicht einzuzeichnen (siehe Abbildung 3.7 links).

(b) ein Längsfehler (Unterbrechung) zwischen den Fehlerknoten F1 und F1', F2 und F2' sowie F0 und F0' der drei Komponentennetzwerke durch eine jeweils einphasige Unterbrechung einzuzeichnen. Es entsteht dabei jeweils ein zusätzlicher Knoten im Mit-, Gegen- und Nullsystem an der Unterbrechungsstelle (F1', F2' und F0', siehe Abbildung 3.7 rechts).

4. *Verschaltung der drei Komponentensysteme an der Unsymmetrie- bzw. Fehlerstelle* entsprechend den Fehlerbedingungen in den Symmetrischen Koordinaten. Dabei ist die Verschaltung so vorzunehmen, dass

    (a) bei einem Querfehler die Verschaltung in jedem System an dem Fehlertor vorgenommen wird, das aus dem Fehlerknoten F1, F2 oder F0 und dem Bezugsknoten 01, 02 oder 00 besteht.

    (b) bei einem Längsfehler (Unterbrechung) die Verschaltung in jedem System an dem Fehlertor vorgenommen wird, das aus dem Fehlerknoten F1, F2 und F0 und dem durch die Unterbrechung neu entstandenen Knoten F1', F2' und F0' besteht.

5. *Berechnung der Größen an den Fehlertoren* und von weiteren interessierenden Größen in den Netzen der Symmetrischen Komponenten z. B. mit Hilfe der Maschen- und Knotensätze.

6. *Rücktransformation* der berechneten Größen von den Symmetrischen Koordinaten in die natürlichen Koordinaten.

3.7 Einfachquerfehler

Zu den Einfachquerfehlern zählen der 1-polige Erd(kurz)schluss, die 2-poligen Kurzschlüsse mit und ohne Erdberührung sowie die 3-poligen Kurzschlüsse mit und ohne Erdberührung. Es werden zunächst nur Querfehler ohne eine Fehlerimpedanz betrachtet. Die vom Querfehler betroffenen Fehlertorspannungen sind dann gleich null. Es handelt sich dann umgangssprachlich um einen „satten" Kurzschluss.

3.7.1 1-poliger Erd(kurz)schluss

Aus Abbildung 3.10 lassen sich die Fehlerbedingungen für den 1-poligen Erd(kurz)-schluss mit dem 1-poligen Fehlerstrom $\underline{I}_{aF} = \underline{I}_{k1}''$ sowie die unbekannten und damit zu berechnenden Größen ablesen. Die Fehlerbedingungen in natürlichen Koordinaten lauten:

$$
\begin{aligned}
\underline{U}_{aF} &= 0 \\
\underline{I}_{bF} &= 0 \quad \text{bzw.} \\
\underline{I}_{cF} &= 0
\end{aligned}
\quad
\begin{bmatrix} 1 & 0 & 0 \\ 0 & 0 & 0 \\ 0 & 0 & 0 \end{bmatrix}
\begin{bmatrix} \underline{U}_{aF} \\ \underline{U}_{bF} \\ \underline{U}_{cF} \end{bmatrix}
+
\begin{bmatrix} 0 & 0 & 0 \\ 0 & 1 & 0 \\ 0 & 0 & 1 \end{bmatrix}
\begin{bmatrix} \underline{I}_{aF} \\ \underline{I}_{bF} \\ \underline{I}_{cF} \end{bmatrix}
=
\begin{bmatrix} 0 \\ 0 \\ 0 \end{bmatrix}
\qquad (3.13)
$$

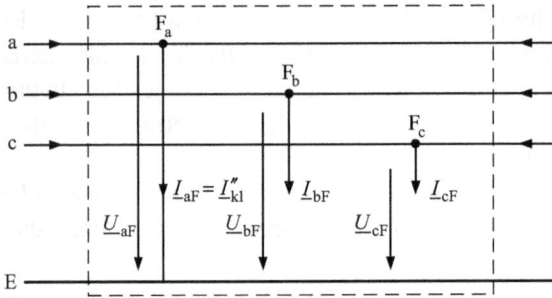

Abb. 3.10: 1-poliger Erd(kurz)schluss

Die Transformation in die Symmetrischen Koordinaten ergibt für den 1-poligen Erd-(kurz)schluss:

$$
\begin{bmatrix} 1 & 0 & 0 \\ 0 & 0 & 0 \\ 0 & 0 & 0 \end{bmatrix}
\begin{bmatrix} 1 & 1 & 1 \\ \underline{a}^2 & \underline{a} & 1 \\ \underline{a} & \underline{a}^2 & 1 \end{bmatrix}
\begin{bmatrix} \underline{U}_{1F} \\ \underline{U}_{2F} \\ \underline{U}_{0F} \end{bmatrix}
+
\begin{bmatrix} 0 & 0 & 0 \\ 0 & 1 & 0 \\ 0 & 0 & 1 \end{bmatrix}
\begin{bmatrix} 1 & 1 & 1 \\ \underline{a}^2 & \underline{a} & 1 \\ \underline{a} & \underline{a}^2 & 1 \end{bmatrix}
\begin{bmatrix} \underline{I}_{1F} \\ \underline{I}_{2F} \\ \underline{I}_{0F} \end{bmatrix}
=
\begin{bmatrix} 0 \\ 0 \\ 0 \end{bmatrix} \quad (3.14)
$$

und damit:

$$
\begin{bmatrix} 1 & 1 & 1 \\ 0 & 0 & 0 \\ 0 & 0 & 0 \end{bmatrix}
\begin{bmatrix} \underline{U}_{1F} \\ \underline{U}_{2F} \\ \underline{U}_{0F} \end{bmatrix}
+
\begin{bmatrix} 0 & 0 & 0 \\ \underline{a}^2 & \underline{a} & 1 \\ \underline{a} & \underline{a}^2 & 1 \end{bmatrix}
\begin{bmatrix} \underline{I}_{1F} \\ \underline{I}_{2F} \\ \underline{I}_{0F} \end{bmatrix}
=
\begin{bmatrix} 0 \\ 0 \\ 0 \end{bmatrix} \quad (3.15)
$$

Aus der ersten Zeile und aus dem Vergleich der zweiten und dritten Gleichungszeilen für die Ströme ergibt sich die Reihenschaltung der Komponentensysteme an der Fehlerstelle in Abbildung 3.11. Es handelt sich um einen Serienfehler:

$$
\underline{U}_{1F} + \underline{U}_{2F} + \underline{U}_{0F} = 0 \quad \text{und} \quad \underline{I}_{1F} = \underline{I}_{2F} = \underline{I}_{0F} \quad (3.16)
$$

Mit der Ersatzschaltung in den Symmetrischen Koordinaten oder auch mit Gl. (3.16) oder auch mit der Spannungsteilerregel lassen sich der Fehlerstrom und auch die Knotenspannungen an der Fehlerstelle in den Symmetrischen Koordinaten bestimmen:

$$
\underline{I}_{1F} = \underline{I}_{2F} = \underline{I}_{0F} = \frac{\underline{U}_{1lF}}{\underline{Z}_1 + \underline{Z}_2 + \underline{Z}_0} \quad (3.17)
$$

und:

$$
\underline{U}_{1F} = \underline{U}_{1lF} - \underline{Z}_1 \underline{I}_{1F} = \frac{\underline{Z}_2 + \underline{Z}_0}{\underline{Z}_1 + \underline{Z}_2 + \underline{Z}_0} \underline{U}_{1lF} \quad (3.18)
$$

$$
\underline{U}_{2F} = -\underline{Z}_2 \underline{I}_{2F} = -\frac{\underline{Z}_2}{\underline{Z}_1 + \underline{Z}_2 + \underline{Z}_0} \underline{U}_{1lF} \quad (3.19)
$$

$$
\underline{U}_{0F} = -\underline{Z}_0 \underline{I}_{0F} = -\frac{\underline{Z}_0}{\underline{Z}_1 + \underline{Z}_2 + \underline{Z}_0} \underline{U}_{1lF} \quad (3.20)
$$

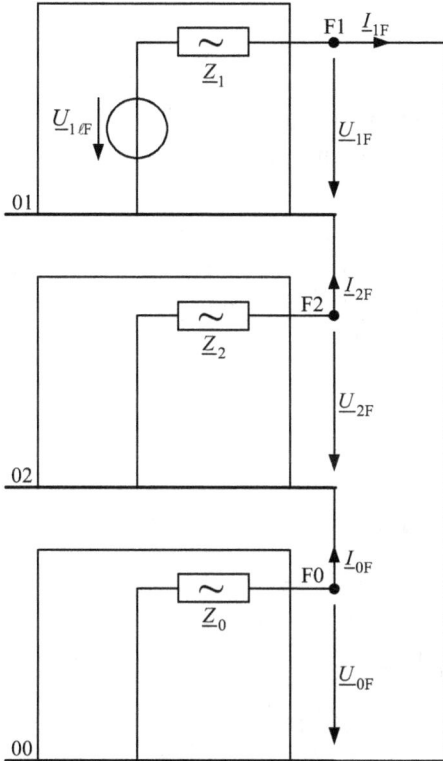

Abb. 3.11: Ersatzschaltung in den Symmetrischen Koordinaten für den 1-poligen Erd(kurz)schluss

Damit ergibt sich nach der Rücktransformation in die natürlichen Koordinaten:

$$\begin{bmatrix} \underline{I}_{aF} \\ \underline{I}_{bF} \\ \underline{I}_{cF} \end{bmatrix} = \begin{bmatrix} \underline{I}''_{k1} \\ 0 \\ 0 \end{bmatrix} = \begin{bmatrix} 1 & 1 & 1 \\ \underline{a}^2 & \underline{a} & 1 \\ \underline{a} & \underline{a}^2 & 1 \end{bmatrix} \begin{bmatrix} \underline{I}_{1F} \\ \underline{I}_{2F} \\ \underline{I}_{0F} \end{bmatrix} = \begin{bmatrix} 3\underline{I}_{1F} \\ 0 \\ 0 \end{bmatrix} = \frac{3\underline{U}_{1lF}}{\underline{Z}_1 + \underline{Z}_2 + \underline{Z}_0} \begin{bmatrix} 1 \\ 0 \\ 0 \end{bmatrix} \quad (3.21)$$

und:

$$\begin{bmatrix} \underline{U}_{aF} \\ \underline{U}_{bF} \\ \underline{U}_{cF} \end{bmatrix} = \begin{bmatrix} 1 & 1 & 1 \\ \underline{a}^2 & \underline{a} & 1 \\ \underline{a} & \underline{a}^2 & 1 \end{bmatrix} \begin{bmatrix} \underline{U}_{1F} \\ \underline{U}_{2F} \\ \underline{U}_{0F} \end{bmatrix} = \begin{bmatrix} 1 & 1 & 1 \\ \underline{a}^2 & \underline{a} & 1 \\ \underline{a} & \underline{a}^2 & 1 \end{bmatrix} \begin{bmatrix} \underline{Z}_2 + \underline{Z}_0 \\ -\underline{Z}_2 \\ -\underline{Z}_0 \end{bmatrix} \frac{\underline{U}_{1lF}}{\underline{Z}_1 + \underline{Z}_2 + \underline{Z}_0}$$

$$= \begin{bmatrix} 0 \\ (\underline{a}^2 - \underline{a})\,\underline{Z}_2 + (\underline{a}^2 - 1)\,\underline{Z}_0 \\ (\underline{a} - \underline{a}^2)\,\underline{Z}_2 + (\underline{a} - 1)\,\underline{Z}_0 \end{bmatrix} \frac{\underline{U}_{1lF}}{\underline{Z}_1 + \underline{Z}_2 + \underline{Z}_0} \qquad (3.22)$$

Die Fehlerströme $\underline{I}_{bF}$ und $\underline{I}_{cF}$ und die Spannung $\underline{U}_{aF}$ sind entsprechend den Fehlerbedingungen in Gl. (3.13) gleich null. Nur im Leiter a fließt der Fehlerstrom $\underline{I}_{aF} = \underline{I}''_{k1}$, der dem Erd(kurz)schlussstrom entspricht. Die Spannungen in den nicht vom Fehler betroffenen Leitern verändern sich gegenüber ihren Werten vor dem Fehler.

3.7.2 2-poliger Kurzschluss mit Erdberührung

Aus Abbildung 3.12 lassen sich die Fehlerbedingungen für den 2-poligen Kurzschluss mit Erdberührung (2-poliger Erdkurzschluss) mit dem Fehlerstrom $\underline{I}''_{k2E}$ sowie die unbekannten und damit zu berechnenden Größen ablesen. Die Fehlerbedingungen in natürlichen Koordinaten lauten:

$$\begin{bmatrix} 0 & 0 & 0 \\ 0 & 1 & 0 \\ 0 & 0 & 1 \end{bmatrix} \begin{bmatrix} \underline{U}_{aF} \\ \underline{U}_{bF} \\ \underline{U}_{cF} \end{bmatrix} + \begin{bmatrix} 1 & 0 & 0 \\ 0 & 0 & 0 \\ 0 & 0 & 0 \end{bmatrix} \begin{bmatrix} \underline{I}_{aF} \\ \underline{I}_{bF} \\ \underline{I}_{cF} \end{bmatrix} = \begin{bmatrix} 0 \\ 0 \\ 0 \end{bmatrix} \tag{3.23}$$

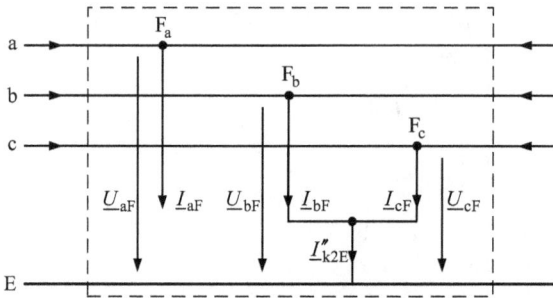

Abb. 3.12: 2-poliger Kurzschluss mit Erdberührung

Die Transformation in die Symmetrischen Komponenten ergibt für den 2-poligen Kurzschluss mit Erdberührung:

$$\begin{bmatrix} 0 & 0 & 0 \\ \underline{a}^2 & \underline{a} & 1 \\ \underline{a} & \underline{a}^2 & 1 \end{bmatrix} \begin{bmatrix} \underline{U}_{1F} \\ \underline{U}_{2F} \\ \underline{U}_{0F} \end{bmatrix} + \begin{bmatrix} 1 & 1 & 1 \\ 0 & 0 & 0 \\ 0 & 0 & 0 \end{bmatrix} \begin{bmatrix} \underline{I}_{1F} \\ \underline{I}_{2F} \\ \underline{I}_{0F} \end{bmatrix} = \begin{bmatrix} 0 \\ 0 \\ 0 \end{bmatrix} \tag{3.24}$$

Aus der ersten Zeile und der Subtraktion bzw. Addition der zweiten und dritten Zeile der Fehlerspannungsbedingungen ergibt sich:

$$\underline{U}_{1F} = \underline{U}_{2F} = \underline{U}_{0F} \quad \text{und} \quad \underline{I}_{1F} + \underline{I}_{2F} + \underline{I}_{0F} = 0 \tag{3.25}$$

Es handelt sich um einen Parallelfehler mit der Parallelschaltung der Komponentensysteme an der Fehlerstelle (siehe Abbildung 3.13).

Die Fehlerbedingungen für die Spannungen und Ströme in den natürlichen Koordinaten als auch in den Symmetrischen Koordinaten in den Gln. (3.23) und (3.24) sind dual zu denen des 1-poligen Erd(kurz)schlusses in Gl. (3.13) und (3.15), wenn man die Spannungen durch die Ströme und die Ströme durch die Spannungen ersetzt (vgl. Tabelle 3.2).

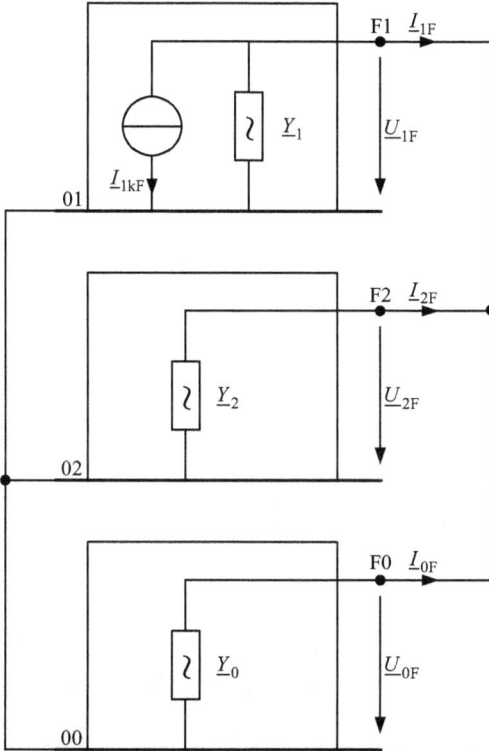

Abb. 3.13: Ersatzschaltung in den Symmetrischen Koordinaten für den 2-poligen Kurzschluss mit Erdberührung

Mit der Ersatzschaltung für die Symmetrischen Komponenten in Abbildung 3.13 oder auch mit den Gln. (3.5) und (3.24) oder auch mit der Stromteilerregel lassen sich der Fehlerstrom und auch die Knotenspannungen an der Fehlerstelle in Symmetrischen Koordinaten bestimmen:

$$\underline{U}_{1F} = \underline{U}_{2F} = \underline{U}_{0F} = \frac{-\underline{I}_{1kF}}{\underline{Y}_1 + \underline{Y}_2 + \underline{Y}_0} \tag{3.26}$$

und:

$$\underline{I}_{1F} = -\underline{I}_{1kF} - \underline{Y}_1\underline{U}_{1F} = -\frac{\underline{Y}_2 + \underline{Y}_0}{\underline{Y}_1 + \underline{Y}_2 + \underline{Y}_0}\underline{I}_{1kF} \tag{3.27}$$

$$\underline{I}_{2F} = -\underline{Y}_2\underline{U}_{2F} = \frac{\underline{Y}_2}{\underline{Y}_1 + \underline{Y}_2 + \underline{Y}_0}\underline{I}_{1kF} \tag{3.28}$$

$$\underline{I}_{0F} = -\underline{Y}_0\underline{U}_{0F} = \frac{\underline{Y}_0}{\underline{Y}_1 + \underline{Y}_2 + \underline{Y}_0}\underline{I}_{1kF} \tag{3.29}$$

Vergleicht man die Gln. (3.26) bis (3.29) mit den Gln. (3.17) bis (3.20) für den 1-poligen Erd(kurz)schluss, so kann man auch hier eine Dualität feststellen. Sie wird deutlich, wenn man in den Gln. (3.17) bis (3.20) die Impedanzen durch die Admittanzen, die Fehlertorspannungen durch die Fehlertorströme und die Fehlertorströme durch die Fehlertorspannungen sowie die Quellenspannung $\underline{U}_{1\mathrm{F}}$ durch den negativen Quellenstrom $\underline{I}_{1\mathrm{kF}}$ ersetzt. Man erhält dann die Ausdrücke in den Gln. (3.26) bis (3.29).

Damit ergibt sich nach der Rücktransformation in die natürlichen Koordinaten:

$$
\begin{bmatrix} \underline{U}_{a\mathrm{F}} \\ \underline{U}_{b\mathrm{F}} \\ \underline{U}_{c\mathrm{F}} \end{bmatrix} = \begin{bmatrix} 1 & 1 & 1 \\ \underline{a}^2 & \underline{a} & 1 \\ \underline{a} & \underline{a}^2 & 1 \end{bmatrix} \begin{bmatrix} \underline{U}_{1\mathrm{F}} \\ \underline{U}_{2\mathrm{F}} \\ \underline{U}_{0\mathrm{F}} \end{bmatrix} = \begin{bmatrix} 3\underline{U}_{1\mathrm{F}} \\ 0 \\ 0 \end{bmatrix} \tag{3.30}
$$

und:

$$
\begin{bmatrix} \underline{I}_{a\mathrm{F}} \\ \underline{I}_{b\mathrm{F}} \\ \underline{I}_{c\mathrm{F}} \end{bmatrix} = \begin{bmatrix} 1 & 1 & 1 \\ \underline{a}^2 & \underline{a} & 1 \\ \underline{a} & \underline{a}^2 & 1 \end{bmatrix} \begin{bmatrix} \underline{I}_{1\mathrm{F}} \\ \underline{I}_{2\mathrm{F}} \\ \underline{I}_{0\mathrm{F}} \end{bmatrix} = \begin{bmatrix} 1 & 1 & 1 \\ \underline{a}^2 & \underline{a} & 1 \\ \underline{a} & \underline{a}^2 & 1 \end{bmatrix} \begin{bmatrix} -(\underline{Y}_2 + \underline{Y}_0) \\ \underline{Y}_2 \\ \underline{Y}_0 \end{bmatrix} \frac{\underline{I}_{1\mathrm{kF}}}{\underline{Y}_1 + \underline{Y}_2 + \underline{Y}_0}
$$

$$
= \begin{bmatrix} 0 \\ (\underline{a} - \underline{a}^2)\,\underline{Y}_2 + (1 - \underline{a}^2)\,\underline{Y}_0 \\ (\underline{a}^2 - \underline{a})\,\underline{Y}_2 + (1 - \underline{a})\,\underline{Y}_0 \end{bmatrix} \frac{\underline{I}_{1\mathrm{kF}}}{\underline{Y}_1 + \underline{Y}_2 + \underline{Y}_0} \tag{3.31}
$$

Die Fehlerspannungen $\underline{U}_{b\mathrm{F}}$ und $\underline{U}_{c\mathrm{F}}$ und der Fehlerstrom $\underline{I}_{a\mathrm{F}}$ sind entsprechend der Fehlerbedingungen in Gl. (3.23) gleich null.

Der über die Erde fließende Kurzschlussstrom $\underline{I}''_{\mathrm{k2E}}$ ergibt sich aus der Addition der beiden Teilkurzschlussströme der Leiter b und c:

$$
\underline{I}''_{\mathrm{k2E}} = \underline{I}_{b\mathrm{F}} + \underline{I}_{c\mathrm{F}} = 3\frac{\underline{Y}_{0\mathrm{A}}}{\underline{Y}_1 + \underline{Y}_2 + \underline{Y}_0}\underline{I}_{1\mathrm{kF}} \tag{3.32}
$$

3.7.3 2-poliger Kurzschluss ohne Erdberührung

Aus Abbildung 3.14 lassen sich die Fehlerbedingungen für den 2-poligen Kurzschluss ohne Erdberührung (2-poliger Kurzschluss) mit dem Fehlerstrom $\underline{I}''_{\mathrm{k2}}$ sowie die unbekannten und damit zu berechnenden Größen ablesen. Die Fehlerbedingungen in natürlichen Koordinaten lauten:

$$
\begin{bmatrix} 0 & 1 & -1 \\ 0 & 0 & 0 \\ 0 & 0 & 0 \end{bmatrix} \begin{bmatrix} \underline{U}_{a\mathrm{F}} \\ \underline{U}_{b\mathrm{F}} \\ \underline{U}_{c\mathrm{F}} \end{bmatrix} + \begin{bmatrix} 0 & 0 & 0 \\ 1 & 0 & 0 \\ 0 & 1 & 1 \end{bmatrix} \begin{bmatrix} \underline{I}_{a\mathrm{F}} \\ \underline{I}_{b\mathrm{F}} \\ \underline{I}_{c\mathrm{F}} \end{bmatrix} = \begin{bmatrix} 0 \\ 0 \\ 0 \end{bmatrix} \tag{3.33}
$$

Die Transformation in die Symmetrischen Koordinaten ergibt für den 2-poligen Kurzschluss ohne Erdberührung:

$$
\begin{bmatrix} \underline{a}^2 - \underline{a} & \underline{a} - \underline{a}^2 & 0 \\ 0 & 0 & 0 \\ 0 & 0 & 0 \end{bmatrix} \begin{bmatrix} \underline{U}_{1\mathrm{F}} \\ \underline{U}_{2\mathrm{F}} \\ \underline{U}_{0\mathrm{F}} \end{bmatrix} + \begin{bmatrix} 0 & 0 & 0 \\ 1 & 1 & 1 \\ \underline{a}^2 + \underline{a} & \underline{a}^2 + \underline{a} & 2 \end{bmatrix} \begin{bmatrix} \underline{I}_{1\mathrm{F}} \\ \underline{I}_{2\mathrm{F}} \\ \underline{I}_{0\mathrm{F}} \end{bmatrix} = \begin{bmatrix} 0 \\ 0 \\ 0 \end{bmatrix} \tag{3.34}
$$

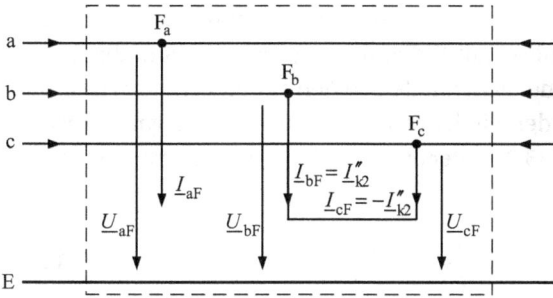

Abb. 3.14: 2-poliger Kurzschluss ohne Erdberührung

Nach der Umformung der ersten Zeile und der Addition der zweiten und dritten Gleichungszeile ergibt sich die Parallelschaltung des Mit- und Gegensystems an der Fehlerstelle in Abbildung 3.15. Es handelt sich um einen Parallelfehler:

$$\underline{U}_{1F} = \underline{U}_{2F}, \quad \underline{I}_{1F} + \underline{I}_{2F} = 0 \quad \text{und} \quad \underline{I}_{0F} = 0 \tag{3.35}$$

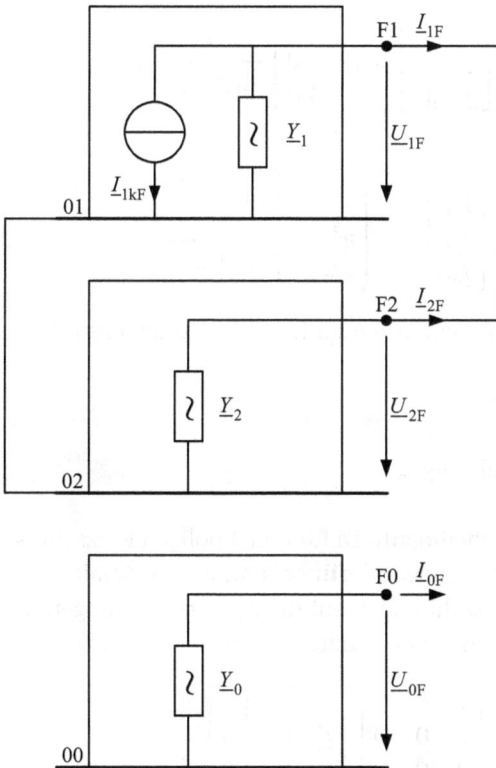

Abb. 3.15: Ersatzschaltung in den Symmetrischen Koordinaten für den 2-poligen Kurzschluss ohne Erdberührung

Für die Berechnung der Ströme und Spannungen an den Fehlertoren können die Gleichungen für den 2-poligen Kurzschluss mit Erdberührung unter der Randbedingung $\underline{Y}_0 = 0$ (das Nullsystem ist passiv und nicht mit den beiden anderen Systemen verbunden) direkt übernommen werden oder mit der Ersatzschaltung in den Symmetrischen Koordinaten, mit den Gln. (3.5) und (3.34) oder auch mit der Stromteilerregel bestimmt werden. Es ergibt sich:

$$\underline{U}_{1F} = \underline{U}_{2F} = \frac{-\underline{I}_{1kF}}{\underline{Y}_1 + \underline{Y}_2} \quad \text{und} \quad \underline{U}_{0F} = 0 \tag{3.36}$$

und:

$$\underline{I}_{1F} = -\underline{I}_{1kF} - \underline{Y}_1 \underline{U}_{1F} = -\frac{\underline{Y}_2}{\underline{Y}_1 + \underline{Y}_2} \underline{I}_{1kF} \tag{3.37}$$

$$\underline{I}_{2F} = -\underline{Y}_2 \underline{U}_{2F} = \frac{\underline{Y}_2}{\underline{Y}_1 + \underline{Y}_2} \underline{I}_{1kF} \tag{3.38}$$

$$\underline{I}_{0F} = -\underline{Y}_0 \underline{U}_{0F} = 0 \tag{3.39}$$

Damit ergibt sich nach der Rücktransformation in die natürlichen Koordinaten:

$$\begin{bmatrix} \underline{U}_{aF} \\ \underline{U}_{bF} \\ \underline{U}_{cF} \end{bmatrix} = \begin{bmatrix} 1 & 1 & 1 \\ \underline{a}^2 & \underline{a} & 1 \\ \underline{a} & \underline{a}^2 & 1 \end{bmatrix} \begin{bmatrix} \underline{U}_{1F} \\ \underline{U}_{2F} \\ \underline{U}_{0F} \end{bmatrix} = \begin{bmatrix} 2 \\ \underline{a}^2 - \underline{a} \\ \underline{a} - \underline{a}^2 \end{bmatrix} \underline{U}_{1F} = \begin{bmatrix} 2 \\ 0 \\ 0 \end{bmatrix} \frac{-1}{\underline{Y}_1 + \underline{Y}_2} \underline{I}_{1kF} \tag{3.40}$$

und:

$$\begin{bmatrix} \underline{I}_{aF} \\ \underline{I}_{bF} \\ \underline{I}_{cF} \end{bmatrix} = \begin{bmatrix} 0 \\ \underline{I}_{k2}'' \\ -\underline{I}_{k2}'' \end{bmatrix} = \begin{bmatrix} 1 & 1 & 1 \\ \underline{a}^2 & \underline{a} & 1 \\ \underline{a} & \underline{a}^2 & 1 \end{bmatrix} \begin{bmatrix} \underline{I}_{1F} \\ \underline{I}_{2F} \\ \underline{I}_{0F} \end{bmatrix} = -\begin{bmatrix} 0 \\ \underline{a}^2 - \underline{a} \\ \underline{a} - \underline{a}^2 \end{bmatrix} \frac{\underline{Y}_2}{\underline{Y}_1 + \underline{Y}_2} \underline{I}_{1kF} \tag{3.41}$$

Der 2-polige Kurzschlussstrom entspricht dem Strom im Leiter b und dem negativen Strom im Leiter c: $\underline{I}_{k2}'' = \underline{I}_{bF} = -\underline{I}_{cF}$.

3.7.4 3-poliger Kurzschluss mit Erdberührung

Aus Abbildung 3.16 lassen sich die Fehlerbedingungen für den 3-poligen Kurzschluss mit Erdberührung (3-poliger Erdkurzschluss) sowie die unbekannten und damit zu berechnenden Größen ablesen. Die sich ausschließlich auf die Knotenspannungen beziehenden Fehlerbedingungen in natürlichen Koordinaten lauten:

$$\begin{bmatrix} 1 & 0 & 0 \\ 0 & 1 & 0 \\ 0 & 0 & 1 \end{bmatrix} \begin{bmatrix} \underline{U}_{aF} \\ \underline{U}_{bF} \\ \underline{U}_{cF} \end{bmatrix} + \begin{bmatrix} 0 & 0 & 0 \\ 0 & 0 & 0 \\ 0 & 0 & 0 \end{bmatrix} \begin{bmatrix} \underline{I}_{aF} \\ \underline{I}_{bF} \\ \underline{I}_{cF} \end{bmatrix} = \begin{bmatrix} 0 \\ 0 \\ 0 \end{bmatrix} \tag{3.42}$$

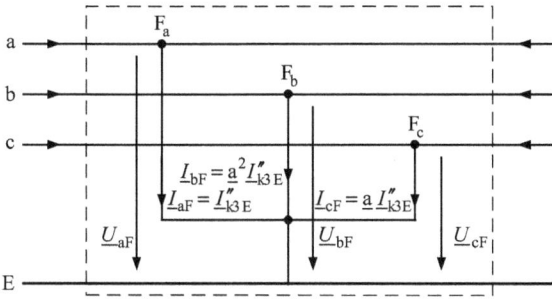

Abb. 3.16: 3-poliger Kurzschluss mit Erdberührung

Die Transformation in die Symmetrischen Koordinaten ergibt für den 3-poligen Kurzschluss mit Erdberührung:

$$\begin{bmatrix} 1 & 0 & 0 \\ 0 & 1 & 0 \\ 0 & 0 & 1 \end{bmatrix} \begin{bmatrix} \underline{U}_{1F} \\ \underline{U}_{2F} \\ \underline{U}_{0F} \end{bmatrix} + \begin{bmatrix} 0 & 0 & 0 \\ 0 & 0 & 0 \\ 0 & 0 & 0 \end{bmatrix} \begin{bmatrix} \underline{I}_{1F} \\ \underline{I}_{2F} \\ \underline{I}_{0F} \end{bmatrix} = \begin{bmatrix} 0 \\ 0 \\ 0 \end{bmatrix} \tag{3.43}$$

Die drei Komponentensysteme sind voneinander entkoppelt. Da das Gegen- und das Nullsystem passive Systeme und die Klemmenspannungen dieser Systeme aufgrund von Gl. (3.43) gleich null sind, brauchen die Systeme nicht weiter betrachtet zu werden, da die Ströme in diesen Systemen ebenfalls gleich null sind (siehe Abbildung 3.17). Es ist nur das Mitsystem zu berücksichtigen:

$$\underline{U}_{1F} = \underline{U}_{2F} = \underline{U}_{0F} = 0 \tag{3.44}$$

Mit der Ersatzschaltung in den Symmetrischen Koordinaten in Abbildung 3.17 oder auch mit den Gln. (3.5) und (3.43) lassen sich der Fehlerstrom und auch die Knotenspannungen an der Fehlerstelle in den Symmetrischen Koordinaten bestimmen:

$$\underline{I}_{1F} = \frac{\underline{U}_{11F}}{\underline{Z}_1} \quad \text{und} \quad \underline{I}_{2F} = \underline{I}_{0F} = 0 \tag{3.45}$$

und:

$$\underline{U}_{1F} = \underline{U}_{11F} - \underline{Z}_1 \underline{I}_{1F} = 0 \tag{3.46}$$

$$\underline{U}_{2F} = -\underline{Z}_2 \underline{I}_{2F} = 0 \tag{3.47}$$

$$\underline{U}_{0F} = -\underline{Z}_0 \underline{I}_{0F} = 0 \tag{3.48}$$

Die Impedanz $\underline{Z}_1$ entspricht der Torimpedanz bzw. der Kurzschlussimpedanz $\underline{Z}_k$ des Fehlertors an der Kurzschlussstelle (siehe Abschnitt 2.7.1).

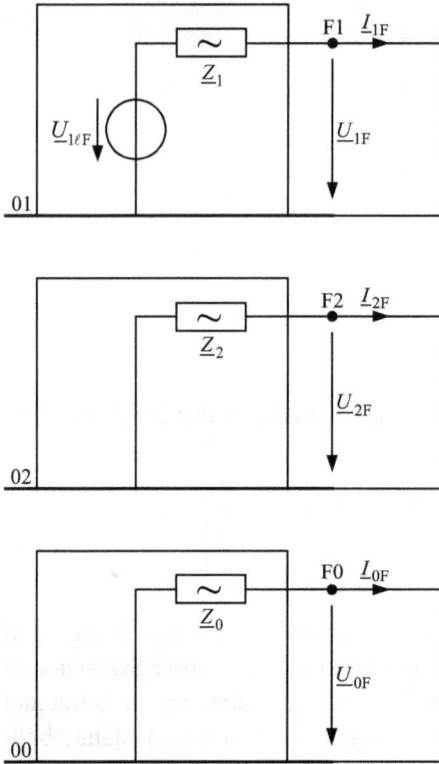

Abb. 3.17: Ersatzschaltung in den Symmetrischen Koordinaten für den 3-poligen Kurzschluss mit Erdberührung

Damit ergibt sich nach der Rücktransformation in die natürlichen Koordinaten:

$$
\begin{bmatrix} \underline{I}_{aF} \\ \underline{I}_{bF} \\ \underline{I}_{cF} \end{bmatrix} = \begin{bmatrix} 1 & 1 & 1 \\ \underline{a}^2 & \underline{a} & 1 \\ \underline{a} & \underline{a}^2 & 1 \end{bmatrix} \begin{bmatrix} \underline{I}_{1F} \\ \underline{I}_{2F} \\ \underline{I}_{0F} \end{bmatrix} = \begin{bmatrix} 1 \\ \underline{a}^2 \\ \underline{a} \end{bmatrix} \frac{\underline{U}_{1lF}}{\underline{Z}_1} = \begin{bmatrix} 1 \\ \underline{a}^2 \\ \underline{a} \end{bmatrix} \underline{I}''_{k3E} \tag{3.49}
$$

und:

$$
\begin{bmatrix} \underline{U}_{aF} \\ \underline{U}_{bF} \\ \underline{U}_{cF} \end{bmatrix} = \begin{bmatrix} 1 & 1 & 1 \\ \underline{a}^2 & \underline{a} & 1 \\ \underline{a} & \underline{a}^2 & 1 \end{bmatrix} \begin{bmatrix} \underline{U}_{1F} \\ \underline{U}_{2F} \\ \underline{U}_{0F} \end{bmatrix} = \begin{bmatrix} 0 \\ 0 \\ 0 \end{bmatrix} \tag{3.50}
$$

Der 3-polige Erdkurzschlussstrom $\underline{I}''_{k3E}$ fließt in allen drei Kurzschlusszweigen in Form eines symmetrischen Drehstromsystems (siehe Gl. (3.49)). Die Summe der drei Fehlerströme ist gleich null. Somit fließt in der Verbindung zum Bezugsknoten 0 kein Strom.

3.7.5 3-poliger Kurzschluss ohne Erdberührung

Aus Abbildung 3.18 lassen sich die Fehlerbedingungen für den 3-poligen Kurzschluss ohne Erdberührung (3-poliger Kurzschluss) sowie die unbekannten und damit zu berechnenden Größen ablesen. Die Fehlerbedingungen in natürlichen Koordinaten lauten:

$$\begin{bmatrix} 1 & -1 & 0 \\ 0 & 1 & -1 \\ 0 & 0 & 0 \end{bmatrix} \begin{bmatrix} \underline{U}_{aF} \\ \underline{U}_{bF} \\ \underline{U}_{cF} \end{bmatrix} + \begin{bmatrix} 0 & 0 & 0 \\ 0 & 0 & 0 \\ 1 & 1 & 1 \end{bmatrix} \begin{bmatrix} \underline{I}_{aF} \\ \underline{I}_{bF} \\ \underline{I}_{cF} \end{bmatrix} = \begin{bmatrix} 0 \\ 0 \\ 0 \end{bmatrix} \tag{3.51}$$

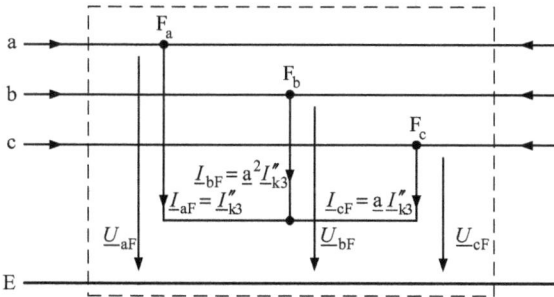

Abb. 3.18: 3-poliger Kurzschluss ohne Erdberührung

Die Transformation in die Symmetrischen Koordinaten ergibt für den 3-poligen Kurzschluss ohne Erdberührung:

$$\begin{bmatrix} 1-\underline{a}^2 & 1-\underline{a} & 0 \\ \underline{a}^2-\underline{a} & \underline{a}-\underline{a}^2 & 0 \\ 0 & 0 & 0 \end{bmatrix} \begin{bmatrix} \underline{U}_{1F} \\ \underline{U}_{2F} \\ \underline{U}_{0F} \end{bmatrix} + \begin{bmatrix} 0 & 0 & 0 \\ 0 & 0 & 0 \\ 0 & 0 & 3 \end{bmatrix} \begin{bmatrix} \underline{I}_{1F} \\ \underline{I}_{2F} \\ \underline{I}_{0F} \end{bmatrix} = \begin{bmatrix} 0 \\ 0 \\ 0 \end{bmatrix} \tag{3.52}$$

Die Umstellung der ersten beiden Zeilen von Gl. (3.52) liefert die folgenden Bedingungen und führt zusammen mit der dritten Gelichungszeile auf die Ersatzschaltung in Abbildung 3.19. Die Systeme sind voneinander entkoppelt. Es ist nur das Mitsystem zu berücksichtigen:

$$\underline{U}_{1F} = \underline{U}_{2F} = 0 \quad \text{und} \quad \underline{I}_{0F} = 0 \tag{3.53}$$

Mit der Ersatzschaltung in den Symmetrischen Koordinaten oder auch mit den Gln. (3.5) und (3.52) lassen sich der Fehlerstrom und auch die Knotenspannungen an der Fehlerstelle in den Symmetrischen Koordinaten bestimmen. Es ergeben sich dieselben Bestimmungsgleichungen wie für den 3-poligen Kurzschluss mit Erdberührung:

$$\underline{I}_{1F} = \frac{\underline{U}_{11F}}{\underline{Z}_1} \quad \text{und} \quad \underline{I}_{2F} = \underline{I}_{0F} = 0 \tag{3.54}$$

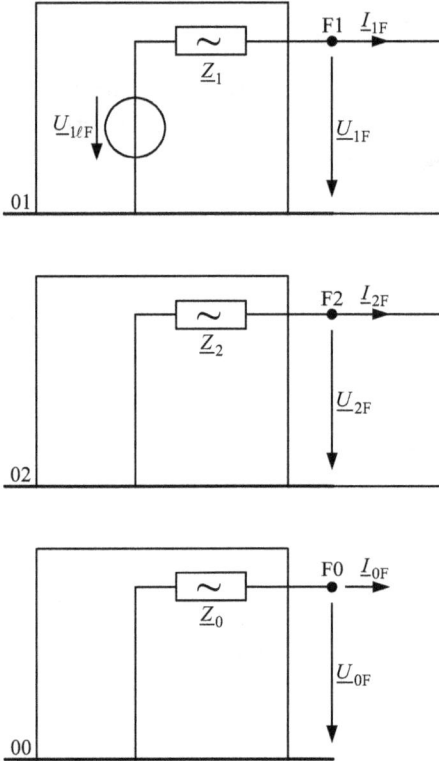

Abb. 3.19: Ersatzschaltung in den Symmetrischen Koordinaten für den 3-poligen Kurzschluss ohne Erdberührung

und:

$$\underline{U}_{1F} = \underline{U}_{1lF} - \underline{Z}_1\underline{I}_{1F} = 0 \tag{3.55}$$

$$\underline{U}_{2F} = -\underline{Z}_2\underline{I}_{2F} = 0 \tag{3.56}$$

$$\underline{U}_{0F} = -\underline{Z}_0\underline{I}_{0F} = 0 \tag{3.57}$$

Damit ergibt sich nach der Rücktransformation in die natürlichen Koordinaten:

$$\begin{bmatrix} \underline{I}_{aF} \\ \underline{I}_{bF} \\ \underline{I}_{cF} \end{bmatrix} = \begin{bmatrix} 1 & 1 & 1 \\ \underline{a}^2 & \underline{a} & 1 \\ \underline{a} & \underline{a}^2 & 1 \end{bmatrix} \begin{bmatrix} \underline{I}_{1F} \\ \underline{I}_{2F} \\ \underline{I}_{0F} \end{bmatrix} = \begin{bmatrix} 1 \\ \underline{a}^2 \\ \underline{a} \end{bmatrix} \frac{\underline{U}_{1lF}}{\underline{Z}_1} \tag{3.58}$$

und:

$$\begin{bmatrix} \underline{U}_{aF} \\ \underline{U}_{bF} \\ \underline{U}_{cF} \end{bmatrix} = \begin{bmatrix} 1 & 1 & 1 \\ \underline{a}^2 & \underline{a} & 1 \\ \underline{a} & \underline{a}^2 & 1 \end{bmatrix} \begin{bmatrix} \underline{U}_{1F} \\ \underline{U}_{2F} \\ \underline{U}_{0F} \end{bmatrix} = \begin{bmatrix} 0 \\ 0 \\ 0 \end{bmatrix} \tag{3.59}$$

Der 3-polige Kurzschlussstrom $\underline{I}_{k3}''$ fließt in allen drei Kurzschlusszweigen in Form eines symmetrischen Drehstromsystems (siehe Gl. (3.58)). Die Summe der drei Fehlerströme ist gleich null.

3.8 Einfachlängsfehler

Zu den Einfachlängsfehlern zählen die 1-polige, die 2-polige und die 3-polige Unterbrechung.

3.8.1 1-polige Unterbrechung

Aus Abbildung 3.20 lassen sich die Fehlerbedingungen für die 1-polige Unterbrechung sowie die unbekannten und damit zu berechnenden Größen ablesen. Die Fehlerbedingungen in natürlichen Koordinaten lauten:

$$\begin{bmatrix} 0 & 0 & 0 \\ 0 & 1 & 0 \\ 0 & 0 & 1 \end{bmatrix} \begin{bmatrix} \underline{U}_{aF} \\ \underline{U}_{bF} \\ \underline{U}_{cF} \end{bmatrix} + \begin{bmatrix} 1 & 0 & 0 \\ 0 & 0 & 0 \\ 0 & 0 & 0 \end{bmatrix} \begin{bmatrix} \underline{I}_{aF} \\ \underline{I}_{bF} \\ \underline{I}_{cF} \end{bmatrix} = \begin{bmatrix} 0 \\ 0 \\ 0 \end{bmatrix} \tag{3.60}$$

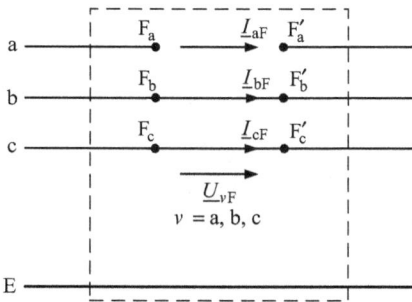

Abb. 3.20: 1-polige Unterbrechung

Die Transformation in die Symmetrischen Koordinaten ergibt für die 1-polige Unterbrechung:

$$\begin{bmatrix} 0 & 0 & 0 \\ 0 & 1 & 0 \\ 0 & 0 & 1 \end{bmatrix} \begin{bmatrix} 1 & 1 & 1 \\ \underline{a}^2 & \underline{a} & 1 \\ \underline{a} & \underline{a}^2 & 1 \end{bmatrix} \begin{bmatrix} \underline{U}_{1F} \\ \underline{U}_{2F} \\ \underline{U}_{0F} \end{bmatrix} + \begin{bmatrix} 1 & 0 & 0 \\ 0 & 0 & 0 \\ 0 & 0 & 0 \end{bmatrix} \begin{bmatrix} 1 & 1 & 1 \\ \underline{a}^2 & \underline{a} & 1 \\ \underline{a} & \underline{a}^2 & 1 \end{bmatrix} \begin{bmatrix} \underline{I}_{1F} \\ \underline{I}_{2F} \\ \underline{I}_{0F} \end{bmatrix} = \begin{bmatrix} 0 \\ 0 \\ 0 \end{bmatrix} \tag{3.61}$$

und damit:

$$\begin{bmatrix} 0 & 0 & 0 \\ \underline{a}^2 & \underline{a} & 1 \\ \underline{a} & \underline{a}^2 & 1 \end{bmatrix} \begin{bmatrix} \underline{U}_{1F} \\ \underline{U}_{2F} \\ \underline{U}_{0F} \end{bmatrix} + \begin{bmatrix} 1 & 1 & 1 \\ 0 & 0 & 0 \\ 0 & 0 & 0 \end{bmatrix} \begin{bmatrix} \underline{I}_{1F} \\ \underline{I}_{2F} \\ \underline{I}_{0F} \end{bmatrix} = \begin{bmatrix} 0 \\ 0 \\ 0 \end{bmatrix} \tag{3.62}$$

Aus der ersten Zeile und aus dem Vergleich der Gleichungen für die Ströme in der zweiten und dritten Zeile ergibt sich die Parallelschaltung der Komponentensysteme an der Fehlerstelle in Abbildung 3.21. Es handelt sich um einen Parallelfehler:

$$\underline{U}_{1F} = \underline{U}_{2F} = \underline{U}_{0F} \quad \text{und} \quad \underline{I}_{1F} + \underline{I}_{2F} + \underline{I}_{0F} = 0 \tag{3.63}$$

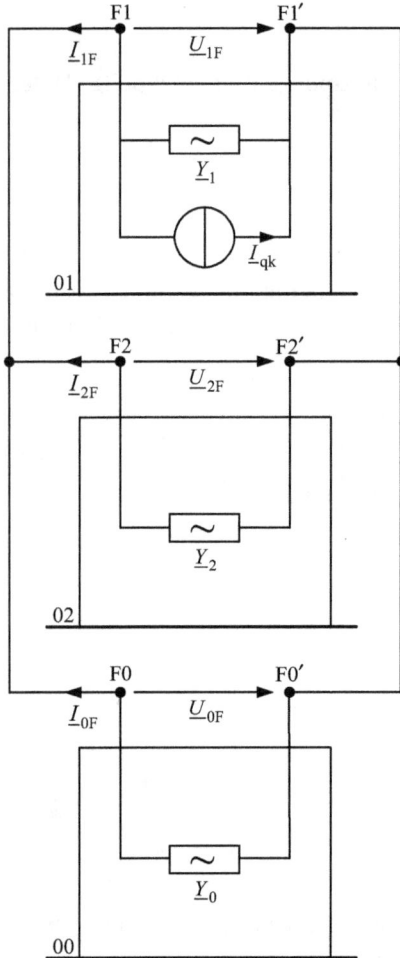

Abb. 3.21: Ersatzschaltung in den Symmetrischen Koordinaten für die 1-polige Unterbrechung

Die 1-polige Unterbrechung ist hinsichtlich der Fehlerbedingungen dual zum 2-poligen Kurzschluss mit Erdberührung (vgl. Gln. (3.23) und (3.60) sowie Gl. (3.24) und (3.62)). Sie können direkt übernommen werden und beziehen sich hier lediglich auf ein anderes Fehlertor.

Für die Berechnung der Ströme und Spannungen an den Fehlertoren können damit die Gleichungen für den 2-poligen Kurzschluss mit Erdberührung in den Gln. (3.26) bis (3.29) übernommen werden oder mit der Ersatzschaltung in den Symmetrischen Koordinaten in Abbildung 3.21, mit den Gln. (3.9) und (3.62) oder auch mit der Stromteilerregel bestimmt werden:

$$\underline{U}_{1F} = \underline{U}_{2F} = \underline{U}_{0F} = \frac{-\underline{I}_{1kF}}{\underline{Y}_1 + \underline{Y}_2 + \underline{Y}_0} \tag{3.64}$$

und:

$$\underline{I}_{1F} = \underline{I}_{1kF} - \underline{Y}_1 \underline{U}_{1F} = -\frac{\underline{Y}_2 + \underline{Y}_0}{\underline{Y}_1 + \underline{Y}_2 + \underline{Y}_0} \underline{I}_{1kF} \qquad (3.65)$$

$$\underline{I}_{2F} = -\underline{Y}_2 \underline{U}_{2F} = \frac{\underline{Y}_2}{\underline{Y}_1 + \underline{Y}_2 + \underline{Y}_0} \underline{I}_{1kF} \qquad (3.66)$$

$$\underline{I}_{0F} = -\underline{Y}_0 \underline{U}_{0F} = \frac{\underline{Y}_0}{\underline{Y}_1 + \underline{Y}_2 + \underline{Y}_0} \underline{I}_{1kF} \qquad (3.67)$$

Neben der vollständigen Dualität zum 2-poligen Kurzschluss mit Erdberührung (vgl. Gln. (3.64) bis (3.67) mit den Gln. (3.26) bis (3.29)) existiert ebenfalls eine Dualität zum 1-poligen Erd(kurz)schluss und damit auch zur 2-poligen Unterbrechung (vgl. Tabelle 3.2). Sie wird deutlich, wenn man in den Gln. (3.17) bis (3.22) die Impedanzen durch die Admittanzen, die Fehlertorspannungen durch die Fehlertorströme und die Fehlertorströme durch die Fehlertorspannungen sowie die Quellenspannung $\underline{U}_{1F}$ durch den negativen Quellenstrom $\underline{I}_{1kF}$ ersetzt. Man erhält dann die Ausdrücke in den Gln. (3.64) bis (3.67).

Damit ergibt sich nach der Rücktransformation in die natürlichen Koordinaten (vgl. Gln. (3.30) und (3.31)):

$$\begin{bmatrix} \underline{U}_{aF} \\ \underline{U}_{bF} \\ \underline{U}_{cF} \end{bmatrix} = \begin{bmatrix} 1 & 1 & 1 \\ \underline{a}^2 & \underline{a} & 1 \\ \underline{a} & \underline{a}^2 & 1 \end{bmatrix} \begin{bmatrix} \underline{U}_{1F} \\ \underline{U}_{2F} \\ \underline{U}_{0F} \end{bmatrix} = \begin{bmatrix} 3\underline{U}_{1F} \\ 0 \\ 0 \end{bmatrix} = \begin{bmatrix} -3 \\ 0 \\ 0 \end{bmatrix} \frac{\underline{I}_{1kF}}{\underline{Y}_1 + \underline{Y}_2 + \underline{Y}_0} \qquad (3.68)$$

und:

$$\begin{bmatrix} \underline{I}_{aF} \\ \underline{I}_{bF} \\ \underline{I}_{cF} \end{bmatrix} = \begin{bmatrix} 1 & 1 & 1 \\ \underline{a}^2 & \underline{a} & 1 \\ \underline{a} & \underline{a}^2 & 1 \end{bmatrix} \begin{bmatrix} \underline{I}_{1F} \\ \underline{I}_{2F} \\ \underline{I}_{0F} \end{bmatrix} = \begin{bmatrix} 1 & 1 & 1 \\ \underline{a}^2 & \underline{a} & 1 \\ \underline{a} & \underline{a}^2 & 1 \end{bmatrix} \begin{bmatrix} -(\underline{Y}_2 + \underline{Y}_0) \\ \underline{Y}_2 \\ \underline{Y}_0 \end{bmatrix} \frac{\underline{I}_{1kF}}{\underline{Y}_1 + \underline{Y}_2 + \underline{Y}_0}$$

$$= \begin{bmatrix} 0 \\ (\underline{a} - \underline{a}^2)\underline{Y}_2 + (1 - \underline{a}^2)\underline{Y}_0 \\ (\underline{a}^2 - \underline{a})\underline{Y}_2 + (1 - \underline{a})\underline{Y}_0 \end{bmatrix} \frac{\underline{I}_{1kF}}{\underline{Y}_1 + \underline{Y}_2 + \underline{Y}_0} \qquad (3.69)$$

3.8.2 2-polige Unterbrechung

Aus Abbildung 3.22 lassen sich die Fehlerbedingungen für die 2-polige Unterbrechung sowie die unbekannten und damit zu berechnenden Größen ablesen. Für die Fehlerbedingungen in natürlichen Koordinaten gilt:

$$\begin{bmatrix} 1 & 0 & 0 \\ 0 & 0 & 0 \\ 0 & 0 & 0 \end{bmatrix} \begin{bmatrix} \underline{U}_{aF} \\ \underline{U}_{bF} \\ \underline{U}_{cF} \end{bmatrix} + \begin{bmatrix} 0 & 0 & 0 \\ 0 & 1 & 0 \\ 0 & 0 & 1 \end{bmatrix} \begin{bmatrix} \underline{I}_{aF} \\ \underline{I}_{bF} \\ \underline{I}_{cF} \end{bmatrix} = \begin{bmatrix} 0 \\ 0 \\ 0 \end{bmatrix} \qquad (3.70)$$

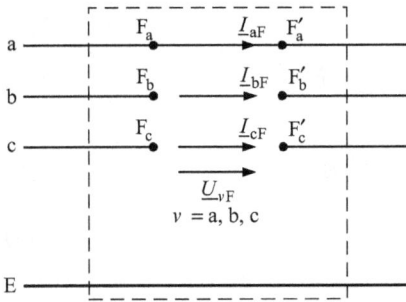

Abb. 3.22: 2-polige Unterbrechung

Die Transformation in die Symmetrischen Koordinaten ergibt für die 2-polige Unterbrechung:

$$\begin{bmatrix} 1 & 1 & 1 \\ 0 & 0 & 0 \\ 0 & 0 & 0 \end{bmatrix}\begin{bmatrix} \underline{U}_{1F} \\ \underline{U}_{2F} \\ \underline{U}_{0F} \end{bmatrix} + \begin{bmatrix} 0 & 0 & 0 \\ \underline{a}^2 & \underline{a} & 1 \\ \underline{a} & \underline{a}^2 & 1 \end{bmatrix}\begin{bmatrix} \underline{I}_{1F} \\ \underline{I}_{2F} \\ \underline{I}_{0F} \end{bmatrix} = \begin{bmatrix} 0 \\ 0 \\ 0 \end{bmatrix} \tag{3.71}$$

Nach der Addition der Fehlerströme ergibt sich die Reihenschaltung der Komponentensysteme an der Fehlerstelle in Abbildung 3.23. Es handelt sich um einen Serienfehler:

$$\underline{U}_{1F} + \underline{U}_{2F} + \underline{U}_{0F} = 0 \quad \text{und} \quad \underline{I}_{1F} = \underline{I}_{2F} = \underline{I}_{0F} \tag{3.72}$$

Die Fehlerbedingungen für die Spannungen und Ströme in natürlichen Koordinaten als auch in Symmetrischen Koordinaten der 2-poligen Unterbrechung sind dual zu den entsprechenden Bedingungen für den 1-poligen Erd(kurz)schluss (vgl. Gln. (3.70) und (3.13) bzw. Gln. (3.71) und (3.15) und siehe Tabelle 3.2).

Für die Berechnung der Ströme und Spannungen an den Fehlertoren können die Gleichungen für den 1-poligen Erd(kurz)schluss übernommen werden oder mit der Ersatzschaltung in den Symmetrischen Koordinaten in Abbildung 3.23, mit den Gln. (3.17) bis (3.20) aus Abschnitt 3.7.1 für den 1 poligen Erd(kurz)schluss oder auch mit der Spannungsteilerregel bestimmt werden:

$$\underline{I}_{1F} = \underline{I}_{2F} = \underline{I}_{0F} = \frac{U_{1lF}}{\underline{Z}_1 + \underline{Z}_2 + \underline{Z}_0} \tag{3.73}$$

und:

$$\underline{U}_{1F} = \underline{U}_{1lF} - \underline{Z}_1\underline{I}_{1F} = \frac{\underline{Z}_2 + \underline{Z}_0}{\underline{Z}_1 + \underline{Z}_2 + \underline{Z}_0}\underline{U}_{1lF} \tag{3.74}$$

$$\underline{U}_{2F} = -\underline{Z}_2\underline{I}_{2F} = -\frac{\underline{Z}_2}{\underline{Z}_1 + \underline{Z}_2 + \underline{Z}_0}\underline{U}_{1lF} \tag{3.75}$$

$$\underline{U}_{0F} = -\underline{Z}_0\underline{I}_{0F} = -\frac{\underline{Z}_0}{\underline{Z}_1 + \underline{Z}_2 + \underline{Z}_0}\underline{U}_{1lF} \tag{3.76}$$

Damit ergibt sich nach der Rücktransformation in die natürlichen Koordinaten:

$$\begin{bmatrix} \underline{I}_{aF} \\ \underline{I}_{bF} \\ \underline{I}_{cF} \end{bmatrix} = \begin{bmatrix} 1 & 1 & 1 \\ \underline{a}^2 & \underline{a} & 1 \\ \underline{a} & \underline{a}^2 & 1 \end{bmatrix}\begin{bmatrix} \underline{I}_{1F} \\ \underline{I}_{2F} \\ \underline{I}_{0F} \end{bmatrix} = \begin{bmatrix} 3\underline{I}_{1F} \\ 0 \\ 0 \end{bmatrix} \tag{3.77}$$

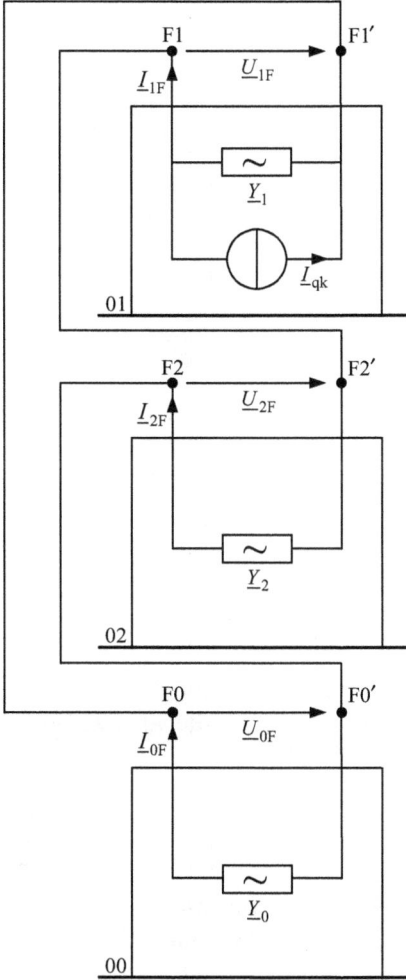

Abb. 3.23: Ersatzschaltung in den Symmetrischen Koordinaten für die 2-polige Unterbrechung

und:

$$
\begin{bmatrix} \underline{U}_{aF} \\ \underline{U}_{bF} \\ \underline{U}_{cF} \end{bmatrix} = \begin{bmatrix} 1 & 1 & 1 \\ \underline{a}^2 & \underline{a} & 1 \\ \underline{a} & \underline{a}^2 & 1 \end{bmatrix} \begin{bmatrix} \underline{U}_{1F} \\ \underline{U}_{2F} \\ \underline{U}_{0F} \end{bmatrix} = \begin{bmatrix} 1 & 1 & 1 \\ \underline{a}^2 & \underline{a} & 1 \\ \underline{a} & \underline{a}^2 & 1 \end{bmatrix} \begin{bmatrix} \underline{Z}_2 + \underline{Z}_0 \\ -\underline{Z}_2 \\ -\underline{Z}_0 \end{bmatrix} \frac{\underline{U}_{1lF}}{\underline{Z}_1 + \underline{Z}_2 + \underline{Z}_0}
$$

$$
= \begin{bmatrix} 0 \\ (\underline{a}^2 - \underline{a})\,\underline{Z}_2 + (\underline{a}^2 - 1)\,\underline{Z}_0 \\ (\underline{a} - \underline{a}^2)\,\underline{Z}_2 + (\underline{a} - 1)\,\underline{Z}_0 \end{bmatrix} \frac{\underline{U}_{1lF}}{\underline{Z}_1 + \underline{Z}_2 + \underline{Z}_0}
$$

$$(3.78)$$

Auch diese Gleichungen entsprechen den Gln. (3.21) und (3.22) in Abschnitt 3.7.1 für den 1-poligen Erd(kurz)schluss.

3.8.3 3-polige Unterbrechung

Aus Abbildung 3.24 lassen sich die Fehlerbedingungen für die 3-polige Unterbrechung sowie die unbekannten und damit zu berechnenden Größen ablesen. Die Fehlerbedingungen in natürlichen Koordinaten lauten:

$$
\begin{bmatrix} 0 & 0 & 0 \\ 0 & 0 & 0 \\ 0 & 0 & 0 \end{bmatrix}
\begin{bmatrix} \underline{U}_{aF} \\ \underline{U}_{bF} \\ \underline{U}_{cF} \end{bmatrix}
+
\begin{bmatrix} 1 & 0 & 0 \\ 0 & 1 & 0 \\ 0 & 0 & 1 \end{bmatrix}
\begin{bmatrix} \underline{I}_{aF} \\ \underline{I}_{bF} \\ \underline{I}_{cF} \end{bmatrix}
=
\begin{bmatrix} 0 \\ 0 \\ 0 \end{bmatrix}
\tag{3.79}
$$

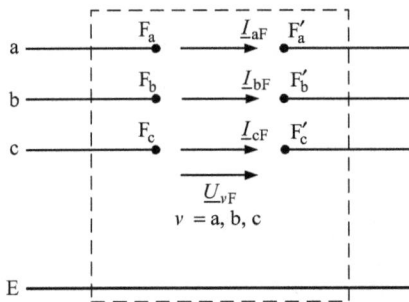

Abb. 3.24: 3-polige Unterbrechung

Die Transformation in die Symmetrischen Koordinaten ergibt für die 3-polige Unterbrechung:

$$
\begin{bmatrix} 0 & 0 & 0 \\ 0 & 0 & 0 \\ 0 & 0 & 0 \end{bmatrix}
\begin{bmatrix} \underline{U}_{1F} \\ \underline{U}_{2F} \\ \underline{U}_{0F} \end{bmatrix}
+
\begin{bmatrix} 1 & 0 & 0 \\ 0 & 1 & 0 \\ 0 & 0 & 1 \end{bmatrix}
\begin{bmatrix} \underline{I}_{1F} \\ \underline{I}_{2F} \\ \underline{I}_{0F} \end{bmatrix}
=
\begin{bmatrix} 0 \\ 0 \\ 0 \end{bmatrix}
\tag{3.80}
$$

Die drei Komponentensysteme sind voneinander entkoppelt. Da das Gegen- und das Nullsystem passive Systeme und die Klemmenströme dieser Systeme aufgrund von Gl. (3.80) gleich null sind, brauchen die Systeme nicht weiter betrachtet zu werden, da die Spannungen in diesen Systemen ebenfalls gleich null sind (siehe Abbildung 3.25). Es ist nur das Mitsystem zu berücksichtigen:

$$
\underline{I}_{1F} = \underline{I}_{2F} = \underline{I}_{0F} = 0
\tag{3.81}
$$

Die Fehlerbedingungen für die Spannungen und Ströme in natürlichen Koordinaten als auch in Symmetrischen Koordinaten für die 3-polige Unterbrechung sind dual zu den entsprechenden Bedingungen für den 3-poligen Kurzschluss mit Erdberührung in Abschnitt 3.7.4 (vgl. Gln. (3.79) und (3.42) bzw. Gln. (3.80) und (3.43) und siehe Tabelle 3.2).

Für die Berechnung der Fehlerströme und Fehlerspannungen können auch die Gleichungen für den 3-poligen Kurzschluss mit Erdberührung unter Ausnutzung der Dualität verwendet werden (siehe Tabelle 3.2). Es sind in den Gln. (3.45) bis (3.48) die Impedanzen durch die Admittanzen, die Fehlertorspannungen durch die Fehlertor-

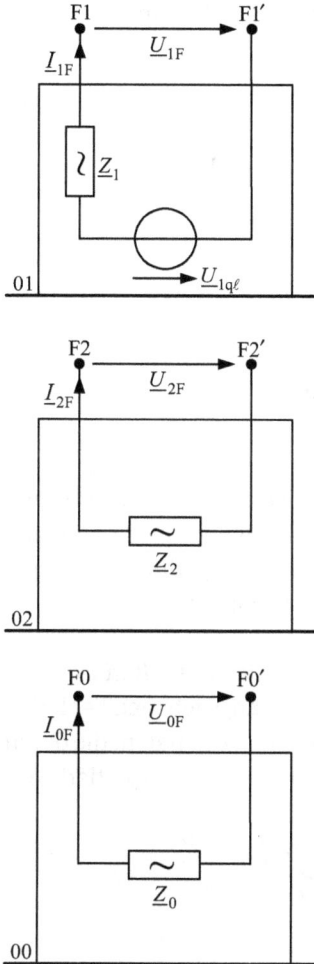

Abb. 3.25: Ersatzschaltung in den Symmetrischen Koordinaten für die 3-polige Unterbrechung

ströme und die Fehlertorströme durch die Fehlertorspannungen zu ersetzen. Es ergeben sich die folgenden Gleichungen, die auch mit der Ersatzschaltung in den Symmetrischen Komponenten in Abbildung 3.25 oder auch mit den Gln. (3.9) und (3.80) angegeben werden können:

$$\underline{U}_{1F} = \frac{\underline{I}_{1kF}}{\underline{Y}_1} \quad \text{und} \quad \underline{U}_{2F} = \underline{U}_{0F} = 0 \tag{3.82}$$

und:

$$\underline{I}_{1F} = \underline{I}_{1kF} - \underline{Y}_1\underline{U}_{1F} = 0 \tag{3.83}$$
$$\underline{I}_{2F} = -\underline{Y}_2\underline{U}_{2F} = 0 \tag{3.84}$$
$$\underline{I}_{0F} = -\underline{Y}_0\underline{U}_{0F} = 0 \tag{3.85}$$

Damit ergibt sich nach der Rücktransformation in die natürlichen Koordinaten:

$$
\begin{bmatrix} \underline{U}_{\text{aF}} \\ \underline{U}_{\text{bF}} \\ \underline{U}_{\text{cF}} \end{bmatrix} = \begin{bmatrix} 1 & 1 & 1 \\ \underline{a}^2 & \underline{a} & 1 \\ \underline{a} & \underline{a}^2 & 1 \end{bmatrix} \begin{bmatrix} \underline{U}_{\text{1F}} \\ \underline{U}_{\text{2F}} \\ \underline{U}_{\text{0F}} \end{bmatrix} = - \begin{bmatrix} 1 \\ \underline{a}^2 \\ \underline{a} \end{bmatrix} \frac{\underline{I}_{\text{1kF}}}{\underline{Y}_1}
\tag{3.86}
$$

und:

$$
\begin{bmatrix} \underline{I}_{\text{aF}} \\ \underline{I}_{\text{bF}} \\ \underline{I}_{\text{cF}} \end{bmatrix} = \begin{bmatrix} 1 & 1 & 1 \\ \underline{a}^2 & \underline{a} & 1 \\ \underline{a} & \underline{a}^2 & 1 \end{bmatrix} \begin{bmatrix} \underline{I}_{\text{1F}} \\ \underline{I}_{\text{2F}} \\ \underline{I}_{\text{0F}} \end{bmatrix} = \begin{bmatrix} 0 \\ 0 \\ 0 \end{bmatrix}
\tag{3.87}
$$

3.9 Berücksichtigung von Fehlerimpedanzen

Fehlerimpedanzen treten bei nicht „satten" Kurzschlüssen und bei nicht ideal vollständigen Unterbrechungen auf. Diese Impedanzen entstehen z. B. durch Lichtbogenwiderstände und sind eigentlich nichtlineare Funktionen der Spannung. Im Rahmen der Berechnung von unsymmetrischen Fehlern werden sie allerdings durch konstante Impedanzen nachgebildet und können dann mit Hilfe der allgemein gültigen Gl. (3.1) für die Fehlerbedingungen berücksichtigt werden.

Für die verschiedenen unsymmetrischen Fehler ergeben sich unter Berücksichtigung der Fehlerimpedanzen die in den folgenden Abschnitten angegebenen Fehlerbedingungen in natürlichen Koordinaten und in Symmetrischen Koordinaten, die durch geeignete Ersatzschaltungen für die Symmetrischen Komponenten interpretiert werden können.

3.9.1 1-poliger Erd(kurz)schluss mit Fehlerimpedanz

Die Fehlerbedingungen für den 1-poligen Erd(kurz)schluss mit Fehlerimpedanz lauten entsprechend Abbildung 3.26:

$$
\begin{bmatrix} 1 & 0 & 0 \\ 0 & 0 & 0 \\ 0 & 0 & 0 \end{bmatrix} \begin{bmatrix} \underline{U}_{\text{aF}} \\ \underline{U}_{\text{bF}} \\ \underline{U}_{\text{cF}} \end{bmatrix} + \begin{bmatrix} -\underline{Z}_{\text{FE}} & 0 & 0 \\ 0 & 1 & 0 \\ 0 & 0 & 1 \end{bmatrix} \begin{bmatrix} \underline{I}_{\text{aF}} \\ \underline{I}_{\text{bF}} \\ \underline{I}_{\text{cF}} \end{bmatrix} = \begin{bmatrix} 0 \\ 0 \\ 0 \end{bmatrix}
\tag{3.88}
$$

Die Transformation in die Symmetrischen Koordinaten ergibt:

$$
\begin{bmatrix} 1 & 1 & 1 \\ 0 & 0 & 0 \\ 0 & 0 & 0 \end{bmatrix} \begin{bmatrix} \underline{U}_{\text{1F}} \\ \underline{U}_{\text{2F}} \\ \underline{U}_{\text{0F}} \end{bmatrix} + \begin{bmatrix} -\underline{Z}_{\text{FE}} & -\underline{Z}_{\text{FE}} & -\underline{Z}_{\text{FE}} \\ 1 & -1 & 0 \\ 0 & 1 & -1 \end{bmatrix} \begin{bmatrix} \underline{I}_{\text{1F}} \\ \underline{I}_{\text{2F}} \\ \underline{I}_{\text{0F}} \end{bmatrix} = \begin{bmatrix} 0 \\ 0 \\ 0 \end{bmatrix}
\tag{3.89}
$$

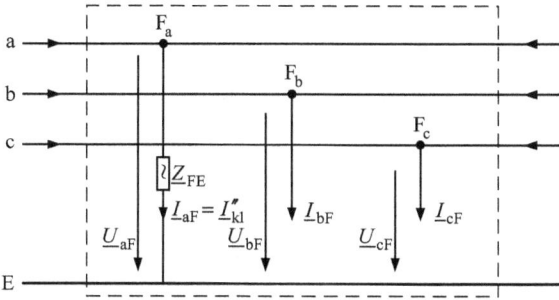

Abb. 3.26: 1-poliger Erd(kurz)schluss mit Fehlerimpedanz

Die Gleichheit der drei Komponentenströme bleibt erhalten (vgl. Abschnitt 3.7.1). Die Komponentennetze werden mit dem Fehlerwiderstand entsprechend der ersten Zeile von Gl. (3.89) wie in Abbildung 3.27 in Reihe geschaltet.

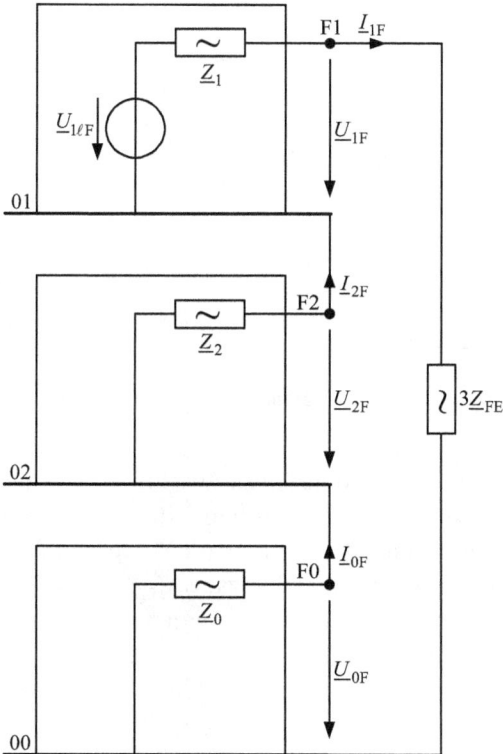

Abb. 3.27: Ersatzschaltung in den Symmetrischen Koordinaten für den 1-poligen Erd(kurz)schluss mit Fehlerimpedanz

3.9.2 2-poliger Kurzschluss mit/ohne Erdberührung mit Fehlerimpedanz

Für den 2-poligen Kurzschluss mit oder ohne Erdberührung mit Fehlerimpedanzen gilt entsprechend Abbildung 3.28:

$$\begin{bmatrix} 0 & 0 & 0 \\ 0 & 1 & 0 \\ 0 & 0 & 1 \end{bmatrix} \begin{bmatrix} \underline{U}_{aF} \\ \underline{U}_{bF} \\ \underline{U}_{cF} \end{bmatrix} + \begin{bmatrix} 1 & 0 & 0 \\ 0 & -(\underline{Z}_F + \underline{Z}_{FE}) & -\underline{Z}_{FE} \\ 0 & -\underline{Z}_{FE} & -(\underline{Z}_F + \underline{Z}_{FE}) \end{bmatrix} \begin{bmatrix} \underline{I}_{aF} \\ \underline{I}_{bF} \\ \underline{I}_{cF} \end{bmatrix} = \begin{bmatrix} 0 \\ 0 \\ 0 \end{bmatrix} \qquad (3.90)$$

Durch den Grenzübergang $|\underline{Z}_{FE}| \rightarrow \infty$ kann eine Differenzierung hinsichtlich des 2-poligen Kurzschlusses mit oder ohne Erdberührung vorgenommen werden. Die Transformation in die Symmetrischen Koordinaten ergibt:

$$\begin{bmatrix} 0 & 0 & 0 \\ 1 & -1 & 0 \\ 1 & 0 & -1 \end{bmatrix} \begin{bmatrix} \underline{U}_{1F} \\ \underline{U}_{2F} \\ \underline{U}_{0F} \end{bmatrix} + \begin{bmatrix} 1 & 1 & 1 \\ -\underline{Z}_F & \underline{Z}_F & 0 \\ -\underline{Z}_F & 0 & \underline{Z}_F + 3\underline{Z}_{FE} \end{bmatrix} \begin{bmatrix} \underline{I}_{1F} \\ \underline{I}_{2F} \\ \underline{I}_{0F} \end{bmatrix} = \begin{bmatrix} 0 \\ 0 \\ 0 \end{bmatrix} \qquad (3.91)$$

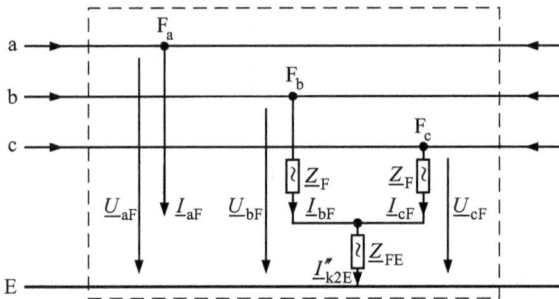

Abb. 3.28: 2-poliger Kurzschluss mit oder ohne ($|\underline{Z}_{FE}| \rightarrow \infty$) Erdberührung mit Fehlerimpedanzen

Die Summe der Komponentenströme ist wieder gleich null (vgl. Abschnitte 3.7.2 und 3.7.3). Die Umsetzung der Bedingungen aus der zweiten und dritten Zeile von Gl. (3.91) ergibt die Verschaltung der Komponentensysteme in Abbildung 3.29. Der 2-polige Kurzschluss ohne Erdberührung ergibt sich für den Grenzübergang $|\underline{Z}_{FE}| \rightarrow \infty$, womit das Nullsystem isoliert und der Nullsystemstrom gleich null werden.

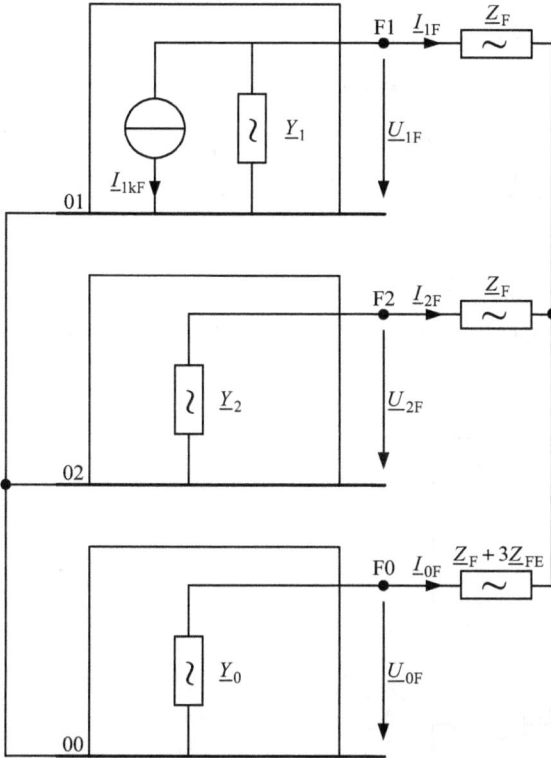

Abb. 3.29: Ersatzschaltung in den Symmetrischen Koordinaten für den 2-poligen Kurzschluss mit oder ohne ($|\underline{Z}_{FE}| \rightarrow \infty$) Erdberührung mit Fehlerimpedanzen

3.9.3 3-poliger Kurzschluss mit/ohne Erdberührung mit Fehlerimpedanz

Für den 3-poligen Kurzschluss mit oder ohne Erdberührung mit Fehlerimpedanzen gilt entsprechend Abbildung 3.30:

$$
\begin{bmatrix} 1 & 0 & 0 \\ 0 & 1 & 0 \\ 0 & 0 & 1 \end{bmatrix} \begin{bmatrix} \underline{U}_{aF} \\ \underline{U}_{bF} \\ \underline{U}_{cF} \end{bmatrix} + \begin{bmatrix} -(\underline{Z}_F + \underline{Z}_{FE}) & -\underline{Z}_{FE} & -\underline{Z}_{FE} \\ -\underline{Z}_{FE} & -(\underline{Z}_F + \underline{Z}_{FE}) & -\underline{Z}_{FE} \\ -\underline{Z}_{FE} & -\underline{Z}_{FE} & -(\underline{Z}_F + \underline{Z}_{FE}) \end{bmatrix} \begin{bmatrix} \underline{I}_{aF} \\ \underline{I}_{bF} \\ \underline{I}_{cF} \end{bmatrix} = \begin{bmatrix} 0 \\ 0 \\ 0 \end{bmatrix} \quad (3.92)
$$

Durch den Grenzübergang $|\underline{Z}_{FE}| \rightarrow \infty$ kann eine Differenzierung hinsichtlich des 3-poligen Kurzschlusses mit oder ohne Erdberührung vorgenommen werden.

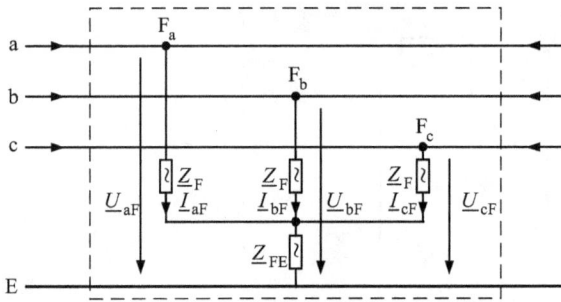

Abb. 3.30: 3-poliger Kurzschluss mit oder ohne ($|\underline{Z}_{FE}| \to \infty$) Erdberührung mit Fehlerimpedanzen

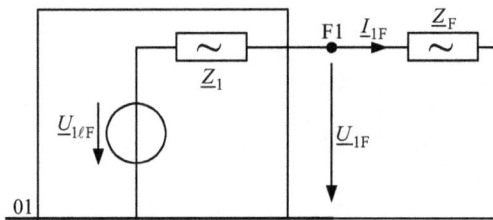

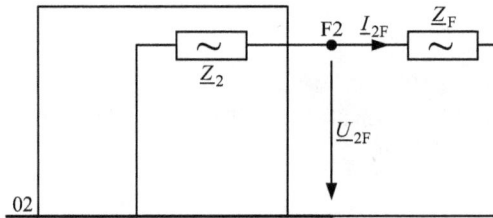

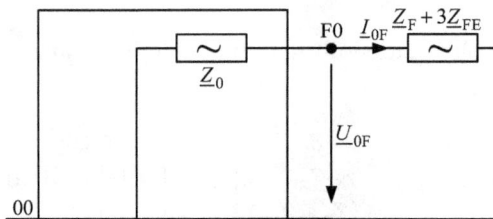

Abb. 3.31: Ersatzschaltung in den Symmetrischen Koordinaten für den 3-poligen Kurzschluss mit und ohne ($|\underline{Z}_{FE}| \to \infty$) Erdberührung mit Fehlerimpedanzen

Die Transformation in die Symmetrischen Koordinaten ergibt für den 3-poligen Kurzschluss:

$$
\begin{bmatrix} 1 & 0 & 0 \\ 0 & 1 & 0 \\ 0 & 0 & 1 \end{bmatrix} \begin{bmatrix} \underline{U}_{1F} \\ \underline{U}_{2F} \\ \underline{U}_{0F} \end{bmatrix} + \begin{bmatrix} -\underline{Z}_F & 0 & 0 \\ 0 & -\underline{Z}_F & 0 \\ 0 & 0 & -(\underline{Z}_F + 3\underline{Z}_{FE}) \end{bmatrix} \begin{bmatrix} \underline{I}_{1F} \\ \underline{I}_{2F} \\ \underline{I}_{0F} \end{bmatrix} = \begin{bmatrix} 0 \\ 0 \\ 0 \end{bmatrix} \tag{3.93}
$$

Die drei Komponentennetze sind wieder entkoppelt (vgl. Abschnitte 3.7.4 und 3.7.5). Die Ersatzschaltungen sind in Abbildung 3.31 angegeben. Der 3-polige Kurzschluss ohne Erdberührung ergibt sich für $|\underline{Z}_{FE}| \rightarrow \infty$. Dieser Grenzübergang hat aber für symmetrische Drehstromsysteme keinen Einfluss auf das Ergebnis. Die Ergebnisse für den 3-poligen Kurzschluss mit und ohne Erdberührung sind dann identisch.

3.9.4 1-polige Unterbrechung mit Fehlerimpedanz

Die Fehlerbedingungen für die 1-polige Unterbrechung mit Fehlerimpedanz lauten entsprechend Abbildung 3.32:

$$
\begin{bmatrix} 1 & 0 & 0 \\ 0 & 1 & 0 \\ 0 & 0 & 1 \end{bmatrix} \begin{bmatrix} \underline{U}_{aF} \\ \underline{U}_{bF} \\ \underline{U}_{cF} \end{bmatrix} + \begin{bmatrix} -\underline{Z}_F & 0 & 0 \\ 0 & 0 & 0 \\ 0 & 0 & 0 \end{bmatrix} \begin{bmatrix} \underline{I}_{aF} \\ \underline{I}_{bF} \\ \underline{I}_{cF} \end{bmatrix} = \begin{bmatrix} 0 \\ 0 \\ 0 \end{bmatrix} \tag{3.94}
$$

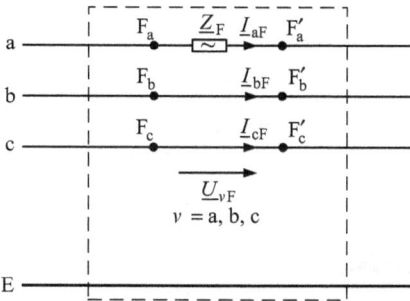

Abb. 3.32: 1-polige Unterbrechung mit Fehlerimpedanz

Die Transformation in die Symmetrischen Koordinaten ergibt wieder die Gleichheit der Komponentenspannungen (vgl. Abschnitt 3.8.1):

$$
\begin{bmatrix} 1 & 1 & 1 \\ 1 & -1 & 0 \\ 0 & 1 & -1 \end{bmatrix} \begin{bmatrix} \underline{U}_{1F} \\ \underline{U}_{2F} \\ \underline{U}_{0F} \end{bmatrix} + \begin{bmatrix} -\underline{Z}_F & -\underline{Z}_F & -\underline{Z}_F \\ 0 & 0 & 0 \\ 0 & 0 & 0 \end{bmatrix} \begin{bmatrix} \underline{I}_{1F} \\ \underline{I}_{2F} \\ \underline{I}_{0F} \end{bmatrix} = \begin{bmatrix} 0 \\ 0 \\ 0 \end{bmatrix} \tag{3.95}
$$

Die Interpretation der Fehlerbedingungen in Gl. (3.95) ergibt mit $\underline{Y}_F = 1/\underline{Z}_F$ die Parallelschaltung der Ersatzschaltungen für die Symmetrischen Komponenten an der Fehlerstelle in Abbildung 3.33.

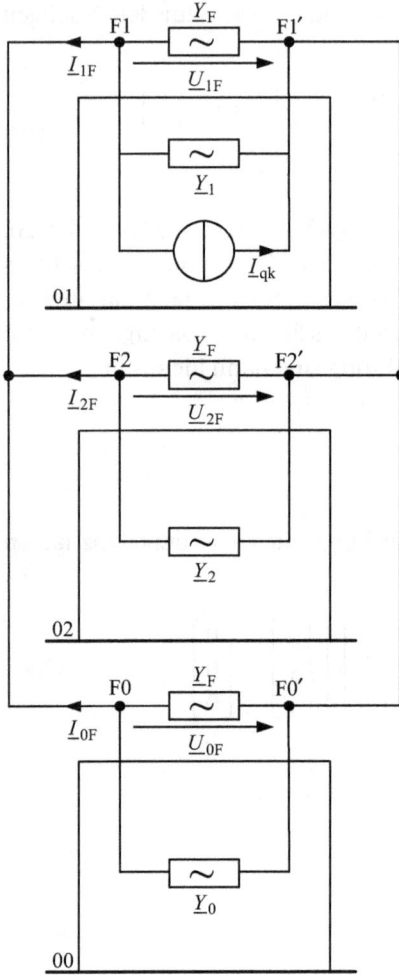

Abb. 3.33: Ersatzschaltung in den Symmetrischen Koordinaten für die 1-polige Unterbrechung mit Fehlerimpedanzen

3.9.5 2-polige Unterbrechung mit Fehlerimpedanzen

Die Fehlerbedingungen für die 2-polige Unterbrechung mit Fehlerimpedanzen lauten entsprechend Abbildung 3.34:

$$
\begin{bmatrix} 1 & 0 & 0 \\ 0 & 1 & 0 \\ 0 & 0 & 1 \end{bmatrix} \begin{bmatrix} \underline{U}_{aF} \\ \underline{U}_{bF} \\ \underline{U}_{cF} \end{bmatrix} + \begin{bmatrix} 0 & 0 & 0 \\ 0 & -\underline{Z}_F & 0 \\ 0 & 0 & -\underline{Z}_F \end{bmatrix} \begin{bmatrix} \underline{I}_{aF} \\ \underline{I}_{bF} \\ \underline{I}_{cF} \end{bmatrix} = \begin{bmatrix} 0 \\ 0 \\ 0 \end{bmatrix} \tag{3.96}
$$

Die Transformation in die Symmetrischen Koordinaten führt auf die Ersatzschaltung für die Symmetrischen Komponenten in Abbildung 3.35:

$$
\begin{bmatrix} 1 & 1 & 1 \\ \underline{Y}_F & -\underline{Y}_F & 0 \\ \underline{Y}_F & 0 & -\underline{Y}_F \end{bmatrix} \begin{bmatrix} \underline{U}_{1F} \\ \underline{U}_{2F} \\ \underline{U}_{0F} \end{bmatrix} + \begin{bmatrix} 0 & 0 & 0 \\ -1 & 1 & 0 \\ -1 & 0 & 1 \end{bmatrix} \begin{bmatrix} \underline{I}_{1F} \\ \underline{I}_{2F} \\ \underline{I}_{0F} \end{bmatrix} = \begin{bmatrix} 0 \\ 0 \\ 0 \end{bmatrix} \quad \text{mit} \quad \underline{Y}_F = \frac{1}{\underline{Z}_F} \tag{3.97}
$$

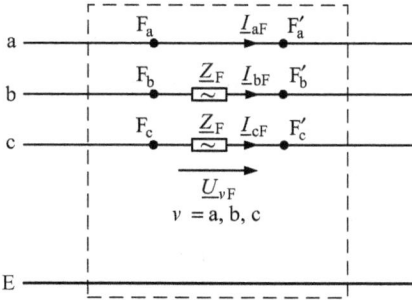

Abb. 3.34: 2-polige Unterbrechung mit Fehlerimpedanzen

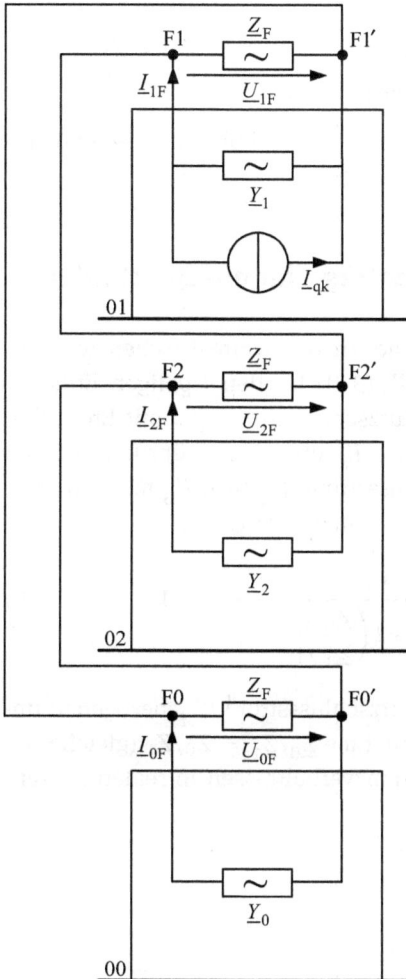

Abb. 3.35: Ersatzschaltung in den Symmetrischen Koordinaten für die 2-polige Unterbrechung mit Fehlerimpedanzen

3.9.6 3-polige Unterbrechung mit Fehlerimpedanzen

Anhand von Abbildung 3.36 sind die Fehlerbedingungen für die 3-polige Unterbrechung mit Fehlerimpedanzen abzulesen:

$$
\begin{bmatrix} 1 & 0 & 0 \\ 0 & 1 & 0 \\ 0 & 0 & 1 \end{bmatrix} \begin{bmatrix} \underline{U}_{aF} \\ \underline{U}_{bF} \\ \underline{U}_{cF} \end{bmatrix} + \begin{bmatrix} -\underline{Z}_F & 0 & 0 \\ 0 & -\underline{Z}_F & 0 \\ 0 & 0 & -\underline{Z}_F \end{bmatrix} \begin{bmatrix} \underline{I}_{aF} \\ \underline{I}_{bF} \\ \underline{I}_{cF} \end{bmatrix} = \begin{bmatrix} 0 \\ 0 \\ 0 \end{bmatrix} \qquad (3.98)
$$

Die Transformation in die Symmetrischen Koordinaten ergibt:

$$
\begin{bmatrix} -\underline{Y}_F & 0 & 0 \\ 0 & -\underline{Y}_F & 0 \\ 0 & 0 & -\underline{Y}_F \end{bmatrix} \begin{bmatrix} \underline{U}_{1F} \\ \underline{U}_{2F} \\ \underline{U}_{0F} \end{bmatrix} + \begin{bmatrix} 1 & 0 & 0 \\ 0 & 1 & 0 \\ 0 & 0 & 1 \end{bmatrix} \begin{bmatrix} \underline{I}_{1F} \\ \underline{I}_{2F} \\ \underline{I}_{0F} \end{bmatrix} = \begin{bmatrix} 0 \\ 0 \\ 0 \end{bmatrix} \quad \text{mit} \quad \underline{Y}_F = \frac{1}{\underline{Z}_F} \qquad (3.99)
$$

Die Ersatzschaltungen der Symmetrischen Komponenten in Abbildung 3.37 sind entsprechend Gl. (3.99) nicht gekoppelt (vgl. Abschnitt 3.8.3).

3.10 Vergleich der Kurzschlussstrombeträge für die Querfehler

Der Vergleich der Beträge der Kurzschlussströme für die symmetrischen und unsymmetrischen Querfehler kann anhand von Gl. (3.21) für den 1-poligen Erdkurzschlussstrom I''_{k1}, Gl. (3.32) für den 2-poligen Kurzschlussstrom I''_{k2E} mit Erdberührung, Gl. (3.41) für den 2-poligen Kurzschlussstrom I''_{k2} ohne Erdberührung und den Gln. (3.49) und (3.58) für den 3-poligen Kurzschlussstrom I''_{k3E} bzw. I''_{k3} mit und ohne Erdberührung sowie der Annahme $\underline{Z}_2 = \underline{Z}_1$ vorgenommen werden:

$$
I''_{k1} : I''_{k2E} : I''_{k2} : I''_{k3E} : I''_{k3} = \frac{3}{\left| 2 + \dfrac{\underline{Z}_0}{\underline{Z}_1} \right|} : \frac{3}{\left| 1 + 2\left(\dfrac{\underline{Z}_0}{\underline{Z}_1} \right) \right|} : \frac{\sqrt{3}}{2} : 1 : 1 \qquad (3.100)
$$

Abbildung 3.38 zeigt die auf den 3-poligen Erdkurzschlussstrom I''_{k3E} bezogenen unsymmetrischen Kurzschlussströme unter der Annahme $\underline{Z}_0/\underline{Z}_1 = Z_0/Z_1$ (gleiche Impedanzwinkel). Es gilt mit den typischen Impedanzverhältnissen in realen Netzen: $I''_{k3E} = I''_{k3} > I''_{k2} > I''_{k1} > I''_{k2E}$.

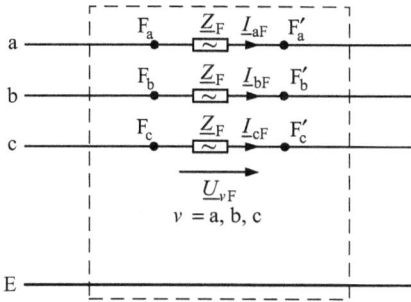

Abb. 3.36: 3-polige Unterbrechung mit Fehlerimpedanzen

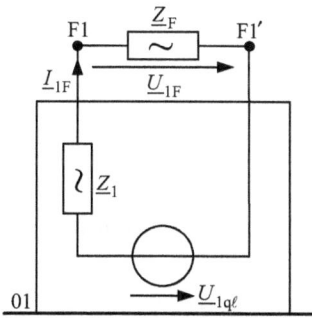

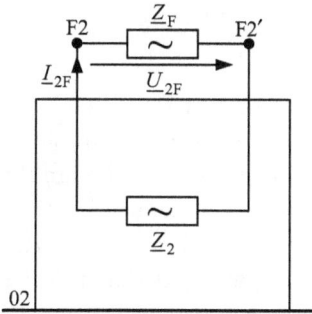

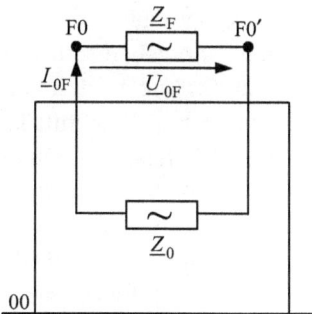

Abb. 3.37: Ersatzschaltung in den Symmetrischen Koordinaten für die 3-polige Unterbrechung mit Fehlerimpedanzen

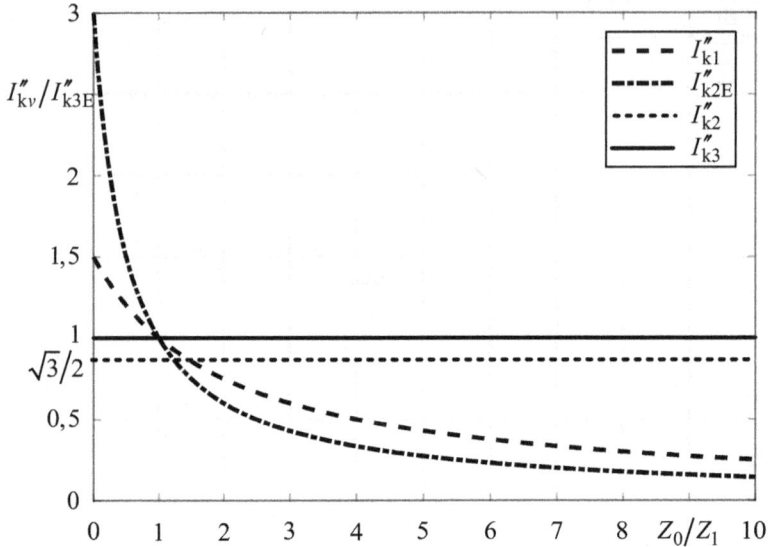

Abb. 3.38: Vergleich der Beträge der auf den Betrag des 3-poligen Erdkurzschlussstroms I''_{k3E} bezogenen unsymmetrischen Kurzschlussströme

3.11 Mehrfachfehler

Mehrfachfehler (siehe Abbildung 3.2) werden mit Ausnahme des Doppelerdkurzschlusses, der in Netzen mit isolierten Sternpunkten und Netzen mit Resonanzsternpunkterdung (siehe Kapitel 8) in Folge der transienten Überspannungen beim Eintritt eines Erdschlusses entstehen und zu hohen Fehlerströmen führen kann, nur selten berechnet. Doppelfehler bzw. Mehrfachfehler treten an zwei bzw. mehreren Stellen im Netz auf. Dabei können prinzipiell z. B. auch Quer- und Längsfehler als Doppelfehler auftreten.

Bei Doppelfehlern sind an beiden Fehlerorten die Fehlerbedingungen aufzustellen und in die Symmetrischen Koordinaten zu transformieren. Er ergeben sich insgesamt sechs unbekannte Spannungen und sechs unbekannte Ströme an den beiden Fehlerstellen. Ihre Berechnung kann prinzipiell entsprechend der in Abschnitt 3.6 beschriebenen allgemeinen Vorgehensweise erfolgen, wobei natürlich bei Mehrfachfehlern die Fehlerbedingungen mehrfach zu formulieren sind (siehe oben). Darüberhinaus dürfen die Komponentennetze nur einmal, d. h. nur für eine Fehlerstelle, galvanisch miteinander verschaltet werden. An den anderen Fehlerstellen sind ideale Übertrager mit Übersetzungen 1 : 1, 1 : $\underline{a}^2$ oder 1 : $\underline{a}$ erforderlich, damit die Fehlerbedingungen dieser Fehlerstellen korrekt nachgebildet werden. Bei mehrfachen galvanischen Verbindungen würden sich die Ströme und Spannungen entsprechend der Impedanzverhältnisse einstellen. Durch die idealen Übertrager werden die Ersatzschaltungen in den Symmetrischen Komponenten zunehmend kompliziert, insbesondere dann, wenn die Fehler nicht mehr symmetrisch zum Bezugsleiter liegen (siehe Band 1, Abschnitt 20.4).

Für die Bestimmung der bei Doppelfehlern vorhandenen zwölf unbekannten Größen gibt es zum einen die sechs Fehlerbedingungen an den beiden Fehlerstellen und zum anderen sechs Gleichungen aus den Torgleichungen und dem Zusammenhang zwischen den Fehlerstellen. Dies wird am Beispiel des Doppelerdkurzschlusses in einem sternpunktgeerdeten Netz in Abbildung 3.39 demonstriert.

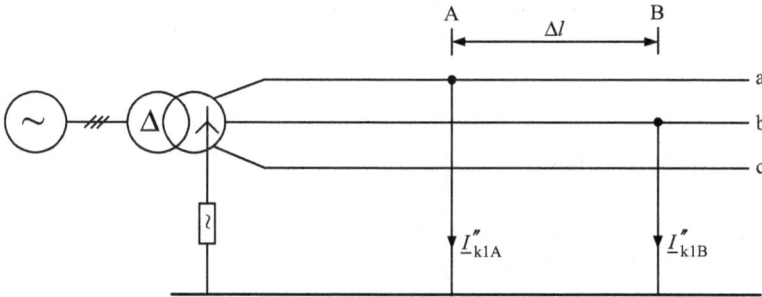

Abb. 3.39: Beispielsystem mit einem Doppelerdkurzschluss

Das Beispielsystem besteht auf der linken Seite aus einer Netzeinspeisung, bei der ein Synchrongenerator über einen Transformator eine Leitung speist. Zwischen den beiden eingezeichneten Fehlerstellen A und B befindet sich ein weiteres Leitungsstück der Länge Δl. Es handelt sich um einen ungleichpoligen gleichartigen unsymmetrischen Mehrfachfehler (siehe Abbildung 3.2). Die Fehlerbedingungen an den beiden Fehlerstellen A und B lauten (siehe Abbildung 3.40):

$$\begin{bmatrix} 1 & 0 & 0 \\ 0 & 0 & 0 \\ 0 & 0 & 0 \end{bmatrix} \begin{bmatrix} \underline{U}_{aFA} \\ \underline{U}_{bFA} \\ \underline{U}_{cFA} \end{bmatrix} + \begin{bmatrix} 0 & 0 & 0 \\ 0 & 1 & 0 \\ 0 & 0 & 1 \end{bmatrix} \begin{bmatrix} \underline{I}_{aFA} \\ \underline{I}_{bFA} \\ \underline{I}_{cFA} \end{bmatrix} = \begin{bmatrix} 0 \\ 0 \\ 0 \end{bmatrix} \tag{3.101}$$

und:

$$\begin{bmatrix} 0 & 0 & 0 \\ 0 & 1 & 0 \\ 0 & 0 & 0 \end{bmatrix} \begin{bmatrix} \underline{U}_{aFB} \\ \underline{U}_{bFB} \\ \underline{U}_{cFB} \end{bmatrix} + \begin{bmatrix} 1 & 0 & 0 \\ 0 & 0 & 0 \\ 0 & 0 & 1 \end{bmatrix} \begin{bmatrix} \underline{I}_{aFB} \\ \underline{I}_{bFB} \\ \underline{I}_{cFB} \end{bmatrix} = \begin{bmatrix} 0 \\ 0 \\ 0 \end{bmatrix} \tag{3.102}$$

Die Transformation in die Symmetrischen Koordinaten ergibt an der Fehlerstelle A (vgl. Abschnitt 3.7.1):

$$\underline{U}_{1FA} + \underline{U}_{2FA} + \underline{U}_{0FA} = 0 \quad \text{und} \quad \underline{I}_{1FA} = \underline{I}_{2FA} = \underline{I}_{0FA} \tag{3.103}$$

Für die Fehlerstelle B erhält man für die Fehlertorspannungen nach der Transformation in die Symmetrischen Koordinaten aus der zweiten Gleichungszeile:

$$\underline{a}^2 \underline{U}_{1FB} + \underline{a} \underline{U}_{2FB} + \underline{U}_{0FB} = 0 \tag{3.104}$$

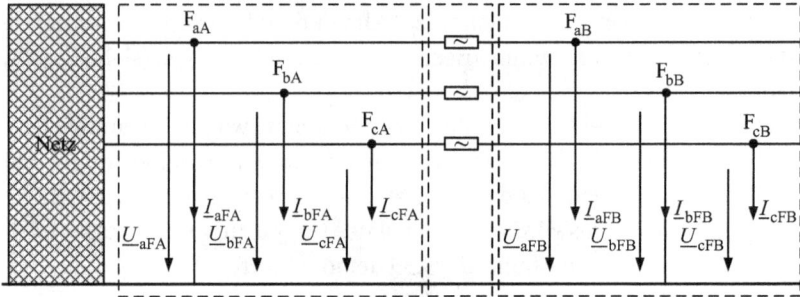

Abb. 3.40: Fehlerbedingungen für das Beispielnetz mit Doppelerdkurzschluss in Abbildung 3.39

sowie für die Fehlerströme aus der ersten und dritten Gleichungszeile:

$$\underline{a}^2 \underline{I}_{1\mathrm{FB}} = \underline{a}\, \underline{I}_{2\mathrm{FB}} = \underline{I}_{0\mathrm{FB}} \quad \text{bzw.} \quad \left(\frac{1}{\underline{a}^2}\right)^* \underline{I}_{1\mathrm{FB}} = \left(\frac{1}{\underline{a}}\right)^* \underline{I}_{2\mathrm{FB}} = \underline{I}_{0\mathrm{FB}} \tag{3.105}$$

Die Ersatzschaltung in den Symmetrischen Koordinaten für das Netz in Abbildung 3.40 ist in Abbildung 3.41 dargestellt. An der Fehlerstelle A erfolgt die Verschaltung der Komponentensysteme entsprechend der Verschaltung für den 1-poligen Erdkurzschluss in Abbildung 3.11, während an der Fehlerstelle B in jedem Komponentensystem ein idealer Übertrager eingeführt werden muss, der die Bedingungen für die Fehlertorspannungen und -ströme in den Gln. (3.104) und (3.105) nachbildet. Die idealen Übertrager schwenken die Spannungen und Ströme gleichsinnig um die Winkel $4\pi/3$, $2\pi/3$ und 0. Die Effektivwerte bleiben unverändert. Zu beachten ist dabei, dass die Ströme im Gegensatz zu den Spannungen mit dem konjugiert komplexen Kehrwert des komplexen Übersetzungsverhältnisses (vgl. Tabelle 2.3) umgerechnet werden (siehe Gl. (3.105)), was hier aber auf die gleiche Umrechnungsbeziehung für Spannungen und Ströme (siehe Abbildung 3.41) führt.

Aus den Maschen und dem Knotensatz am Knoten B der Ersatzschaltung ergeben sich die noch fehlenden sechs Gleichungen für die Bestimmung der zwölf unbekannten Größen:

$$\begin{bmatrix} \underline{U}_{1\mathrm{A}} \\ \underline{U}_{2\mathrm{A}} \\ \underline{U}_{0\mathrm{A}} \end{bmatrix} = \begin{bmatrix} \underline{Z}_{1\mathrm{L}} & 0 & 0 \\ 0 & \underline{Z}_{2\mathrm{L}} & 0 \\ 0 & 0 & \underline{Z}_{0\mathrm{L}} \end{bmatrix} \begin{bmatrix} \underline{I}_{1\mathrm{L}} \\ \underline{I}_{2\mathrm{L}} \\ \underline{I}_{0\mathrm{L}} \end{bmatrix} + \begin{bmatrix} \underline{U}_{1\mathrm{B}} \\ \underline{U}_{2\mathrm{B}} \\ \underline{U}_{0\mathrm{B}} \end{bmatrix}$$

$$= \begin{bmatrix} \underline{Z}_{1\mathrm{A}} & 0 & 0 \\ 0 & \underline{Z}_{2\mathrm{A}} & 0 \\ 0 & 0 & \underline{Z}_{0\mathrm{A}} \end{bmatrix} \begin{bmatrix} -\underline{I}_{1\mathrm{AF}} - \underline{I}_{1\mathrm{L}} \\ -\underline{I}_{2\mathrm{AF}} - \underline{I}_{2\mathrm{L}} \\ -\underline{I}_{0\mathrm{AF}} - \underline{I}_{0\mathrm{L}} \end{bmatrix} + \begin{bmatrix} \underline{U}_{1\mathrm{1F}} \\ 0 \\ 0 \end{bmatrix} \tag{3.106}$$

und:

$$\begin{bmatrix} \underline{I}_{1\mathrm{L}} \\ \underline{I}_{2\mathrm{L}} \\ \underline{I}_{0\mathrm{L}} \end{bmatrix} = - \begin{bmatrix} \underline{I}_{1\mathrm{FB}} \\ \underline{I}_{2\mathrm{FB}} \\ \underline{I}_{0\mathrm{FB}} \end{bmatrix} \tag{3.107}$$

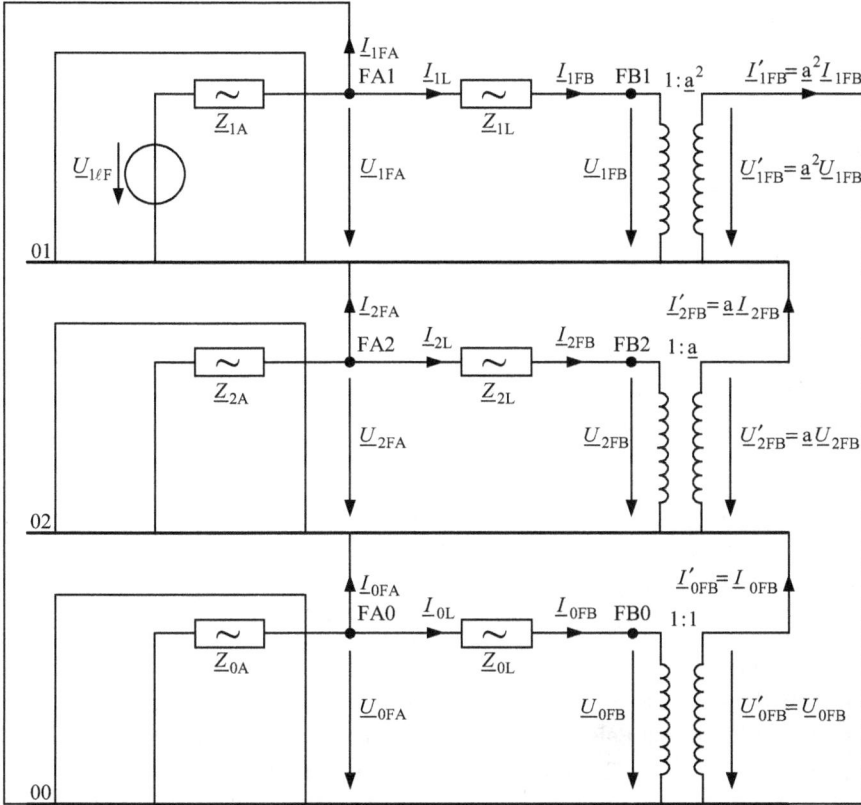

Abb. 3.41: Ersatzschaltung in den Symmetrischen Koordinaten für das Beispielnetz mit Doppelerdkurzschluss in Abbildung 3.40

Zusammen mit den Fehlerbedingungen erhält man für die Mitsystemkomponenten der beiden Fehlerströme nach einigen Umformungen:

$$\begin{bmatrix}\underline{I}_{1FA}\\\underline{I}_{1FB}\end{bmatrix}=\frac{1}{\underline{Z}^2}\begin{bmatrix}\underline{Z}_{1L}+(1-\underline{a})\underline{Z}_{2A}+\underline{Z}_{2L}+(1-\underline{a}^2)\underline{Z}_{0A}+\underline{Z}_{0L}\\(1-\underline{a}^2)\underline{Z}_{2A}+(1-\underline{a})\underline{Z}_{0A}\end{bmatrix}\underline{U}_{1lF} \qquad(3.108)$$

mit:

$$\underline{Z}^2=(\underline{Z}_{1A}+\underline{Z}_{2A}+\underline{Z}_{0A})(\underline{Z}_{1A}+\underline{Z}_{2A}+\underline{Z}_{0A}+\underline{Z}_{1L}+\underline{Z}_{2L}+\underline{Z}_{0L})$$
$$-(\underline{Z}_{1A}+\underline{a}\,\underline{Z}_{2A}+\underline{a}^2\underline{Z}_{0A})(\underline{Z}_{1A}+\underline{a}^2\underline{Z}_{2A}+\underline{a}\,\underline{Z}_{0A}) \qquad(3.109)$$

Für den Sonderfall $\underline{Z}_{1L}=\underline{Z}_{2L}=\underline{Z}_{0L}=0$ fallen die beiden 1-poligen Leiter-Erde-Fehler zusammen, und es ergibt sich ein 2-poliger Erdkurzschluss in den Leitern a und b (2-poliger Kurzschluss mit Erdberührung, vgl. Abschnitt 3.7.2):

$$\begin{bmatrix}\underline{I}_{1FA}\\\underline{I}_{1FB}\end{bmatrix}=\frac{1}{3(\underline{Z}_{1A}\underline{Z}_{2A}+\underline{Z}_{2A}\underline{Z}_{0A}+\underline{Z}_{0A}\underline{Z}_{1A})}\begin{bmatrix}(1-\underline{a})\underline{Z}_{2A}+(1-\underline{a}^2)\underline{Z}_{0A}\\(1-\underline{a}^2)\underline{Z}_{2A}+(1-\underline{a})\underline{Z}_{0A}\end{bmatrix}\underline{U}_{1lF} \quad(3.110)$$

Die Rücktransformation in die natürlichen Koordinaten liefert (vgl. Gl. (3.101)):

$$
\begin{bmatrix} \underline{I}_{\mathrm{aFA}} \\ \underline{I}_{\mathrm{bFA}} \\ \underline{I}_{\mathrm{cFA}} \end{bmatrix} = \begin{bmatrix} 1 & 1 & 1 \\ \underline{a}^2 & \underline{a} & 1 \\ \underline{a} & \underline{a}^2 & 1 \end{bmatrix} \begin{bmatrix} \underline{I}_{\mathrm{1FA}} \\ \underline{I}_{\mathrm{2FA}} \\ \underline{I}_{\mathrm{0FA}} \end{bmatrix} = \begin{bmatrix} 1 & 1 & 1 \\ \underline{a}^2 & \underline{a} & 1 \\ \underline{a} & \underline{a}^2 & 1 \end{bmatrix} \begin{bmatrix} \underline{I}_{\mathrm{1FA}} \\ \underline{I}_{\mathrm{1FA}} \\ \underline{I}_{\mathrm{1FA}} \end{bmatrix} = \begin{bmatrix} 3\underline{I}_{\mathrm{1FA}} \\ 0 \\ 0 \end{bmatrix} \quad (3.111)
$$

und (vgl. Gl. (3.102)):

$$
\begin{bmatrix} \underline{I}_{\mathrm{aFB}} \\ \underline{I}_{\mathrm{bFB}} \\ \underline{I}_{\mathrm{cFB}} \end{bmatrix} = \begin{bmatrix} 1 & 1 & 1 \\ \underline{a}^2 & \underline{a} & 1 \\ \underline{a} & \underline{a}^2 & 1 \end{bmatrix} \begin{bmatrix} \underline{I}_{\mathrm{1FB}} \\ \underline{I}_{\mathrm{2FB}} \\ \underline{I}_{\mathrm{0FB}} \end{bmatrix} = \begin{bmatrix} 1 & 1 & 1 \\ \underline{a}^2 & \underline{a} & 1 \\ \underline{a} & \underline{a}^2 & 1 \end{bmatrix} \begin{bmatrix} \underline{I}_{\mathrm{1FB}} \\ \underline{a}\,\underline{I}_{\mathrm{1FB}} \\ \underline{a}^2\underline{I}_{\mathrm{1FB}} \end{bmatrix} = \begin{bmatrix} 0 \\ 3\underline{a}^2\underline{I}_{\mathrm{1FB}} \\ 0 \end{bmatrix} \quad (3.112)
$$

Für den Vergleich mit den Fehlerströmen des 2-poligen Erdkurzschlusses in Gl. (3.31) werden die Fehlerströme in den Gln. (3.111) und (3.112) in einen Vektor zusammenge-fasst und die Impedanzen durch ihre Kehrwerte (siehe Gl. (3.110)) ersetzt. Man erhält:

$$
\begin{aligned}
\begin{bmatrix} \underline{I}_{\mathrm{aFA}} \\ \underline{I}_{\mathrm{bFB}} \\ 0 \end{bmatrix} = \begin{bmatrix} \underline{I}_{\mathrm{aF}} \\ \underline{I}_{\mathrm{bF}} \\ \underline{I}_{\mathrm{cF}} \end{bmatrix} &= \begin{bmatrix} (1-\underline{a}^2)\,\underline{Y}_{2\mathrm{A}} + (1-\underline{a})\,\underline{Y}_{0\mathrm{A}} \\ (\underline{a}^2-1)\,\underline{Y}_{2\mathrm{A}} + (\underline{a}^2-\underline{a})\,\underline{Y}_{0\mathrm{A}} \\ 0 \end{bmatrix} \frac{\underline{U}_{\mathrm{11F}}/\underline{Z}_{1\mathrm{A}}}{\underline{Y}_{1\mathrm{A}} + \underline{Y}_{2\mathrm{A}} + \underline{Y}_{0\mathrm{A}}} \\[2mm]
&= \begin{bmatrix} (\underline{a}^2-1)\,\underline{Y}_{2\mathrm{A}} + (\underline{a}-1)\,\underline{Y}_{0\mathrm{A}} \\ (1-\underline{a}^2)\,\underline{Y}_{2\mathrm{A}} + (\underline{a}-\underline{a}^2)\,\underline{Y}_{0\mathrm{A}} \\ 0 \end{bmatrix} \frac{\underline{I}_{1\mathrm{kF}}}{\underline{Y}_{1\mathrm{A}} + \underline{Y}_{2\mathrm{A}} + \underline{Y}_{0\mathrm{A}}}
\end{aligned} \quad (3.113)
$$

Beachtet man, dass in Abschnitt 3.7.2 der 2-polige Erdkurzschluss in den Leitern b und c vorliegt und er in diesem Beispiel (siehe Abbildung 3.39) in den Leitern a und b an-genommen wurde, so ist das Ergebnis in Gl. (3.113) noch durch zyklisches Vertauschen der Leiter anzupassen. Dies wird durch die Drehung mit dem Operator $\underline{a}^2$ erreicht:

$$
\begin{aligned}
\begin{bmatrix} \underline{I}'_{\mathrm{aF}} \\ \underline{I}'_{\mathrm{bF}} \\ \underline{I}'_{\mathrm{cF}} \end{bmatrix} = \begin{bmatrix} \underline{I}_{\mathrm{cF}} \\ \underline{I}_{\mathrm{aF}} \\ \underline{I}_{\mathrm{bF}} \end{bmatrix} &= \begin{bmatrix} 0 \\ (\underline{a}^2-1)\,\underline{Y}_{2\mathrm{A}} + (\underline{a}-1)\,\underline{Y}_{0\mathrm{A}} \\ (1-\underline{a}^2)\,\underline{Y}_{2\mathrm{A}} + (\underline{a}-\underline{a}^2)\,\underline{Y}_{0\mathrm{A}} \end{bmatrix} \frac{\underline{a}^2\underline{I}_{1\mathrm{kF}}}{\underline{Y}_{1\mathrm{A}} + \underline{Y}_{2\mathrm{A}} + \underline{Y}_{0\mathrm{A}}} \\[2mm]
&= \begin{bmatrix} 0 \\ (\underline{a}-\underline{a}^2)\,\underline{Y}_{2\mathrm{A}} + (1-\underline{a}^2)\,\underline{Y}_{0\mathrm{A}} \\ (\underline{a}^2-\underline{a})\,\underline{Y}_{2\mathrm{A}} + (1-\underline{a})\,\underline{Y}_{0\mathrm{A}} \end{bmatrix} \frac{\underline{I}_{1\mathrm{kF}}}{\underline{Y}_{1\mathrm{A}} + \underline{Y}_{2\mathrm{A}} + \underline{Y}_{0\mathrm{A}}}
\end{aligned} \quad (3.114)
$$

Die Addition der beiden Teilkurzschlussströme in den Leitern b und c zum Kurz-schlussstrom $\underline{I}''_{\mathrm{k2E}}$ entspricht dem Ausdruck für den 2-poligen Erdkurzschlussstrom in Gl. (3.32):

$$
\underline{I}''_{\mathrm{k2E}} = \underline{I}'_{\mathrm{bF}} + \underline{I}'_{\mathrm{cF}} = 3\,\frac{\underline{Y}_{0\mathrm{A}}}{\underline{Y}_{1\mathrm{A}} + \underline{Y}_{2\mathrm{A}} + \underline{Y}_{0\mathrm{A}}}\underline{I}_{1\mathrm{kF}} \quad (3.115)
$$

Als weiterer Sonderfall soll ausgehend von den Gln. (3.108) und (3.109) der eigentlich interessante Fall des Doppelerdkurzschlusses in Netzen mit isoliertem Sternpunkt be-trachtet werden. Mit $|\underline{Z}_{0\mathrm{A}}| \to \infty$ bzw. $\underline{Y}_{0\mathrm{A}} = 0$ ergibt sich:

$$
\begin{bmatrix} \underline{I}_{\mathrm{1AF}} \\ \underline{I}_{\mathrm{1BF}} \end{bmatrix} = \frac{1}{3\,(\underline{Z}_{1\mathrm{A}} + \underline{Z}_{2\mathrm{A}}) + \underline{Z}_{1\mathrm{L}} + \underline{Z}_{2\mathrm{L}} + \underline{Z}_{0\mathrm{L}}} \begin{bmatrix} 1 - \underline{a}^2 \\ 1 - \underline{a} \end{bmatrix} \underline{U}_{\mathrm{11F}} \quad (3.116)
$$

Die Rücktransformation in die natürlichen Koordinaten liefert:

$$
\begin{bmatrix} \underline{I}_{aAF} \\ \underline{I}_{bAF} \\ \underline{I}_{cAF} \end{bmatrix} = \frac{3}{3\,(\underline{Z}_{1A} + \underline{Z}_{2A}) + \underline{Z}_{1L} + \underline{Z}_{2L} + \underline{Z}_{0L}} \begin{bmatrix} 1 - \underline{a}^2 \\ 0 \\ 0 \end{bmatrix} \underline{U}_{1lF} = \begin{bmatrix} \underline{I}''_{kEE} \\ 0 \\ 0 \end{bmatrix} \tag{3.117}
$$

und:

$$
\begin{bmatrix} \underline{I}_{aBF} \\ \underline{I}_{bBF} \\ \underline{I}_{cBF} \end{bmatrix} = \frac{3}{3\,(\underline{Z}_{1A} + \underline{Z}_{2A}) + \underline{Z}_{1L} + \underline{Z}_{2L} + \underline{Z}_{0L}} \begin{bmatrix} 0 \\ \underline{a}^2 - 1 \\ 0 \end{bmatrix} \underline{U}_{1lF} = \begin{bmatrix} 0 \\ -\underline{I}''_{kEE} \\ 0 \end{bmatrix} \tag{3.118}
$$

Die beiden Fehlerströme sind entgegengesetzt gleich groß und entsprechen dem Doppelerdkurzschlussstrom $I''_{kEE} = |\underline{I}_{aAF}| = |\underline{I}_{bBF}|$.

4 Übertragungsverhältnisse in NS- und MS-Netzen

4.1 Einleitung und Grundlagen

Unter der Berechnung der Übertragungsverhältnisse soll hier die vereinfachte Bestimmung der Ströme und Spannungen in einfachen, für die NS- und MS-Ebene typischen Netzstrukturen verstanden werden. Im Gegensatz zu den vermaschten HS- und HöS-Netzstrukturen (siehe Band 1, Abschnitt 16.1), für die in der Regel iterative Verfahren [1] für die Berechnung der Leistungsflüsse und Knotenspannungen angewendet werden und erforderlich sind, können für Strang- und Ringnetzstrukturen (siehe Band 1, Abschnitte 16.2 und 16.3) vereinfachte Berechnungsmethoden eingesetzt werden. Ziel der Berechnung ist es, nach der Bestimmung der Stromverteilung auf den Strang- und Ringnetzleitungen, den Ort der minimalen Spannung zu bestimmen, da in diesen Netzen typischerweise die Spannung und nicht der maximal auftretende Strom die auslegungsrelevante Größe ist.

4.2 Einseitig gespeiste Leitung mit einer Abnahme

Anhand der einseitig gespeisten Leitung mit einer Abnahme sollen zunächst die grundsätzlichen Strom- und Spannungsverhältnisse bei typischen ohmsch-induktiven Lasten in den NS- und MS-Netzen untersucht werden. Die Leitungslängen in diesen Netzen sind vergleichsweise kurz, so dass die Verwendung der Ersatzschaltung für die elektrisch kurze Leitung (siehe Band 2, Abschnitt 6.6.4) zulässig ist. In den NS- und MS-Netzen können darüberhinaus die Kapazitäts- und Ableitungsbeläge gegenüber den Widerstands- und Reaktanzbelägen der Leitungen vernachlässigt werden, so dass sich vereinfachte Leitungsersatzschaltungen mit nur einer Längsimpedanz ergeben (siehe Band 2, Abschnitt 6.6.5 und Abbildung 4.1).

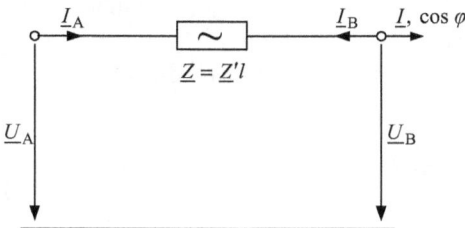

Abb. 4.1: Vereinfachte Ersatzschaltung für die einseitig gespeiste Leitung mit einer Abnahme

Die grundsätzlichen Strom- und Spannungsverhältnisse werden anhand des Zeigerbilds in Abbildung 4.2 für eine ohmsch-induktive Abnahme deutlich. Für die Konstruktion des Zeigerbildes ist zu beachten, dass zum einen die Phasenverschiebung

https://doi.org/10.1515/9783110608274-004

zwischen dem Klemmenstrom und der Klemmenspannung der Abnahme aufgrund des typischerweise „schlechten" Verschiebungsfaktors $\cos\varphi$ relativ groß ist, und zum anderen, dass in den MS- und NS-Netzen der Widerstandsbelag typischerweise ungefähr gleich groß bzw. sogar größer als der Reaktanzbelag ist.

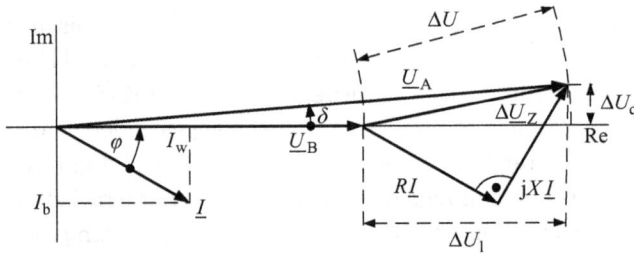

Abb. 4.2: Zeigerbild für die einseitig gespeiste Leitung mit einer ohmsch-induktiven Abnahme

Im Ergebnis ist festzustellen, dass es zum einen zu einem deutlichen Unterschied der Beträge der Spannungen am Leitungsanfang und am Leitungsende kommt (vgl. Band 2, Abschnitt 6.7.1), der im Wesentlichen durch den Längsspannungsabfall ΔU_l verursacht wird, und zum anderen, dass der Phasenwinkelunterschied zwischen den Spannungen am Leitungsanfang und am Leitungsende (Übertragungswinkel δ) klein ist. Für den Zusammenhang zwischen den Spannungen gilt:

$$\underline{U}_\mathrm{A} = \underline{U}_\mathrm{B} + \Delta\underline{U}_\mathrm{Z} = \underline{U}_\mathrm{B} + \underline{Z}\,\underline{I} = \underline{U}_\mathrm{B} + (R + \mathrm{j}X)\,\underline{I} = U_\mathrm{B}\mathrm{e}^{\mathrm{j}0°} + (R + \mathrm{j}X)\,(I_\mathrm{w} + \mathrm{j}I_\mathrm{b}) \quad (4.1)$$

Die Aufteilung in einen Spannungsabfall in Längs- und einen in Querrichtung zur Bezugsspannung $\underline{U}_\mathrm{B} = U_\mathrm{B}\mathrm{e}^{\mathrm{j}0}$ mit Hilfe des Wirk- und Blindstromanteils des Laststroms $\underline{I}$ liefert (vgl. Abbildung 4.2):

$$\underline{U}_\mathrm{A} = U_\mathrm{B} + RI_\mathrm{w} - XI_\mathrm{b} + \mathrm{j}\,(RI_\mathrm{b} + XI_\mathrm{w}) = U_\mathrm{B} + \Delta U_\mathrm{l} + \mathrm{j}\Delta U_\mathrm{q} \approx U_\mathrm{B} + \Delta U_\mathrm{l} \quad (4.2)$$

In der vorstehenden Gleichung kann aufgrund des kleinen Übertragungswinkels δ der Einfluss des Querspannungsabfalls ΔU_q vernachlässigt werden.

Insgesamt kann dann für den Betrag des Spannungsabfalls ΔU_Z die folgende Beziehung:

$$\begin{aligned}\Delta U_\mathrm{Z} = |\underline{U}_\mathrm{A} - \underline{U}_\mathrm{B}| &= |\Delta U_\mathrm{l} + \mathrm{j}\Delta U_\mathrm{q}| = \sqrt{\Delta U_\mathrm{l}^2 + \Delta U_\mathrm{q}^2} \approx \Delta U_\mathrm{l} = RI_\mathrm{w} - XI_\mathrm{b}\\ &= RI\cos\varphi + XI\sin\varphi\end{aligned} \quad (4.3)$$

und die reelle Spannungsgleichung mit den Leitungsbelägen R' und X' und der Leitungslänge l angegeben werden:

$$\begin{aligned}U_\mathrm{A} \approx U_\mathrm{B} + \Delta U &\approx U_\mathrm{B} + (R\cos\varphi + X\sin\varphi)\,I\\ &= U_\mathrm{B} + l\left(R'\cos\varphi + X'\sin\varphi\right)I = U_\mathrm{B} + Z_\varphi I = U_\mathrm{B} + lZ'_\varphi I\end{aligned} \quad (4.4)$$

Damit kann die vereinfachte, reelle Ersatzschaltung in Abbildung 4.3 aufgebaut werden, mit der die interessierende Größe des Spannungsabfalls und die Spannungsbeträge ausreichend genau auf Basis der Strombeträge und einer modifizierten reellen Leitungsimpedanz Z_φ abgeschätzt werden können.

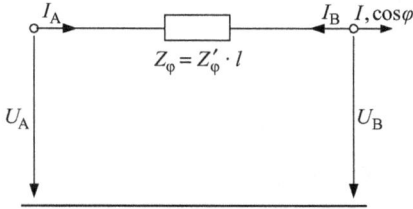

Abb. 4.3: Reelle Ersatzschaltung für die einseitig gespeiste Leitung mit einer ohmsch-induktiven Abnahme

Der in Gl. (4.4) eingeführte Betragsunterschied ΔU zwischen den beiden Klemmenspannungen U_A und U_B der Leitung wird als Spannungsfall (früher auch Spannungsverlust) bezeichnet. Für die hier vorhandenen kleinen Übertragungswinkel δ gilt näherungsweise, dass der Spannungsabfall und der Spannungsfall gleich groß sind und dem Betrag des Längsspannungsabfalls entsprechen (siehe Band 2, Abschnitt 6.7.1):

$$\Delta U_Z \approx \Delta U \approx \Delta U_l \tag{4.5}$$

4.3 Einseitig gespeiste Leitung mit mehreren Abnahmen

Eine einseitig gespeiste Leitung mit mehreren Abnahmen entsprechend Abbildung 4.4 ist in den MS- und auch in den NS-Netzen zu finden. Eine solche Anordnung entspricht einem Strang eines NS- oder MS-Strahlennetzes oder einer Hälfte eines offen betriebenen MS-Ringnetzes (siehe Band 1, Abschnitte 16.2 und 16.3). Setzt man des Weiteren nur ohmsch-induktive Verbraucherlasten voraus, wird der maximale Spannungsabfall am Ende der Leitung am Knoten m auftreten.

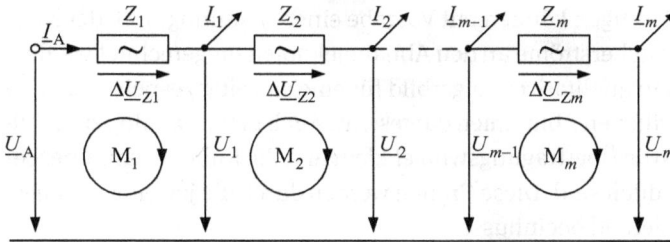

Abb. 4.4: Ersatzschaltung für die einseitig gespeiste Leitung mit mehreren Abnahmen

Für die Berechnung der Übertragungsverhältnisse der einseitig gespeisten Leitung mit mehreren Abnahmen in Abbildung 4.4 sind zunächst die Maschensätze aufzustellen.

Sie liefern m Gleichungen, die in Form einer Matrizengleichung angegeben werden können und bei bekannten Abnahmeströmen und gegebener Spannung am Leitungsanfang A von oben nach unten gelöst werden können:

$$\begin{bmatrix} \underline{U}_1 \\ \underline{U}_2 \\ \vdots \\ \underline{U}_m \end{bmatrix} = \begin{bmatrix} \underline{U}_A \\ \underline{U}_1 \\ \vdots \\ \underline{U}_{m-1} \end{bmatrix} - \begin{bmatrix} \underline{Z}_1 & \underline{Z}_1 & \cdots & \underline{Z}_1 \\ 0 & \underline{Z}_2 & \cdots & \underline{Z}_2 \\ \vdots & \ddots & \ddots & \vdots \\ 0 & \cdots & 0 & \underline{Z}_m \end{bmatrix} \begin{bmatrix} \underline{I}_1 \\ \underline{I}_2 \\ \vdots \\ \underline{I}_m \end{bmatrix} \tag{4.6}$$

Der Betrag ΔU_{ZAm} des maximalen Spannungsabfalls $\Delta \underline{U}_{ZAm}$ ergibt sich aus dem Betrag der Spannungsdifferenz zwischen den Knotenspannungen am Knoten A und am Knoten m:

$$\Delta U_{ZAm} = |\underline{U}_A - \underline{U}_m| = \left| \sum_{i=1}^{m} \Delta \underline{U}_{Zi} \right|$$

$$= |\underline{Z}_1 \quad (\underline{I}_1 + \underline{I}_2 + \cdots + \underline{I}_{m-1} + \underline{I}_m)$$

$$+ \underline{Z}_2 \quad (\quad \underline{I}_2 + \cdots + \underline{I}_{m-1} + \underline{I}_m) \tag{4.7}$$

$$+ \cdots$$

$$+ \underline{Z}_{m-1}(\quad \underline{I}_{m-1} + \underline{I}_m)$$

$$+ \underline{Z}_m \quad (\quad \underline{I}_m)|$$

Typischerweise werden die Verbraucherlasten unterschiedlich vorgegeben, z. B. als konstante Leistung, konstante Impedanz, konstanter Strom oder als eine nichtlineare Funktion der Spannung. Damit ist im Allgemeinen für die Bestimmung der Ströme die Kenntnis der erst noch zu berechnenden Knotenspannungen erforderlich, wodurch ein iteratives Verfahren für die Berechnung der Knotenspannungen anzuwenden ist [1]. Im Allgemeinen liegen aber für die vielen einzelnen Verbraucher in den NS- und MS-Netzen keine konkreten Daten für die Spannungsabhängigkeiten ihrer Last vor. Stattdessen werden typischerweise Gleichzeitigkeitsfaktoren (siehe Band 1, Abschnitt 14.6), z. B. für die Bestimmung der Wirkleistungen der Haushaltslasten, und typische Verschiebungsfaktoren für die Verbraucherlasten angenommen. Die damit berechenbaren Scheinleistungen können mit Vorgabe einer Spannung, z. B. der Netznennspannung, in Verbraucherströme an den Abnahmeknoten umgerechnet werden.

In Abbildung 4.5 ist ein qualitatives Zeigerbild für eine einseitig gespeiste Leitung mit mehreren unterschiedlichen Abnahmen dargestellt. Auch hier ist analog zu Abbildung 4.2 erkennbar, dass die Übertragungswinkel klein und die Knotenspannungsbeträge deutlich unterschiedlich sind. Diese Größen werden durch die jeweiligen Längsspannungsabfälle dominierend beeinflusst.

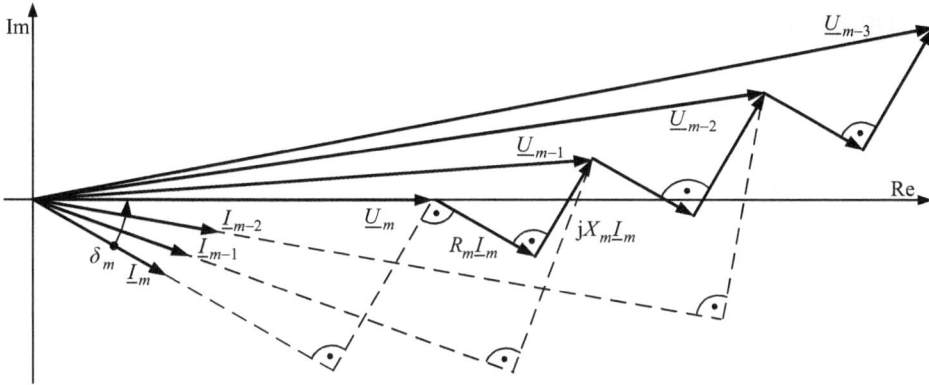

Abb. 4.5: Zeigerbild für eine einseitig gespeiste Leitung mit mehreren Abnahmen

Anhand des Zeigerbilds ist ebenfalls erkennbar, dass auch für eine Leitung mit mehreren Abnahmen die vereinfachte Berechnungsmöglichkeit mit reellen Spannungen, Strömen und modifizierten Impedanzen entsprechend Abschnitt 4.2 anwendbar ist. Damit vereinfacht sich Gl. (4.6) zu einer reellen Gleichung:

$$
\begin{bmatrix} U_1 \\ U_2 \\ \vdots \\ U_m \end{bmatrix} = \begin{bmatrix} U_A \\ U_1 \\ \vdots \\ U_{m-1} \end{bmatrix} - \begin{bmatrix} Z_{\varphi 1} & Z_{\varphi 1} & \cdots & Z_{\varphi 1} \\ 0 & Z_{\varphi 2} & \cdots & Z_{\varphi 2} \\ \vdots & \ddots & \ddots & \vdots \\ 0 & \cdots & 0 & Z_{\varphi m} \end{bmatrix} \begin{bmatrix} I_1 \\ I_2 \\ \vdots \\ I_m \end{bmatrix} \tag{4.8}
$$

$$\text{mit} \quad Z_{\varphi i} = l_i \left(R_i' \cos \varphi_i + X_i' \sin \varphi_i \right)$$

Für den maximalen Spannungsfall ΔU_{Am} als Näherung für den Betrag des maximalen Spannungsabfalls $\Delta \underline{U}_{\mathrm{ZAm}}$ ergibt sich aus Gl. (4.7) unter Beachtung von Gl. (4.5) mit den reellen Näherungen für kleine Übertragungswinkel:

$$
\begin{aligned}
\Delta U_{\mathrm{Am}} &= U_A - U_{\mathrm{m}} \\
&= Z_{\varphi 1} \quad (I_1 + I_2 + \cdots + I_{m-1} + I_m) \\
&\quad + Z_{\varphi 2} \quad (\quad\;\; I_2 + \cdots + I_{m-1} + I_m) \\
&\quad + \cdots \\
&\quad + Z_{\varphi m-1}(\qquad\qquad I_{m-1} + I_m) \\
&\quad + Z_{\varphi m} \quad (\qquad\qquad\qquad I_m)
\end{aligned} \tag{4.9}
$$

Setzt man ferner noch voraus, dass in dem betrachteten Strang nur der selbe Kabeltyp gelegt wurde, und damit in allen Abschnitten die selben Werte für die Leitungsparameter anzuwenden sind, sowie dass die Verbraucherlasten annähernd gleiche Verschiebungsfaktoren $\cos \varphi_i$ aufweisen, vereinfacht sich Gl. (4.9) zu:

$$
\begin{aligned}
\Delta U_{\mathrm{Am}} = U_{\mathrm{A}} - U_m = Z'_\varphi [l_1 \quad & (I_1 + I_2 + \cdots + I_{m-1} + I_m) \\
+ l_2 \quad & (\quad\quad I_2 + \cdots + I_{m-1} + I_m) \\
+ \cdots & \\
+ l_{m-1}(& \quad\quad\quad\quad\quad I_{m-1} + I_m) \\
+ l_m \quad (& \quad\quad\quad\quad\quad\quad\quad\quad I_m)]
\end{aligned}
\tag{4.10}
$$

oder bei einer Sortierung nach den Strömen:

$$
\begin{aligned}
\Delta U_{\mathrm{Am}} = U_{\mathrm{A}} - U_m = Z'_\varphi [I_1 \quad & (l_1 \quad\quad\quad\quad\quad\quad\quad) \\
+ I_2 \quad & (l_1 + l_2 \quad\quad\quad\quad) \\
+ \cdots & \\
+ I_{m-1}(& l_1 + l_2 + \cdots + l_{m-1} \quad) \\
+ I_m \quad (& l_1 + l_2 + \cdots + l_{m-1} + l_m)]
\end{aligned}
\tag{4.11}
$$

4.4 Behandlung von Verzweigungen

Die MS- und NS-Stränge bzw. MS-Ringe weisen in der Regel eine oder mehrere Verzweigungen auf, z. B. in den NS-Netzen in den Kabelverteilerschränken (siehe Band 1,

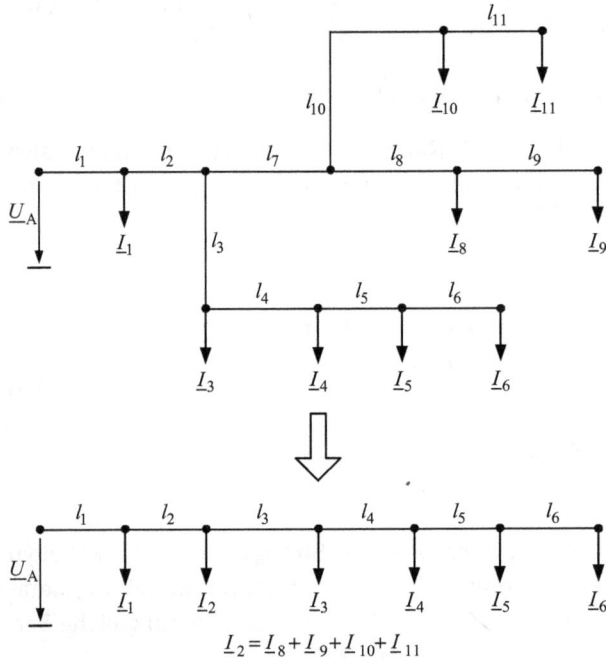

Abb. 4.6: Reduzierung von Verzweigungen entlang einer einseitig gespeisten Leitung mit mehreren Abnahmen

Abschnitt 16.3). Um das Berechnungsverfahren auch trotz der Verzweigungen auf diese Netze anwenden zu können, werden die Ströme in den Verzweigungssträngen auf
den Ort der Verzweigung „verworfen" und so das verzweigte Netz auf einen Strang reduziert (siehe Abbildung 4.6). Nach der Berechnung der Knotenspannungen können
mit den Knotenspannungen an den Verzweigungsknoten in die Verzweigungen hin-
eingerechnet und so die Knotenspannungen im gesamten Netz bestimmt werden.

4.5 Zweiseitig gespeiste Leitung mit mehreren Abnahmen

Eine zweiseitig gespeiste Leitung entspricht einem typischen MS-Ring, der entweder
geschlossen mit dann gleichen Speisepunktspannungen oder offen mit ungleichen
Speisepunktspannungen an den Leitungsenden A und B betrieben werden kann (siehe Abbildung 4.7).

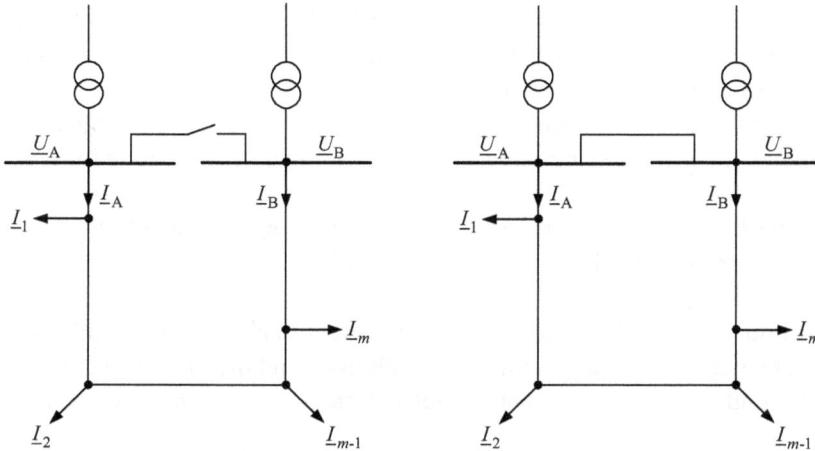

Abb. 4.7: Zweiseitig gespeister MS-Ring mit geöffneter (links) und geschlossener (rechts)
Sammelschienenkupplung

4.5.1 Allgemeine Vorgehensweise

Die Aufgabe bei der Analyse von zweiseitig gespeisten Netzstrukturen ist ebenfalls die
Bestimmung des maximalen Spannungsabfalls. Der Netzknoten mit der minimalen
Spannung entspricht der Senke in diesem Netz und ist dadurch gekennzeichnet, dass
er beidseitig gespeist wird (siehe Abbildung 4.8 links).

Damit ist für die Identifizierung dieses Knotens die Kenntnis der Stromverteilung
auf allen Leitungsabschnitten erforderlich. Diese Ströme können trotz der Kenntnis
der Abnahmeströme nur mit einem der Klemmenströme an den beiden Ringenden angegeben werden, womit diese in einem ersten Rechenschritt zu bestimmen sind. An-

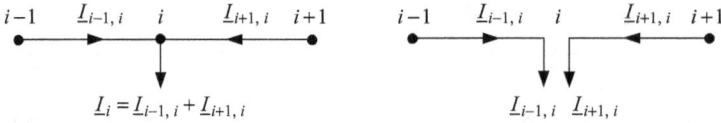

Abb. 4.8: Beidseitig gespeister Knoten (links) und Auftrennung in zwei einseitig gespeiste Knoten (rechts)

schließend können mit den Abnahmeströmen die Ströme auf den Leitungsabschnitten berechnet werden. Damit ergibt sich die folgende allgemeine Vorgehensweise für die Berechnung von zweiseitig gespeisten Leitungen:

1. Berechnung eines der beiden Klemmenströme $\underline{I}_A$ oder $\underline{I}_B$ und damit Berechnung der Stromverteilung, d. h. Berechnung der Ströme auf allen Leitungsabschnitten.

   (a) Bei geschlossen betriebenen Ringnetzen mit gleichen Speisespannungen entspricht diese Stromverteilung schon der endgültigen Stromverteilung.

   (b) Bei geöffnet betriebenen Ringnetzen mit ungleichen Speisespannungen ist dies eine vorläufige Stromverteilung. Durch die Überlagerung eines durch die Differenz der Speisespannungen getriebenen Ausgleichsstroms $\Delta\underline{I}_{AB}$ ergibt sich die endgültige Stromverteilung.

2. Bestimmung des beidseitig gespeisten Knotens und Auftrennung der Ringleitung an diesem Knoten in zwei einseitig gespeiste Leitungen (siehe Abbildung 4.8 rechts).

3. Analyse der beiden einseitig gespeisten Leitungen entsprechend Abschnitt 4.3 und Bestimmung des maximalen Spannungsabfalls.

Für die Berechnung des beidseitig gespeisten Ringnetzes in Abbildung 4.7 links und die Bestimmung der Strom- und Spannungsverhältnisse sind die Ersatzschaltung in Abbildung 4.9 und wieder ein Maschenumlauf zwischen den Klemmen A und B zu bilden:

$$
\begin{aligned}
\Delta\underline{U}_{ZAB} = \underline{U}_A - \underline{U}_B &= \sum_{i=1}^{m+1} \Delta\underline{U}_{Zi} \\
&= \underline{Z}_1 \quad (\underline{I}_1 + \underline{I}_2 + \cdots + \underline{I}_{m-1} + \underline{I}_m - \underline{I}_B) \\
&\quad + \underline{Z}_2 \quad (\quad\quad \underline{I}_2 + \cdots + \underline{I}_{m-1} + \underline{I}_m - \underline{I}_B) \\
&\quad + \cdots \\
&\quad + \underline{Z}_{m-1}(\quad\quad\quad\quad\quad \underline{I}_{m-1} + \underline{I}_m - \underline{I}_B) \\
&\quad + \underline{Z}_m \quad (\quad\quad\quad\quad\quad\quad\quad \underline{I}_m - \underline{I}_B) \\
&\quad + \underline{Z}_{m+1}(\quad\quad\quad\quad\quad\quad\quad\quad - \underline{I}_B)
\end{aligned}
\tag{4.12}
$$

Im Vergleich zu Gl. (4.7) für die einseitig gespeiste Leitung ist in dieser Gleichung der Strom der zweiten speisenden Seite vorzeichenrichtig zu berücksichtigen sowie in der letzten Gleichungszeile der zusätzliche Spannungsabfall über dem zusätzlichen Leitungsstück $m + 1$ zu ergänzen.

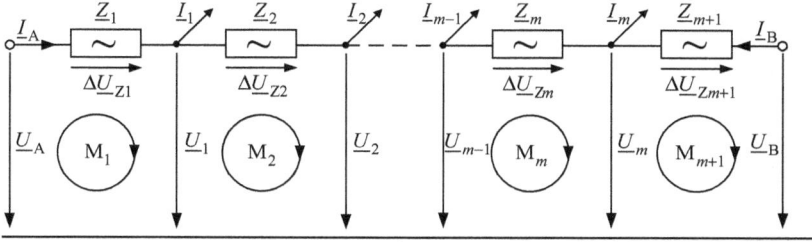

Abb. 4.9: Zweiseitig gespeiste Leitung mit mehreren Abnahmen

Die Anwendung des Überlagerungsprinzips auf diese Gleichung ermöglicht die Bestimmung der Stromverteilung und darauf aufbauend die Bestimmung der Knotenspannungen. Dafür werden in einem ersten Schritt gleiche Spannungen $\underline{U}_A = \underline{U}_B$ an den Einspeisepunkten angenommen und eine vorläufige Stromverteilung berechnet. Anschließend wird in einem zweiten Schritt die Differenzspannung $\Delta\underline{U}_{AB} = \underline{U}_A - \underline{U}_B$ als treibende Spannung angenommen und ein Ausgleichsstrom $\Delta\underline{I}_{AB}$ bestimmt, der der vorläufigen Stromverteilung zu einer resultierenden Stromverteilung überlagert wird.

4.5.2 Stromverteilung bei gleichen Spannungen an den Einspeisepunkten

Für ein geschlossenes Ringnetz sind die Spannungen an den Einspeisepunkten gleich, und es kann $\underline{U}_A - \underline{U}_B = 0$ V gesetzt werden. Damit gilt für Gl. (4.12):

$$
\begin{aligned}
0 = \underline{Z}_1 \quad & (\underline{I}_1 + \underline{I}_2 + \cdots + \underline{I}_{m-1} + \underline{I}_m - \underline{I}_B) \\
+ \underline{Z}_2 \quad & (\quad\;\; \underline{I}_2 + \cdots + \underline{I}_{m-1} + \underline{I}_m - \underline{I}_B) \\
+ \cdots & \\
+ \underline{Z}_{m-1} & (\quad\qquad\qquad \underline{I}_{m-1} + \underline{I}_m - \underline{I}_B) \\
+ \underline{Z}_m \quad & (\quad\qquad\qquad\qquad\quad\; \underline{I}_m - \underline{I}_B) \\
+ \underline{Z}_{m+1} & (\quad\qquad\qquad\qquad\qquad\qquad\; - \underline{I}_B)
\end{aligned}
\tag{4.13}
$$

In dieser Gleichung ist als einzige Unbekannte noch der Strom $\underline{I}_B$ am Speiseknoten B vorhanden, so dass die Gleichung nach dieser Unbekannten für deren Bestimmung aufgelöst werden kann. Das Ergebnis kann in Analogie zur Mechanik als „Drehmomentensatz" (Summe aller Momente gleich null) mit Drehung um den Knoten A interpretiert werden. Dabei entsprechen die Ströme den Kräften und die Impedanzen den Hebelarmen (siehe Abbildung 4.10 mit der Interpretation von $\underline{I}_A$ und $\underline{I}_B$ als stützende „Lagerkräfte" an den Knoten A und B):

$$
\begin{aligned}
0 = \underline{Z}_1\underline{I}_1 + (\underline{Z}_1 + \underline{Z}_2)\,\underline{I}_2 + \cdots + (\underline{Z}_1 + \underline{Z}_2 + \cdots + \underline{Z}_m)\,\underline{I}_m \\
- (\underline{Z}_1 + \underline{Z}_2 + \cdots + \underline{Z}_m + \underline{Z}_{m+1})\,\underline{I}_B
\end{aligned}
\tag{4.14}
$$

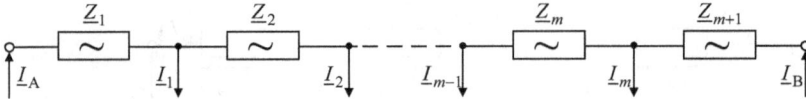

Abb. 4.10: Interpretation der zweiseitig gespeisten Leitung mit mehreren Abnahmen als „Drehmomentensatz"

und damit:

$$I_B = \frac{\underline{Z}_1 \underline{I}_1 + (\underline{Z}_1 + \underline{Z}_2)\underline{I}_2 + \cdots + (\underline{Z}_1 + \underline{Z}_2 + \cdots + \underline{Z}_m)\,\underline{I}_m}{\underline{Z}_1 + \underline{Z}_2 + \cdots + \underline{Z}_m + \underline{Z}_{m+1}} \tag{4.15}$$

Ersetzt man in Gl. (4.13) den Strom $\underline{I}_B$ mit Hilfe des Knotensatzes durch den Strom $\underline{I}_A$ und alle Abnehmerströme $\underline{I}_i$, kann eine zu Gl. (4.15) analoge Gleichung für die Bestimmung des Stromes $\underline{I}_A$ angegeben werden („Drehmomentensatz" um den Knoten B):

$$\underline{I}_A = \frac{(\underline{Z}_1 + \underline{Z}_2 + \cdots + \underline{Z}_m)\,\underline{I}_1 + \cdots + (\underline{Z}_{m-1} + \underline{Z}_m)\,\underline{I}_{m-1} + \underline{Z}_m \underline{I}_m}{\underline{Z}_1 + \underline{Z}_2 + \cdots + \underline{Z}_m + \underline{Z}_{m+1}} \tag{4.16}$$

Mit den reellen Näherungen für kleine Übertragungswinkel können die beiden Gln. (4.15) und (4.16) auch für die Strombeträge verwendet werden, wenn die Impedanzen $\underline{Z}_i$ durch die reellen Impedanzen $Z_{\varphi i} = Z'_{\varphi i} l_i$ ersetzt werden.

Nimmt man weiterhin wieder an, dass in dem betrachteten Strang nur der selbe Kabeltyp gelegt wurde und dass die Verbraucherlasten einen annähernd gleichen Verschiebungsfaktor $\cos\varphi_i$ aufweisen, vereinfacht sich beispielsweise Gl. (4.15), wodurch die Analogie zum Drehmomentensatz der Mechanik durch die „Hebelarme" l_i noch deutlicher wird:

$$I_B = \frac{l_1 I_1 + (l_1 + l_2)I_2 + \cdots + (l_1 + l_2 + \cdots + l_m)\,I_m}{l_1 + l_2 + \cdots + l_m + l_{m+1}} \tag{4.17}$$

Anhand des Beispiels in Abbildung 4.11 links soll der erste Berechnungsschritt 1 mit den reellen Näherungen verdeutlicht werden.

Gl. (4.16) liefert mit den reellen Näherungen und bei Anwendung des „Drehmomentensatzes" am Knoten B den Strom I_A am Speiseknoten A:

$$I_A = \frac{3\,\Omega \cdot 60\,\text{A} + 4\,\Omega \cdot 50\,\text{A} + 6\,\Omega \cdot 45\,\text{A} + 10\,\Omega \cdot 55\,\text{A}}{3\,\Omega + 1\,\Omega + 2\,\Omega + 4\,\Omega + 2\,\Omega} = \frac{1200\,\text{V}}{12\,\Omega} = 100\,\text{A} \tag{4.18}$$

Mit den Beträgen der Abnahmeströme und mit der Anwendung der Knotenpunktsätze an jedem der Abnahmeknoten lässt sich die vorläufige Stromverteilung in Abbildung 4.11 rechts bestimmen.

Zur Kontrolle kann mit Gl. (4.15) ebenfalls mit dem „Drehmomentensatz" und Drehung am Knoten A der Strom I_B am Speiseknoten B bestimmt werden:

$$I_B = \frac{2\,\Omega \cdot 55\,\text{A} + 6\,\Omega \cdot 45\,\text{A} + 8\,\Omega \cdot 50\,\text{A} + 9\,\Omega \cdot 60\,\text{A}}{3\,\Omega + 1\,\Omega + 2\,\Omega + 4\,\Omega + 2\,\Omega} = \frac{1320\,\text{V}}{12\,\Omega} = 110\,\text{A} \tag{4.19}$$

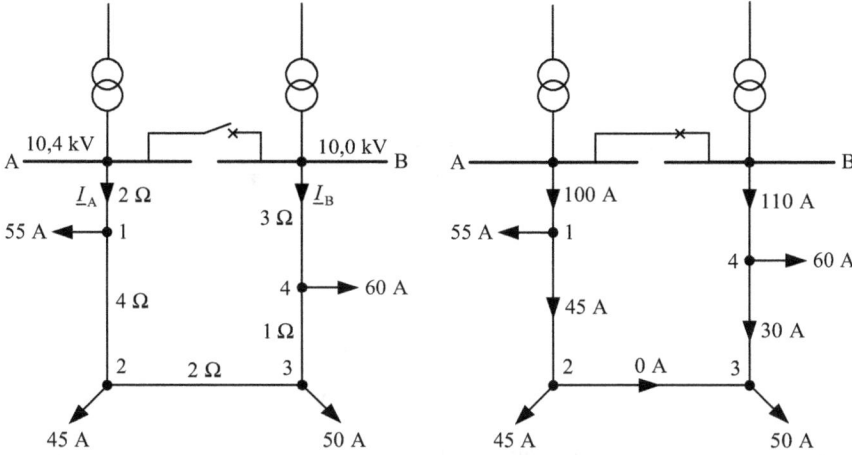

Abb. 4.11: Beispiel: Zweiseitig gespeister Ring mit vier Abnahmen und ungleichen Spannungen an den Speisepunkten (links), Zweiseitig gespeister Ring mit vier Abnahmen und gleichen Spannungen an den Speisepunkten (rechts) liefert vorläufige Stromverteilung

4.5.3 Stromverteilung bei ungleichen Spannungen an den Einspeisepunkten

Für die Berechnung der endgültigen Stromverteilung bei ungleichen Spannungen $\underline{U}_B \neq \underline{U}_A$ an den Einspeisepunkten ist gemäß des Überlagerungsprinzips im Schritt 1b die Differenzspannung als treibende Spannungsquelle anzusetzen. Der sich dadurch ergebende Ausgleichsstrom $\Delta\underline{I}_{AB}$ ist der vorläufigen Stromverteilung gemäß Abschnitt 4.5.2 vorzeichenrichtig zu überlagern:

$$\Delta\underline{I}_{AB} = \frac{\Delta\underline{U}_{AB}}{\underline{Z}_{AB}} = \frac{\underline{U}_A - \underline{U}_B}{\underline{Z}_{AB}} \tag{4.20}$$

Mit den reellen Näherungen für kleine Übertragungswinkel kann die Gleichung wieder auf die Beträge der Größen angewendet werden bzw. kann die Gleichung, wenn wieder nur der selbe Kabeltyp verwendet wird und die Verbraucherlasten einen annähernd gleichen $\cos\varphi_i$ aufweisen, weiter vereinfacht werden:

$$\Delta I_{AB} = \frac{\Delta U_{AB}}{Z_{\varphi AB}} = \frac{U_A - U_B}{Z_{\varphi AB}} = \frac{U_A - U_B}{Z'_\varphi \cdot l_{AB}} = \frac{U_A - U_B}{Z'_\varphi \cdot (l_1 + l_2 + \cdots + l_m + l_{m+1})} \tag{4.21}$$

Für das Beispiel in Abbildung 4.11 (links) ergibt sich mit den in Abbildung 4.11 links angegebenen Werten für die verketteten Knotenspannungen der folgende Ausgleichsstrom:

$$\Delta I_{AB} = \frac{10{,}4\,\text{kV} - 10{,}0\,\text{kV}}{\sqrt{3} \cdot 12\Omega} \approx 20\,\text{A} \tag{4.22}$$

Die zugehörige endgültige Stromverteilung ist in Abbildung 4.12 links dargestellt. Der Knoten 3 wird beidseitig gespeist und stellt damit den Knoten mit der minimalen Spannung im System dar.

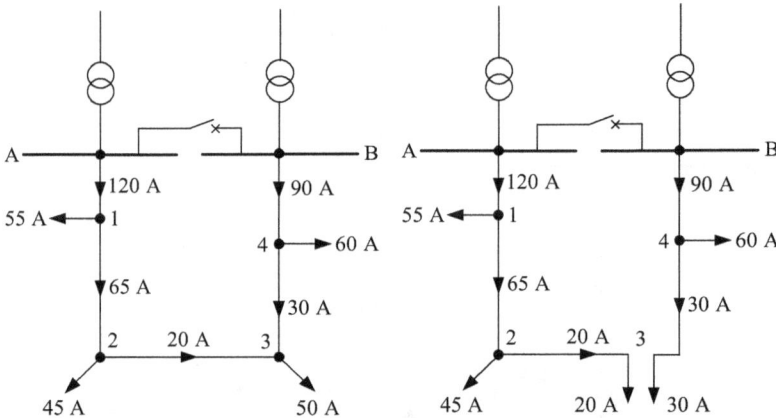

Abb. 4.12: Beispiel: endgültige Stromverteilung für den zweiseitig gespeisten Ring mit vier Abnahmen und ungleichen Spannungen an den Speisepunkten (links), Auftrennung am beidseitig gespeisten Knoten in zwei einseitig gespeiste Leitungen für den zweiseitig gespeisten Ring mit vier Abnahmen und ungleichen Spannungen an den Speisepunkten (rechts)

4.5.4 Auftrennung in zwei einseitig gespeiste Leitungen

Mit der Kenntnis der endgültigen Stromverteilung kann der beidseitig gespeiste Knoten 3 und damit der Knoten mit der minimalen Spannung identifiziert werden. Für die Bestimmung des Spannungsabfalls von den Speiseknoten bis zu diesem Knoten wird die Ringleitung an diesem Knoten, wie in Abbildung 4.12 rechts dargestellt, aufgetrennt und der Abnahmestrom auf die beiden Anschlussleitungen entsprechend ihrer jeweiligen Strombelastung aufgeteilt. Es liegen damit zwei einseitig gespeiste Leitungen mit mehreren Abnehmern vor, die entsprechend der in Abschnitt 4.3 beschriebenen Vorgehensweise und den dort angegebenen Gleichungen berechnet werden können.

Für das Beispiel ist der Knoten 3 der Knoten mit der minimalen Spannung (siehe Abbildung 4.12 rechts). Es ergeben sich die folgenden Spannungsabfälle von den Einspeiseknoten bis zum Knoten 3 (vgl. Gl. (4.9)):

$$\Delta U_{A3} \approx 2\,\Omega \cdot 120\,\text{A} + 4\,\Omega \cdot 65\,\text{A} + 2\,\Omega \cdot 20\,\text{A} = 0{,}54\,\text{kV} \tag{4.23}$$

$$\Delta U_{B3} \approx 3\,\Omega \cdot 90\,\text{A} + 1\,\Omega \cdot 30\,\text{A} = 0{,}30\,\text{kV} \tag{4.24}$$

Die Maschengleichung ist damit erfüllt:

$$\Delta U_{AB} = U_A - U_B = \frac{10{,}4\,\text{kV} - 10{,}0\,\text{kV}}{\sqrt{3}} \approx 0{,}24\,\text{kV} = \Delta U_{A3} - \Delta U_{B3}$$
$$= 0{,}54\,\text{kV} - 0{,}30\,\text{kV} \tag{4.25}$$

5 Stabilität der Energieübertragung

5.1 Übersicht und Einteilung

Die Stabilität von Elektroenergiesystemen kann entsprechend [6] aufgrund des unterschiedlichen physikalischen Verhaltens der Systemgrößen in die drei wesentlichen Stabilitätsklassen Winkelstabilität, Frequenzstabilität (siehe Kapitel 6) und Spannungsstabilität unterteilt werden (siehe Abbildung 5.1).

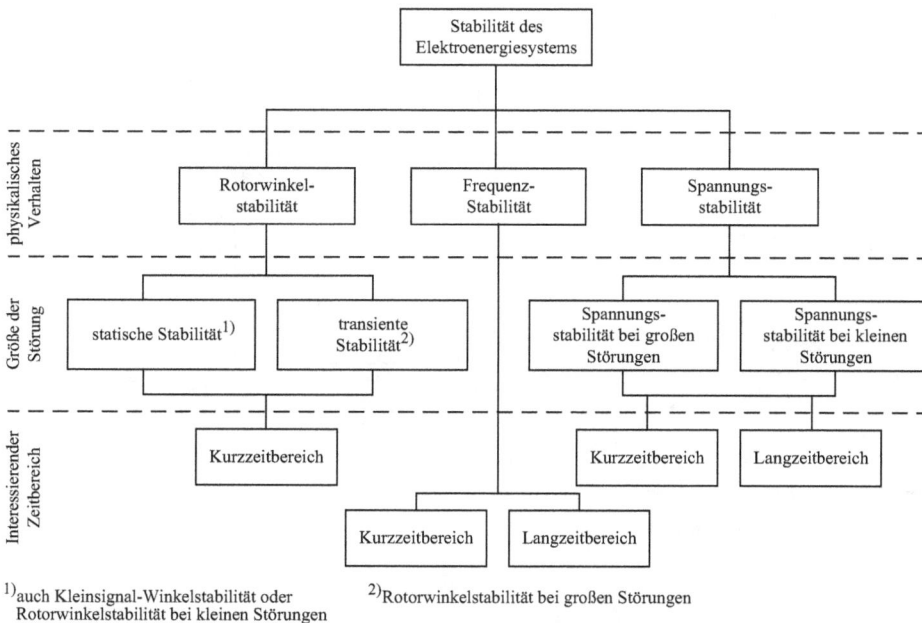

1)auch Kleinsignal-Winkelstabilität oder
Rotorwinkelstabilität bei kleinen Störungen

2)Rotorwinkelstabilität bei großen Störungen

Abb. 5.1: Stabilität von Elektroenergiesystemen [6]

Die Winkelstabilität wird in diesem Kapitel behandelt. Sie wird grundsätzlich im Kurzzeitbereich (3 s bis 5 s bzw. 10 s bis 20 s für große Systeme) entschieden und kann mit Blick auf die Größe der Störung in die Unterklassen Kleinsignalwinkelstabilität (statische Stabilität) und transiente Stabilität weiter unterteilt werden. Bei beiden Berechnungszielen werden die Polradwinkelverläufe bei begrenzten Drehzahländerungen untersucht.

Der Verlust der Stabilität bedeutet den Verlust des Synchronismus der Synchronmaschine mit den anderen Synchronmaschinen des Elektroenergiesystems, also das Außer-Tritt-Fallen und den Übergang in den nichtsynchronen oder asynchronen Betriebszustand (siehe Band 2, Abschnitt 2.2). Im asynchronen Betrieb fließen in der Erreger- und der Dämpferwicklung schlupffrequente Ströme, die den Läufer zusätz-

https://doi.org/10.1515/9783110608274-005

lich erwärmen, weswegen dieser Betriebszustand dauerhaft nicht zulässig ist und die Turbinenleistung stark reduziert oder der Generator sogar vom Netz getrennt werden muss.

5.2 Einmaschinenproblem

Um das Grundprinzip der Stabilitätsanalyse zeigen zu können, soll das sogenannte Einmaschinenproblem betrachtet werden, bei dem eine einzelne Synchronmaschine über ihren Blocktransformator und eine Anschlussleitung in das restliche, leistungsstarke Netz mit einer endlichen Kurzschlussleistung einspeist (siehe Abbildung 5.2).

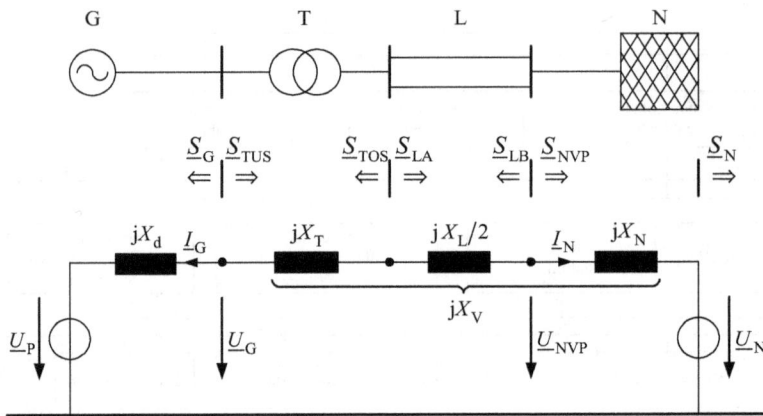

Abb. 5.2: Einmaschinenproblem

Die Anschlussleitung ist eine Doppelleitung (Leitung mit zwei parallelen Drehstromsystemen), und die innere Spannung $\underline{U}_N$ des Netzes (siehe Band 2, Kapitel 4) repräsentiert die von den im restlichen Netz vorhandenen Synchrongeneratoren bereitgestellte starre Spannung, die aufgrund der gegenüber der einzelnen Synchronmaschine großen rotierenden Masse und der Spannungsregelung aller anderen Synchronmaschinen im Netz hinsichtlich Frequenz, Betrag und Phasenlage konstant ist. Die Ohm'schen Verluste aller Betriebsmittel sowie die Querelemente der Leitungen und Transformatoren werden für eine bessere Anschaulichkeit vernachlässigt.

5.3 Statische Stabilität

5.3.1 Berechnungsziel und Näherungen

Bei der statischen Stabilitätsanalyse wird die Existenz von statisch stabilen Arbeitspunkten und damit die Aufrechterhaltung des Synchronismus zwischen allen Synchronmaschinen in Abhängigkeit von der Belastung nachgewiesen. Dabei wird angenommen, dass die Laständerungen langsam verlaufen und somit praktisch keine Ausgleichsvorgänge auftreten. Es werden also stationäre Verhältnisse mit von der Belastung abhängigen Arbeitspunkten der Synchrongeneratoren betrachtet. Dabei führt eine steigende Belastung bei konstanter synchroner Drehzahl zur Vergrößerung der gegenseitigen Polradwinkel der Synchronmaschinen (siehe Band 2, Abschnitt 2.6.2). Bei einer Überlastung verlieren die Synchronmaschinen den Synchronismus und werden instabil. Für die Analyse der statischen Arbeitspunkte werden kleine Auslenkungen (vgl. Abbildung 5.1) um die Arbeitspunkte angenommen. Es kann dann zum einen die Ersatzschaltung der Synchronmaschine für den stationären Zustand (siehe Band 2, Abschnitt 2.4.1.3) verwendet werden, und zum anderen können die nichtlinearen Bewegungsgleichungen der Synchronmaschine (siehe Band 2, Abschnitt 2.8) im Arbeitspunkt linearisiert werden, wodurch ein linearisiertes homogenes Differentialgleichungssystem zu berechnen ist.

5.3.2 Mathematisches Modell und Vereinfachungen

Für den Nachweis der statischen Stabilität wird für die Synchronmaschinen die Ersatzschaltung für den stationären Zustand in Band 1, Abschnitt 2.4.1.3 und die Bewegungsgleichungen in Band 2, Abschnitt 2.8 verwendet. Diese können als explizites Zustandsdifferentialgleichungssystem mit den beiden Zustandsgrößen ω und δ bzw. ω und δ_{PN} (resultierender Polradwinkel, siehe Band 2, Abschnitt 2.7.1) angegeben werden und lauten bei Annahme von kleinen Änderungen um den Arbeitspunkt $P_{T0} = P_{el0}$:

$$\begin{bmatrix} \dot{\omega} \\ \dot{\delta} \end{bmatrix} = \begin{bmatrix} \Delta\dot{\omega} \\ \Delta\dot{\delta} \end{bmatrix} = \begin{bmatrix} \dot{\omega} \\ \dot{\delta}_{PN} \end{bmatrix} = \begin{bmatrix} \Delta\dot{\omega} \\ \Delta\dot{\delta}_{PN} \end{bmatrix} = \begin{bmatrix} k_M (P_T - P_{el}) - d_M (\omega - \omega_0) \\ \omega - \omega_0 \end{bmatrix}$$
$$= \begin{bmatrix} k_M \Delta P - d_M \Delta\omega \\ \Delta\omega \end{bmatrix} \tag{5.1}$$

Weiterhin wird für die Synchronmaschine angenommen, dass
- der Ankerwiderstand vernachlässigbar ist ($R_a \ll X_d$),
- die Schenkeligkeit vernachlässigt werden kann, d. h., dass eine Vollpolsynchronmaschine mit $X_d = X_q$ verwendet wird,
- die Spannungsregelung nicht eingesetzt wird und damit die Polradspannung U_P = konst. gilt und
- die Turbinenregelung nicht wirkt und damit die Turbinenleistung P_T = konst. gilt.

Die Leistungsdifferenz ΔP berechnet sich aus der Differenz der Turbinenleistung P_T und der Luftspaltleistung $P_\delta = P_{el}$ ($R_a = 0$, siehe Band 2, Abschnitt 2.8), die mit der Polradspannung $\underline{U}_p$ und dem Generatorstrom $\underline{I}_G$ berechnet werden kann. Mit der Vernachlässigung des Ankerwiderstands R_a entspricht sie auch der Klemmenleistung P_G

des Generators:

$$\Delta P = P_\mathrm{T} - P_\mathrm{el} = P_\mathrm{T0} + \Delta P_\mathrm{T} - (P_\mathrm{el0} + \Delta P_\mathrm{el}) = \Delta P_\mathrm{T} - \Delta P_\mathrm{el}$$
$$= P_\mathrm{T} + P_\mathrm{G} = \Delta P_\mathrm{T} + \Delta P_\mathrm{G} = P_\mathrm{T} + \mathrm{Re}\left\{3\underline{U}_\mathrm{G}\underline{I}_\mathrm{G}^*\right\} = P_\mathrm{T} - \mathrm{Re}\left\{3\underline{U}_\mathrm{p}\underline{I}_\mathrm{N}^*\right\} \tag{5.2}$$

Mit dem Strom $\underline{I}_\mathrm{G} = -\underline{I}_\mathrm{N}$ an den Klemmen des Generators:

$$\underline{I}_\mathrm{G} = -\underline{I}_\mathrm{N} = \frac{\underline{U}_\mathrm{N} - \underline{U}_\mathrm{p}}{\mathrm{j}\,(X_\mathrm{d} + X_\mathrm{V})} \quad \text{und} \quad \underline{I}_\mathrm{G}^* = -\underline{I}_\mathrm{N}^* = \frac{\underline{U}_\mathrm{N}^* - \underline{U}_\mathrm{p}^*}{-\mathrm{j}\,(X_\mathrm{d} + X_\mathrm{V})} \tag{5.3}$$

folgt:

$$\Delta P = P_\mathrm{T} - P_\mathrm{el} = P_\mathrm{T} - 3\,\mathrm{Re}\left\{\mathrm{j}\frac{U_\mathrm{p}^2}{X_\mathrm{d}+X_\mathrm{V}} - \mathrm{j}\frac{\underline{U}_\mathrm{p}\underline{U}_\mathrm{N}^*}{X_\mathrm{d}+X_\mathrm{V}}\right\}$$
$$= P_\mathrm{T} - 3\,\mathrm{Re}\left\{-\mathrm{j}\frac{\underline{U}_\mathrm{p}\underline{U}_\mathrm{N}^*}{X_\mathrm{d}+X_\mathrm{V}}\right\} = P_\mathrm{T} - 3\frac{U_\mathrm{p}U_\mathrm{N}}{X_\mathrm{d}+X_\mathrm{V}}\sin(\delta_\mathrm{PN}) \tag{5.4}$$

mit der Vorreaktanz X_V:

$$X_\mathrm{V} = X_\mathrm{T} + X_\mathrm{L}\|X_\mathrm{L} + X_\mathrm{N} = X_\mathrm{T} + \frac{1}{2}X_\mathrm{L} + X_\mathrm{N} \tag{5.5}$$

Die Bewegungsgleichung in Gl. (5.1) bildet die Grundlage der statischen Stabilitätsanalyse. Da bei der statischen Stabilitätsanalyse nur kleine Änderungen um den Arbeitspunkt angenommen werden, kann Gl. (5.1) im Arbeitspunkt linearisiert werden. Man erhält eine linearisierte explizite Zustandsdifferentialgleichung:

$$\begin{bmatrix} \Delta\dot{\omega} \\ \Delta\dot{\delta}_\mathrm{PN} \end{bmatrix} = \begin{bmatrix} \dfrac{\mathrm{d}(k_\mathrm{M}(P_\mathrm{T}-P_\mathrm{el}) - d_\mathrm{M}\Delta\omega)}{\mathrm{d}\omega} & \dfrac{\mathrm{d}(k_\mathrm{M}(P_\mathrm{T}-P_\mathrm{el}) - d_\mathrm{M}\Delta\omega)}{\mathrm{d}\delta_\mathrm{PN}} \\ \dfrac{\mathrm{d}\Delta\omega}{\mathrm{d}\omega} & \dfrac{\mathrm{d}\Delta\omega}{\mathrm{d}\delta_\mathrm{PN}} \end{bmatrix}_{\substack{\omega=\omega_0,\\ \delta_\mathrm{PN}=\delta_\mathrm{PN0}}} \begin{bmatrix} \Delta\omega \\ \Delta\delta_\mathrm{PN} \end{bmatrix} \tag{5.6}$$

Die Ableitungen der Turbinenleistung P_T nach den beiden Zustandsgrößen sind aufgrund der konstanten Turbinenleistung P_T gleich null. Dies gilt auch für die Ableitung der elektrischen Leistung P_el nach der Winkelgeschwindigkeit ω. Die Ableitung der elektrischen Leistung P_el entsprechend Gl. (5.4) nach dem resultierenden Polradwinkel δ_PN ergibt die sogenannte synchronisierende Leistung P_S:

$$P_\mathrm{S} = \left.\frac{\mathrm{d}P_\mathrm{el}}{\mathrm{d}\delta_\mathrm{PN}}\right|_{\delta_\mathrm{PN}=\delta_\mathrm{PN0}} = \left.3\frac{U_\mathrm{p}U_\mathrm{N}}{X_\mathrm{d}+X_\mathrm{V}}\cos\delta_\mathrm{PN}\right|_{\delta_\mathrm{PN}=\delta_\mathrm{PN0}} = 3\frac{U_\mathrm{p}U_\mathrm{N}}{X_\mathrm{d}+X_\mathrm{V}}\cos\delta_\mathrm{PN0} \tag{5.7}$$

Damit lautet die linearisierte Bewegungsgleichung:

$$\dot{\boldsymbol{z}} = \begin{bmatrix} \Delta\dot{\omega} \\ \Delta\dot{\delta}_\mathrm{PN} \end{bmatrix} = \begin{bmatrix} -d_\mathrm{M} & -k_\mathrm{M}P_\mathrm{S} \\ 1 & 0 \end{bmatrix}\begin{bmatrix} \Delta\omega \\ \Delta\delta_\mathrm{PN} \end{bmatrix} = \begin{bmatrix} -d_\mathrm{M} & -k_\mathrm{M}P_\mathrm{S} \\ 1 & 0 \end{bmatrix}\begin{bmatrix} \Delta\omega \\ \Delta\delta_\mathrm{PN} \end{bmatrix}$$
$$= \boldsymbol{A}\begin{bmatrix} \Delta\omega \\ \Delta\delta_\mathrm{PN} \end{bmatrix} = \boldsymbol{A}\boldsymbol{z} \tag{5.8}$$

Sie stellt ein homogenes zeitinvariantes lineares Zustandsdifferentialgleichungssystem zweiter Ordnung dar. Die allgemeine Lösung lässt sich mit den Eigenwerten $\underline{\lambda}_i$ und den Eigenvektoren $\underline{t}_i$ der Systemmatrix $\boldsymbol{A}$ angeben:

$$\boldsymbol{z} = \begin{bmatrix} \Delta\omega \\ \Delta\delta_{PN} \end{bmatrix} = \underline{k}_1 \begin{bmatrix} \underline{t}_{11} \\ \underline{t}_{21} \end{bmatrix} e^{\underline{\lambda}_1 t} + \underline{k}_2 \begin{bmatrix} \underline{t}_{12} \\ \underline{t}_{22} \end{bmatrix} e^{\underline{\lambda}_2 t} = \underline{k}_1 \underline{t}_1 e^{\underline{\lambda}_1 t} + \underline{k}_2 \underline{t}_2 e^{\underline{\lambda}_2 t} \tag{5.9}$$

5.3.3 Statische Stabilitätsbeurteilung durch Eigenwertanalyse

Die Eigenwerte des linearisierten Zustandsdifferentialgleichungssystems in Gl. (5.8) ermöglichen Aussagen zur statischen Stabilität des Systems. Die Eigenwerte berechnen sich aus (siehe Band 1, Abschnitte 4.5 und 4.6):

$$\det\left(\boldsymbol{A} - \underline{\lambda}\mathbf{E}\right) = \det\left(\begin{bmatrix} -d_M - \underline{\lambda} & -k_M P_S \\ 1 & -\underline{\lambda} \end{bmatrix}\right)$$

$$= \det\left(\begin{bmatrix} -d_M - \underline{\lambda} & -k_M \dfrac{3U_p U_N}{X_d + X_V} \cos\delta_{PNO} \\ 1 & -\underline{\lambda} \end{bmatrix}\right) = 0 \tag{5.10}$$

bzw.:

$$\underline{\lambda}^2 + d_M\underline{\lambda} + 3k_M \frac{U_p U_N}{X_d + X_V} \cos(\delta_{PNO}) = 0 \tag{5.11}$$

Die beiden sich ergebenden Eigenwerte sind konjugiert komplex zueinander und lauten:

$$\underline{\lambda}_{1,2} = -\frac{d_M}{2} \pm \sqrt{\left(\frac{d_M}{2}\right)^2 - 3k_M \frac{U_p U_N}{X_d + X_V} \cos(\delta_{PNO})} = -\frac{d_M}{2} \pm j\sqrt{k_M P_S(\delta_{PNO}) - \left(\frac{d_M}{2}\right)^2}$$

$$= \sigma \pm j\omega_m \tag{5.12}$$

Die zugehörigen Eigenvektoren und damit die allgemeine Lösung ergeben sich entsprechend Band 1, Abschnitt 4.5 zu:

$$\boldsymbol{z} = \begin{bmatrix} \Delta\omega \\ \Delta\delta_{PN} \end{bmatrix} = \underline{k}_1 \begin{bmatrix} 1 \\ 1/\underline{\lambda}_1 \end{bmatrix} e^{\underline{\lambda}_1 t} + \underline{k}_2 \begin{bmatrix} 1 \\ 1/\underline{\lambda}_2 \end{bmatrix} e^{\underline{\lambda}_2 t} = \underline{k}_1 \underline{t}_1 e^{\underline{\lambda}_1 t} + \underline{k}_2 \underline{t}_2 e^{\underline{\lambda}_2 t} \tag{5.13}$$

Bei Annahme einer fiktiven Auslenkung $\Delta\delta_{PNO} = \pm 1°$ um einen stationären Arbeitspunkt mit $\omega = \omega_0$ erhält man nach Einsetzen dieser Randbedingungen:

$$\boldsymbol{z} = \begin{bmatrix} \Delta\omega \\ \Delta\delta_{PN} \end{bmatrix} = j\frac{\sigma^2 + \omega_m^2}{2\omega_m}\left(\begin{bmatrix} 1 \\ 1/\underline{\lambda}_1 \end{bmatrix} e^{\underline{\lambda}_1 t} - \begin{bmatrix} 1 \\ 1/\underline{\lambda}_2 \end{bmatrix} e^{\underline{\lambda}_2 t}\right) \Delta\delta_{PNO}$$

$$= j\frac{\sigma^2 + \omega_m^2}{2\omega_m}\left(\begin{bmatrix} 1 \\ 1/(\sigma + j\omega_m) \end{bmatrix} e^{j\omega_m t} - \begin{bmatrix} 1 \\ 1/(\sigma - j\omega_m) \end{bmatrix} e^{-j\omega_m t}\right) e^{\sigma t} \Delta\delta_{PNO} \tag{5.14}$$

Das System ist asymptotisch stabil, wenn die Realteile aller Eigenwerte kleiner null sind. Bei einer Störung, d. h. Auslenkung des Polrads, klingt die Auslenkung der beiden Zustandsgrößen exponentiell in die Ruhelage ab.

Für den Spezialfall ohne Dämpfung ($d_M = 0$) ergeben sich beispielhaft zwei zueinander konjugiert komplexe und rein imaginäre Eigenwerte für diesen als grenzstabil zu bezeichnenden Fall:

$$\underline{\lambda}_{1,2} = \pm j \sqrt{3 k_M \frac{U_p U_N}{X_d + X_V} \cos(\delta_{PN0})} = \pm j \sqrt{k_M P_S} \tag{5.15}$$

und damit ungedämpft schwingende Zeitverläufe für die beiden Zustandsgrößen:

$$\begin{bmatrix} \Delta\omega/\omega_m \\ \Delta\delta_{PN} \end{bmatrix} = \frac{-1}{2j} \left(\begin{bmatrix} 1 \\ 1/(j\omega_m) \end{bmatrix} e^{j\omega_m t} - \begin{bmatrix} 1 \\ 1/(-j\omega_m) \end{bmatrix} e^{-j\omega_m t} \right) \Delta\delta_{PN0}$$

$$= \Delta\delta_{PN0} \begin{bmatrix} -\sin(\omega_m t) \\ \cos(\omega_m t) \end{bmatrix} \tag{5.16}$$

In Abbildung 5.3 bis Abbildung 5.6 sind für das Einmaschinenproblem in Abbildung 5.2 die sich ergebenden Eigenbewegungen im Zustandsraum (Phasenebene), die Zeitverläufe der Winkelgeschwindigkeit und des resultierenden Polradwinkels bei angenommenen kleinen fiktiven Auslenkungen des resultierenden Polradwinkels von $\Delta\delta_{PN} = \pm 1°$ sowie die Eigenwerte in der komplexen Ebene für verschiedene Werte für die Dämpfung d_M dargestellt.

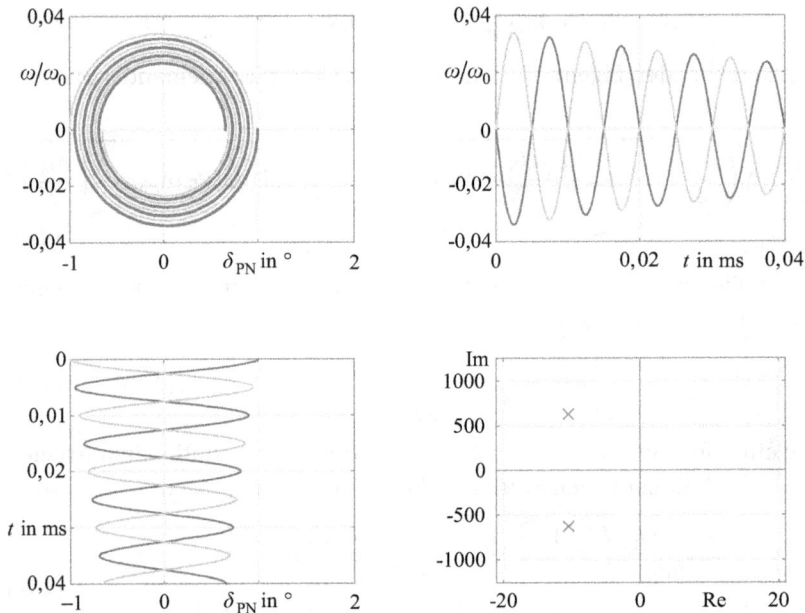

Abb. 5.3: Eigenbewegungen im Zustandsraum (Phasenebene, links oben), Winkelgeschwindigkeit (rechts oben), resultierender Polradwinkel (links unten) und Eigenwerte in der komplexen Ebene (rechts unten) für das Einmaschinenproblem im gedämpft schwingenden Fall

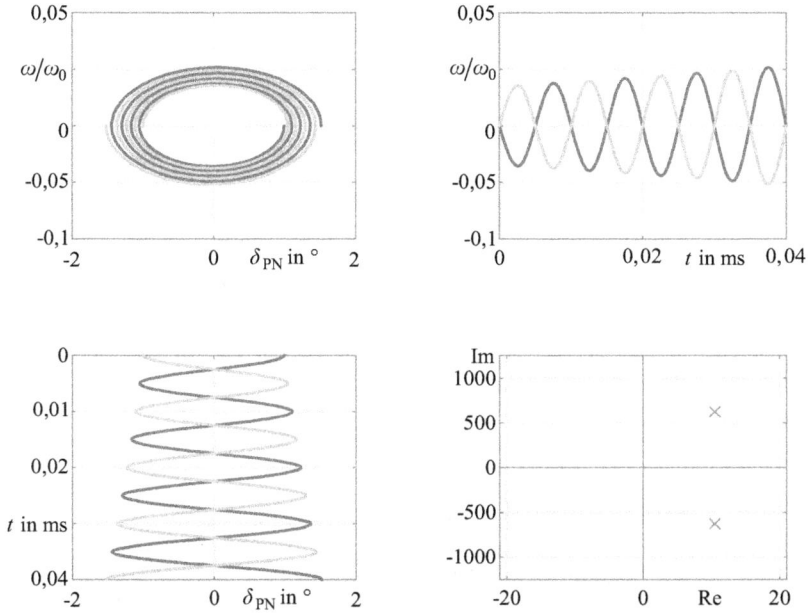

Abb. 5.4: Eigenbewegungen im Zustandsraum (Phasenebene, links oben), Winkelgeschwindigkeit (rechts oben), resultierender Polradwinkel (links unten) und Eigenwerte in der komplexen Ebene (rechts unten) für das Einmaschinenproblem im ungedämpft schwingenden, instabilen Fall

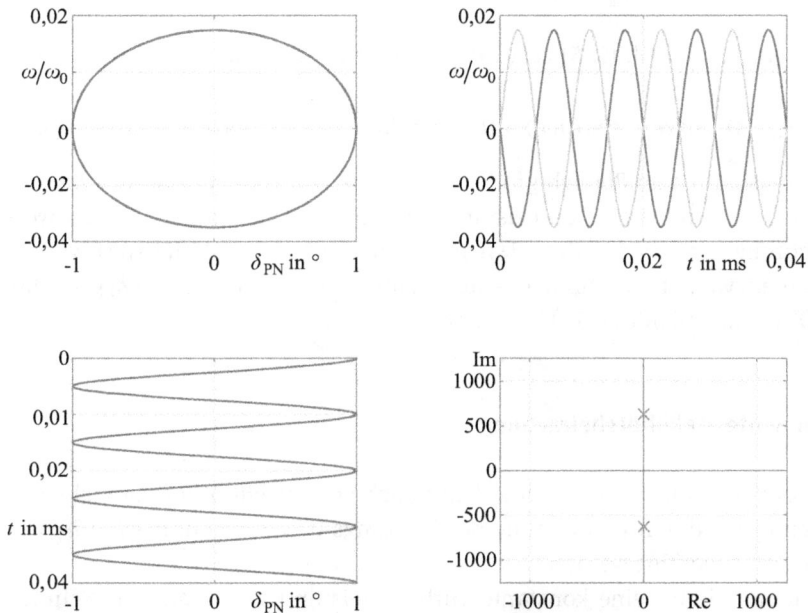

Abb. 5.5: Eigenbewegungen im Zustandsraum (Phasenebene, links oben), Winkelgeschwindigkeit (rechts oben), resultierender Polradwinkel (links unten) und Eigenwerte in der komplexen Ebene (rechts unten) für das Einmaschinenproblem im ungedämpften Fall (grenzstabiler Fall)

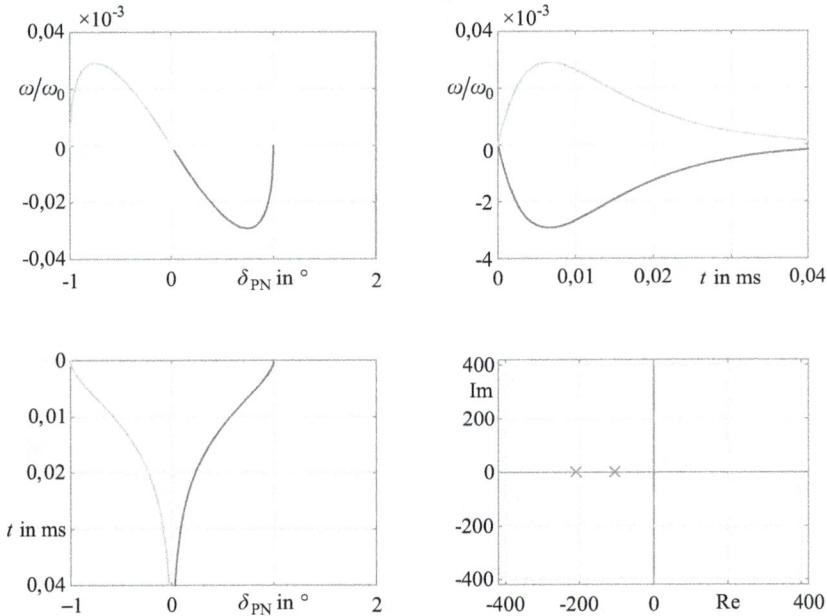

Abb. 5.6: Eigenbewegungen im Zustandsraum (Phasenebene, links oben), Winkelgeschwindigkeit (rechts oben), resultierender Polradwinkel (links unten) und Eigenwerte in der komplexen Ebene (rechts unten) für das Einmaschinenproblem im Kriechfall (stark gedämpft)

Die Auswertung von Gl. (5.15) zeigt, dass statische Stabilität gegeben ist, wenn gilt:

$$P_S > 0 \quad \text{bzw.} \quad \cos(\delta_{PN}) > 0 \quad \text{und damit} \quad -\frac{\pi}{2} < \delta_{PN} < \frac{\pi}{2} \tag{5.17}$$

Da Synchronmaschinen im Bereich großer Polradwinkel unruhiger und mit starken Spannungsänderungen bei kleinen Leistungsänderungen aufgrund der kleiner werdenden synchronisierenden Leistung P_S reagieren und um eine Stabilitätsreserve vorhalten zu können, werden Synchrongeneratoren nur im Winkelbereich für δ_{PN} von bis ca. 60 bis 70° (siehe Abbildung 5.7) betrieben.

5.3.4 Vereinfachte Stabilitätsbetrachung

Die Beurteilung der statischen Stabilität kann auch vereinfacht unter Vernachlässigung der Dämpfung durch Betrachtung der Leistungs-Winkel-Kennlinie $P_N(\delta_{PN})$ in Abbildung 5.7 durchgeführt werden.

Mit der Kennlinie für eine konstante Turbinenleistung stellen sich als Schnittpunkte beider Kennlinien ($P_T = P_N$) zwei mögliche stationäre Arbeitspunkte ein. Nimmt man nun für beide Arbeitspunkte jeweils infinitesimal kleine positive und

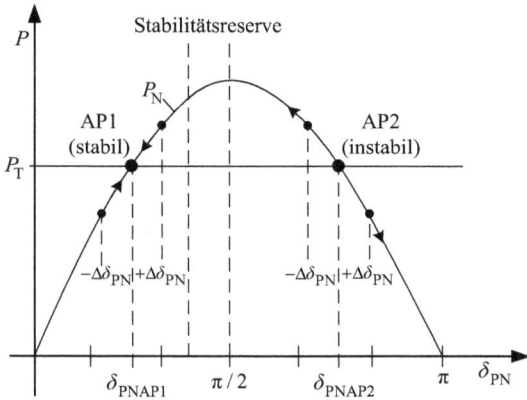

Abb. 5.7: Leistungs-Winkel-Kennlinie und Turbinenleistung für das Einmaschinenproblem unter Vernachlässigung der Dämpfung

negative Winkelauslenkungen um den Arbeitspunkt an, so kann zusammen mit der Bewegungsgleichung in Gl. (5.1) ebenfalls die Stabilität des Arbeitspunkts beurteilt werden.

Eine kleine Auslenkung $+\Delta\delta_{PN}$ in Richtung größerer Polradwinkel δ_{PN} im AP1 (siehe Abbildung 5.7) führt zu einer Erhöhung der an das Netz abgegebenen Leitung und damit zu einer negativen Leistungsdifferenz $\Delta P = P_T - P_N$, die zu einer negativen Winkelbeschleunigung $\Delta\dot\omega$ und damit zu abnehmenden Polradwinkeln führt (siehe Tabelle 5.1). Der Synchrongenerator wird zurück in seinen Arbeitspunkt gezogen. Bei einer negativen Winkelauslenkung wird die an das Netz abgegebene Leistung P_N kleiner als die Turbinenleistung P_T. Es stellt sich eine positive Winkelbeschleunigung $\Delta\dot\omega$ ein, die den Synchrongenerator wieder in Richtung größerer Polradwinkel und damit in Richtung des Arbeitspunkts bewegt. Damit führen Auslenkungen in beide Richtungen zurück in den Arbeitspunkt, womit dieser als stabil bezeichnet werden kann.

Im Arbeitspunkt AP2 auf der rechten Seite in Abbildung 5.7 verursacht eine Auslenkung $+\Delta\delta_{PN}$ in Richtung größerer Polradwinkel aufgrund der dann gegenüber der an das Netz abgegebenen Leistung größeren Turbinenleistung eine positive Winkelbeschleunigung. Der Synchrongenerator wird dadurch weiter in Richtung größerer Polradwinkel beschleunigt und entfernt sich vom Arbeitspunkt (siehe Tabelle 5.1). Eben-

Tab. 5.1: Beurteilung der Arbeitspunkte des Synchrongenerators für das Einmaschinenproblem

AP	Auslenkung	ΔP	$\Delta\dot\omega = \ddot\delta_{PN}$	δ_{PN}	statische Stabilität
AP1	$+\Delta\delta_{PN}$	$P_N > P_T$	< 0	abnehmend	stabil
	$-\Delta\delta_{PN}$	$P_N < P_T$	> 0	steigend	
AP2	$+\Delta\delta_{PN}$	$P_N < P_T$	> 0	steigend	instabil
	$-\Delta\delta_{PN}$	$P_N > P_T$	< 0	abnehmend	

so bewegt er sich bei einer angenommenen Winkelauslenkung $-\Delta\delta_{PN}$ aufgrund der negativen Leistungsdifferenz $\Delta P = P_T - P_N$ in Richtung weiter abnehmender Polradwinkel vom Arbeitspunkt weg. Damit ist dieser Arbeitspunkt instabil. Diese Betrachtungen bestätigen die Ergebnisse der Eigenwertanalyse in Abschnitt 5.3.3. Die hier durchgeführten vereinfachten Betrachtungen und Ergebnisse führen ebenfalls zu der Stabilitätsgrenze entsprechend Gl. (5.17).

5.3.5 Künstliche Stabilität

Der in Gl. (5.17) angegebene Bereich der statischen Stabilität kann künstlich durch den Spannungsregler erweitert werden. Der Spannungsregler reagiert auf eine Änderung der Klemmenspannung z. B. in Folge einer Belastungsänderung mit einer entsprechenden Änderung der Erregerspannung u_F, die ihrerseits eine Änderung des Erregerstroms und damit der Polradspannung (siehe Band 2, Abschnitte 2.5.1 und 2.10) bewirkt, um den Sollwert der Klemmenspannung wieder herzustellen. Ohne eine Spannungsregelung gibt es im Bereich kleiner Polradwinkel bei einer Wirkleistungsänderung nur eine geringe Abhängigkeit der Klemmenspannung der Synchronmaschine vom Polradwinkel, während sie mit steigendem Polradwinkel und insbesondere in der Nähe der Stabilitätsgrenze bei $\pm\pi/2$ stärker auf die Polradwinkeländerungen reagiert (siehe Abbildung 5.8). Eine Annäherung an die Stabilitätsgrenze kündigt sich deshalb durch starke Spannungsänderungen an.

Regelt nun der Spannungsregler der Synchronmaschine die Polradspannung $U_P = f(U_G)$ entsprechend nach, so wird der Stabilitätsbereich $dP_N/d\delta_{PN} > 0$ über den Winkelbereich von $\pi/2$ ausgedehnt (siehe Abbildung 5.9), und es entsteht ein sogenannter künstlicher Stabilitätsbereich, der durch eine sogenannte äußere Kennlinie gekennzeichnet ist und von $\pi/2$ bis zum jeweiligen Maximum der Kennlinie reicht.

Bei einem Ausfall des Spannungsreglers würde bei einem Betrieb im künstlichen Stabilitätsbereich die Synchronmaschine in den instabilen Bereich der dann gültigen Leistungs-Winkel-Kennlinien rutschen und asynchron werden. Deshalb wird der Bereich der künstlichen Stabilität nur als ergänzende Stabilitätsreserve genutzt und praktisch kein Betrieb in diesem Bereich durchgeführt.

Die erforderliche Funktion für den Erregergrad, der für eine konstante Generatorklemmenspannung $\underline{U}_G$ erforderlich ist, leitet sich aus der Anwendung des Maschensatzes auf die Ersatzschaltung in Abbildung 5.2 und mit Gl. (5.3) her. Für die Generatorklemmenspannung ergibt sich nach Einführung des Erregergrads ε:

$$
\begin{aligned}
\underline{U}_G &= \underline{U}_p + jX_d\underline{I}_G = \underline{U}_p + jX_d\frac{\underline{U}_N - \underline{U}_p}{j\,(X_d + X_V)} \\
&= \frac{X_d}{X_d + X_V}\underline{U}_N\left(1 + \frac{X_V}{X_d}\frac{\underline{U}_p}{\underline{U}_N}\right) = \frac{X_d}{X_d + X_V}\underline{U}_N\left(1 + \frac{X_V}{X_d}\varepsilon e^{j\delta_{PN}}\right)
\end{aligned}
\tag{5.18}
$$

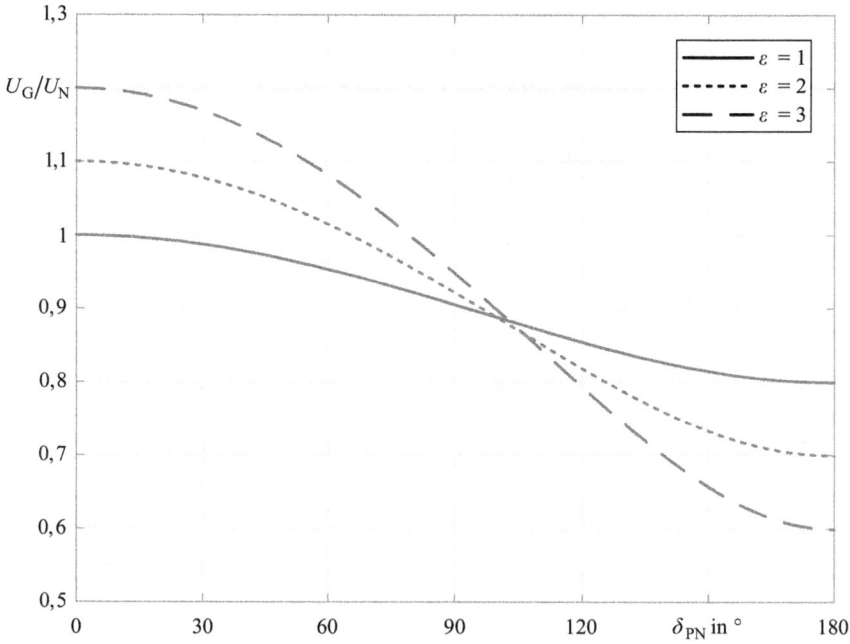

Abb. 5.8: Abhängigkeit der Klemmenspannung vom Polradwinkel einer Synchronmaschine ohne Spannungsregelung

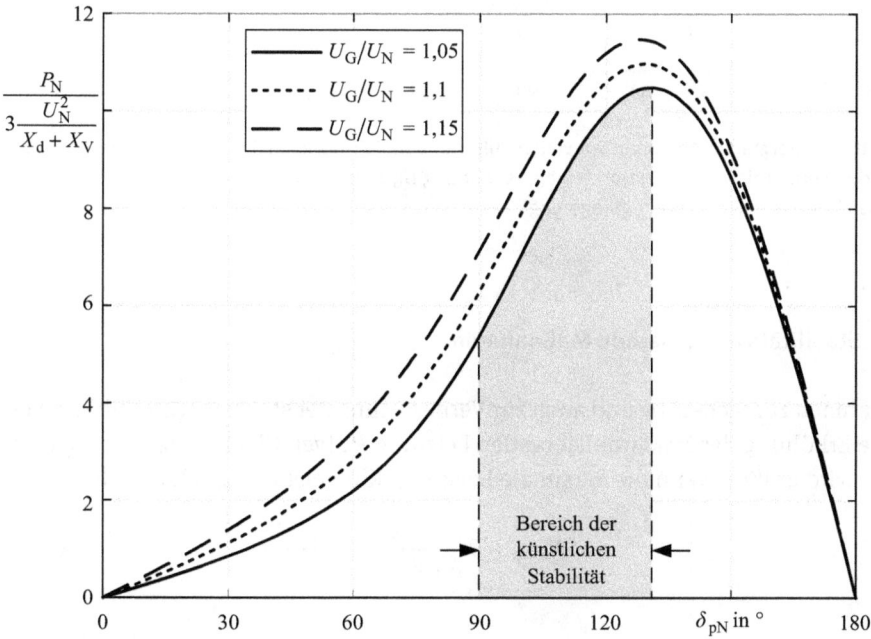

Abb. 5.9: Künstlicher Stabilitätsbereich einer Synchronmaschine mit Spannungsregler

Die Betragsbildung und anschließende Auflösung von Gl. (5.18) nach dem Erregergrad ε führt auf die stark nichtlineare Funktion für den Erregergrad in Gl. (5.19). Die entsprechende Auswertung dieser Funktion ist in Abbildung 5.10 dargestellt.

$$\varepsilon\left(\delta_{PN}, \frac{U_G}{U_N}\right) = \frac{U_P}{U_N} = \frac{X_d}{X_V}\left(\sqrt{\left(\frac{X_d + X_V}{X_d}\frac{U_G}{U_N}\right)^2 - \sin^2(\delta_{PN})} - \cos(\delta_{PN})\right) \qquad (5.19)$$

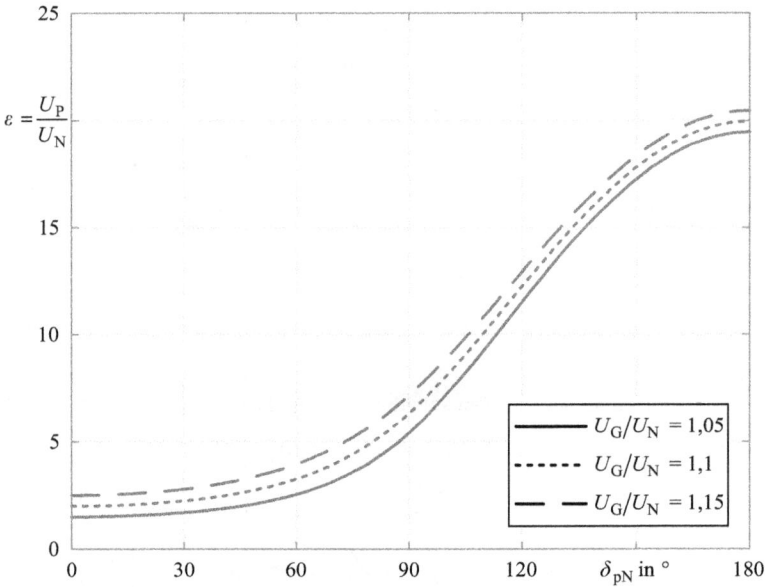

Abb. 5.10: Erregergrad in Abhängigkeit vom resultierenden Polradwinkel δ_{PN} und dem einzustellenden Verhältnis von Generatorklemmenspannung U_G zu innerer Netzspannung U_N bei Berücksichtigung einer Spannungsregelung

5.3.6 Stabilitätsverbessernde Maßnahmen

Maßnahmen zur Sicherung und auch zur Verbesserung der statischen Stabilität zielen auf die Erhöhung der synchronisierenden Leistung P_S (vgl. Gl. (5.7)) im Arbeitspunkt ab. Sie wird größer, wenn die maximale Leistung (Kippleistung) größer wird:

$$P_{kipp} = 3\frac{U_p U_N}{X_d + X_V} \qquad (5.20)$$

Bei konstanter innerer Netzspannung kann dies zum einen erreicht werden, wenn die Polradspannung groß wird und damit die Synchronmaschine im übererregten Bereich mit einem Erregergrad $\varepsilon > 1$ betrieben wird (Blindleistungsabgabe, siehe Band 1, Abschnitt 2.6.1). Hierbei wirkt auch die Spannungsregelung und der damit zusätzlich verfügbare Bereich der künstlichen Stabilität (siehe Abschnitt 5.3.5) unterstützend.

Zum anderen kann dies erreicht werden, wenn die synchrone Längsreaktanz X_d oder die sich aus der Netzinnenreaktanz und den Reaktanzen der Anschlussleitung und des Blocktransformator zusammensetzende Vorreaktanz X_V klein wird. Auf die synchrone Längsreaktanz (vgl. Band 1, Abschnitt 2.4.1.3) ist der Einfluss durch konstruktive Maßnahmen sehr beschränkt. Eine Alternative könnten supraleitende Synchrongeneratoren bieten, die Werte für die bezogene Synchronreaktanz x_d im Bereich von 0,3 bis 0,4 p.u. ermöglichen würden [17–19]. Die Vorreaktanz X_V kann verkleinert werden, indem die Kuppelreaktanz, z. B. durch kurze Leitungen, Doppel- oder Mehrfachleitungen oder durch eine Reihenkompensation mit $k = X_C/X_L \rightarrow 1$ (siehe Band 2, Abschnitt 7.4.2), verkleinert wird. Ebenso kann auch die Netzimpedanz durch die Erhöhung der Kurzschlussleistung verkleinert werden. Dies kann z. B. durch eine Erhöhung der Vermaschung im Netz N (siehe Abbildung 5.2) erreicht werden.

5.4 Transiente Stabilität

Bei der transienten Stabilitätsanalyse wird das Einschwingverhalten der Synchronmaschinen infolge von schweren Störungen, wie z. B. nach Kurzschlüssen oder Leitungsabschaltungen, anhand der Polradwinkelverläufe beurteilt. Als größtmögliche Störung, die zu den größten Polradwinkelauslenkungen führt, ist der 3-polige Kurzschluss zu betrachten. Alle Störungen sind typischerweise mit Topologieänderungen verbunden, wie z. B. der Abschaltung eines kurzschlussbehafteten Betriebsmittels. Dadurch wird auch die gegenseitige Kopplung der Synchronmaschinen beeinträchtigt.

Transiente Stabilität ist gegeben, wenn die Synchronmaschine nach der Fehlerklärung in Form einer abklingenden Schwingung in einen statisch stabilen Arbeitspunkt zurückschwingt und im Anziehungsbereich dieses Arbeitspunkts verbleibt. Für die Beurteilung des Einschwingverhaltens sind die Polradwinkelverläufe zu berechnen und die gegenseitigen Polradwinkelverläufe zu beurteilen. Für die Berechnung sind die Ersatzschaltungen der Synchronmaschinen für den transienten Betrieb (siehe Band 2, Abschnitt 2.4.1.2) zu verwenden. Aufgrund der großen Polradwinkelauslenkungen sind die nichtlinearen Gleichungen für die Beschreibung des Bewegungsverhaltens der Synchronmaschinen (siehe Band 2, Abschnitt 2.8 und Gl. (5.1)) zu verwenden, wodurch ein nichtlineares, inhomogenes Differentialgleichungssystem durch numerische Integration zu lösen ist.

5.4.1 Mathematisches Modell und Vereinfachungen

Für die Synchronmaschine wird eine Ersatzschaltung gewählt, die in dem Zeitbereich, in dem die transiente Stabilität entschieden wird, näherungsweise Gültigkeit besitzt. Dies ist die transiente Ersatzschaltung mit der nach dem Betrag konstanten transienten Spannung $\underline{U}'$ und der transienten Reaktanz X'_d (siehe Band 2, Abschnitt 2.4.1.2).

Für die Synchronmaschine werden analoge Vereinfachungen wie für die Untersuchung der statischen Stabilität angenommen (vgl. Abschnitt 5.3.2):

– der Ankerwiderstand wird vernachlässigbar ($R_a \ll X'_d$),
– die Schenkeligkeit wird vernachlässigt, und es wird transiente Symmetrie $X'_d = X'_q$ vorausgesetzt,
– die Spannungsregelung wird nicht eingesetzt, und es gilt damit $U' = $ konst., und
– die Turbinenregelung wirkt noch nicht, und es gilt damit $P_T = $ konst.

Für die Untersuchung des Störfalls mit den größten Anforderungen an die transiente Stabilität wird der 3-polige Kurzschluss mit Erdberührung ausgewählt. Dieser Fehler ist ein symmetrischer Fehler (siehe Abschnitt 3.7.4) und erlaubt die Beschränkung der Untersuchung auf das Mitsystem. Damit gilt die Ersatzschaltung für das Mitsystem in Abbildung 5.11.

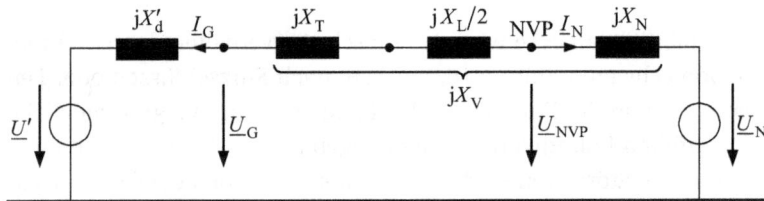

Abb. 5.11: Transiente Mitsystemersatzschaltung für das Einmaschinenproblem

Im Folgenden sind für die Analyse der transienten Stabilität drei aufeinander nachfolgende Systemzustände zu unterscheiden:
1. stationärer Zustand vor dem Kurzschluss (Index 0)
2. Kurzschlusszustand (Index k)
3. Zustand nach Fehlerklärung (nach Kurzschlussabschaltung, Index a)

Es wird angenommen, dass der 3-polige Kurzschluss auf einem System der Leitung L in unmittelbarer Nähe des Netzverknüpfungspunkts NVP eintritt (siehe Abbildung 5.11) und nach der Zeit t_a durch das Öffnen der beidseitig auf der Leitung vorhandenen Leistungsschalter selektiv abgeschaltet wird. Damit ist nach der Fehlerklärung nur noch ein System der Doppelleitung L in Betrieb.

Die in der Netzführung und Netzplanung nun zu beantwortende Frage lautet: Wie groß darf die Abschaltzeit t_a maximal sein, damit die Synchronmaschine nach der Fehlerklärung noch in einen statisch stabilen stationären Arbeitspunkt zurückschwingen kann und damit transient stabil bleibt? Dabei wird zum einen vorausgesetzt, dass ein statisch stabiler stationärer Arbeitspunkt nach der Abschaltung eines Systems der Leitung L existiert. Zum anderen sind aufgrund der Größe der angenommenen Störung (3-poliger Kurzschluss) und der daraus resultierenden großen Winkeländerungen die vollständigen nicht linearen Bewegungsgleichungen in Gl. (5.1) zu verwenden und die damit berechneten Schwingkurven hinsichtlich des Vorliegens von transienter Stabilität zu beurteilen.

5.4.2 Zeigerbild

Das Zeigerbild in Abbildung 5.12 zeigt die Konstruktion des Spannungszeigers für die transiente Spannung $\underline{U}'$ mit Hilfe der Klemmengrößen der Synchronmaschine unmittelbar vor der Störung (vgl. Band 2, Abschnitt 2.4.1.2). Der Betrag der Spannung $\underline{U}'$ wird für den Untersuchungszeitraum als konstant angenommen.

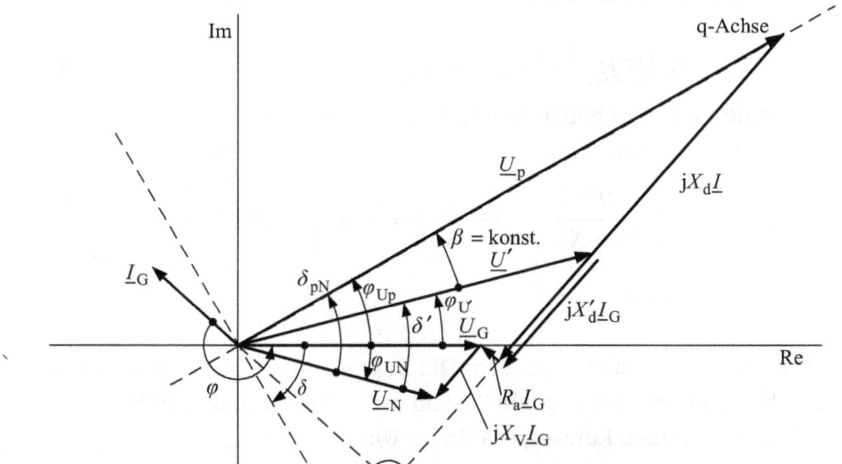

Abb. 5.12: Zeigerbild für die Bestimmung der transienten Spannung $\underline{U}'$ der Synchronmaschine

Des Weiteren ist $\underline{U}'$ fest mit den Läuferkoordinaten verankert, d. h., dass die beiden Komponenten in der d- und der q-Achse U'_d und U'_q jeweils konstant sind (siehe Band 2, Abschnitt 2.4.1.2). Schwingt der Läufer in Folge der angenommenen Störung relativ zu einem synchron umlaufenden Koordinatensystem, so bewegt sich der Spannungszeiger $\underline{U}'$ proportional zu dieser Bewegung mit. Es gilt für den Winkel der transienten Spannung $\underline{U}'$:

$$\delta' = \varphi_{U'} - \varphi_{UN} = \delta_{PN} - \beta \quad \text{und} \quad \delta = \delta' + \beta - \frac{\pi}{2} + \varphi_{UN} \tag{5.21}$$

und damit:

$$\dot{\delta} = \dot{\delta}' = \dot{\delta}_{PN} \quad \text{und} \quad \Delta\delta = \Delta\delta' = \Delta\delta_{PN} \tag{5.22}$$

Die zeitlichen Änderungen des transienten Winkel δ' entsprechen denen des Winkels δ sowie des resultierenden Polradwinkels δ_{PN}, womit mit der Berechnung des transienten Winkelzeitverlaufs auch auf den Winkelzeitverlauf des resultierenden Polradwinkels und damit auf die Bewegung des Polrads geschlossen werden kann.

5.4.3 Bewegungsgleichungen für die drei Systemzustände

Die Bewegungsgleichungen für die drei zu unterscheidenden Systemzustände sind bei konstant angenommener Turbinenleistung P_T nur abhängig von der variablen, im Verbraucherzählpfeilsystem (VZS) negativen Luftspaltleistung P_δ. Bei Annahme einer verlustlosen Synchronmaschine ($R_a = 0$) entspricht die Luftspaltleistung P_δ der negativen Klemmenleistung P_G und der negativen, an das Netz abgegebenen elektrischen Leistung P_N:

$$P_\delta = 3\,\text{Re}\left\{\underline{U}'\underline{I}_G^*\right\} \overset{R_a=0}{=} P_G = 3\,\text{Re}\left\{\underline{U}_G\underline{I}_G^*\right\} = -P_N \tag{5.23}$$

Ersetzt man in Analogie zum Vorgehen in Abschnitt 5.3.2 wieder den Strom $\underline{I}_G$ mit Hilfe des Maschensatzes, so erhält man für die an das Netz abgegebene Leistung:

$$\begin{aligned}
P_N &= -P_\delta = 3\,\text{Re}\left\{j\frac{U'^2}{X_d' + X_V} - j\frac{U'U_N^*}{X_d' + X_V}\right\} = 3\,\text{Re}\left\{-j\frac{U'U_N^*}{X_d' + X_V}\right\} \\
&= 3\frac{U'U_N}{X_d' + X_V}\sin(\delta')
\end{aligned} \tag{5.24}$$

Damit gilt für die drei Systemzustände (Indizes DL: Doppelleitung=zwei Systeme der Leitung L in Betrieb, EL: Einfachleitung=ein System der Leitung L in Betrieb):

a) stationärer Zustand vor dem Kurzschluss (Index 0):

$$P_{N,0} = 3\frac{U'U_N}{X_d' + X_{V,DL}}\sin(\delta') = P_{N,DLmax}\sin(\delta') \tag{5.25}$$

b) Kurzschlusszustand (Index k):

$$P_{N,k} = 0 \tag{5.26}$$

c) Zustand nach Kurzschlussabschaltung (Index a):

$$P_{N,a} = 3\frac{U'U_N}{X_d' + X_{V,EL}}\sin(\delta') = P_{N,ELmax}\sin(\delta') \tag{5.27}$$

Das nicht lineare Differentialgleichungssystem lautet für die drei Zustände ($x = 0, k, a$):

$$\begin{bmatrix} \dot{\omega} \\ \dot{\delta}' \end{bmatrix} = \begin{bmatrix} \dot{\omega} \\ \dot{\delta} \end{bmatrix} = \begin{bmatrix} \dot{\omega} \\ \dot{\delta}_{PN} \end{bmatrix} = \begin{bmatrix} \Delta\dot{\omega} \\ \Delta\dot{\delta}' \end{bmatrix} = \begin{bmatrix} k_M \left(P_T - P_{N,x}(\delta') \right) + d_M \Delta\omega \\ \Delta\omega \end{bmatrix} \qquad (5.28)$$

5.4.4 Beurteilung der transienten Stabilität mit dem Flächenkriterium

Der prinzipielle zeitliche Verlauf des transienten Winkels δ' und damit auch die Änderungen des resultierenden Polradwinkels δ_{PN} können für das Einmaschinenproblem auch mit Hilfe der Wirkleistung-Winkel-Kennlinie (siehe Band 2, Abschnitt 2.7.5) und der Bewegungsgleichung in Gl. (5.28) bestimmt werden. Abbildung 5.13 zeigt zum einen die Wirkleistung-Winkel-Kennlinien für den Betrieb mit beiden Leitungssystemen

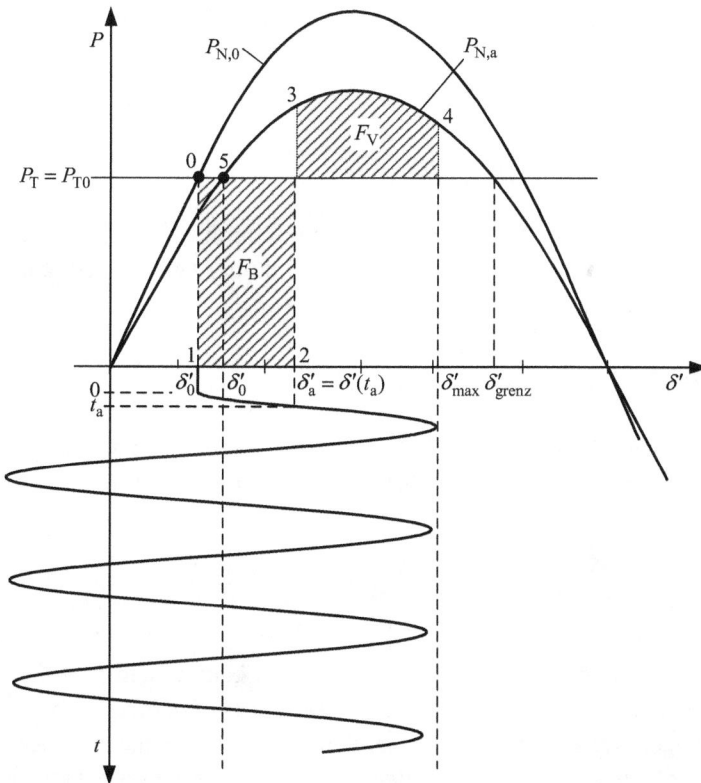

Abb. 5.13: Leistungs-Winkel-Kennlinien und Zeitverlauf des transienten Winkels bei einem 3-poligen Kurzschluss für eine transient stabile Synchronmaschine (Einmaschinen-Problem)

und mit nur einem Leitungssystem sowie die Kennlinie für die konstante Turbinenleistung P_T. Zum anderen ist im unteren Teil der Verlauf des transienten Winkels δ' über der Zeit t dargestellt.

Im stationären fehlerfreien Ausgangszustand (Index 0) sind beide Systeme der Leitung in Betrieb. Es stellt sich bei gegebener Turbinenleistung P_T der transiente Winkel δ'_0 im stabilen Arbeitspunkt 0 ein.

Im Moment des Kurzschlusses zum Zeitpunkt $t = 0$ ist die an das Netz abgegebene Wirkleistung gleich null (siehe Gl. (5.26)). Der momentane Arbeitspunkt springt in den Punkt 1. Die Synchronmaschine erfährt wegen $P_T > P_N$ eine positive Winkelbeschleunigung:

$$\Delta\dot{\omega} = \ddot{\delta}' = k_M P_T + d_M \Delta\omega \quad \text{mit} \quad \Delta\omega(t = 0) = 0 \quad \text{und} \quad \delta'(t = 0) = \delta'_0 \qquad (5.29)$$

Die zweimalige Integration von Gl. (5.29) über die Zeit führt bei Vernachlässigung der Dämpfung nach Einsetzen der Anfangsbedingungen auf die gesuchten Winkelgeschwindigkeits- und Winkelzeitverläufe während des Kurzschlusses im Zeitraum $0 < t \leq t_a$:

$$\omega = \Delta\omega + \omega_0 = \dot{\delta}' + \omega_0 = k_M P_T t + \omega_0 \qquad (5.30)$$

und:

$$\delta' = \frac{1}{2} k_M P_T t^2 + \delta'_0 \qquad (5.31)$$

Die Winkelgeschwindigkeit steigt bei Vernachlässigung der Dämpfung linear und der transiente Winkel quadratisch mit der Zeit an. Zum Zeitpunkt der Fehlerklärung im momentanen Arbeitspunkt 2 wird der Winkel δ'_a erreicht:

$$\delta'(t_a) = \delta'_a = \frac{1}{2} k_M P_T t_a^2 + \delta'_0 \qquad (5.32)$$

Die Fläche F_B unter der Turbinenleistungskennlinie im Winkelbereich von δ'_0 bis δ'_a in Abbildung 5.13 ist ein Maß für die während des Kurzschlusses vom Läufer aufgenommene Energie:

$$F_B = \int_{\delta'_0}^{\delta'_a} P_T \, d\delta' = P_T \left(\delta'_a - \delta'_0 \right) \qquad (5.33)$$

Nach der Fehlerklärung und Betrieb mit nur einem System der Leitung kann die Synchronmaschine wieder Wirkleistung in das Netz einspeisen. Der momentane Arbeitspunkt 3 liegt auf der zugehörigen Leistungs-Winkel-Kennlinie. Die abgegebene Leistung P_N ist größer als die zugeführte Turbinenleistung P_T. Die Synchronmaschine erfährt eine negative Winkelbeschleunigung $\dot{\omega} < 0$. Dennoch bewegt sich der Läufer aber aufgrund seiner zuvor aufgenommenen rotatorischen Energie ($\omega > \omega_0$) mit abnehmender Winkelgeschwindigkeit ω in Richtung größerer Winkel. Der maximale Winkel $\delta'_{\max}$ wird im momentanen Arbeitspunkt 4 erreicht, wenn die Synchronmaschine kurzzeitig synchron und die Winkelgeschwindigkeit $\omega = \omega_0$ wird. Danach bewegt sich der Läufer mit einer weiterhin negativen Winkelbeschleunigung in Richtung kleinerer Winkel zurück. Nach Durchlaufen des Punkts 5 erfährt der Läufer eine positive Winkelbeschleunigung ($P_T > P_N$). Er läuft aber dennoch wegen $\omega < \omega_0$ zunächst in Richtung abnehmender Winkel δ' weiter, bis er wieder im Punkt mit der maximalen negativen Amplitude und $\omega = \omega_0$ in Richtung größer werdender Winkel zurückschwingt. Der Läufer schwingt dann unter Berücksichtigung der Dämpfung mit abnehmenden Amplituden in den neuen, statisch stabilen stationären Arbeitspunkt 5 mit dem transienten Winkel δ'_∞ ein.

Das Zurückschwingen ist solange möglich, wie der Grenzwinkel δ'_{grenz} (siehe Abbildung 5.13) nicht überschritten wird. Bei einer Überschreitung dieses Winkels wird die Turbinenleistung wieder größer als die an das Netz abgegebene Leistung, und die Synchronmaschine erfährt wieder eine positive Winkelbeschleunigung und bewegt sich in Richtung größer werdender Winkel. Die Synchronmaschine fällt dann außer Tritt und wird transient instabil.

Transiente Stabilität ist damit dann gegeben, wenn der Läufer die während des Kurzschlusses aufgenommene Energie entsprechend Gl. (5.33) mindestens bis zum Erreichen des Grenzwinkels δ'_{grenz} wieder abbauen kann. Ein Maß für die während der Verzögerung abgegebene Energie ist die Fläche zwischen der Leistungs-Winkel- und der Turbinenleistungskennlinie im Winkelbereich δ'_a bis $\delta'_{\max}$. Für transiente Stabilität muss damit diese Verzögerungszeitfläche F_V (siehe Abbildung 5.13) mindestens gleich groß werden können wie die Beschleunigungszeitfläche F_B, und es muss somit gelten:

$$F_V = F_B \qquad (5.34)$$

Die Verzögerungszeitfläche F_V berechnet sich aus:

$$
\begin{aligned}
F_V &= \int_{\delta'_a}^{\delta'_{\max}} \left(P_{N,a}(\delta') - P_T \right) \mathrm{d}\delta' \\
&= -P_{N,\mathrm{ELmax}} \left(\cos\left(\delta'_{\max}\right) - \cos\left(\delta'_a\right) \right) - P_T \left(\delta'_{\max} - \delta'_a \right)
\end{aligned}
\qquad (5.35)
$$

Der in Abbildung 5.13 dargestellte und gedämpft auf den neuen stationären Arbeitspunkt $\delta'_\infty = \delta'_{\mathrm{EL}\infty}$ einschwingende Winkelzeitverlauf ist der einer transient stabilen Synchronmaschine, bei der die Verzögerungszeitfläche gleich der Beschleunigungszeitfläche werden kann und damit das Stabilitätskriterium erfüllt wird.

Mit Blick auf die in der praktischen Netzplanung zu beantwortenden Frage nach der maximal zulässigen Abschaltzeit $t_{a,max}$ des Fehlers ergibt sich mit den Gln. (5.33) bis (5.35) zunächst der dazugehörige Winkel $\delta'_{a,max}$. Dabei wird die Verzögerungsfläche maximal bis zum Grenzwinkel $\delta'_{max} = \delta'_{grenz}$ ausgenutzt:

$$
\begin{aligned}
F_B &= P_T \left(\delta'_{a,max} - \delta'_0 \right) = F_V \\
&= -P_{N,ELmax} \left(\cos\left(\delta'_{grenz} \right) - \cos\left(\delta'_{a,max} \right) \right) - P_T \left(\delta'_{grenz} - \delta'_{a,max} \right)
\end{aligned}
\tag{5.36}
$$

und damit:

$$
\cos\left(\delta'_{a,max} \right) = \frac{P_T}{P_{N,ELmax}} \left(\delta'_{grenz} - \delta'_0 \right) + \cos\left(\delta'_{grenz} \right)
\tag{5.37}
$$

Der Grenzwinkel δ'_{grenz} ergibt sich dabei aus dem statisch stabilen Arbeitspunkt nach der Fehlerklärung $\delta'_{EL\infty}$, d. h. aus dem Schnittpunkt der Leistungs-Winkel-Kennlinien bei Betrieb mit nur einem Leitungssystem und der Turbinenleistungskennlinie:

$$
\delta'_{grenz} = \pi - \delta'_{EL\infty}
\tag{5.38}
$$

Mit Gl. (5.32) ergibt sich die maximal zulässige Abschaltzeit $t_{a,max}$:

$$
\delta'_{a,max} = \frac{1}{2} k_M P_T t_{a,max}^2 + \delta'_0 \quad \Rightarrow \quad t_{a,max} = \sqrt{\frac{2}{k_M P_T} \left(\delta'_{a,max} - \delta'_0 \right)}
\tag{5.39}
$$

Der Ausgleichsvorgang für den transienten Winkel (Schwingkurve) stellt bei Vorliegen der transienten Stabilität eine niederfrequente Schwingung dar, die mit größer werdenden Abschaltzeiten t_a und einer damit verbundenen Annäherung an die Stabilitätsgrenze zunehmend eine „Verbeulung" aufweist. In Abbildung 5.14 und Abbildung 5.15 sind die Zeitverläufe der Winkeländerung $\Delta\delta = \delta' - \delta'_0 = \delta_{PN} - \delta_{PN0}$ (vgl. Gl. (5.22)) und der relativen Winkelgeschwindigkeit ω/ω_0 für verschiedene Abschaltzeiten t_a dargestellt. Bei Überschreiten der Stabilitätsgrenze (in Abbildung 5.14 und Abbildung 5.15 für $t_a = 0{,}4787$ s) steigen die Winkeländerung und die Winkelgeschwindigkeit schnell an, die Synchronmaschine „kippt" und verliert den Synchronismus mit dem Netz. Für transient stabile Synchronmaschinen zeigen sich große Änderungen des transienten Winkels (siehe Abbildung 5.14), während sich die Winkelgeschwindigkeit in Abbildung 5.15 nur geringfügig im kleinen Prozentbereich ändert, womit die eingangs getroffenen Annahmen und auch die Einordnung der transienten Stabilität als Problem der Winkelstabilität bestätigt werden.

Die in Abbildung 5.16 dargestellte Trajektorie (auch Bahnkurve) beschreibt die Lösungskurve der Differentialgleichung in Gl. (5.28) im sogenannten Phasenraum, der hier durch die Koordinaten des Systems $\Delta\delta$ und $\Delta\omega/\omega_0$ aufgespannt wird, in Abhängigkeit von der Zeit.

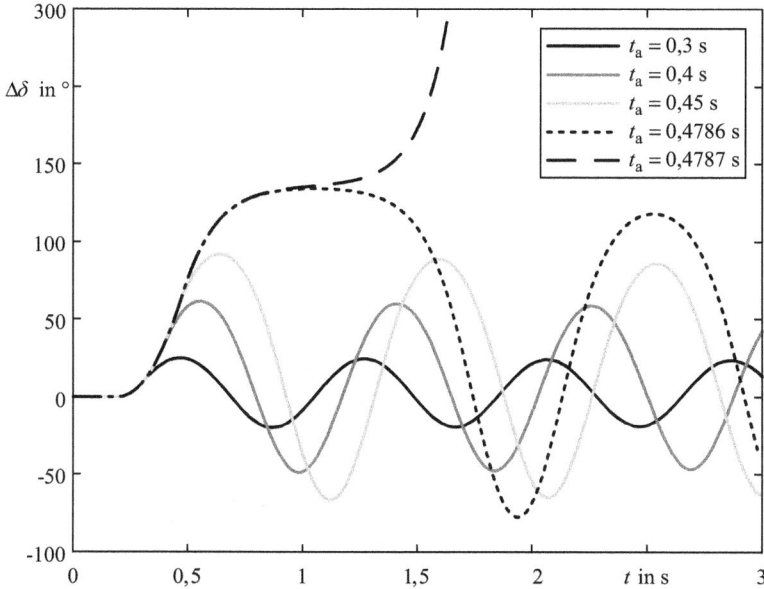

Abb. 5.14: Schwingkurven für unterschiedliche Abschaltzeiten t_a für den 3-poligen Kurzschluss für ein beispielhaftes Einmaschinenproblem

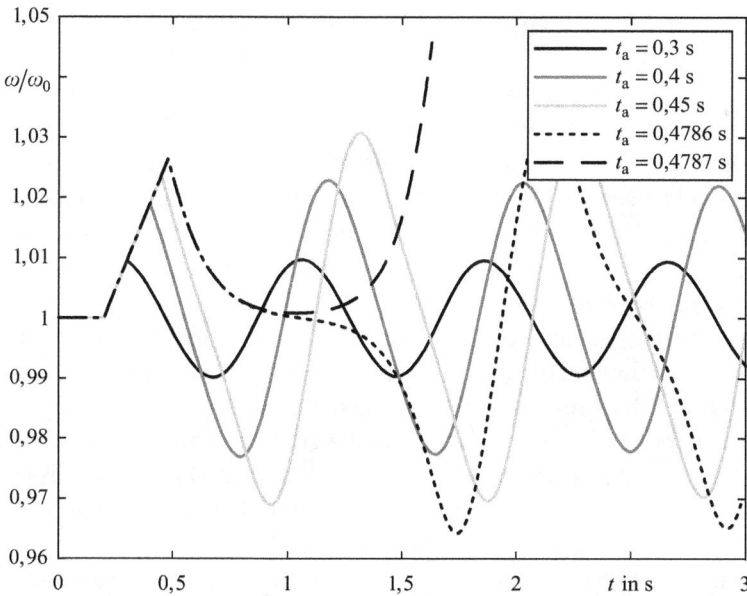

Abb. 5.15: Winkelgeschwindigkeiten für unterschiedliche Abschaltzeiten t_a für den 3-poligen Kurzschluss für ein beispielhaftes Einmaschinenproblem

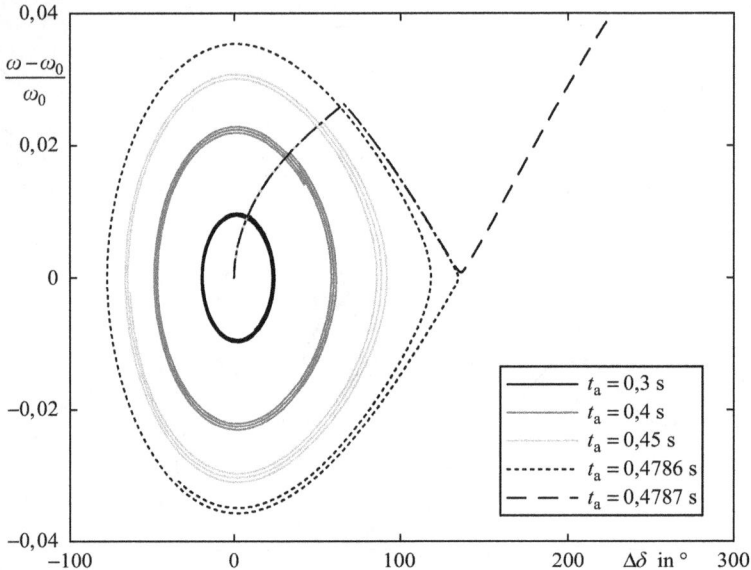

Abb. 5.16: Trajektorien für unterschiedliche Abschaltzeiten t_a für den 3-poligen Kurzschluss für ein beispielhaftes Einmaschinenproblem

In Abbildung 5.17 und Abbildung 5.18 sind im oberen Teil nochmals die Winkel- und Winkelgeschwindigkeitszeitverläufe und im unteren Teil die zugehörigen Zeitverläufe der auf die Werte vor der Störung bezogenen Effektivwerte des Klemmenstromes $\underline{I}_G$, der Klemmenspannung $\underline{U}_G$ und der transienten Spannung $\underline{U}'$ sowie der an das Netz abgegebenen Wirkleistung P_N für zwei ausgewählte Abschaltzeitpunkte für einen 3-poligen Kurzschlusses am Knoten NVP für das Einmaschinenproblem in Abbildung 5.11 dargestellt. Für die Untersuchungen wurde die transiente Ersatzschaltung der Synchronmaschine mit einer betragskonstanten transienten Spannung $\underline{U}'$ verwendet. Der Untersuchungszeitraum sollte deshalb maximal bis zu einer Sekunde betragen, weil die transiente Ersatzschaltung der Synchronmaschine mit ansteigender Simulationsdauer zunehmend ungenauer wird (vgl. Band 2, Abschnitt 2.4.1.2). Die Wirkleistung pendelt mit der Größe der Winkelauslenkung um den sich einstellenden stationären Arbeitspunkt und ändert bei der größeren Abschaltzeit (siehe Abbildung 5.18) sogar zeitweise ihre Leistungsflussrichtung. Während des Kurzschlusses stellt sich ein entsprechend großer Klemmenstrom ein, und die Klemmenspannung bricht auf einen kleinen Wert ein, der von den Impedanzverhältnissen der Anordnung abhängig ist. Am Knoten NVP ist die Spannung $\underline{U}_{NVP}$ (siehe Abbildung 5.11) aufgrund des Kurzschlusses gleich null. Nach der Fehlerklärung schwingen die Effektivwerte aller elektrischen Größen auf ihre jeweiligen stationären Endwerte nichtlinear ein.

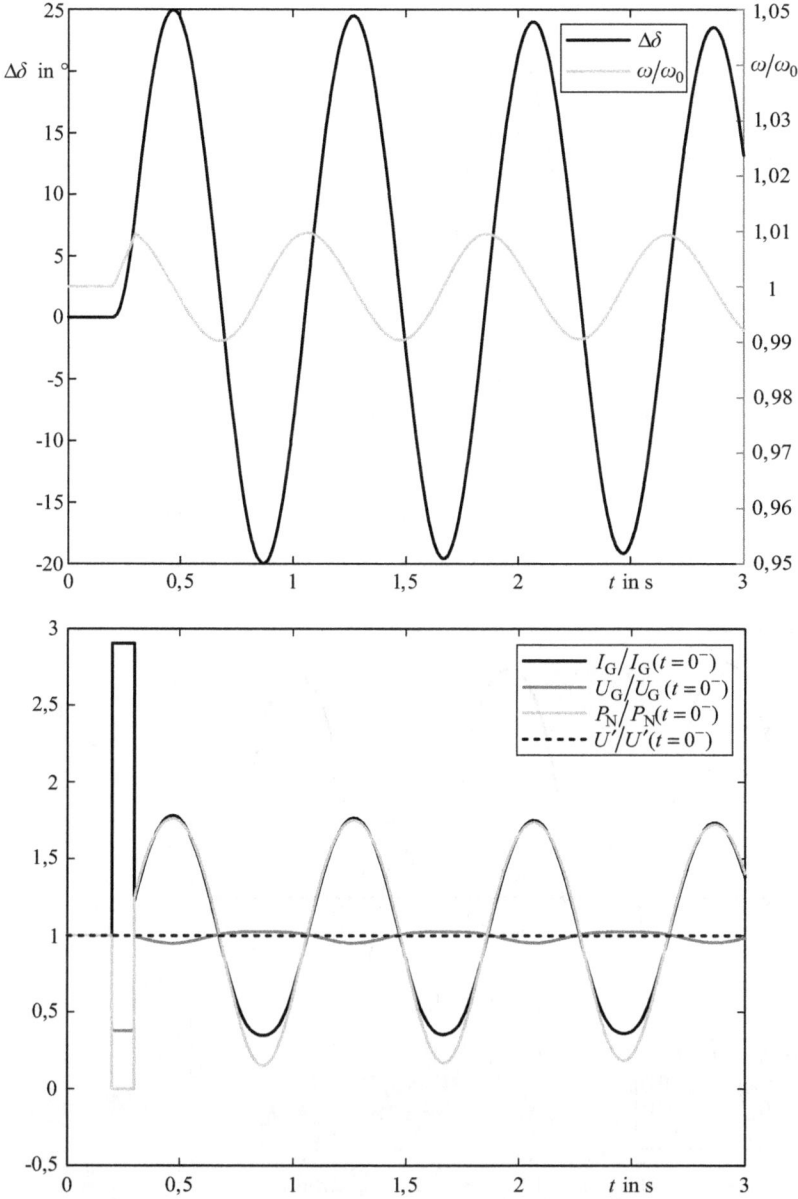

Abb. 5.17: Zeitverläufe der Winkeländerungen $\Delta\delta$, der bezogenen Winkelgeschwindigkeit ω/ω_0, der bezogenen Effektivwerte des Klemmenstroms $I_G/I_G(t = 0^-)$, der Klemmenspannung $U_G/U_G(t = 0^-)$ und der transienten Spannung $U'/U'(t = 0^-)$ sowie der bezogenen an das Netz abgegebenen Wirkleistung $P_N/P_N(t = 0^-)$ während eines 3-poligen Kurzschlusses am Knoten NVP mit der Fehlerklärungszeit $t_a = 0,3$ s für ein beispielhaftes Einmaschinenproblem

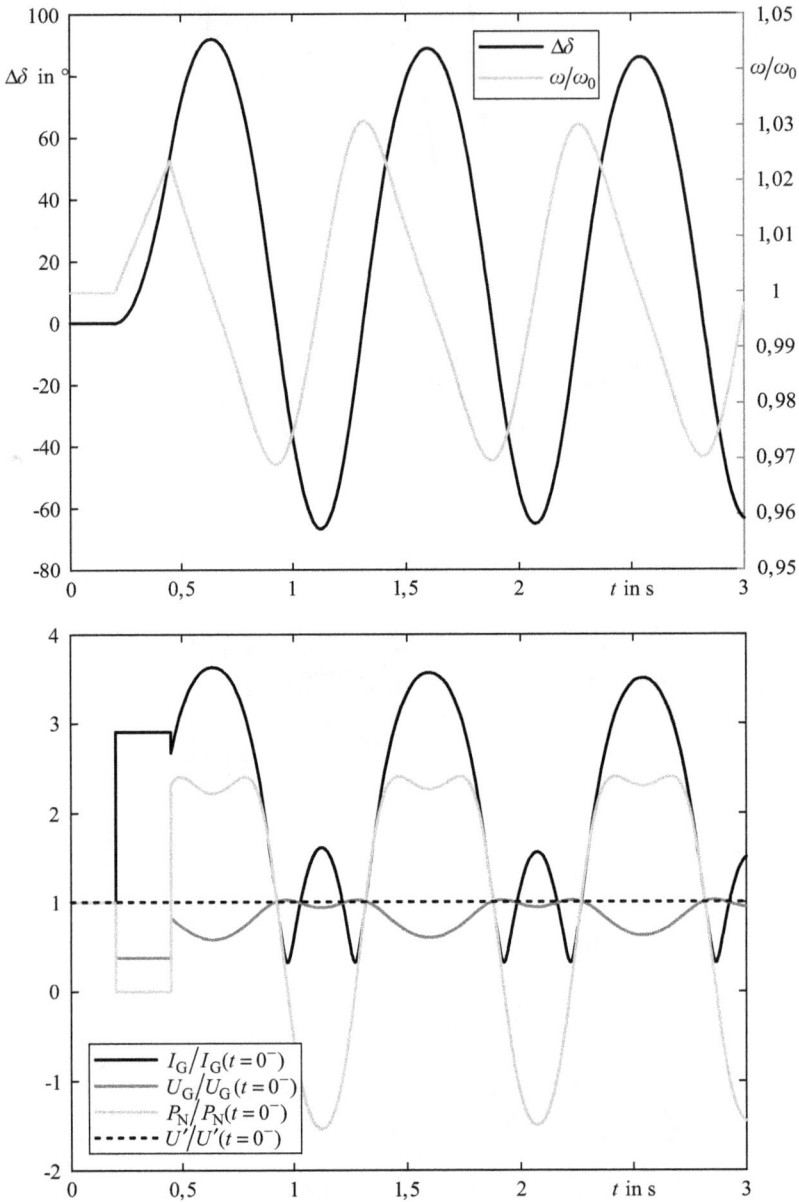

Abb. 5.18: Zeitverläufe der Winkeländerungen $\Delta\delta$, der bezogenen Winkelgeschwindigkeit ω/ω_0, der bezogenen Effektivwerte des Klemmenstroms $I_G/I_G(t = 0^-)$, der Klemmenspannung $U_G/U_G(t = 0^-)$ und der transienten Spannung $U'/U'(t = 0^-)$ sowie der bezogenen an das Netz abgegebenen Wirkleistung $P_N/P_N(t = 0^-)$ während eines 3-poligen Kurzschlusses am Knoten NVP mit der Fehlerklärungszeit $t_a = 0{,}45$ s für ein beispielhaftes Einmaschinenproblem

5.4.5 Stabilitätsverbessernde Maßnahmen

Maßnahmen zur Sicherung und auch zur Verbesserung der transienten Stabilität zielen zum einen, wie bei der statischen Stabilität, auf die Erhöhung der maximalen Leistung (Kippleistung, vgl. Gl. (5.7)) ab, um dadurch die Verzögerungszeitfläche F_V zu vergrößern. Dies kann wie folgt erreicht werden:
- eine übererregte Fahrweise (U' groß),
- eine kleine Vorreaktanz X_V durch
    - Vermaschung des Netzes,
    - Netzanschluss mit Doppelleitung und/oder
    - Längskompensation der Leitung (siehe Band 2, Abschnitt 7.4.2).

Die transiente Stabilität kann zum anderen auch durch die folgenden Maßnahmen verbessert werden, die darauf abzielen, die Beschleunigungszeitfläche F_B klein zu halten:
- kurze Abschaltzeiten t_a durch eine schnelle selektive Kurzschlussabschaltung,
- schnelle Verringerung der Turbinenleistung P_T im Fehlerfall durch z. B. das sogenannte „fast valving",
- große Anlaufzeitkonstante T_m bzw. großes Massenträgheitsmoment J bzw. kleines k_m,
- zusätzliche Dämpfung durch Einkopplung von Zusatzsignalen ($\dot{\delta} \sim \Delta\omega$, δ) in den Spannungsregler (vgl. Band 2, Abschnitt 2.10). Diese Zusatzsignale werden vom sogenannten Pendeldämpfungsgerät (engl. Power System Stabilizer (PSS)) erzeugt. Bei Vorliegen einer positiven (negativen) Winkelgeschwindigkeitsabweichung $\dot{\delta} = \Delta\omega$ wird die Spannung u_F der Erregerwicklung und damit die an das Netz abgegebene Leistung P_N vergrößert (verringert) und wirkt somit der auslösenden Bewegung $\dot{\delta}$ entgegen und dämpft diese. Um dieses Signal zeitgerecht einspeisen und die Verzögerung der Erregerwicklung berücksichtigen zu können, wird auch die aktuelle Winkelgeschwindigkeit ω als Eingangssignal für das Pendeldämpfungsgerät benötigt.

5.4.6 Mehrmaschinenproblem und Winkelzentrum

Bei der Untersuchung der transienten Stabilität für eine Anordnung mit mehreren, über ein Netz verknüpfte Synchronmaschinen (Mehrmaschinenproblem) sind nicht mehr wie beim Einmaschinenproblem die Winkeländerungen gegenüber einem Bezugssystem entscheidend, sondern die gegenseitigen transienten Winkel $\delta'_{ik} = \delta'_i - \delta'_k$ bzw. der transiente Winkel der zu untersuchenden j-ten Synchronmaschine zur Gruppe aller anderen Synchronmaschinen ($i = 1 \ldots m$, $i \neq j$), die gemeinsam eine kohärente, d. h. gemeinsam beschleunigte Maschinengruppe und damit einen Bezugsgenerator bilden, der durch ein sogenanntes Winkelzentrum δ'_c beschrieben wird. Dabei wird vorausgesetzt, dass sich die Synchronmaschinen der Maschinengruppe alle statisch und transient stabil verhalten (siehe Abbildung 5.19). Das Winkelzentrum für einen, durch eine kohärente Maschinengruppe gebildeten Bezugsgenerator berechnet sich aus:

$$\delta'_c = \frac{\sum_{i=1, i\neq j}^{m} S_{rGi} T_{mi} \delta'_i}{\sum_{i=1, i\neq j}^{m} S_{rGi} T_{mi}} \tag{5.40}$$

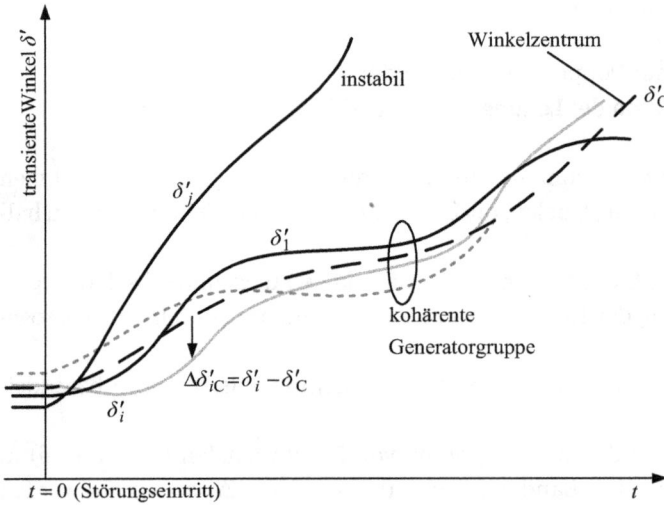

Abb. 5.19: Definition des Winkelzentrums

Bleibt die j-te Synchronmaschine im Winkelbereich des Bezugsgenerators und wird sie mit diesem gemeinsam beschleunigt, so ist sie transient stabil. Entfernt sie sich von diesem, so ist sie transient instabil.

6 Frequenzregelung und Anpassung der Erzeugung an den Verbrauch

In den Energieversorgungssystemen muss neben den Netzknotenspannungen auch die Frequenz geregelt werden. Dabei wird die Frequenz generell über die Wirkleistungsbilanz beeinflusst. Wirkleistungseinspeisung und Abnahme (einschließlich der Verluste) müssen für eine konstante Frequenz im Gleichgewicht sein. Bei Ungleichgewichten (z. B. durch Lastzu- und -abschaltungen, Hoch- oder Runterfahren von Kraftwerken, rampenförmige Änderungen im Rahmen von Fahrplanwechseln der Kraftwerke, größere Prognoseungenauigkeiten, Kraftwerksausfälle) kommt es bei einem Wirkleistungsmangel zu einem Frequenzabfall und bei einem Wirkleistungsüberschuss zu einem Frequenzanstieg. Zur Ausregelung der Wirkleistungsungleichgewichte wird positive und negative Primär- und Sekundärregelleistung sowie Tertiärregelleistung (Minutenreserveleistung) eingesetzt.

Für die Beurteilung der Frequenzstabilität wird der zeitliche Verlauf des sogenannten Winkelzentrums unter der Voraussetzung der statischen und transienten Stabilität der Synchronmaschinen (siehe Kapitel 5) untersucht.

Die Frequenzregelung zählt zu den vier Systemdienstleistungen und muss von den Übertragungsnetzbetreibern (siehe Band 1, Abschnitt 15.3) erbracht werden. Man unterscheidet bei der Frequenzregelung die Frequenz-Wirkleistungsregelung (P-f-Regelung) in Inselnetzen (z. B. das frühere BeWAG-Netz in West-Berlin) und die Frequenz-Übergabeleistungsregelung in Verbundsystemen wie z. B. dem kontinentaleuropäischen Verbundsystem der ENTSO-E.

6.1 Regelleistungsarten und ihre Bereitstellung

Frequenzänderungen werden zunächst durch die Primärregelung, d. h. durch die schnelle Bereitstellung von Primärregelleistung, aufgehalten. Das Leistungsgleichgewicht wird wieder hergestellt, und die Frequenz wird stabilisiert, weist aber eine quasistationäre Abweichung zur Sollfrequenz auf (siehe Abbildung 6.1)

Um den Frequenzänderungen wirksam und schnell entgegensteuern zu können, sind an der Primärregelung möglichst viele Kraftwerke zu beteiligen. Die erforderliche Regelleistung wird auch als Sekundenreserve bezeichnet und bei den Wärmekraftwerken durch Androsselung der Turbineneinlassventile bereitgehalten. Die Primärregelung soll spätestens nach 30 s vollständig aktivierbar (siehe Tabelle 6.1) sein und bei einer Frequenzabweichung von ±10 mHz automatisch reagieren, wobei die Ungenauigkeit der lokalen Frequenzmessung kleiner als 10 mHz sein soll. Damit wird die Aktivierung der Primärregelleistung spätestens ausgelöst, wenn die Frequenzabweichung ±20 mHz erreicht. Die Primärregelleistung ist so dimensioniert, dass ein Ausfall von einer Kraftwerksleistung von 3000 MW im kontinentaleuropäischen Netz

https://doi.org/10.1515/9783110608274-006

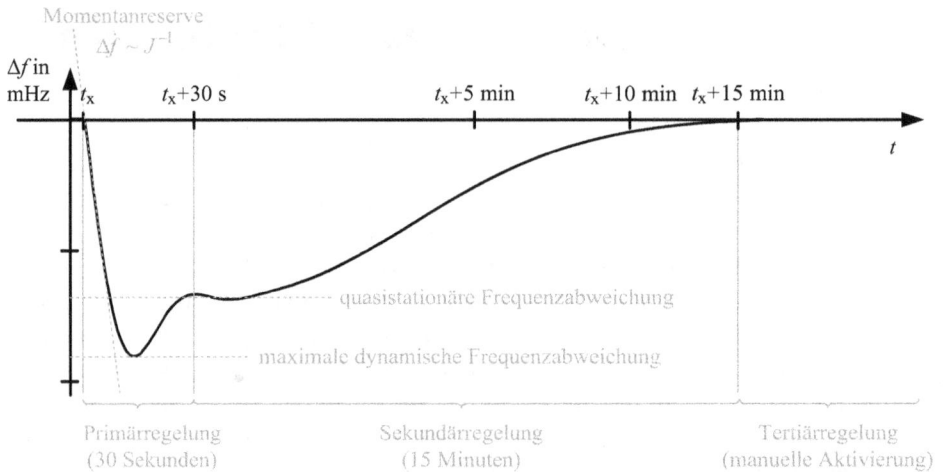

Abb. 6.1: Systemdienstleistung Frequenz-Wirkleistungsregelung in zeitlicher Abfolge von Primär-, Sekundär- und Tertiärregelung (nichtlinearer Zeitmaßstab)

der ENTSO-E beherrscht werden kann. Dabei ist bei einer vollständigen Aktivierung der vorhandenen Primärregelleistung eine maximale quasistationäre Frequenzabweichung von ±180 mHz bzw. bei Vernachlässigung des Selbstregeleffekts des Netzes (siehe Abschnitt 6.8) von ±200 mHz zulässig. Dabei darf es während des Frequenzausgleichsvorgangs zu maximalen dynamischen Frequenzabweichungen (Nadir = Tiefstwert) von ±800 mHz kommen (siehe Abbildung 6.1).

Im Anschluss an die Primärregelung übernehmen, zentral gesteuert, die an der Sekundärregelung beteiligten Kraftwerke vollständig die von den Primärregelkraftwerken eingespeiste Regelleistung. Dadurch stehen die Primärregelkraftwerke wieder für mögliche weitere neue Störereignisse zur Verfügung. Die sekundärregelnden Kraftwerke führen die nach der Primärregelung noch verbleibende Regelabweichung auf null zurück und sind typischerweise die Kraftwerke mit den geringsten Brennstoffkosten. Dieser als Sekundärregelungsvorgang bezeichnete Vorgang spielt sich im Minutenbereich ab (siehe Tabelle 6.1). Nach etwa 15 Minuten werden die Sekundärregelkraftwerke durch die manuell aktivierten Tertiärregelkraftwerke abgelöst, damit sie ebenfalls wieder für mögliche weitere Störfälle zur Verfügung stehen können.

Die verschiedenen Regelleistungen werden ausgeschrieben [20] und über Auktionen an Kraftwerke vergeben, die festgelegte Präqualifizierungsanforderungen erfüllen. Diese Präqualifizierungsanforderungen umfassen z. B. Anforderungen an die Regelgeschwindigkeit, die Zuverlässigkeit, die Aktivierung, etc. [20].

Tab. 6.1: Regelleistungsarten, ihre Anforderung und Erbringung

Regelleistungsart	Anforderung	Erbringung
Primärregelung	Innerhalb von 30 Sekunden aktivierbar und 15 Minuten verfügbar	Automatisch in Abhängigkeit von der Höhe der Frequenzabweichung (100 % bei 200 mHz Frequenzabweichung)
Sekundärregelung	In 5 Minuten vollständig aktivierbar (Frequenz- und Übergabeleistungsregelung)	Automatisch in Abhängigkeit vom Wirkleistungsungleichgewicht in der Regelzone und der Frequenzabweichung
Tertiärregelung	Innerhalb von 15 Minuten aktivierbar	Manuelle Anforderung in Abhängigkeit vom Bedarf und unter Berücksichtigung des Fahrplanmanagements

6.2 Punktmodell des Netzes

Für die Analyse der Frequenzregelung wird ein aggregiertes Modell des Elektroenergiesystems verwendet, das auch als Bilanzmodell oder Mittelzeitmodell bezeichnet wird. Dabei setzt man voraus, dass sich alle im Netz vorhandenen Synchronmaschinen der Kraftwerke kohärent verhalten, d. h. dass alle Synchronmaschinen statisch und transient stabil sind (siehe Kapitel 5). Des Weiteren wird das Verhalten des Systems bei kleinen Laständerungen betrachtet, wobei die Netzstruktur ungestört bleibt.

Die Bewegungsgleichung der i-ten Synchronmaschine lautet bei Vernachlässigung der Dämpfung und des Ankerwiderstands R_a in der Nähe der synchronen Drehzahl (vgl. Band 2, Abschnitt 2.8):

$$S_{\mathrm{rG}i} T_{\mathrm{m}i} \frac{\dot{\omega}_i}{\omega_0} = P_{\mathrm{T}i} - P_{\mathrm{L}i} = \Delta P_i \quad \text{mit} \quad T_{\mathrm{m}i} = \frac{J_i \Omega_i^2}{S_{\mathrm{rG}i}} \tag{6.1}$$

sowie der Turbinenleistung $P_{\mathrm{T}i}$, der an das Netz abgegebenen Leistung $P_{\mathrm{L}i}$ und der Anlaufzeitkonstanten $T_{\mathrm{m}i}$ für die i-te Synchronmaschine.

In der klassischen Literatur wird diese Gleichung in einer leicht veränderten Darstellung verwendet. Anstatt der Bemessungsscheinleistung $S_{\mathrm{rG}i}$ wird in Gl. (6.2) die Bemessungswirkleistung $P_{\mathrm{rG}i}$ der i-ten Synchronmaschine als Bezugsgröße verwendet, woraus auch eine andere Definition der Zeitkonstanten resultiert:

$$P_{\mathrm{rG}i} T'_{\mathrm{m}i} \frac{\dot{\omega}_i}{\omega_0} = P_{\mathrm{T}i} - P_{\mathrm{L}i} = \Delta P_i \quad \text{mit} \quad T'_{\mathrm{m}i} = \frac{J_i \Omega_i^2}{P_{\mathrm{rG}i}} \tag{6.2}$$

In einem Elektroenergiesystem sollen m über das Netz verbundene Synchrongeneratoren vorhanden sein, die sich kohärent verhalten (siehe Abbildung 6.2).

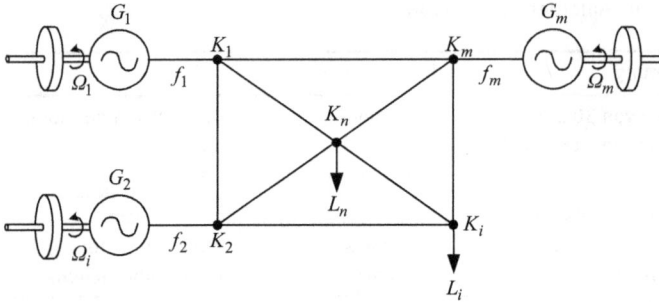

Abb. 6.2: Elektroenergiesystem mit mehreren Kraftwerksblöcken (G) und Verbraucherlasten (L)

Die Synchronmaschinen bewegen sich damit alle in der Nähe des Winkelzentrums und erfahren bei Laständerungen eine ähnliche Winkelbeschleunigung. Das Winkelzentrum entspricht dabei einem gewichteten Mittelwert der Polradwinkelverläufe der einzelnen Synchronmaschinen:

$$\delta_c = \frac{\sum_{i=1}^{m} P_{rGi} T'_{mi} \delta_i}{\sum_{i=1}^{m} P_{rGi} T'_{mi}} \tag{6.3}$$

Über das Winkelzentrum können die mittlere Winkelgeschwindigkeit ω_c und damit die Netzfrequenz f definiert werden (vgl. Band 2, Abschnitt 2.8):

$$\omega_c = \dot{\delta}_c + \omega_0 = \frac{\sum_{i=1}^{m} P_{rGi} T'_{mi} (\dot{\delta}_i + \omega_0)}{\sum_{i=1}^{m} P_{rGi} T'_{mi}} = \frac{\sum_{i=1}^{m} P_{rGi} T'_{mi} \omega_i}{\sum_{i=1}^{m} P_{rGi} T'_{mi}} = 2\pi f \tag{6.4}$$

Für die Winkelbeschleunigung gilt:

$$\dot{\omega}_c = \ddot{\delta}_c = \frac{\sum_{i=1}^{m} P_{rGi} T'_{mi} \dot{\omega}_i}{\sum_{i=1}^{m} P_{rGi} T'_{mi}} = 2\pi \dot{f} \tag{6.5}$$

Aufgrund der angenommenen Kohärenz und der dadurch möglichen Voraussetzung von ungefähr gleichen Winkelbeschleunigungen der Synchronmaschinen $\dot{\omega}_i \approx \dot{\omega}_c = 2\pi \dot{f}$ können die Bewegungsgleichungen der einzelnen Synchronmaschinen aufsummiert und wie folgt umgeformt werden:

$$\sum_{i=1}^{m} P_{rGi} T'_{mi} \frac{\dot{\omega}_i}{\omega_0} \approx \sum_{i=1}^{m} P_{rGi} T'_{mi} \frac{\dot{\omega}_c}{\omega_0} = \sum_{i=1}^{m} P_{rGi} T'_{mi} \frac{\dot{f}}{f_0} = \sum_{i=1}^{m} P_{Ti} - \sum_{i=1}^{m} P_{Li} = P_T - P_L \tag{6.6}$$

Die Summe der von den Synchronmaschinen an das Netz abgegebenen Leistungen P_{Li} entspricht der gesamten Verbraucherlast P_L. Mit der Einführung der gesamten Turbinenleistung P_T und der Verbraucherlast P_L ergibt sich:

$$P_G T_G \frac{\dot{f}}{f_0} = P_G T_G \frac{(f_0 + \Delta f)^{\cdot}}{f_0} = P_G T_G \frac{\dot{\Delta f}}{f_0} = P_T - P_L = P_{T0} + \Delta P_T - P_{L0} - \Delta P_L$$
$$= \Delta P_T - \Delta P_L = \Delta P \tag{6.7}$$

mit der insgesamt installierten Kraftwerksleistung:

$$P_G = \sum_{i=1}^{m} P_{rGi} \tag{6.8}$$

und der Ersatzzeitkonstanten der Generatoren:

$$T_G = \frac{\sum_{i=1}^{m} P_{rGi} T'_{mi}}{\sum_{i=1}^{m} P_{rGi}} = \frac{\sum_{i=1}^{m} P_{rGi} T'_{mi}}{P_G} \tag{6.9}$$

Die Turbinen- und Verbraucherleistungen P_{T0} und P_{L0} im stationären Arbeitspunkt mit $\dot{f} = 0$ sind gleich groß und heben sich gegenseitig auf. Anhand von Gl. (6.7) ist erkennbar, warum das Modell auch Punkt- oder Bilanzmodell genannt wird. Das Netz ist auf einen Knoten zusammengeschrumpft, an dem die Kraftwerksleistungen eingespeist und die Verbraucherleistungen abgenommen werden (siehe Abbildung 6.3). Die Leistungsdifferenz ΔP wirkt auf die Ersatzmasse und führt zu einer positiven oder negativen Winkelbeschleunigung $\dot{\omega}$.

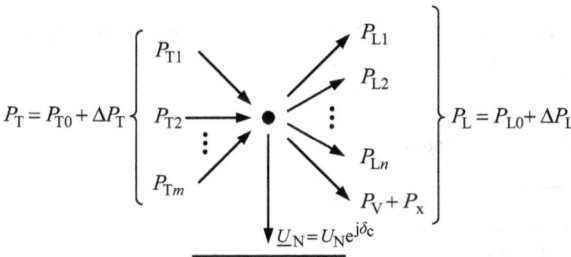

Abb. 6.3: Punktmodell des Netzes

Die im Netz auftretende Verlustleistung P_V wird den Verbraucherleistungen P_L zugeordnet und wird deshalb im Folgenden nicht mehr explizit mitgeführt. Die Änderung ΔP_L der Verbraucherleistung im Arbeitspunkt setzt sich aus der Frequenzabhängigkeit der Netzlasten $\Delta P_{Lf}(f, \dot{f})$ und der Störleistung P_x zusammen:

$$\Delta P_L = \Delta P_{Lf}(f, \dot{f}) + P_x \quad \text{und} \quad P_L = P_{L0} + \Delta P_L \tag{6.10}$$

Die Störleistung P_x ist die Ursache einer Frequenzänderung und kann z. B. in Folge einer ungenauen Lastprognose oder durch das Zu- oder Abschalten einer Verbraucherlast entstehen.

6.3 Frequenzverhalten der Lasten

Aufgrund der angenommenen kleinen Laständerungen ist das Frequenzverhalten der Verbraucherlasten in der Nähe der Nennfrequenz zu bestimmen. Man unterscheidet dabei einen statischen ΔP_{Lstat} und einen dynamischen Anteil ΔP_{Ldyn} am frequenzabhängigen Verbraucherverhalten ΔP_{Lf}. Die Verbraucherleistung berechnet sich damit aus:

$$P_{\text{L}} = P_{\text{L0}} + \Delta P_{\text{L}} = P_{\text{L0}} + \Delta P_{\text{Lf}}(f, \dot{f}) + P_{\text{x}} \quad \text{mit} \quad \Delta P_{\text{Lf}}(f, \dot{f}) = \Delta P_{\text{Lstat}} + \Delta P_{\text{Ldyn}} \quad (6.11)$$

Der dynamische Leistungsanteil ΔP_{Ldyn} berücksichtigt die aus den rotierenden Massen der Motoren bei Frequenz- und damit bei Drehzahländerungen bereitgestellte Leistung. Sie kann analog zu der Berücksichtigung der Dynamik der Synchronmaschinen (vgl. Gl. (6.2) bzw. Gl. (6.7)) nachgebildet werden:

$$\Delta P_{\text{Ldyn}} = P_{\text{M}} T_{\text{M}} \frac{\dot{f}}{f_0} = P_{\text{M}} T_{\text{M}} \frac{(f_0 + \dot{\Delta f})}{f_0} = P_{\text{M}} T_{\text{M}} \frac{\dot{\Delta f}}{f_0} \quad (6.12)$$

mit der gesamten installierten Motorleistung P_{M} und der Ersatzzeitkonstanten T_{M} der Motoren, die analog zu den Gln. (6.8) und (6.9) für die Synchronmaschinen definiert sind. Bei einer konstanten Netzfrequenz ist dieser Leistungsbeitrag gleich null.

Der statische Anteil am frequenzabhängigen Verbraucherverhalten ΔP_{Lstat} wird durch eine Betrachtung für quasistationäre Zustände in der Nähe der Nennfrequenz bestimmt. Allgemein kann die frequenzabhängige Verbraucherleistung durch ein Polynom höherer Ordnung, wie z. B ein Polynom dritter Ordnung, angenähert werden:

$$P_{\text{Lstat}} = k_0 + k_1 f + k_2 f^2 + k_3 f^3 \quad (6.13)$$

Die einzelnen Terme korrespondieren mit den in Tabelle 6.2 angegebenen typischen Verbraucherlasten und deren Frequenzverhalten.

Tab. 6.2: Frequenzabhängigkeiten von Verbraucherlasten

Term	Charakterisierung
k_0	Ohm'sche Lasten: Licht (Glühlampe), Wärme
$k_1 f$	Werkzeugmaschinen, Hebezeuge, Kolbenpumpen
$k_2 f^2$	Kreiselpumpen, Lüfter, Verdichter
$k_3 f^3$	Zentrifugalantriebe

Für die Beschreibung des frequenzabhängigen Verhaltens der Verbraucherlasten in der Nähe des Arbeitspunkts (bei Nennfrequenz) reicht die Annäherung durch eine lineare Funktion aus. Dafür wird die frequenzabhängige Verbraucherleistung in Gl. (6.13) im Arbeitspunkt $f = f_0$ linearisiert:

$$\Delta P_{\text{Lstat}} = \frac{\mathrm{d} P_{\text{L}}}{\mathrm{d} f} \bigg|_{f=f_0} \Delta f = \left(k_1 + 2k_2 f_0 + 3k_3 f_0^2 \right) \Delta f = k_{\text{L}} \Delta f \quad (6.14)$$

k_L ist die Leistungszahl der Last (auch Lastleistungszahl) und wird in MW/Hz angegeben. Wird die Lastleistungszahl auf die Nennfrequenz und die Verbraucherleistung im Arbeitspunkt bezogen, ergibt sich die bezogene Lastleistungszahl k'_L. Der Kehrwert der bezogenen Lastleistungszahl ist die sogenannte Verbraucherstatik s_L (auch Netzstatik):

$$k'_L = k_L \frac{f_0}{P_{L0}} = \frac{\Delta P_{Lstat}/P_{L0}}{\Delta f/f_0} = \frac{\Delta P'_L}{\Delta f'} \quad \text{und} \quad s_L = \frac{1}{k'_L} = \frac{\Delta f'}{\Delta P'_L} \tag{6.15}$$

Typische Werte für die Netzstatik liegen im Bereich von $s_L = 2$. Mit dem zunehmenden Einsatz von drehzahlgeregelten Antrieben wird die Netzstatik größer bzw. die Lastleistungszahl kleiner, da diese Antriebe unabhängig von der Frequenz eine konstante Leistung aus dem Netz aufnehmen.

6.4 Verbraucherkennlinie

Im stationären Zustand setzt sich die Änderung der Netzlast aus der Störleistung und der frequenzabhängigen statischen Laständerung zusammen. Für den stationären eingeschwungenen Zustand mit $\dot{f} = 0$ ($\Delta P_{Ldyn} = 0$) lässt sich ausgehend von den Gln. (6.11) und (6.14) die Verbraucherkennlinie (oder Lastkennlinie) angeben:

$$\Delta P_L = \Delta P_{Lstat} + P_x = k_L \Delta f + P_x \quad \Leftrightarrow \quad \Delta f = \frac{\Delta P_{Lstat}}{k_L} = \frac{\Delta P_L - P_x}{k_L} \tag{6.16}$$

Sie beschreibt damit die Abhängigkeit der Verbraucherleistung von der Frequenz in der Nähe des Arbeitspunkts und stellt eine lineare Funktion mit der Steigung $1/k_L$ in einem f-P-Diagramm (siehe Abbildung 6.4) dar. Bei Nennfrequenz f_0 nehmen die Verbraucherlasten die Leistung P_{L0} auf. Tritt eine positive Störleistung P_x (Lastzuschaltung) auf, verschiebt sich die Lastkennlinie (LKL) um diesen Betrag nach rechts in Richtung größerer Leistungen. Entsprechend ergibt eine negative Störleistung (Lastabschaltung) eine Verschiebung der LKL um diesen Betrag nach links.

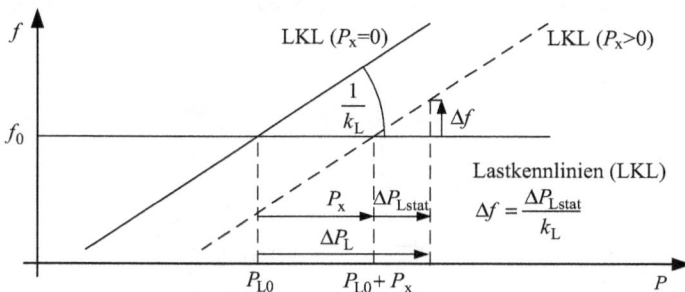

Abb. 6.4: Lastkennlinie (LKL) in einem f-P-Diagramm

6.5 Primär- und Sekundärregelung

Für den Ausgleich von Abweichungen ΔP des Erzeugungs-Verbrauchs-Gleichgewichts stellen Kraftwerke Primär- und Sekundärregelleistung zur Verfügung. Die dafür vorgesehenen Wärmekraftwerke verfügen über eine entsprechende Turbinenregelung. Prinzipiell und unter Berücksichtigung einer starken Vereinfachung können zwei Fahrweisen von Wärmekraftwerken unterschieden werden (siehe Abbildung 6.5):

– Festdruckbetrieb: Die Wärmekraftwerke werden mit angedrosselten Turbinenventilen gefahren. Damit wird die verfügbare Kraftwerksleistung nicht vollständig ausgenutzt, und der Wirkungsgrad des Dampfkreislaufes ist in einem solchen Teillastbetrieb nicht optimal. Durch das schnelle Öffnen der angedrosselten Turbinenventile kann schnell zusätzlicher Dampf auf die Turbinen gegeben werden und damit positive Primärregelleistung bereitgestellt werden. Negative Primärregelleistung kann z. B. durch eine größere Androsselung des Turbinenventils verfügbar gemacht werden.

– Gleitdruckbetrieb: Bei dieser Fahrweise sind die Turbinenventile stets vollständig geöffnet, womit ein wirtschaftlicherer Kraftwerksbetrieb als im Festdruckbetrieb möglich ist. Allerdings kann bei einer solchen Fahrweise nicht nennenswert Primärregelleistung bereitgestellt werden. Wärmekraftwerke im Gleitdruckbetrieb können, ebenso wie Wärmekraftwerke im Festdruckbetrieb, durch eine Zuführung von zusätzlichem Brennstoff mit einer zeitlichen Verzögerung zusätzliche Leistung (positive Sekundärregelleistung) bereitstellen und damit als Sekundärregelkraftwerke agieren. Negative Sekundärregelleistung wird durch eine Verringerung der Brennstoffzufuhr zur Verfügung gestellt. Wärmekraftwerke im Gleitdruckbetrieb werden typischerweise als Grundlastkraftwerke eingesetzt.

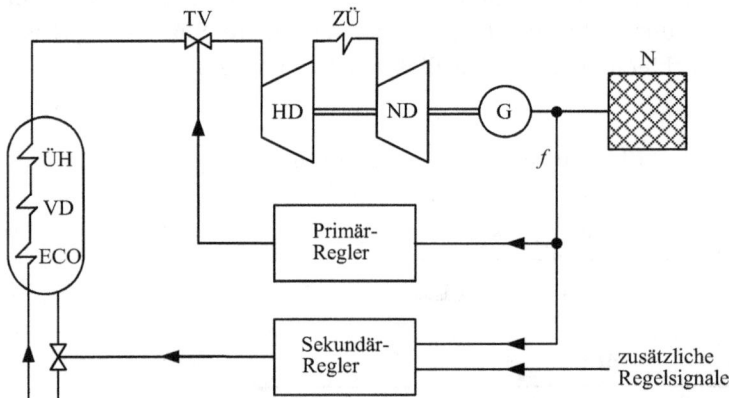

Abb. 6.5: Prinzipschema Turbinenregelung eines Wärmekraftwerkes (Generator G, Frequenz f, Hochdruckteil der Turbine HD, Niederdruckteil der Turbine ND, Zwischenüberhitzung ZÜ, Turbinenventil TV, Überhitzer ÜH, Verdampfer VD und mit Rauchgas beheizter Speisewasservorwärmer (Economiser) ECO)

Für eine definierte Aufteilung der abgerufenen Primärregelleistungen ΔP_{TPi} auf die primärgeregelten Kraftwerksblöcke weisen deren Primärregler Proportionalverhalten auf. Sie können vereinfacht durch ein Proportionalelement mit Zeitverzögerung (PT1-Glied) nachgebildet werden. Die Übertragungsfunktion für ein solches System lautet mit der Laplace-Variablen s[1]:

$$\underline{F}_{Pi} = \frac{\Delta \underline{P}_{TPi}(s)}{\Delta \underline{f}(s)} = -\frac{k_{Pi}}{1 + sT_{Pi}} \tag{6.17}$$

Im Zeitbereich erhält man:

$$T_{Pi}\Delta \dot{P}_{TPi} + \Delta P_{TPi} = -k_{Pi}\Delta f \tag{6.18}$$

Die Sekundärregelleistung ΔP_{TSi} hat die Aufgabe, die Frequenzabweichung Δf auf null zurückzuführen. Damit müssen die Sekundärregler ein integrales Verhalten in Form eines PI-Reglers aufweisen. Sie werden durch die folgende Übertragungsfunktion bzw. Integralfunktion im Zeitbereich beschrieben:

$$\underline{F}_{Si} = \frac{\Delta \underline{P}_{TSi}(s)}{\Delta \underline{f}(s)} = -\beta_i - \frac{1}{sT_{Si}} \quad \text{bzw.} \quad \Delta P_{TSi} = -\beta_i \Delta f - \frac{1}{T_{Si}} \int\limits_0^t \Delta f \, d\tau \tag{6.19}$$

Diese Nachbildung des Sekundärregelverhaltens ist stark vereinfachend, da sie den Abruf der Sekundärregelleistung in den Kraftwerken und damit das Kraftwerksverhalten vernachlässigt und nur das Verhalten des Sekundärreglers nachbildet. Im Rahmen einer detaillierteren Nachbildung könnte dieser verzögerte Abruf in erster Näherung durch ein PT$_n$-System berücksichtigt werden.

Die Änderung der Turbinenleistung ΔP_{Ti} im Arbeitspunkt setzt sich damit aus der Primärregelleistung ΔP_{TPi} und der Sekundärregelleistung ΔP_{TSi} zusammen:

$$\Delta P_{Ti} = \Delta P_{TPi} + \Delta P_{TSi} \quad \text{und} \quad P_{Ti} = P_{Ti0} + \Delta P_{Ti} \tag{6.20}$$

6.6 Kraftwerkskennlinie

Die Kraftwerkskennlinie (KKL) beschreibt die Abhängigkeit des Primärregelleistungseinsatzes ΔP_{TPi} in Abhängigkeit von der Frequenzabweichung am Arbeitspunkt des Kraftwerks P_{Ti0}. Sie ergibt sich analog zur Vorgehensweise für die Lastkennlinie aus der Betrachtung des stationären eingeschwungenen Zustands ($s \rightarrow 0$ bzw. $t \rightarrow \infty$) der Übertragungsfunktion in Gl. (6.17) bzw. der Differentialgleichung für die Primärregelleistung in Gl. (6.18). Es ergibt sich:

$$\Delta P_{TPi} = -k_{Pi}\Delta f \quad \text{bzw.} \quad \Delta f = -\frac{\Delta P_{TPi}}{k_{Pi}} \tag{6.21}$$

---

[1] In Anlehnung an die in der Literatur herkömmliche Schreibweise wird die komplexe Laplace-Variable s nicht durch einen Unterstrich gekennzeichnet.

Die Kraftwerkskennlinie stellt eine lineare Funktion mit der Steigung $-1/k_{Pi}$ in einem f-P-Diagramm (siehe Kennlinie KKL2 in Abbildung 6.6) dar. Die Blockreglerleistungszahl k_{Pi} wird in Analogie zur Lastleistungszahl auch in bezogener Form als bezogene Blockreglerleistungszahl k'_{Pi} oder als Reglerstatik s_{Pi} des i-ten Blocks angegeben:

$$k'_{Pi} = k_{Pi} \frac{f_0}{P_{rGi}} \quad \text{und} \quad s_{Pi} = \frac{1}{k'_{Pi}} = \frac{1}{k_{Pi}} \cdot \frac{P_{rGi}}{f_0} \tag{6.22}$$

Bei Nennfrequenz ist die Primärregelleistung gleich null. Mit steigender Frequenz $\Delta f > 0$ wird negative Primärregelleistung ΔP_{TPi} und mit sinkender Frequenz $\Delta f < 0$ positive Primärregelleistung ΔP_{TPi} zum Ausgleich der Leistungsbilanz eingespeist.

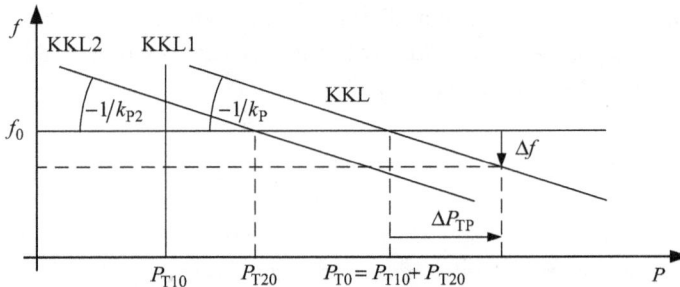

Abb. 6.6: Kraftwerkskennlinien (KKL) in einem f-P-Diagramm (KKL1: Kraftwerkskennlinie nicht primärgeregelter Kraftwerksblock, KKL2: Kraftwerkskennlinie primärgeregelter Kraftwerksblock, KKL: resultierende Kraftwerkskennlinie)

Ein nicht primärgeregeltes Kraftwerk besitzt als Kennlinie eine senkrechte Gerade in seinem Arbeitspunkt P_{Ti0}. Unabhängig von der Frequenz stellt ein solches Kraftwerk eine konstante Leistung P_{Ti0} bereit (siehe Kennlinie KKL1 in Abbildung 6.6). Die Blockreglerleistungszahl ist dann gleich null ($k_{Pi} = 0$).

Die gesamte von mehreren Kraftwerksblöcken bereitgestellte Primärregelleistung ΔP_{TP} ergibt sich aus der Addition der Einzelprimärregelleistungen. Damit lässt sich eine resultierende Kraftwerkskennlinie konstruieren (siehe Kennlinie KKL in Abbildung 6.6):

$$\Delta P_{TP} = \sum_{i=1}^{m} \Delta P_{TPi} = -\Delta f \sum_{i=1}^{m} k_{Pi} = -\Delta f \cdot k_P \quad \text{bzw.} \quad \Delta f = -\frac{\Delta P_{TP}}{k_P} \tag{6.23}$$

k_P ist dabei die Reglerleistungszahl des Netzes. Sie beschreibt die negative Steigung der resultierenden Kraftwerkskennlinie (KKL) und wird analog zu den Blockreglerleistungszahlen auch in bezogener Form oder auch als resultierende Statik der Primärregelung angegeben:

$$k_P = \sum_{i=1}^{m} k_{Pi} = \frac{1}{f_0} \sum_{i=1}^{m} \frac{P_{rGi}}{s_{Pi}} , \quad k_P' = k_P \frac{f_0}{P_G} \quad \text{und} \quad s_P = \frac{1}{k_P'} = \frac{P_G}{\sum_{i=1}^{m} \frac{P_{rGi}}{s_{Pi}}} \tag{6.24}$$

Typische Werte für die Blockreglerleistungszahl s_{Pi} sind Werte zwischen 4 bis 5 %, während die auf die gesamte installierte Kraftwerksleistung bezogene resultierende Statik typischerweise Werte im Bereich von 12 bis 18 % annimmt.

6.7 Resultierende Bewegungsgleichung des Netzes und Netzkennlinie

Die resultierende Bewegungsgleichung des Netzes ergibt sich aus Gl. (6.7) nach Einsetzen der Beschreibung der Primärregelung sowie des statischen und dynamischen Anteils des frequenzabhängigen Verbraucherverhaltens:

$$\begin{aligned} P_G T_G \frac{\dot{\Delta f}}{f_0} &= \Delta P_T - \Delta P_L = \Delta P_{TP} - \Delta P_{Ldyn} - \Delta P_{Lstat} - P_x \\ &= -k_P \Delta f - P_M T_M \frac{\dot{\Delta f}}{f_0} - k_L \Delta f - P_x \end{aligned} \tag{6.25}$$

bzw.:

$$M_N \frac{\dot{\Delta f}}{f_0} = \Delta P_T - \Delta P_{Lstat} - P_x = -k_P \Delta f - k_L \Delta f - P_x = -\Delta f \cdot k_N - P_x \tag{6.26}$$

mit der resultierenden Trägheitskonstante M_N des Netzes, die sich aus den Schwungmomenten der Generatoren und Motoren berechnet:

$$M_N = P_G T_G + P_M T_M \tag{6.27}$$

und der Netzleistungszahl k_N, die sich aus der Reglerleistungszahl k_P und der Lastleistungszahl k_L bestimmt:

$$k_N = k_P + k_L \tag{6.28}$$

Die Netzkennlinie (NKL) beschreibt die stationäre Frequenzänderung Δf des Netzes in Abhängigkeit von der Störleistung P_x entsprechend Abbildung 6.7. Man erhält sie aus Gl. (6.25) bzw. Gl. (6.26) bei Betrachtung des stationären eingeschwungenen Zustands mit $\dot{\Delta f} = 0$:

$$\Delta f = \frac{\Delta P_T - P_x}{k_L} = \frac{-P_x}{k_N} \tag{6.29}$$

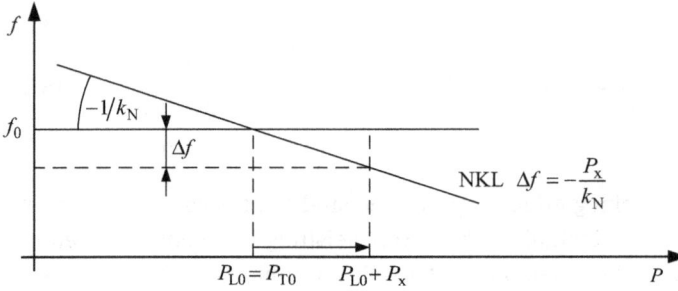

Abb. 6.7: Netzkennlinie (NKL) in einem f-P-Diagramm

6.8 Schwungleistung (Momentanreserve)

Die Bewegungsgleichung in Gl. (6.26) beschreibt ein Leistungsgleichgewicht, das zu jedem Zeitpunkt erfüllt wird. Der Term $M_N \Delta \dot{f}/f_0$ beschreibt dabei die aus den rotierenden Massen ausgekoppelte Schwungleistung. Diese Leistung wird auch als Momentanreserve (oder auch Momentanleistung) bezeichnet:

$$P_{\text{Mom}} = -M_N \frac{\dot{\Delta f}}{f_0} \tag{6.30}$$

Sie ist proportional zur resultierenden Trägheitskonstante M_N des Netzes. Mit sinkender Anzahl von Synchrongeneratoren im Netz werden die resultierende Trägheitskonstante und damit auch die Momentanreserve kleiner, wodurch die maximalen Frequenzeinbrüche während des Ausgleichsvorgangs bei gleich bleibender Primärregelleistungsbereitstellung früher auftreten und größer werden (siehe z. B. Abschnitte 6.10 und 6.11). Bei konstanter Frequenz ist die Schwungleistung gleich null. Bei einem Frequenzabfall wird (positive) Schwungleistung ($P_{\text{Mom}} > 0$) ausgespeichert und an das Netz abgegeben, während bei einem Frequenzanstieg Schwungleistung eingespeichert ($P_{\text{Mom}} < 0$) und dem Netz entnommen wird.

6.9 Selbstregeleffekt und Inselnetz ohne Primärregelung

Unter Inselnetzen soll im Folgenden ein territorial begrenztes Netz, wie z. B. das West-Berliner Stromversorgungsnetz der BeWAG in den Jahren der deutschen Teilung, oder ein Industrienetz mit einer Verbindung zum Verbundnetz, die aber zeitweise, z. B. während eines Störfalles im Verbundnetz, aufgrund der vorhandenen ausreichenden Eigenerzeugung geöffnet werden kann, verstanden werden.

Des Weiteren wird zunächst angenommen, dass im Netz keine Primärregelung vorhanden ist. Es gilt dann $\Delta P_T = 0$ und damit $P_T = P_{T0}$. Die Betrachtung der sta-

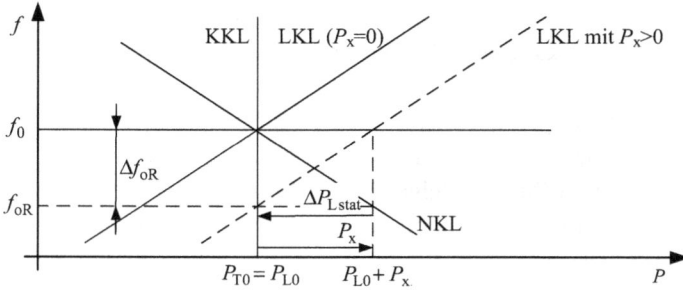

Abb. 6.8: Stationärer Frequenzeinbruch bei einer positiven Störleistung P_x in einem System ohne Primärregelung

tionären eingeschwungenen Zustände ist in Abbildung 6.8 mit Hilfe der Kennlinien dargestellt. Die KKL ist aufgrund der Vernachlässigung der Primärregelung eine Senkrechte.

Im stationären Betrieb ohne Störleistung stellt sich als Schnittpunkt der LKL und der KKL der Arbeitspunkt bei Nennfrequenz f_0 ein. Die eingespeiste Kraftwerksleistung $P_T = P_{T0}$ entspricht der Verbraucherleistung: $P_{T0} = P_{L0}$. Mit Auftreten einer positiven Störleistung P_x verschiebt sich die Lastkennlinie um den Betrag der Störleistung nach rechts. Der neue Schnittpunkt mit der KKL ergibt den sich neu einstellenden stationären Arbeitspunkt mit einer gegenüber der Nennfrequenz f_0 um die stationäre Frequenzabweichung $\Delta f_{oR} < 0$ verringerten Frequenz f_{oR}. Dieser Arbeitspunkt beschreibt den Zustand nach Abschluss des Primärregelungsvorgangs. Auch in diesem Arbeitspunkt herrscht ein Gleichgewicht aus eingespeister Kraftwerksleistung und Verbraucherleistung. Die Kraftwerke speisen allerdings keine zusätzliche Leistung ein ($P_T = P_{T0}$). Der zusätzliche Leistungsbedarf aufgrund der Störleistung P_x wird durch den Rückgang der Verbraucherleistung bei einer Frequenzabweichung um den Wert ΔP_{Lstat} erbracht. Dieser Effekt wird als Selbstregeleffekt des Netzes bezeichnet.

Die NKL gibt ausgehend vom alten Arbeitspunkt die Frequenzabweichung in Abhängigkeit von der Störleistung an. Ihre Steigung hat bei Vernachlässigung der Primärregelung denselben Betrag wie die Steigung der LKL. Sie weist allerdings ein negatives Vorzeichen auf. Mit der NKL lässt sich der Frequenzeinbruch berechnen:

$$\Delta f_{oR} = \frac{-P_x}{k_N} = \frac{-P_x}{k_L} \quad \text{mit} \quad k_P = 0 \tag{6.31}$$

Mit der LKL erkennt man, dass die Störleistung durch den Rückgang der Verbraucherleistung bereitgestellt wird. Die Verbraucherleistung $\Delta P_L = \Delta P_{Lstat} + P_x = 0$ hat sich nicht geändert. Für die Frequenzänderung gilt auch:

$$\Delta f_{oR} = \frac{\Delta P_{Lstat}}{k_L} = \frac{\Delta P_L - P_x}{k_L} \overset{!}{=} -\frac{P_x}{k_N} = -\frac{P_x}{k_L} \quad \Leftrightarrow \quad \Delta P_{Lstat} = -P_x \wedge \Delta P_L = 0 \tag{6.32}$$

Mit Gl. (6.32) ist näherungsweise eine messtechnische Bestimmung der Lastleistungs-zahl $k_L = -P_x \cdot \Delta f_{oR}$ aus einer bekannten Störleistung P_x und der zugehörigen Frequenzänderung Δf_{oR} möglich.

Der zeitliche Verlauf der Frequenz bei Auftreten einer Störleistung kann mit Gl. (6.26) berechnet werden. Bei Vernachlässigung der Primärregelung ergibt sich im Zeitbereich eine inhomogene Differentialgleichung 1. Ordnung bzw. im Laplace-Bereich (Bildbereich) eine Übertragungsfunktion, die einem PT1-System (siehe Abbildung 6.9) entspricht:

$$M_N \frac{\dot{\Delta f}}{f_0} = -k_L \Delta f - P_x \quad \text{bzw.} \quad \underline{\Delta f} = -\frac{\underline{P_x}}{k_L + sM_N/f_0} = -\frac{\underline{P_x}}{k_L\,(1 + sT_L)} \tag{6.33}$$

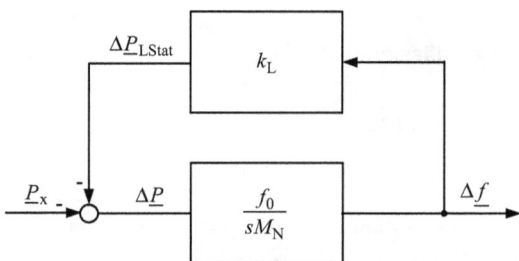

Abb. 6.9: Blockschaltbild für ein System ohne Primärregelung

Die Sprungantwort eines solchen Systems auf eine Störleistung P_x ist in Abbildung 6.10 dargestellt. Das System schwingt auf die statische Frequenzabweichung (Regelabweichung) $\Delta f = \Delta f_{oR}$ entsprechend Gl. (6.32) ein. Der Schnittpunkt der Anfangssteigung des Frequenzverlaufs in Abbildung 6.10 zum Zeitpunkt $t = 0$ mit der Zeitachse entspricht dem Wert der Zeitkonstanten $T_L = M_N/(f_0 \cdot k_L)$ in Gl. (6.33).

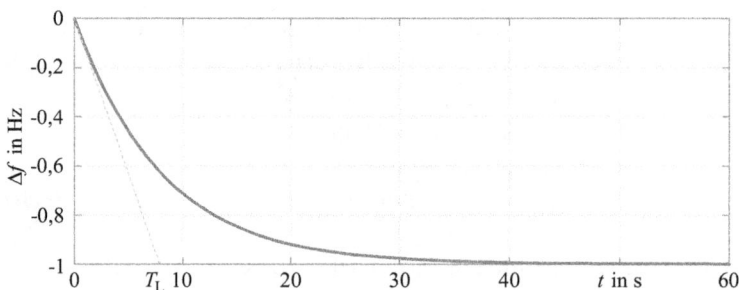

Abb. 6.10: Zeitverlauf des Frequenzeinbruchs Δf bei einer Störleistung $P_x = 100$ MW in einem System ohne Primärregelung mit $M_N = 40$ GWs und $k_L = 100$ MW/Hz

Die Anfangssteigung des Frequenzverlaufs im Moment der Störung gewinnt bei der Beurteilung der Frequenzstabilität aufgrund der zunehmenden Verdrängung der thermischen Kraftwerke mit ihren großen Synchronmaschinen durch die Erzeugungsanlagen auf Basis von erneuerbaren Energien, die zu einem großen Anteil über leistungselektronische Umrichter oder Wechselrichter einspeisen, an Bedeutung. Diese Anfangssteigung des Frequenzverlaufs wird im Englischen als Rate of Change of Frequency (RoCoF) bezeichnet:

$$\dot{\Delta f}\Big|_{t=0} = \frac{\mathrm{d}\Delta f}{\mathrm{d}t}\Big|_{t=0} = \frac{\mathrm{d}f}{\mathrm{d}t}\Big|_{t=0} = -\frac{f_0 P_\mathrm{x}}{M_\mathrm{N}} \tag{6.34}$$

Durch die Verdrängung der thermischen Kraftwerke fehlen die großen rotierenden Massen der Synchronmaschinen, die resultierende Trägheitskonstante M_N des Netzes wird geringer und der Frequenzabfall bei einer gleich groß angenommenen Störleistung oder bei einem gleich groß angenommenen Erzeugungsausfall wird im gleichen Zeitintervall Δt größer. Große Werte für den RoCoF könnten den Systembetrieb gefährden, wenn z. B. mechanische Grenzwerte der Synchronmaschinen verletzt werden, wenn auf den RoCoF reagierende Schutzgeräte vorzeitig auslösen oder wenn das Lastabwurfkonzept des 5-Stufenplans (siehe Abschnitt 6.15) vorzeitig ausgelöst wird.

Die Zeitverläufe der aus dem Selbstregeleffekt der Lasten resultierenden Leistung ΔP_Lstat und der aus den rotierenden Massen ausgekoppelten Schwungleistung sind in Abbildung 6.11 dargestellt. Die ausgekoppelte Schwungleistung wird nur kurz nach der Störung bereitgestellt und wird mit Erreichen einer konstanten Frequenz gleich null. Der Selbstregeleffekt und die Schwungleistung decken zusammen die Störleistung P_x.

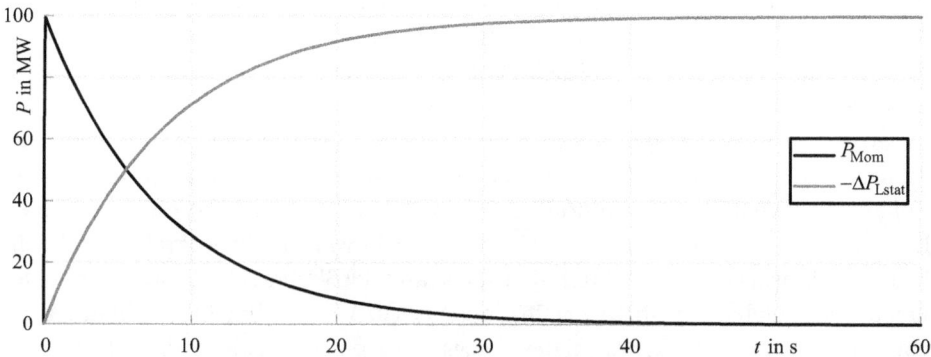

Abb. 6.11: Zeitverläufe des Selbstregeleffekts und der ausgekoppelten Schwungleistung (Momentanreserve) bei einer Störleistung $P_\mathrm{x} = 100\,\mathrm{MW}$ in einem System ohne Primärregelung mit $M_\mathrm{N} = 40\,\mathrm{GWs}$ und $k_\mathrm{L} = 100\,\mathrm{MW/Hz}$

6.10 Primärregelung im Inselnetz

Im Folgenden wird die Primärregelung im Rahmen der Frequenz-Wirkleistungsregelung in einem Inselnetz betrachtet. In Abbildung 6.12 sind die stationären eingeschwungenen Zustände vor und nach Abschluss des Primärregelvorgangs nach dem Auftreten einer Störleistung P_x mit Hilfe der Kennlinien dargestellt.

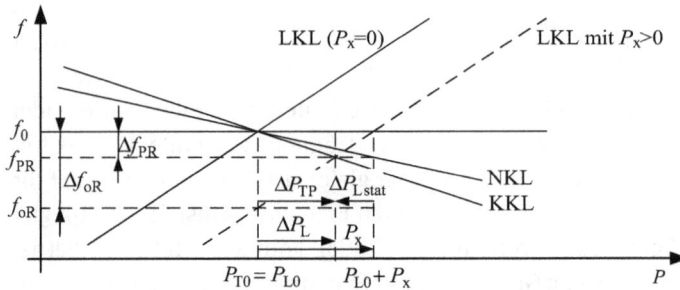

Abb. 6.12: Stationärer Frequenzeinbruch bei einer positiven Störleistung P_x in einem System mit Primärregelung

Im stationären Betrieb ohne Störleistung stellt sich wieder als Schnittpunkt der LKL und der KKL der Arbeitspunkt bei Nennfrequenz f_0 mit Leistungen $P_{T0} = P_{L0}$ ein. Mit Auftreten der positiven Störleistung P_x verschiebt sich die Lastkennlinie um den Betrag der Störleistung nach rechts. Der neue Schnittpunkt mit der KKL ergibt den sich neu einstellenden stationären Arbeitspunkt nach Abschluss des Primärregelvorgangs mit einer gegenüber der Nennfrequenz um die stationäre Frequenzabweichung $\Delta f_{PR} < 0$ verringerten Frequenz f_{PR}. Zum Vergleich ist ebenfalls die deutlich größere Frequenzabweichung f_{oR}, die sich ohne die Berücksichtigung der Primärregelung einstellen würde, eingezeichnet (vgl. Abbildung 6.8).

In dem neuen Arbeitspunkt stellt sich ebenfalls ein Gleichgewicht aus eingespeister Kraftwerksleistung und Verbraucherleistung ein. Die Kraftwerke speisen jetzt in Abhängigkeit vom Frequenzeinbruch Δf_{PR} eine zusätzliche Leistung, die Primärregelleistung ΔP_{TP} ein, die aber die Störleistung P_x nicht vollständig deckt. Der noch fehlende Leistungsbedarf wird durch den Rückgang der Verbraucherleistung bei einer Frequenzabweichung (Selbstregeleffekt des Netzes) ΔP_{Lstat} erbracht. In Abhängigkeit von der Last- und Reglerkennzahl des Netzes ($\hat{=}$ Steigungen der Kennlinien) entscheidet sich, welche Leistungsbeiträge die Primärregelkraftwerke und der Selbstregeleffekt übernehmen. Mit steigender Anzahl von beteiligten Primärregelkraftwerken wird die KKL flacher und übernimmt einen größeren Leistungsbeitrag.

Die NKL gibt wieder ausgehend vom alten Arbeitspunkt die Frequenzabweichung in Abhängigkeit von der Störleistung an. Mit der NKL lässt sich der Frequenzeinbruch berechnen:

$$\Delta f_{\mathrm{PR}} = -\frac{P_{\mathrm{x}}}{k_{\mathrm{N}}} = -\frac{P_{\mathrm{x}}}{k_{\mathrm{P}} + k_{\mathrm{L}}} \tag{6.35}$$

Mit der LKL erkennt man, dass ein Teil der Störleistung durch den Rückgang der Verbraucherleistung bereitgestellt wird:

$$\Delta f_{\mathrm{PR}} = \frac{\Delta P_{\mathrm{Lstat}}}{k_{\mathrm{L}}} = \frac{\Delta P_{\mathrm{L}} - P_{\mathrm{x}}}{k_{\mathrm{L}}} \stackrel{!}{=} -\frac{P_{\mathrm{x}}}{k_{\mathrm{N}}} \quad \Leftrightarrow \quad \Delta P_{\mathrm{Lstat}} = -\frac{k_{\mathrm{L}}}{k_{\mathrm{N}}} P_{\mathrm{x}} \tag{6.36}$$

Aus der KKL ergibt sich der Leistungsbeitrag aus der Primärregelleistung:

$$\Delta f_{\mathrm{PR}} = -\frac{\Delta P_{\mathrm{TP}}}{k_{\mathrm{P}}} \stackrel{!}{=} -\frac{P_{\mathrm{x}}}{k_{\mathrm{N}}} \quad \Leftrightarrow \quad \Delta P_{\mathrm{TP}} = \frac{k_{\mathrm{P}}}{k_{\mathrm{N}}} P_{\mathrm{x}} \tag{6.37}$$

Zusammen wird die Störleistung erbracht (vgl. Gl. (6.26)):

$$\Delta P_{\mathrm{T}} - \Delta P_{\mathrm{Lstat}} = \Delta P_{\mathrm{TP}} - \Delta P_{\mathrm{Lstat}} = \frac{k_{\mathrm{P}}}{k_{\mathrm{N}}} P_{\mathrm{x}} - \left(-\frac{k_{\mathrm{L}}}{k_{\mathrm{N}}} P_{\mathrm{x}} \right) = P_{\mathrm{x}} \tag{6.38}$$

Der zeitliche Verlauf der Frequenz bei Auftreten einer Störleistung kann mit Gl. (6.26) und Gl. (6.18) berechnet werden. Es ergibt sich im Zeitbereich ein inhomogenes Differentialgleichungssystem 2. Ordnung bzw. im Laplace-Bereich eine Übertragungsfunktion, die einem PT_2-System (siehe Abbildung 6.13) entspricht:

$$\begin{bmatrix} M_{\mathrm{N}}/f_0 & 0 \\ 0 & T_{\mathrm{P}} \end{bmatrix} \begin{bmatrix} \Delta\dot{f} \\ \Delta\dot{P}_{\mathrm{TP}} \end{bmatrix} = \begin{bmatrix} -k_{\mathrm{L}} & 1 \\ -k_{\mathrm{P}} & -1 \end{bmatrix} \begin{bmatrix} \Delta f \\ \Delta P_{\mathrm{TP}} \end{bmatrix} - \begin{bmatrix} P_{\mathrm{x}} \\ 0 \end{bmatrix} \tag{6.39}$$

bzw.:

$$\underline{\Delta f} = \frac{\Delta\underline{P}_{\mathrm{TP}} - \underline{P}_{\mathrm{x}}}{k_{\mathrm{L}} + s M_{\mathrm{N}}/f_0} = \frac{\Delta\underline{P}_{\mathrm{TP}} - \underline{P}_{\mathrm{x}}}{k_{\mathrm{L}}(1 + s T_{\mathrm{L}})} \quad \text{und} \quad \Delta\underline{P}_{\mathrm{TP}} = -\frac{k_{\mathrm{P}}}{1 + s T_{\mathrm{P}}} \underline{\Delta f} \tag{6.40}$$

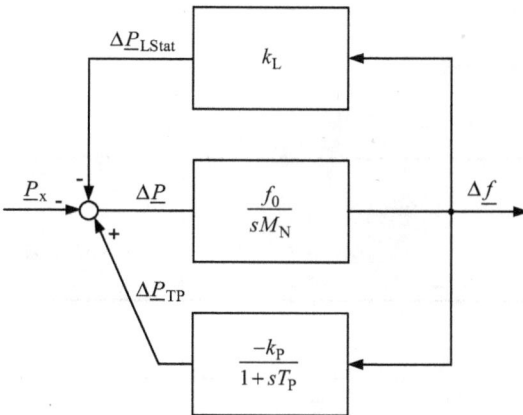

Abb. 6.13: Blockschaltbild für ein System mit Primärregelung

Die Sprungantwort eines solchen Systems auf eine Störleistung P_x ist in Abbildung 6.14 dargestellt. Das System schwingt gedämpft auf die statische Regelabweichung Δf_{PR} entsprechend Gl. (6.35) ein, die deutlich kleiner ist, als die statische Regelabweichung Δf_{oR} ohne Primärregelung. Es ist ebenfalls die deutlich größere dynamische Frequenzabweichung zu erkennen.

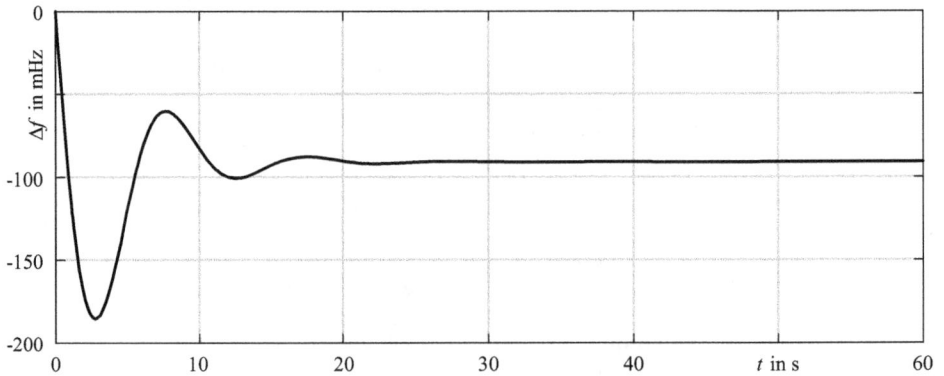

Abb. 6.14: Zeitverlauf des Frequenzeinbruchs Δf bei einer Störleistung $P_x = 100$ MW in einem System ohne Primärregelung mit $M_N = 40$ GWs, $k_L = 100$ MW/Hz, $k_P = 1$ GW/Hz und $T_P = 3$ s

Die zeitlichen Verläufe der Primärregelleistungsbereitstellung, des Selbstregeleffekts und der ausgekoppelten Schwungleistung (Momentanreserve) sind in Abbildung 6.15 dargestellt. In dem ersten Zeitraum wird zunächst Schwungenergie aus den rotierenden Massen ausgekoppelt, die das Leistungsgleichgewicht herstellt. Als Folge entsteht eine Frequenzabweichung, die für das Ansprechen der Primärregelung und des Selbstregeleffekts sorgt, die ihrerseits dann ebenfalls zum Leistungsgleichge-

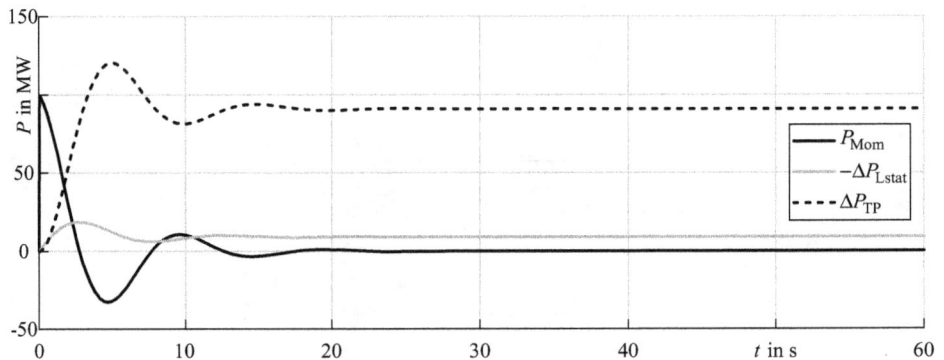

Abb. 6.15: Zeitverläufe der Primärregelleistungsbereitstellung, des Selbstregeleffekts und der Momentanreserve bei einer Störleistung $P_x = 100$ MW in einem System mit Primärregelung mit $M_N = 40$ GWs, $k_L = 100$ MW/Hz, $k_P = 1$ GW/Hz und $T_P = 3$ s

wicht beitragen. In den Zeitbereichen mit einem positiven Frequenzgradienten (vgl. Abbildung 6.14) nimmt die Schwungenergie aufgrund der dann negativen Schwungleistung auch wieder zu. Mit der Stabilisierung der Frequenz wird die Auskopplung von Schwungenergie zunehmend verringert und mit Erreichen einer konstanten Frequenz gleich null. Die Primärregelleistung und der Selbstregeleffekt decken dann zusammen in Abhängigkeit von der Größe der Reglerleistungszahl k_P und der Lastleistungszahl k_L die Störleistung.

Das Verhältnis der statischen Regelabweichungen mit und ohne Primärregelung wird als Regelfaktor bezeichnet:

$$\frac{\Delta f_{\mathrm{PR}}}{\Delta f_{\mathrm{oR}}} = -\frac{-P_{\mathrm{x}}/k_{\mathrm{N}}}{-P_{\mathrm{x}}/k_{\mathrm{L}}} = \frac{k_{\mathrm{L}}}{k_{\mathrm{P}} + k_{\mathrm{L}}} \approx \frac{k_{\mathrm{L}}}{k_{\mathrm{P}}} \qquad (6.41)$$

Mit dem Regelfaktor ist eine Abschätzung der erforderlichen Reglerleistungszahl k_P möglich, mit der die vorgegebene maximal zulässige Frequenzabweichung Δf_{zul} eingehalten werden kann. Im kontinentaleuropäischen Verbundsystem beträgt sie $\Delta f_{\mathrm{zul}} = \pm 200\,\mathrm{mHz}$ (siehe Abschnitt 6.1).

Die Primärregelleistungsbeiträge lassen sich mit bekannter Frequenzabweichung Δf_{PR} entsprechend Abschnitt 6.5 für die einzelnen Kraftwerksblöcke rechnerisch oder graphisch bestimmen. Der Kraftwerksblock mit der größten Reglerleistungszahl k_{Pi} ($\hat{=}$ flachste Kraftwerkskennlinie) übernimmt dabei den größten Primärregelleistungsbeitrag $\Delta P_{\mathrm{TP}i}$. Das Blockschaltbild in Abbildung 6.13 kann entsprechend mit den Übertragungsfunktionen der einzelnen Kraftwerksblöcke erweitert werden (siehe Abbildung 6.16). Die einzelnen Primärregelleistungsbeiträge der m Kraftwerksblöcke addieren sich zu der Gesamtprimärregelleistung ΔP_{TP}.

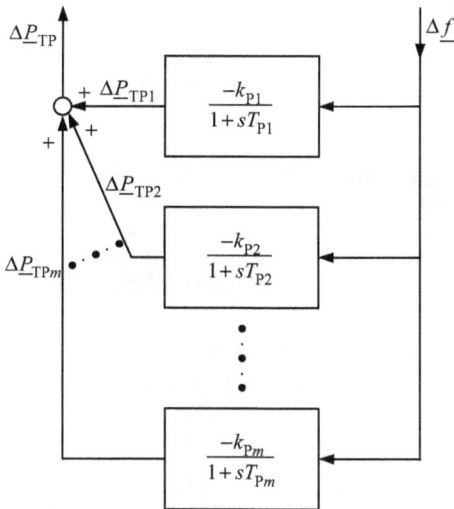

Abb. 6.16: Blockschaltbild für die Primärregelungsbereitstellung mit m Primärregelblöcken

6.11 Sekundärregelung im Inselnetz

Die Aufgabe der Sekundärregelung ist die Ausregelung der nach Abschluss des Primärregelungsvorgangs verbleibenden Frequenzabweichung Δf_{PR}. Dafür muss die Sekundärregelung ein integrales Verhalten aufweisen (siehe Abschnitt 6.5). Für die folgenden Darstellungen wird zunächst vereinfachend angenommen, dass die beiden Regelungsvorgänge zeitlich entkoppelt nacheinander ablaufen.

Nach Abschluss des Primärregelungsvorgangs stellt sich zunächst die Frequenzabweichung Δf_{PR} ein (siehe Abbildung 6.17). Durch Freisetzung der Sekundärregelleistung ΔP_{TS} wird nun bei einer positiven Störleistung P_x die KKL so lange nach rechts verschoben, bis sich die KKL und die LKL bei der Frequenz f_0 schneiden. Damit ist die Nennfrequenz wieder hergestellt, und die Störleistung wird vollständig durch die Sekundärregelleistung $\Delta P_{TS} = P_x$ erbracht. Das Netz ist mit seinem Selbstregeleffekt nicht mehr beteiligt, und die Primärregelleistung ist auf null zurückgeführt worden und steht damit für eine potentielle neue Störung des Leistungsgleichgewichts zur Verfügung. Der Frequenzregelungsvorgang ist mit $\Delta f = 0$ abgeschlossen.

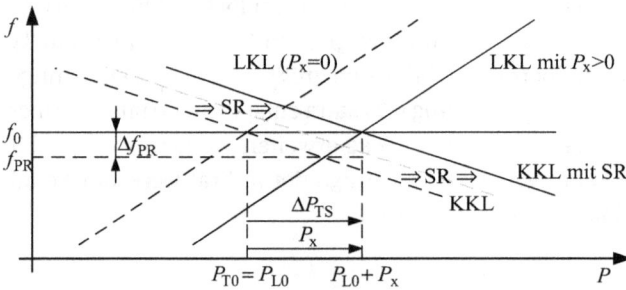

Abb. 6.17: Stationärer Frequenzeinbruch und Rückführung der Frequenz auf die Nennfrequenz bei einer positiven Störleistung P_x in einem System mit Primär- und Sekundärregelung (SR)

Für die mathematische Beschreibung ist die resultierende Bewegungsgleichung in Gl. (6.25) bzw. Gl. (6.26) wie folgt zu erweitern:

$$M_N \frac{\Delta \dot{f}}{f_0} = \Delta P = \Delta P_T - k_L \Delta f - P_x = \Delta P_{TS} + \Delta P_{TP} - k_L \Delta f - P_x = \Delta P_{TS} - k_P \Delta f - k_L \Delta f - P_x \quad (6.42)$$

Der zeitliche Verlauf der Frequenz bei Auftreten einer Störleistung kann mit den Gln. (6.42), (6.18) und (6.19) berechnet werden. Es ergibt sich im Zeitbereich ein inhomogenes Differentialgleichungssystem 3. Ordnung:

$$\begin{bmatrix} M_N/f_0 & 0 & 0 \\ 0 & T_P & 0 \\ T_S\beta & 0 & T_S \end{bmatrix} \begin{bmatrix} \Delta \dot{f} \\ \Delta \dot{P}_{TP} \\ \Delta \dot{P}_{TS} \end{bmatrix} = \begin{bmatrix} -k_L & 1 & 1 \\ -k_P & -1 & 0 \\ -1 & 0 & 0 \end{bmatrix} \begin{bmatrix} \Delta f \\ \Delta P_{TP} \\ \Delta P_{TS} \end{bmatrix} - \begin{bmatrix} P_x \\ 0 \\ 0 \end{bmatrix} \quad (6.43)$$

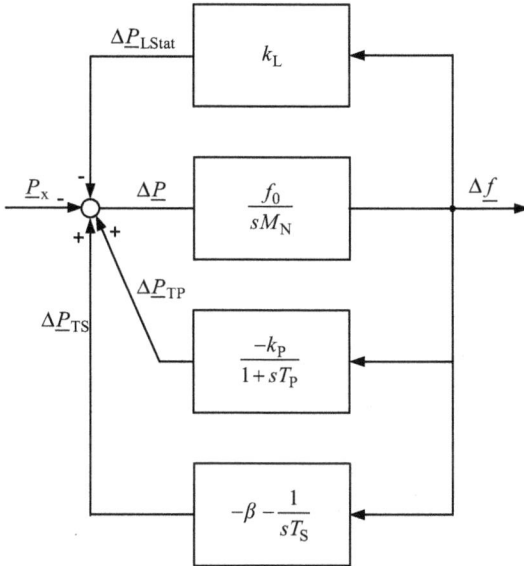

Abb. 6.18: Blockschaltbild für ein System mit Primär- und Sekundärregelung

bzw. im Laplace-Bereich:

$$\Delta\underline{f} = \frac{\Delta\underline{P}_{\text{TP}} + \Delta\underline{P}_{\text{TS}} - \underline{P}_{\text{x}}}{k_{\text{L}} + sM_{\text{N}}/f_0} = \frac{\Delta\underline{P}_{\text{TP}} + \Delta\underline{P}_{\text{TS}} - \underline{P}_{\text{x}}}{k_{\text{L}}\,(1 + sT_{\text{L}})}$$

$$\Delta\underline{P}_{\text{TP}} = -\frac{k_{\text{P}}}{1 + sT_{\text{P}}}\Delta\underline{f}$$

$$\Delta\underline{P}_{\text{TS}} = -\left(\beta + \frac{1}{sT_{\text{S}}}\right)\Delta\underline{f}$$

(6.44)

Die Sprungantwort des Systems auf eine Störleistung P_{x} ist in Abbildung 6.19 darge-stellt. Die Frequenz wird mit Einsatz der Sekundärregelung auf die Nennfrequenz f_0 zurückgeführt.

Die zugehörigen Zeitverläufe in Abbildung 6.20 für den Einsatz der Primär- und Sekundärregelleistung, des Selbstregeleffekts sowie der Momentanreserve zeigen, dass die Verläufe nicht, wie es für die Konstruktion der Kennlinien angenommen wurde, getrennt voneinander ablaufen, sondern dass die Sekundärregelleistung die Primärregelleistung ablöst und am Ende des Regelvorgangs die Störleistung vollstän-dig übernimmt.

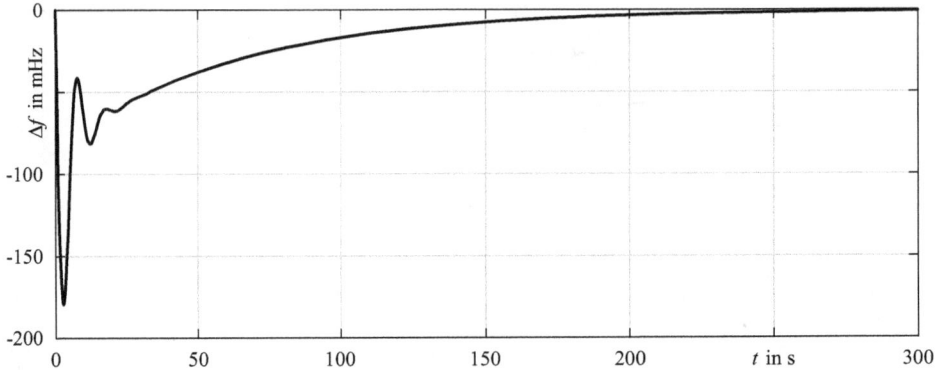

Abb. 6.19: Zeitverlauf eines Frequenzeinbruchs Δf bei einer Störleistung $P_x = 100\,\text{MW}$ in einem System mit Primär- und Sekundärregelung mit $M_N = 40\,\text{GWs}$, $k_L = 100\,\text{MW/Hz}$, $k_P = 1\,\text{GW/Hz}$, $T_P = 3\,\text{s}$, $T_S = 60\,\text{s}$ und $\beta = 0$

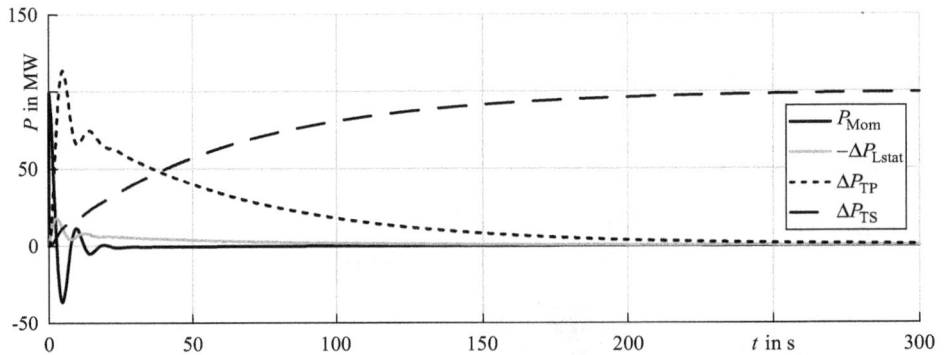

Abb. 6.20: Zeitverläufe der Primär- und Sekundärregelleistungsbereitstellung, des Selbstregeleffekts sowie der Momentanreserve bei einer Störleistung $P_x = 100\,\text{MW}$ in einem System mit Primär- und Sekundärregelung mit $M_N = 40\,\text{GWs}$, $k_L = 100\,\text{MW/Hz}$, $k_P = 1\,\text{GW/Hz}$, $T_P = 3\,\text{s}$, $T_S = 60\,\text{s}$ und $\beta = 0$

6.12 Frequenz-Übergabeleistungsregelung im Verbundbetrieb

Der Verbundbetrieb von mehreren Regelzonen, wie z. B. im kontinentaleuropäischen Verbundsystem der ENTSO-E, bietet verschiedene technische und vor allem auch wirtschaftliche Vorteile:

– es ist eine Aushilfe im Störungsfall oder bei Energiemangelsituationen möglich,
– mit steigender Netzleistungszahl k_N wird die Frequenzabweichung bei gleicher Störleistung wegen $\Delta f = -P_x/k_N$ geringer,

- die auf die gesamte installierte Leistung bezogene Störleistung wird kleiner, so dass sich der Ausfall eines Kraftwerkblocks geringer auf den Systembetrieb auswirkt, und
- es kann gemeinsam eine Regelreseve zur Verfügung gestellt werden, wodurch vom einzelnen Übertragungsnetzbetreiber nur ein kleinerer Anteil an der Regelreseve vorzuhalten ist.

Dadurch können Kosten bei der Regelleistungsbereitstellung eingespart und diese im Rahmen des Netzregelverbunds (siehe Abschnitt 6.14) durch eine Optimierung weiter reduziert werden.

Die Herausforderungen bei der Führung eines Verbundsystems sind grundsätzlich:

- die Notwendigkeit der Regelung der Übergabeleistungen zwischen den Regelzonen, die vertraglich vereinbarten Fahrplänen bzgl. Im- und Exporten im Rahmen des europäischen Strommarkts genügen müssen. Man spricht deshalb im Verbundbetrieb auch von einer Frequenz-Übergabeleistungsregelung.
- die gegenseitigen dynamischen Beeinflussungen zwischen den Regelzonen,
- die Gefahr der Entstehung von Netzengpässen aufgrund der begrenzten Übertragungskapazitäten der Kuppelleitungen, die mit den Net Transfer Capacities (NTC) angegeben werden.

6.12.1 Netzkennlinien und Primärregelung für den Verbundbetrieb

Die Frequenz-Übergabeleistungsregelung im Verbundbetrieb wird im Folgenden am Beispiel eines Verbundsystems mit zwei Regelzonen in Abbildung 6.21 und anhand einer Betrachtung mit ihren Netzkennlinien beschrieben.

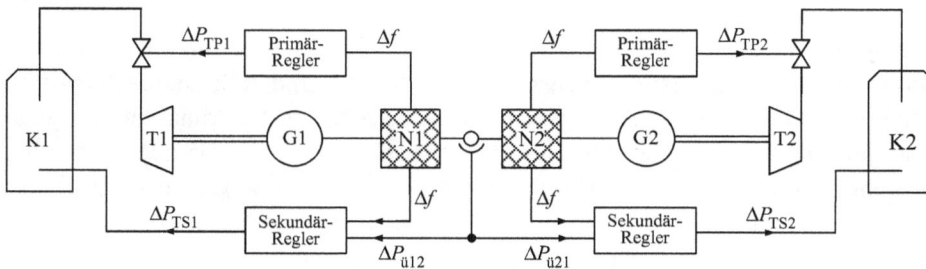

Abb. 6.21: Verbundsystem mit zwei Regelzonen mit Primär- und Sekundärregelung (Netz N, Generator G, Turbine T und Kessel K)

Jede der beiden Regelzonen verfügt über eine Primär- und eine Sekundärregelung. An der Kuppelstelle wird die Übergabeleistung $P_{\text{ü}12} = -P_{\text{ü}21}$ übertragen. Alle Generatoren verhalten sich kohärent, d. h. sie sind statisch und transient stabil (siehe Kapitel 5) und erfahren dieselbe Frequenzänderung. Für beide Netze können die Bewegungsgleichungen entsprechend Gl. (6.42) aufgestellt werden. Gl. (6.42) ist lediglich noch um die Änderungen der Übergabeleistungen $\Delta P_{\text{ü}12} = -\Delta P_{\text{ü}21}$ gegenüber dem stationären Arbeitspunkt zu ergänzen. Es ergibt sich:

$$M_{N1}\frac{\dot{\Delta f}}{f_0} = \underbrace{\Delta P_{TP1} - \Delta P_{L1stat}}_{\Delta P_{N1}} + \Delta P_{TS1} - P_{x1} - \Delta P_{\text{ü}12}$$

$$= -\underbrace{(k_{P1} + k_{L1})}_{k_{N1}}\Delta f + \Delta P_{TS1} - P_{x1} - \Delta P_{\text{ü}12} \tag{6.45}$$

$$M_{N2}\frac{\dot{\Delta f}}{f_0} = \underbrace{\Delta P_{TP2} - \Delta P_{L2stat}}_{\Delta P_{N2}} + \Delta P_{TS2} - P_{x2} - \Delta P_{\text{ü}21}$$

$$= -\underbrace{(k_{P2} + k_{L2})}_{k_{N2}}\Delta f + \Delta P_{TS2} - P_{x2} - \Delta P_{\text{ü}21} \tag{6.46}$$

Die Addition der beiden Gleichungen ergibt die Gesamtbilanz des Verbundsystems. Dabei heben sich die Übergabeleistungsänderungen wegen $P_{\text{ü}12} = -P_{\text{ü}21}$ heraus:

$$(M_{N1} + M_{N2})\frac{\dot{\Delta f}}{f_0} = -(k_{N1} + k_{N2})\,\Delta f + \Delta P_{TS1} + \Delta P_{TS2} - P_{x1} - P_{x2} \tag{6.47}$$

Für das Gesamtsystem und für beide Netze können für die Beschreibung der stationären Zustände ($\dot{f} = 0$) unter Vernachlässigung des Sekundärregelvorgangs ($\Delta P_{TS1} = \Delta P_{TS2} = 0$) Netzkennlinien angegeben werden. Die Netzkennlinie des Gesamtsystems gibt wieder den Zusammenhang zwischen der stationären Frequenzabweichung nach Abschluss des Primärregelvorgangs und der gesamten Störleistung an (vgl. Abschnitt 6.7):

$$\Delta f_{PR} = -\frac{P_{x1} + P_{x2}}{k_{N1} + k_{N2}} \tag{6.48}$$

Die Netzkennlinien der beiden Netze können aus den Gln. (6.45) und (6.46) mit den oben genannten Annahmen abgeleitet werden. Sie stellen den Zusammenhang zwischen der stationären Frequenzabweichung nach Abschluss des Primärregelvorgangs und der für die Netze relevanten, das Leistungsgleichgewicht störenden Differenzleistungen her, die sich aus den Störleistungen P_{xi} und den Übergabeleistungsabweichungen $\Delta P_{\text{ü}ij}$ zusammensetzen und mit ΔP_{Ni} bezeichnet werden ($i, j = 1, 2$):

$$\Delta P_{N1} = -k_{N1}\Delta f = \Delta P_{TP1} - \Delta P_{L1stat} = P_{x1} + \Delta P_{\text{ü}12}$$

$$\Leftrightarrow \quad \Delta f = -\frac{\Delta P_{N1}}{k_{N1}} = -\frac{P_{x1} + \Delta P_{\text{ü}12}}{k_{N1}} \tag{6.49}$$

$$\Delta P_{N2} = -k_{N2}\Delta f = \Delta P_{PT2} - \Delta P_{L2stat} = P_{x2} + \Delta P_{\text{ü}21}$$

$$\Leftrightarrow \quad \Delta f = -\frac{\Delta P_{N2}}{k_{N2}} = -\frac{P_{x2} + \Delta P_{\text{ü}21}}{k_{N2}} \tag{6.50}$$

Die Netzkennlinien und die gemeinsame durch Gl. (6.48) beschriebene Netzkennlinie sind in Abbildung 6.22 als f-ΔP-Diagramm dargestellt. Die Leistungsdifferenz ΔP_{Ni} entspricht dabei der Änderung der jeweiligen Netzleistung bei einer Frequenzabweichung Δf_{PR}.

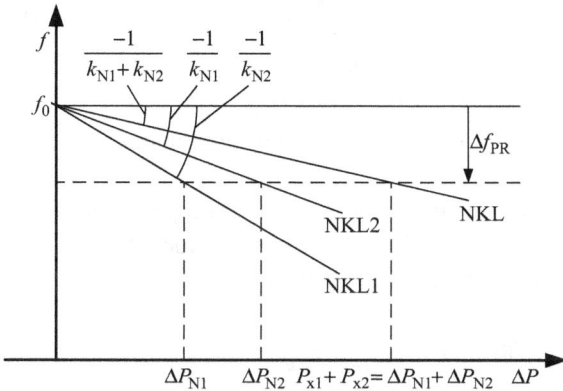

Abb. 6.22: Stationärer Frequenzeinbruch Δf_{PR} bei einer positiven Störleistung $P_{x1} + P_{x2}$ in einem Verbundsystem mit Primärregelung

Die beiden Netze fangen gemeinsam die Gesamtstörleistung ab. Der jeweilige Leistungsanteil ΔP_{Ni} bestimmt sich aus der Steigung der jeweiligen Netzkennlinie. Die flachere Netzkennlinie übernimmt den größeren Leistungsanteil. Innerhalb der Netze teilt sich der jeweilige Leistungsanteil ΔP_{Ni} auf die Primärregelleistung ΔP_{TPi} und den Selbstregeleffekt ΔP_{Lstati} des jeweiligen Netzes entsprechend der Leistungszahlen k_{Pi} und k_{Li} sowie auf die Änderungen der Kuppelleitungsflüsse $\Delta P_{üij}$ auf (siehe Abbildung 6.23).

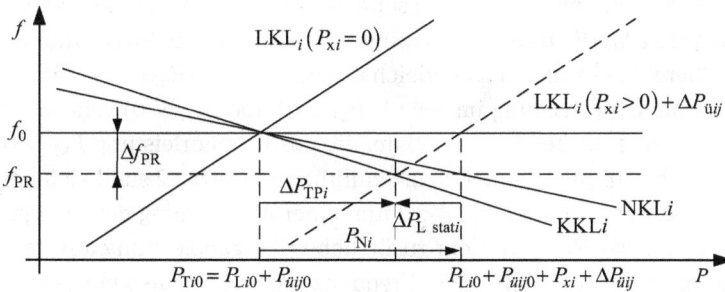

Abb. 6.23: Aufteilung des Leistungsanteils ΔP_{Ni} auf die Primärregelleistung ΔP_{TPi} und den Selbstregeleffekt ΔP_{Lstati} im Netz i für einen stationären Frequenzeinbruch bei einer Störleistung $P_{x1} + P_{x2}$ in einem Verbundsystem mit Primärregelung

Aus Gl. (6.49) und Gl. (6.50) ergibt sich mit der stationären Frequenzabweichung in Gl. (6.48) die sich nach Abschluss der Primärregelung und vor dem Einsetzen der Sekundärregelung einstellende Abweichung vom Sollwert der Übergabeleistungsregelung:

$$\Delta P_{\ddot{u}12} = -k_{N1}\Delta f_{PR} - P_{x1} = \frac{k_{N1}P_{x2} - k_{N2}P_{x1}}{k_{N1} + k_{N2}}$$

$$\text{und} \quad \Delta P_{\ddot{u}21} = -k_{N2}\Delta f - P_{x2} = \frac{k_{N2}P_{x1} - k_{N1}P_{x2}}{k_{N1} + k_{N2}} \tag{6.51}$$

Nimmt man beispielhaft nur eine Störleistung im Netz 1 ($P_{x1} > 0$ und $P_{x2} = 0$) mit einer negativen stationären Frequenzabweichung $\Delta f_{PR} < 0$ an, stellt man anhand der Auswertung der Gln. (6.49) bis (6.51) fest, dass:

- sich neben dem gestörten Netz 1 auch das ungestörte Netz 2 entsprechend seiner Netzleistungszahl an der Deckung der Störleistung beteiligt, wodurch sich eine Abweichung vom Sollwert der Übergabeleistung einstellt:

$$\Delta P_{\ddot{u}12} = -k_{N1}\Delta f_{PR} - P_{x1} = -\frac{k_{N2}}{k_{N1} + k_{N2}}P_{x1} \tag{6.52}$$

und:

$$\Delta P_{\ddot{u}21} = -k_{N2}\Delta f_{PR} = \frac{k_{N2}}{k_{N1} + k_{N2}}P_{x1} = -\Delta P_{\ddot{u}12} \tag{6.53}$$

- im gestörten Netz 1 die Frequenzabweichung $\Delta f_{PR} < 0$ und die Abweichung der Übergabeleistung $\Delta P_{\ddot{u}12} < 0$ dasselbe Vorzeichen aufweisen,
- im ungestörten Netz 2 die Frequenzabweichung $\Delta f_{PR} < 0$ und die Abweichung der Übergabeleistung $\Delta P_{\ddot{u}21} > 0$ ein ungleiches Vorzeichen aufweisen.

Trägt man wie in Abbildung 6.24 die Netzkennlinien entsprechend Gl. (6.49) und Gl. (6.50) in Abhängigkeit von der Abweichung der Übergabeleistung $\Delta P_{\ddot{u}12}$ auf (Beachte: $\Delta P_{\ddot{u}12} = -\Delta P_{\ddot{u}21}$), werden die Beiträge der beiden Netze und die Auswirkungen auf die Übergabeleistungsänderung deutlich.

Für das ungestörte System mit $P_{x1} = P_{x2} = 0$ schneiden sich die beiden Netzkennlinien bei der Sollfrequenz f_0. Die Übergabeleistung hat dann ihren Sollwert und die Abweichungen der Übergabeleistungen sind gleich null ($\Delta P_{\ddot{u}12} = -\Delta P_{\ddot{u}21} = 0$). Für die beispielhaft angenommene Störleistung im Netz 1 ($P_{x1} > 0$ und $P_{x2} = 0$) verschiebt sich die Netzkennlinie 1 entsprechend Gl. (6.49) um die positive Störleistung $P_{x1} > 0$ nach links. Der neue Schnittpunkt mit der Netzkennlinie des Netzes 2 stellt sich bei einer stationären Frequenzabweichung $\Delta f_{PR} < 0$ und einer Abweichung der Übergabeleistung $\Delta P_{\ddot{u}12} < 0$ ein. Das Netz 1 bezieht zusätzliche Übergabeleistung aus dem Netz 2. Aus den Leistungsunterschieden bei Sollfrequenz und der sich neu einstellenden Frequenz ergeben sich die Beiträge der beiden Netze zur Deckung der Störleistung, die jeweils durch deren Primärregelleistung und deren Selbstregeleffekt bereitgestellt werden.

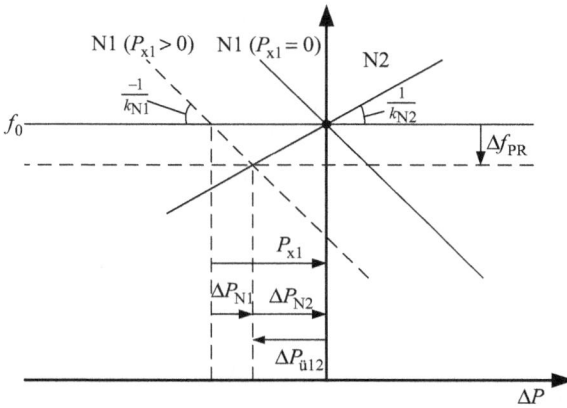

Abb. 6.24: Frequenz in Abhängigkeit von der Abweichung der Übergabeleistung $\Delta P_{\ddot{u}12}$ für einen stationären Frequenzeinbruch bei Störleistungen $P_{x1} > 0$ und $P_{x2} = 0$ in einem Verbundsystem mit Primärregelung

6.12.2 Sekundärregelung mit der Netzkennlinienregelung im Verbundbetrieb

Die Aufgabe der Sekundärregelung im Verbundbetrieb ist die Rückführung der Frequenz auf ihren Sollwert f_0 ($\Delta f = 0$) bei gleichzeitiger Rückführung der Übergabeleistungen auf ihre durch die Fahrpläne vorgegebenen Sollwerte ($\Delta P_{\ddot{u}12} = -\Delta P_{\ddot{u}21} = 0$). Man spricht dann von einer Frequenz-Übergabeleistungsregelung (f-$P_{\ddot{u}}$-Regelung).

Für die Durchführung der Frequenz-Übergabeleistungsregelung sind zwei grundsätzliche Vorgehensweisen denkbar. Zum einen können das leistungsstärkste Netz (im Beispiel das Netz 2) die Frequenz und die anderen Netze ihre Übergabeleistungen regeln. Für das oben gewählte Beispiel mit den Kennlinien in Abbildung 6.24 würde dies bedeuten, dass das Netz 2 versucht, seine Kennlinie für eine Erhöhung der Frequenz nach links zu verschieben. Dadurch würde die Abweichung der Übergabeleistung weiter vergrößert. Gleichzeitig würde das Netz 1 versuchen, die Abweichung der Übergabeleistung durch eine Verschiebung seiner Kennlinie nach rechts zu reduzieren. Beide Regler würden sich während des Regelvorgangs gegenseitig beeinflussen. Eine Entkopplung der Regelvorgänge wäre dann erforderlich, insbesondere in Verbundsystemen mit mehr als zwei Regelzonen.

Aufgrund dieser beschriebenen Nachteile hat sich die andere grundsätzliche Vorgehensweise, die sogenannte Netzkennlinienregelung, durchgesetzt. Bei dieser f-$P_{\ddot{u}}$-Regelung erhalten die Sekundärregler ein Mischsignal aus Frequenz- und Übergabeleistungsabweichung im Verhältnis ihrer Netzkennlinien, das als Area Control Error (ACE) bezeichnet wird (siehe Abschnitt 6.13):

$$\Delta x_i = ACE_i = k_{Ni}\Delta f + \Delta P_{\ddot{u}ij} = FCE_i + PCE_i \qquad (6.54)$$

Das Mischsignal besteht aus zwei Komponenten. Dies ist zum einen eine Komponente, die die mit der jeweiligen Netzleistungszahl multiplizierte Abweichung der Frequenz vom Sollwert charakterisiert. Sie wird auch als Frequency Control Error (FCE) bezeichnet. Zum anderen ist dies eine Komponente, die die Abweichung der Übergabeleistung vom Fahrplanwert beschreibt. Sie wird als Power Control Error (PCE) bezeichnet.

In Abbildung 6.25 ist der Aufbau der Frequenzkennlinienregelung in einem Verbundsystem mit m Regelzonen mit jeweils einer Primär- und einer Sekundärregelung als Blockschaltbild dargestellt. Die Bildung des Area Control Error aus dem Power Control Error und dem Frequency Control Error findet sich an den jeweils links gelegenen Summationspunkten. Für die Bestimmung des Power Control Error in jeder Regelzone sind die Informationen zu den Fahrplänen und die Messwerte der tatsächlichen Kuppelleitungsflüsse erforderlich. Diese Messdaten sind in dem Blockschaltbild durch die Berechnung der Kuppelleitungsflüsse in dem Block $P_{\text{Kuppel}}(s)$ mit Hilfe der Polradwinkel ersetzt worden (vgl. hierzu Band 2, Abschnitt 6.7.2). Die Summationspunkte auf der rechten Seite von Abbildung 6.25 spiegeln die Bewegungsgleichungen der Regelzonen wider, die entsprechend der Gl. (6.45) oder Gl. (6.46) formuliert werden.

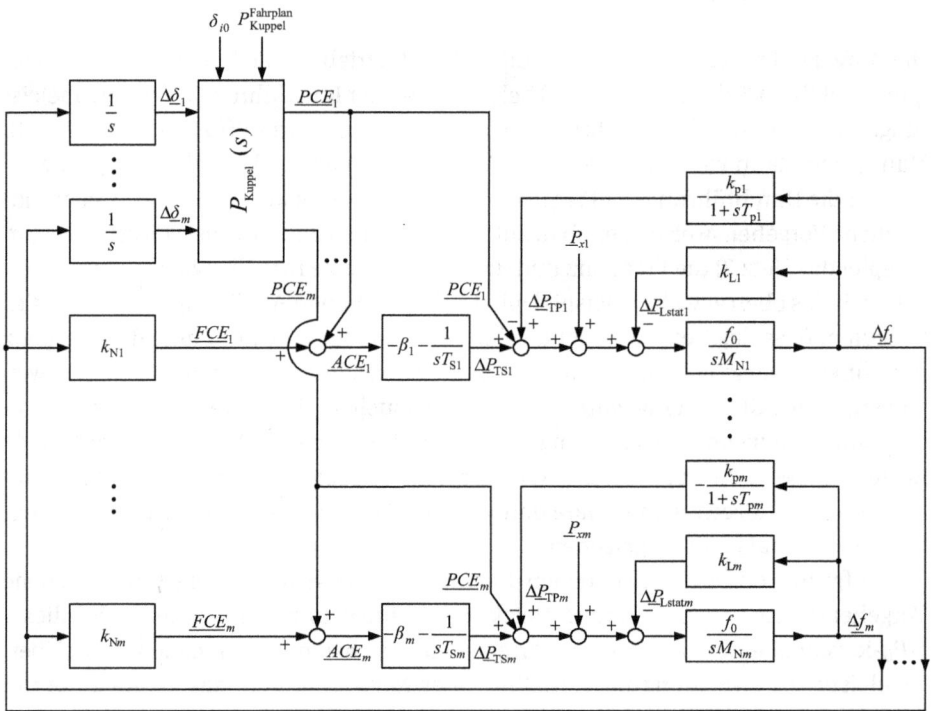

Abb. 6.25: Blockschaltbild der Frequenzkennlinienregelung in einem Verbundsystem mit m Regelzonen mit einer Primär- und Sekundärregelung

Vergleicht man dieses Mischsignal mit den Netzkennliniengleichungen in Gl. (6.49) und Gl. (6.50), so wird deutlich, dass es dem negativen Wert der Störleistung in der jeweiligen Regelzone entspricht:

$$\Delta x_1 = k_{N1}\Delta f + \Delta P_{ü12} = -P_{x1} \quad \text{und} \quad \Delta x_2 = k_{N2}\Delta f + \Delta P_{ü21} = -P_{x2} \tag{6.55}$$

Damit braucht die Sekundärregelleistung nur in dem Netz aktiviert zu werden, in dem eine Störleistung auftritt. Jedes Netz regelt entsprechend dem Verursacherprinzip seine eigenen Störungen durch Sekundärregelleistung aus, bis die Frequenz- und Übergabeleistungssollwerte wieder hergestellt sind. Es kommt zu keinen unnötigen Regelbewegungen und auch nicht zu einem Gegeneinanderarbeiten der Sekundärregler.

Für das gewählte Beispiel mit ($P_{x1} > 0$ und $P_{x2} = 0$) würde die Sekundärregelleistung nur im Netz 1 aktiviert werden. Das Mischsignal des Netzes 2 ist gleich null (vgl. Gl. (6.55)). In dem Netzkennlinienbild in Abbildung 6.24 würde die Netzkennlinie 1 nach rechts verschoben werden, bis der Schnittpunkt der beiden Kennlinien wieder im Ausgangspunkt mit $\Delta f = 0$ und $\Delta P_{ü12} = 0$ liegt. Die Störleistung würde dann vollständig durch das Netz erbracht werden, in dem die Störung aufgetreten ist. Für das Beispiel bedeutet das $\Delta P_{TS1} = P_{x1}$ und $\Delta P_{N1} = \Delta P_{TS2} = \Delta P_{N2} = 0$.

In Abbildung 6.26 ist der zeitliche Verlauf der Netzfrequenz in einem Verbundsystem mit zwei Regelzonen bei einer positiven Störleistung in Regelzone 1 und einer negativen Störleistung in Regelzone 2 dargestellt. Man erkennt, wie die Frequenzabweichung durch den Einsatz der Sekundärregelleistung auf null zurückgeführt wird.

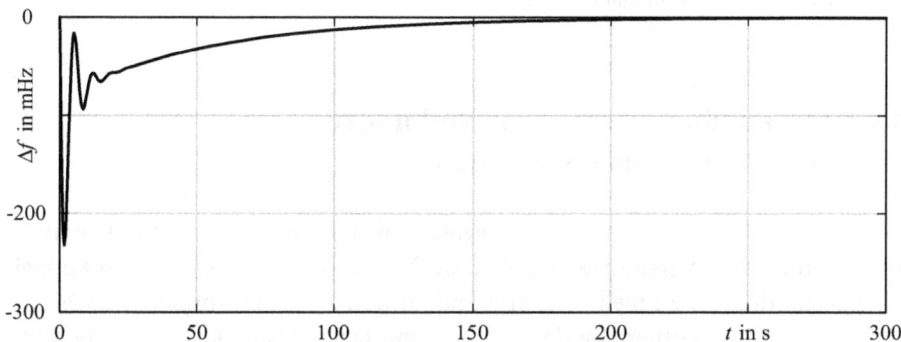

Abb. 6.26: Zeitverlauf eines Frequenzeinbruchs Δf bei einer Störleistung $P_{x1} = 400\,\text{MW}$ und $P_{x2} = -200\,\text{MW}$ in einem Verbundsystem mit Primär- und Sekundärregelung mit $M_N = 40\,\text{GWs}$, $k_{L1} = k_{L2} = 100\,\text{MW/Hz}$, $k_{P1} = k_{P2} = 1\,\text{GW/Hz}$, $T_{P1} = T_{P2} = 3\,\text{s}$, $T_{S1} = T_{S2} = 60\,\text{s}$ und $\beta_1 = \beta_2 = 0$

Die zugehörigen Zeitverläufe in Abbildung 6.27 für den Einsatz der Primär- und Sekundärregelleistung, den Selbstregeleffekt sowie die Momentanreserve in den beiden Regelzonen zeigen, dass die Verläufe nicht, wie es für die Konstruktion der Kennlinien angenommen wurde, getrennt voneinander ablaufen, sondern dass die Sekundärregelleistung die Primärregelleistung ablöst und am Ende des Regelvorgangs die Störleistung in der jeweiligen Regelzone vollständig übernimmt.

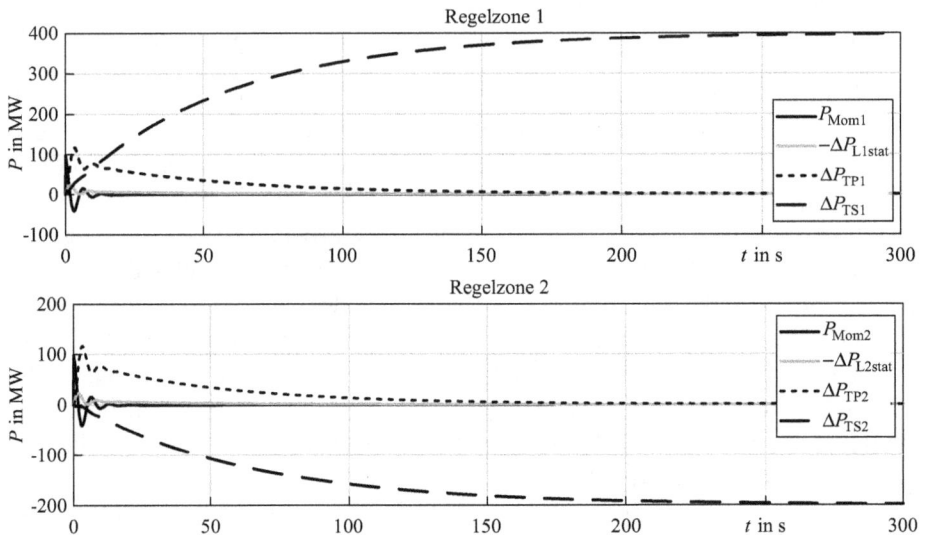

Abb. 6.27: Zeitverlauf der Primär- und Sekundärregelleistungsbereitstellung sowie der Momentanreserve bei einer Störleistung $P_{x1} = 400$ MW und $P_{x2} = -200$ MW in einem Verbundsystem mit Primär- und Sekundärregelung mit $M_N = 40$ GWs, $k_{L1} = k_{L2} = 100$ MW/Hz, $k_{P1} = k_{P2} = 1$ GW/Hz, $T_{P1} = T_{P2} = 3$ s, $T_{S1} = T_{S2} = 60$ s und $\beta_1 = \beta_2 = 0$

6.13 Netzkennlinienregelung in Verbundsystemen mit mehr als zwei Regelzonen

In Verbundsystemen mit mehr als zwei Regelzonen sind die Regelzonen üblicherweise über mehrere Kuppelleitungen miteinander verbunden, und es bestehen Kuppelleitungsverbindungen zu mehreren Verbundpartnern. Ein Leistungsaustausch zwischen zwei Verbundpartnern ist damit immer mit Leistungsflüssen durch die Netze Dritter mit entsprechenden Spannungsabfällen und Verlustleistungsveränderungen entsprechend der jeweils wirksamen Leitungsimpedanzen verbunden. Dabei können diese Leistungsflüsse je nach ihrer Orientierung auch entlastend auf die Leitungen und Transformatoren wirken. Diese Auswirkungen des internationalen Stromhandels auf die Stromnetze der Verbundpartner werden im Rahmen des International TSO Compensation Mechanism (ITC-Mechanism) finanziell aufgerechnet und durch Zahlungen oder Vergütungen für die Übertragungsnetzbetreiber kompensiert.

Für die Netzkennlinienregelung in einem solchen Verbundsystem ist damit ebenfalls zu beachten, dass die Sekundärregler neben der Frequenzabweichung immer nur die Summe der Übergabeleistungen aller Kuppelleitungen als Eingangsinformation erhalten. Es wird damit auch immer nur die Summe aller Übergabeleistungen zu den anderen Regelzonen geregelt.

Die Organisation der Frequenz-Übergabeleistungsregelung in einem Verbundsystem mit Primär- und Sekundärregelungen in allen Regelzonen soll anhand von Abbildung 6.28 erläutert werden (vgl. auch Abbildung 6.25). Dargestellt ist die Regelzone A mit Primär- und Sekundärregelleistung bereitstellenden Kraftwerken. Die Regelzone ist über Kuppelleitungen mit nicht dargestellten Regelzonen B bis D verbunden. Jede dieser Regelzonen wird über eine eigene Netzleitwarte geführt, die für eine ausgeglichene Regelzonenbilanz verantwortlich ist und über die Bilanzkreise die Verbrauchsprognosen und Fahrpläne der Kraftwerke einschließlich der Prognosen für die Einspeisungen der erneuerbaren Energien vorliegen. Damit liegen neben den Kraftwerksfahrplänen auch die Fahrpläne für den Austausch zwischen den Regelzonen fest. Des Weiteren sind die für die Primär- und Sekundärregelleistungsbereitstellung verantwortlichen Kraftwerke festgelegt. Der Abruf der Regelleistungsbeiträge dieser Kraftwerke erfolgt in Deutschland auf Basis einer Merit Order, bei der die im Rahmen der jeweiligen Ausschreibung günstigsten Kraftwerke zuerst eingesetzt werden.

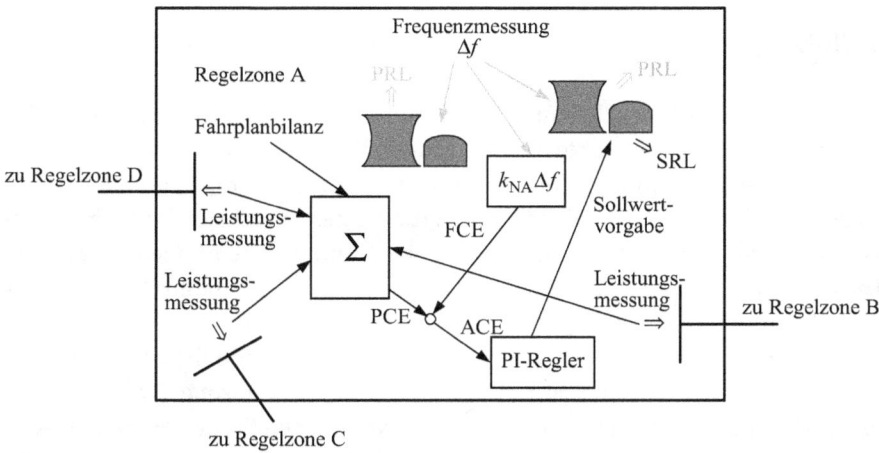

Abb. 6.28: Organisation der Frequenz-Übergabeleistungsregelung in einer Regelzone mit einer Primär- und einer Sekundärregelung

Bei einer Störung des Leistungsgleichgewichts durch eine Störleistung in einer beliebigen Regelzone werden die für die Primärregelleistungsbereitstellung vorgesehenen Kraftwerke automatisch durch die durch die Kraftwerke lokal gemessenen Frequenzabweichungen nach wenigen Sekunden automatisch aktiviert. Es wird in allen Regelzonen entsprechend der Reglerleistungszahlen Primärregelleistung (PRL) innerhalb von 30 s vollständig bereitgestellt.

In den Leitwarten wird die Frequenzabweichung ebenfalls festgestellt und eine zugehörige Regelabweichung in Form des zur Frequenzabweichung proportionalen Frequency Control Errors (FCE) berechnet. Des Weiteren laufen in der Leitwarte die gemessenen Werte der Kuppelleitungsflüsse zusammen und werden mit den Fahrplanwerten verglichen. Auftretende Abweichungen werden durch den Power Control Error (PCE) beschrieben. FCE und PCE bilden die in der Regelzone auftretende Gesamtabweichung, die dem in Abschnitt 6.12.2 eingeführten Mischsignal Δx_i entspricht und als Area Control Error (ACE) bezeichnet wird. Auf Basis dieses Signals wird die Sekundärregelleistung über den Integralregler (PI-Regler) abgerufen. Dabei erfolgt der Abruf der Sekundärregelleistung entsprechend einer Merit Order, die auf Basis der Energiepreise der im Rahmen der Auktionierung der Sekundärregelleistung abgegebenen Angebote zunächst die kostengünstigsten Kraftwerke in der eigenen Regelzone abruft. Diese Aufteilung des Sollwerts auf die Sekundärkraftwerke erfolgt in einem in Abbildung 6.28 nicht dargestellten Block „Sollwertallokation". Die Sekundärregelkraftwerke reagieren auf die Sekundärregelleistungsanforderung nicht augenblicklich, sondern aufgrund der kraftwerksinternen Prozesse zeitverzögert (in Abbildung 6.28 nicht dargestellt, siehe Abschnitt 6.5).

6.14 Netzregelverbund

Der Abruf von Sekundärregelleistung in den einzelnen Regelzonen kann zum Teil auch gegenläufig sein, z. B. könnte es vorkommen, dass in Regelzone A der Abruf von positiver Regelleistung aufgrund einer zu geringen Verbrauchsprognose und in Regelzone B der Abruf negativer Regelleistung aufgrund einer zu geringen Windeinspeiseprognose erforderlich ist. Ohne einen Netzregelverbund müsste nun jede Regelzone ihre Leistungsdifferenz ausregeln. Im Rahmen eines Netzregelverbunds (Stufe 1) werden die Sekundärregelleistungsbedarfe in einem zentralen Rechner (SRL-Optimierer in Abbildung 6.29) saldiert und nur noch der dann verbleibende Sekundärregelleistungsbedarf durch Vorgabe eines Korrekturwertes in jeder Regelzone aktiviert.

Dafür ist es notwendig, die in den einzelnen Regelzonen für den Sekundärregelleistungsabruf verwendeten ACE durch ein zentral berechnetes Korrektursignal zu korrigieren. Hierfür sind Informationen zu den aktuellen SRL-Abrufen in den einzelnen Regelzonen sowie zu den nicht korrigierten ACE erforderlich. Dieser korrigierte ACE geht dann als Eingangssignal an den Sekundärregler in jeder Regelzone. In weiteren Stufen des Netzregelverbunds werden auch eine gemeinsame Auktionierung der Sekundärregelleistung sowie ein kostenoptimaler Abruf von Sekundärregelleistung durchgeführt, d. h. es werden günstigere Kraftwerke in anderen Regelzonen für die Deckung des Leistungsungleichgewichts in der eigenen Regelzone aktiviert. In jedem Fall sind dann weitere Korrekturwerte für die ACE in den einzelnen Regelzonen zu ermitteln und an die Leitwarten weiterzugeben, da sich die Fahrplanwerte der Kuppelleitungen verändern.

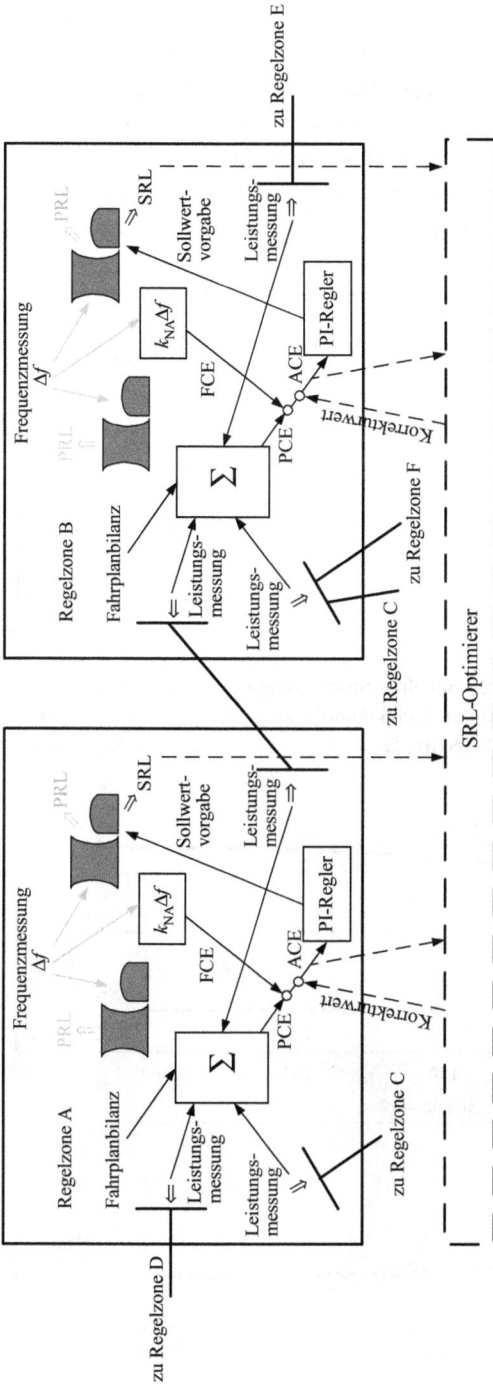

Abb. 6.29: Organisation der Frequenz-Übergabeleistungsregelung in einem Verbundsystem mit Primär- und Sekundärregelungen in allen Regelzonen

Für das bereits in Abschnitt 6.12.2 verwendete Beispiel mit zwei Regelzonen, die durch die Störleistungen P_{x1} = 400 MW und P_{x2} = −200 MW belastet sind, ist der zeitliche Verlauf der Netzfrequenz in Abbildung 6.30 dargestellt. Man erkennt, wie die Frequenzabweichung durch den Einsatz der Sekundärregelleistung auf null zurückgeführt wird. Des Weiteren erkennt man anhand des Vergleichs mit dem Frequenzverlauf für das selbe System ohne Netzregelverbund und die selben Störleistungen in Abbildung 6.26 keinen Unterschied. Die Frequenzzeitverläufe sind identisch.

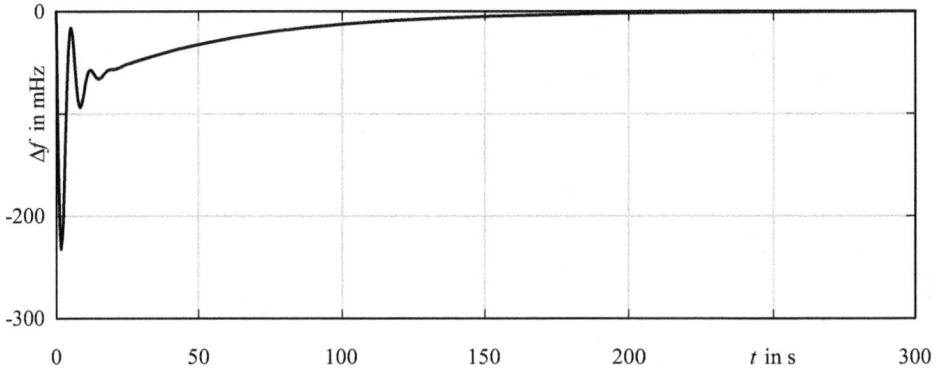

Abb. 6.30: Zeitverlauf eines Frequenzeinbruchs Δf bei einer Störleistung P_{x1} = 400 MW und P_{x2} = −200 MW in einem Verbundsystem mit Primär- und Sekundärregelung sowie einem Netzregelverbund mit M_N = 40 GWs, k_{L1} = k_{L2} = 100 MW/Hz, k_{P1} = k_{P2} = 1 GW/Hz, T_{P1} = T_{P2} = 3 s, T_{S1} = T_{S2} = 60 s und β_1 = β_2 = 0

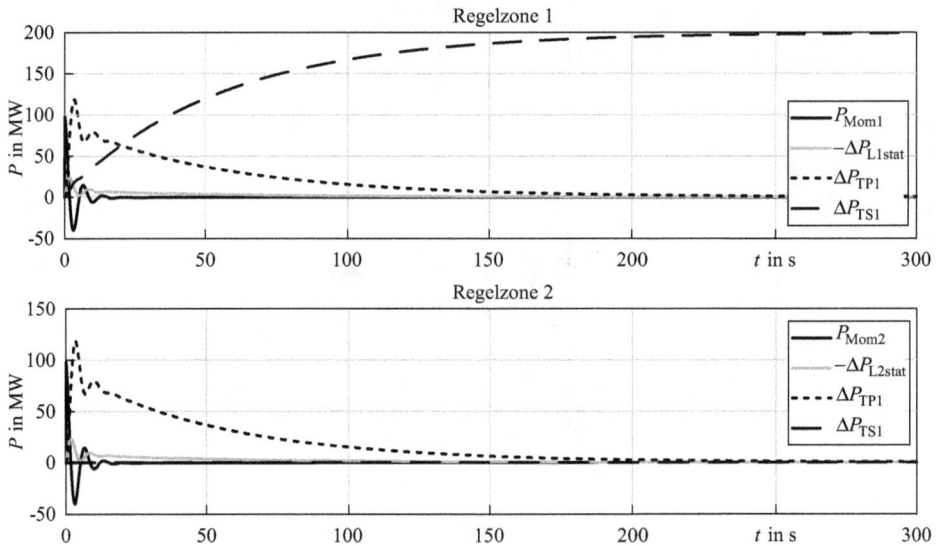

Abb. 6.31: Zeitverlauf der Primär- und Sekundärregelleistungsbereitstellung sowie der Momentanreserve bei einer Störleistung P_{x1} = 400 MW und P_{x2} = −200 MW in einem Verbundsystem mit Primär- und Sekundärregelung sowie einem Netzregelverbund mit M_N = 40 GWs, k_{L1} = k_{L2} = 100 MW/Hz, k_{P1} = k_{P2} = 1 GW/Hz, T_{P1} = T_{P2} = 3 s, T_{S1} = T_{S2} = 60 s und β_1 = β_2 = 0

Die Unterschiede sind in den Zeitverläufen für die Sekundärregelleistungen festzustellen. Diese Zeitverläufe sowie die Zeitverläufe für den Einsatz der Primärregelleistung, den Selbstregeleffekt sowie die Momentanreserve in den beiden Regelzonen sind in Abbildung 6.31 dargestellt. Sie zeigen die bereits bei der Diskussion in Abschnitt 6.12.2 aufgezeigten Effekte. Die Zeitverläufe der Sekundärregelleistungen zeigen auch, dass die Sekundärregelleistungen saldiert wurden und nur die Regelzone mit der größeren Störleistung, also die Regelzone 1, das Saldo von $P_{x1} + P_{x2} = 200\,\text{MW}$ ausregeln muss.

6.15 Frequenzabhängiger Lastabwurf

Gelingt es in der Folge einer größeren Störung, z. B. mit einem Ausfall von mehr als 3000 MW Erzeugungsleistung im kontinentaleuropäischen Verbundsystem der ENTSO-E, nicht, den stationären Frequenzeinbruch auf maximal $\Delta f = -200\,\text{mHz}$ zu stabilisieren, sind weitere Schritte zur Stabilisierung der Frequenz im Rahmen des 5-Stufenplans vorgesehen (siehe Abbildung 6.32).

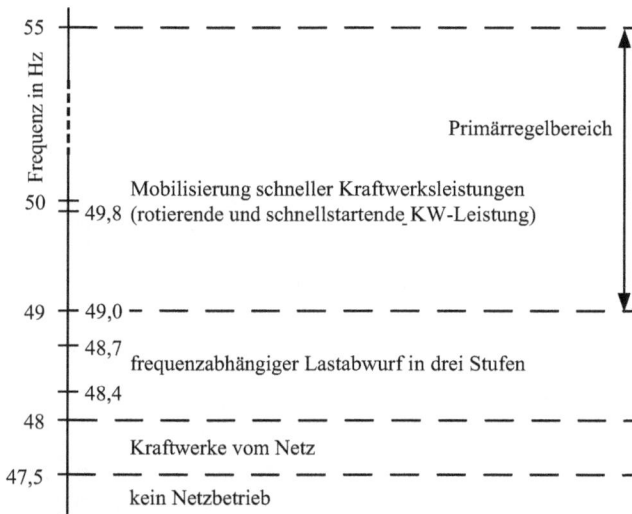

Abb. 6.32: Frequenzabhängiger Lastabwurf im Rahmen des 5-Stufenplans

Zunächst werden ab $f = 49,8\,\text{Hz}$ (Stufe 1) schnell startende oder bereits am Netz laufende aber noch nicht mit voller Leistung einspeisende Kraftwerke aktiviert und Pumpspeicherkraftwerke im Pumpbetrieb abgeworfen. Gelingt dadurch eine Stabilisierung der Frequenz nicht, so werden bei $f = 49,0\,\text{Hz}$ (Stufe 2), $f = 48,7\,\text{Hz}$ (Stufe 3) und $f = 48,4\,\text{Hz}$ (Stufe 4) jeweils ungefähr 10 bis 15 % der Netzlast unmittelbar durch das Auslösen von entsprechenden Frequenzrelais abgeworfen. Dies erfolgt entsprechend einer vorher festgelegten und hinsichtlich der Bedeutung der Verbraucherlasten priorisierten Reihenfolge. Ab einer Frequenz von $f = 47,5\,\text{Hz}$ (Stufe 5) geht man davon aus, dass ein Netzbetrieb nicht weiter möglich ist. Es sollen sich dann die Kraftwerke vom Netz trennen und sich, soweit die technischen Möglichkeiten bestehen, in einem Inselnetzbetrieb oder im Eigenbedarf fangen, um nach der Beseitigung der Störung für einen Netzwiederaufbau zur Verfügung stehen zu können. Gelingt dies nicht, sind z. B. schwarzstartfähige Kraftwerke erforderlich, mit denen dann ein Netzwiederaufbau erfolgen muss.

7 Kurzschlussfestigkeit elektrischer Anlagen

Entsprechend der DIN EN 60865-1 [21] sind Starkstromanlagen hinsichtlich ihrer thermischen und mechanischen Kurzschlussfestigkeit zu bemessen.

7.1 Thermische Kurzschlussfestigkeit

Eine ausreichende thermische Kurzschlussfestigkeit liegt vor, wenn die maximal zulässige Temperatur für ein elektrisches Betriebsmittel am Ende eines Kurzschlussereignisses nicht überschritten wird. Würde diese Temperatur überschritten werden, kann es aufgrund der mit der Temperaturerhöhung einhergehenden Längenausdehnung zum Verlust der mechanischen Festigkeit oder zu einer Verschlechterung der elektrischen Isolation kommen.

7.1.1 Erwärmungsvorgang eines Körpers

Es wird ein homogener Körper mit einer unendlich guten Wärmeleitfähigkeit in einer Umgebung mit der konstanten Umgebungstemperatur ϑ_U betrachtet. In diesem Körper tritt eine Verlustleistung P_V auf, die z. B. durch Stromwärmeverluste entstehen könnte (siehe Abbildung 7.1).

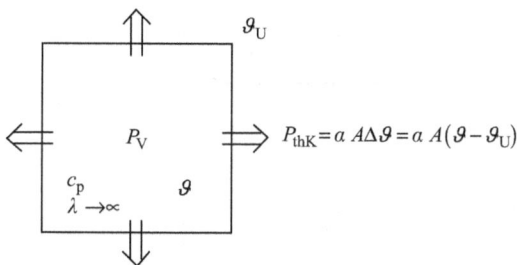

Abb. 7.1: Homogener Körper mit unendlich guter Wärmeleitfähigkeit λ und Verlustleistung P_V

Einen Teil der zugeführten Wärme speichert der Körper durch seine Wärmekapazität, die sich aus der spezifischen Wärmekapazität c_p in Ws/(kg · K) und der Masse m des Körpers berechnet. Der andere Teil der zugeführten Wärme wird durch Konduktion (siehe Band 1, Kapitel 12) an die Umgebung abgegeben. Dieser Wärmestrom wird durch den Wärmeleitwert Λ_W in W/K und die Temperaturdifferenz $\Delta\vartheta$ zwischen der Temperatur ϑ des Körpers und der der Umgebung ϑ_U bestimmt. Aufgrund seiner unendlich guten Wärmeleitfähigkeit λ besitzt der Körper überall dieselbe Temperatur ϑ.

https://doi.org/10.1515/9783110608274-007

Die Änderung $\mathrm{d}Q$ des Energieinhalts des Körpers im Zeitintervall $\mathrm{d}t$ kann aus der Energiebilanz bestimmt werden:

$$\mathrm{d}Q = \underbrace{P_\mathrm{V} \cdot \mathrm{d}t}_{\substack{\text{zugeführte}\\\text{Wärme}}} = \underbrace{m \cdot c_\mathrm{p} \cdot \mathrm{d}\vartheta}_{\substack{\text{gespeicherte}\\\text{Wärme}}} + \underbrace{\Lambda_\mathrm{W} \cdot \Delta\vartheta \cdot \mathrm{d}t}_{\substack{\text{an die Umgebung}\\\text{abgegebene Wärme}}} \tag{7.1}$$

Daraus lässt sich die inhomogene Differentialgleichung erster Ordnung für die Beschreibung der Temperaturänderung des Körpers angeben:

$$\frac{\mathrm{d}\vartheta}{\mathrm{d}t} = \frac{\mathrm{d}\Delta\vartheta}{\mathrm{d}t} = -\frac{\Lambda_\mathrm{w}}{m \cdot c_\mathrm{p}}\Delta\vartheta + \frac{P_\mathrm{V}}{m \cdot c_\mathrm{p}} \tag{7.2}$$

Die Lösung der Differentialgleichung lautet:

$$\Delta\vartheta = \Delta\vartheta_\mathrm{e}\left(1 - \mathrm{e}^{-\frac{t}{\tau}}\right) \quad \text{bzw.} \quad \vartheta = (\vartheta_\mathrm{e} - \vartheta_\mathrm{u})\left(1 - \mathrm{e}^{-\frac{t}{\tau}}\right) + \vartheta_\mathrm{u} \tag{7.3}$$

mit der Endtemperaturdifferenz $\Delta\vartheta_\mathrm{e}$ und der Endtemperatur ϑ_e:

$$\Delta\vartheta_\mathrm{e} = \frac{P_\mathrm{v}}{\Lambda_\mathrm{w}} \quad \text{und} \quad \vartheta_\mathrm{e} = \Delta\vartheta_\mathrm{e} + \vartheta_\mathrm{u} \tag{7.4}$$

sowie der Zeitkonstanten τ:

$$\tau = \frac{m \cdot c_\mathrm{p}}{\Lambda_\mathrm{w}} \tag{7.5}$$

Der Zeitverlauf der Temperaturänderung des Körpers ist in Abbildung 7.2 dargestellt.

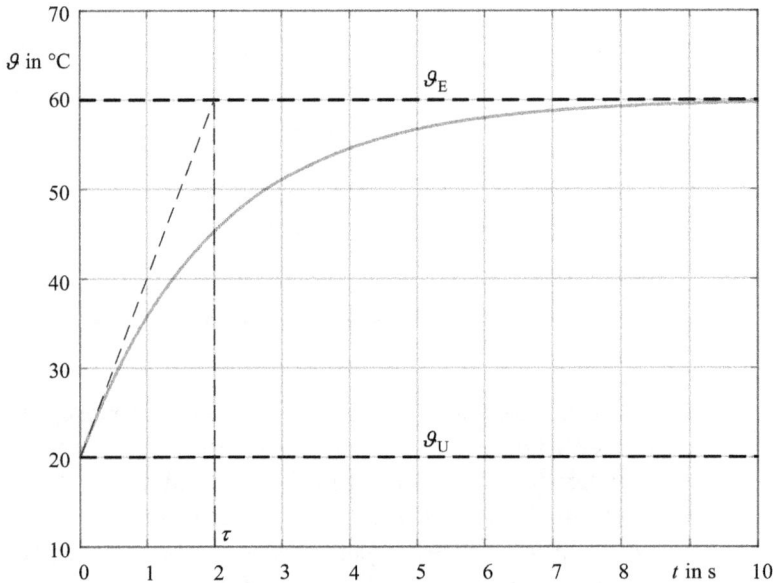

Abb. 7.2: Zeitverlauf der Temperaturänderung eines beispielhaften Körpers

Zum Zeitpunkt $t = 0$ stellt sich ein adiabatischer Anfangsverlauf ein, da aufgrund der nicht vorhandenen Temperaturdifferenz keine Wärme an die Umgebung abgegeben, sondern die Wärme vollständig im Körper gespeichert wird. Aus der Anfangssteigung des Temperaturzeitverlaufs lässt sich mit der Kenntnis der Endtemperaturdifferenz die Zeitkonstante τ bestimmen.

$$\frac{\mathrm{d}\vartheta}{\mathrm{d}t}\bigg|_{t=0} = \frac{\Delta\vartheta_{\mathrm{e}}}{\tau} = \frac{P_{\mathrm{v}}}{m \cdot c_{\mathrm{p}}} \tag{7.6}$$

Für $t \to \infty$ stellt sich eine konstante Wärmeströmung ein. Der Körper weist eine konstante Temperatur $\mathrm{d}\vartheta \to 0$ auf. Die gesamte Verlustleistung wird an die Umgebung über einen konstanten Wärmestrom abgegeben.

$$\frac{\mathrm{d}\vartheta}{\mathrm{d}t}\bigg|_{t\to\infty} = 0 \quad \Rightarrow \quad \vartheta|_{t\to\infty} = \vartheta_{\mathrm{e}} \quad \text{und} \quad \Lambda_{\mathrm{w}} \cdot \Delta\vartheta_{\mathrm{e}} = P_{\mathrm{v}} \tag{7.7}$$

7.1.2 Thermisch gleichwertiger Kurzschlussstrom

Der thermisch gleichwertige Kurzschlussstrom I_{th} (siehe auch Abschnitt 2.3.5) wird bei der Auslegung von Starkstromanlagen hinsichtlich ihrer thermischen Kurzschlussfestigkeit verwendet. Er entspricht einem betriebsfrequenten Strom mit einem konstanten Effektivwert, der während der Kurzschlussdauer T_{k} die gleiche Wärmemenge ΔQ erzeugt, wie der während dieser Zeit sich mit der Zeit ändernde Kurzschlussstrom $i_{\mathrm{k}}(t)$:

$$\Delta Q = \int_0^{T_{\mathrm{k}}} p_v(t)\,\mathrm{d}t = R \int_0^{T_{\mathrm{k}}} i_{\mathrm{k}}^2(t)\,\mathrm{d}t \overset{!}{=} R \cdot I_{\mathrm{th}}^2 \cdot T_{\mathrm{k}} \tag{7.8}$$

Dabei klingt der Kurzschlussstrom $i_{\mathrm{k}}(t)$ entsprechend Gl. (7.9) sowohl in seinem Wechselanteil als auch in seinem Gleichanteil mit der Zeit ab (vgl. Abschnitt 2.1):

$$i_{\mathrm{k}}(t) = i_{\mathrm{kw}}(t) + i_{\mathrm{kg}}(t) = \sqrt{2}I_{\mathrm{k}}'' \left[\mu(t)\cos(\omega t + \alpha) - \mathrm{e}^{-\frac{t}{T_{\mathrm{g}}}}\cos\alpha\right] \tag{7.9}$$

mit:

$$\mu(t) = \left(\frac{I_{\mathrm{k}}'' - I_{\mathrm{k}}'}{I_{\mathrm{k}}''}\right)\mathrm{e}^{-\frac{t}{T_{\mathrm{d}}''}} + \frac{I_{\mathrm{k}}' - I_{\mathrm{k}}}{I_{\mathrm{k}}''}\mathrm{e}^{-\frac{t}{T_{\mathrm{d}}'}} + \frac{I_{\mathrm{k}}}{I_{\mathrm{k}}''} \tag{7.10}$$

Für das Vorliegen einer ausreichenden thermischen Kurzschlussfestigkeit muss die Beanspruchung kleiner oder gleich der Festigkeit sein. Mithin muss gelten:

$$\Delta Q \leq \Delta Q_{\mathrm{zul}} \tag{7.11}$$

Mit der Einführung des thermisch gleichwertigen Kurzschlussstromes I_{th} kann diese Beziehung auch alternativ ausgedrückt werden:

$$I_{\mathrm{th}} \leq I_{\mathrm{thzul}} = I_{\mathrm{thr}} \tag{7.12}$$

Der maximal zulässige thermisch gleichwertige Kurzschlussstrom I_{thzul} wird auch als Bemessungskurzzeitstrom I_{thr} bezeichnet. Er muss für die Beschreibung der Wärmewirkung immer im Zusammenhang mit einer Bemessungskurzschlussdauer angegeben werden. Diese beträgt typischerweise $T_{\text{kr}} = 1\,\text{s}$, weswegen der Strom I_{thr} in der Praxis auch als Einsekundenstrom bezeichnet wird. Der thermisch gleichwertige Strom I_{th} wird aus dem Anfangskurzschlusswechselstrom I_k'' mit den Faktoren m und n abgeschätzt. Er ist ein Effektivwert (siehe Abschnitt 2.3.5):

$$I_{\text{th}} = \sqrt{m + n}\,I_k'' \tag{7.13}$$

Der Faktor m berücksichtigt den Wärmeeffekt des Gleichstromanteils im Kurzschlussstromzeitverlauf. Er wird unter Annahme eines generatorfernen Kurzschlusses ($I_k = I_k''$, $n = 1$) mit Kurzschlusseintritt im Spannungsnulldurchgang (φ_u siehe Abschnitt 2.2) sowie unter Vernachlässigung der aus den trigonometrischen Funktionen resultierenden Beiträge bestimmt (siehe Abbildung 7.3) und kann als Funktion der Kurzschlussdauer und des Faktors κ (siehe Abschnitt 2.3.2) angegeben werden:

$$m = \frac{1}{2f \cdot T_k \cdot \ln(\kappa - 1)}\left(e^{4f\cdot T_k\cdot\ln(\kappa-1)} - 1\right) = f(\kappa, T_k) \tag{7.14}$$

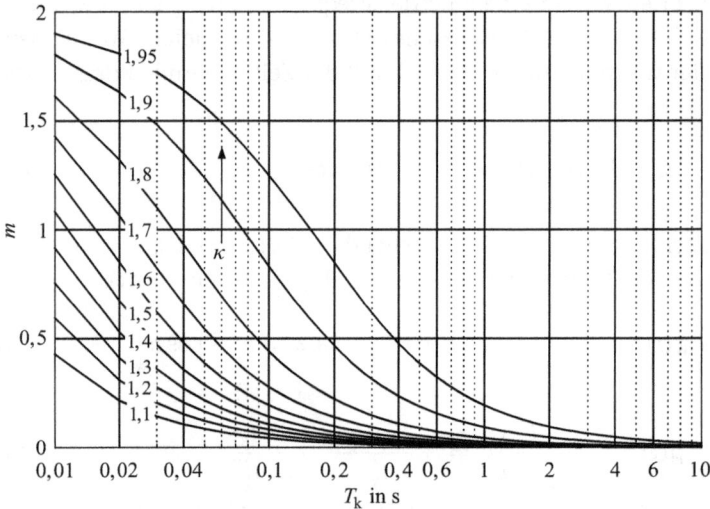

Abb. 7.3: Faktor m für die Berücksichtigung des Wärmeeffekts des Gleichstromanteils im Kurzschlussstromzeitverlauf

Der Faktor n berücksichtigt den Wärmeeffekt des Wechselstromanteils im Kurzschlussstromzeitverlauf. Er wird unter Annahme eines generatornahen Kurzschlusses im Spannungsnulldurchgang ($\varphi_u = 0$) sowie unter erneuter Vernachlässigung der aus den trigonometrischen Funktionen resultierenden Beiträge bestimmt (siehe

Abbildung 7.4). Er kann als Funktion der Kurzschlussdauer und der das Abklingverhalten des Wechselstromanteils beschreibenden Kurzschlussstromkenngrößen I_k'', I_k' und I_k (siehe Abschnitt 2.1) angegeben werden:

$$n = \frac{2}{T_k} \int_0^{T_k} \left(\mu(t)\cos(\omega t + \varphi_u) - e^{-\frac{t}{T_g}} \cos \varphi_u \right)^2 dt - m = f\left(\frac{I_k''}{I_k}, \frac{I_k'}{I_k}, T_k \right) \tag{7.15}$$

Für die Darstellung von n in Abbildung 7.4 wird das Verhältnis I_k'/I_k mit den Daten eines Modellgenerators als Funktion von I_k''/I_k ausgedrückt, wodurch der Faktor mit der Kenntnis der Kurzschlusskenngrößen I_k'' und I_k bestimmt werden kann. Für einen generatorfernen Kurzschluss ohne ein Abklingen des Wechselanteils ($I_k'' \approx I_k$) kann $n = 1$ gesetzt werden. Es wird dann weiterhin davon ausgegangen, dass kein Gleichanteil auftritt (Kurzschlusseintritt im Spannungsmaximum, $m = 0$).

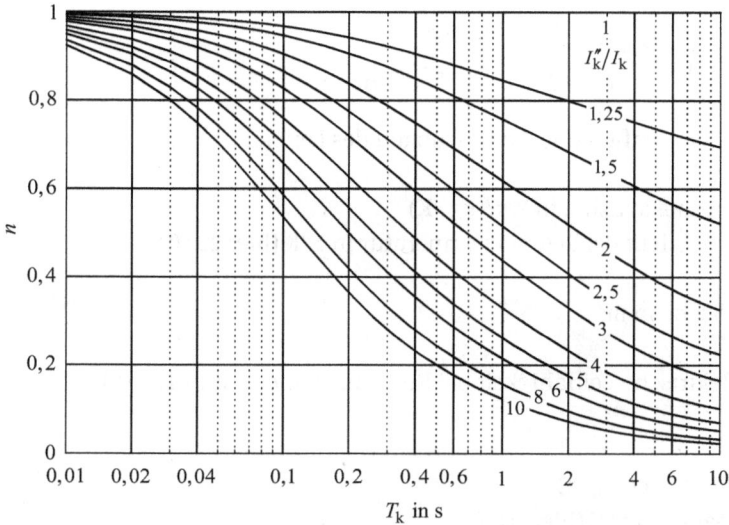

Abb. 7.4: Faktor n für die Berücksichtigung des Wärmeeffekts des Wechselstromanteils im Kurzstromzeitverlauf

Treten N_k aufeinanderfolgende 3-polige Kurzschlüsse mit kurzen Pausen auf, so ist deren gemeinsame thermische Wirkung unter Annahme eines adiabaten Systems wie folgt zu bestimmen:

$$\int_0^{T_k} i_k^2 \, dt = \sum_{i=1}^{N_k} I_{ki}''^2 (m+n) T_{ki} = I_{th}^2 T_k \quad \Leftrightarrow \quad I_{th} = \sqrt{\frac{1}{T_k} \sum_{i=1}^{N_k} I_{ki}''^2 (m+n) T_{ki}} \tag{7.16}$$

mit der Summe der Kurschlussdauern T_{ki}:

$$T_k = \sum_{i=1}^{N_k} T_{ki} \tag{7.17}$$

Der thermisch wirksame Kurzschlussstrom sorgt während der Kurzschlussdauer in dem Widerstand eines elektrischen Betriebsmittels für eine Temperaturerhöhung, wobei sich mit steigender Temperatur auch der Widerstandswert erhöht. Werden für die Kurzschlussdauer wieder adiabatische Verhältnisse, eine konstante spezifische Wärmekapazität c_p und eine lineare Abhängigkeit der Widerstandserhöhung von der Temperatur vorausgesetzt sowie die Skin- und Proximity-Effekte vernachlässigt, so kann die in einem Zeitintervall $\mathrm{d}t$ entstehende Temperaturerhöhung $\mathrm{d}\vartheta$ aus dem Energieerhaltungssatz bestimmt werden:

$$\begin{aligned} \mathrm{d}Q &= R(\vartheta) \cdot I_{th}^2 \cdot \mathrm{d}t = R_{20}(1 + \alpha_{20}(\vartheta - \vartheta_{20}))I_{th}^2 \, \mathrm{d}t \\ &= \frac{l}{\kappa_{20}A}(1 + \alpha_{20}(\vartheta - \vartheta_{20}))I_{th}^2 \, \mathrm{d}t \\ &= m \cdot c_p \cdot \mathrm{d}\vartheta = \rho \cdot A \cdot l \cdot c_p \cdot \mathrm{d}\vartheta \end{aligned} \tag{7.18}$$

mit den Materialeigenschaften und Abmessungen des Leiters:

ρ Dichte in kg/m^3

c_p spezifische Wärmekapazität in Ws/(kg · K)

α_{20} Temperaturkoeffizient bei Referenztemperatur in 1/K (hier 20 °C)

m Masse in kg

A Querschnittsfläche in m^2

l Länge in m

κ_{20} spezifische elektrische Leitfähigkeit bei Referenztemperatur in 1/K (hier 20 °C)

sowie:

ϑ Temperatur des Leiters in °C

ϑ_{20} Referenztemperatur in °C (hier 20 °C)

Nach der Trennung der Variablen kann die vorliegende Differentialgleichung erster Ordnung als Anfangswertproblem durch Vorgabe der Anfangstemperatur ϑ_A bei Kurzschlusseintritt bei $t = 0$ und der Endtemperatur ϑ_E nach Beendigung des Kurzschlusses nach der Zeit T_k gelöst werden. Die Division des thermisch wirksamen Kurzschlussstroms I_{th} durch die Querschnittsfläche A ergibt die thermisch wirksame Kurzschlussstromdichte S_{th}.

$$\int_{\vartheta_A}^{\vartheta_E} \frac{1}{1 + \alpha_{20}(\vartheta - \vartheta_{20})} \, \mathrm{d}\vartheta = \left(\frac{I_{th}}{A}\right)^2 \frac{1}{\rho \cdot c_p \cdot \kappa_{20}} \int_0^{T_k} \mathrm{d}t = S_{th}^2 \frac{1}{\rho \cdot c_p \cdot \kappa_{20}} \int_0^{T_k} \mathrm{d}t \tag{7.19}$$

Die Ausführung der Integrationen liefert eine Bestimmungsgleichung für die Endtemperatur ϑ_E bei einer vorgegebenen Anfangstemperatur ϑ_A, die der Betriebstemperatur im normalen Netzbetrieb entspricht:

$$\vartheta_E = \vartheta_{20} + \frac{1}{\alpha_{20}} \left[(1 + \alpha_{20} (\vartheta_A - \vartheta_{20})) \, e^{\frac{S_{th}^2 \cdot T_k \cdot \alpha_{20}}{\rho \cdot c_p \cdot \kappa_{20}}} - 1 \right] \tag{7.20}$$

Setzt man in dieser Gleichung die höchste für einen Leiter maximal zulässige Endtemperatur ϑ_{Ezul} ein, so ergibt sich die Bemessungskurzschlussstromdichte (Bemessungskurzzeitstromdichte) S_{thr}. Die maximal zulässige Endtemperatur ergibt sich bei metallischen Leitern daraus, dass mit zunehmender Temperatur diese ihre mechanische Festigkeit bzw. bei Kabeln die Isoliermaterialien ihre elektrische Isolierfähigkeit verlieren. Es gilt für die Bemessungskurzstromdichte:

$$S_{thr} = \sqrt{\frac{\rho \cdot c_p \cdot \kappa_{20}}{\alpha_{20}} \ln \left(\frac{1 + \alpha_{20} (\vartheta_{Ezul} - \vartheta_{20})}{1 + \alpha_{20} (\vartheta_A - \vartheta_{20})} \right)} \cdot \frac{1}{\sqrt{T_{kr}}} \tag{7.21}$$

Abbildung 7.5 und Abbildung 7.6 zeigen für verschiedene maximal thermisch zulässige Endtemperaturen ϑ_{Ezul} die Bemessungskurzzeitstromdichte S_{thr} in Abhängigkeit von der Anfangstemperatur ϑ_A für Kupfer- und Aluminiumleiter.

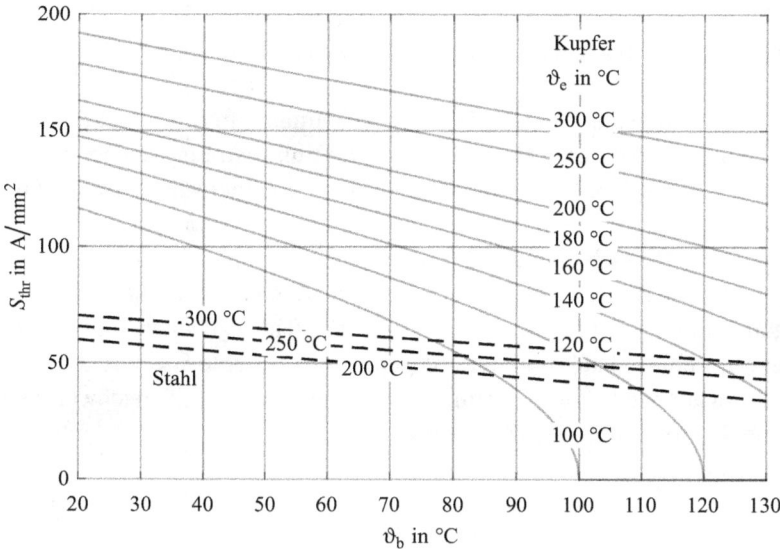

Abb. 7.5: Bemessungskurzzeitstromdichte S_{thr} für Kupferleiter in Abhängigkeit von der Anfangstemperatur ϑ_A für verschiedene maximal thermisch zulässige Endtemperaturen ϑ_{Ezul}

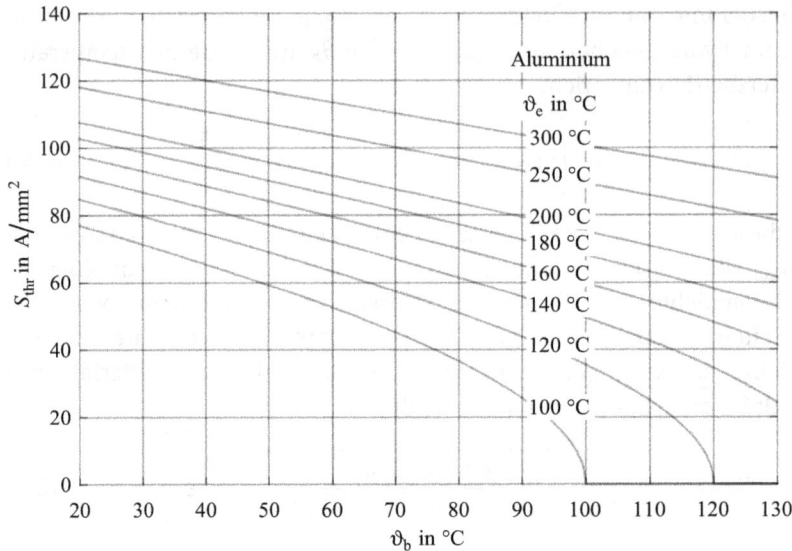

Abb. 7.6: Bemessungskurzzeitstromdichte S_{thr} für Aluminiumleiter in Abhängigkeit von der Anfangstemperatur ϑ_A für verschiedene maximal thermisch zulässige Endtemperaturen ϑ_{Ezul}

7.1.3 Auslegung von elektrischen Anlagen und Betriebsmitteln

Die Auslegung von elektrischen Anlagen und Betriebsmitteln hinsichtlich ihrer thermischen Kurzschlussfestigkeit erfolgt auf Basis der thermischen Belastungsgrenzen der verschiedenen elektrischen Betriebsmittel [21]. Dabei ist einerseits zwischen Leiterschienen, Leiterseilen und Kabeln und andererseits elektrischen Maschinen, Transformatoren, Wandlern, Drosselspulen und Schaltgeräten zu unterscheiden.

Für Leiterschienen, Leiterseile und Kabel erfolgt die Auslegung auf Basis der maximal zulässigen Endtemperatur ϑ_{Ezul}. Aus den in Gl. (7.20) angegebenen Zusammenhängen mit der Kurzschlussdauer und der Kurzschlussstromdichte S_{th} kann die Auslegung auf Basis der auf den Leiterquerschnitt A bezogenen thermisch gleichwertigen Kurzschlussstromdichte S_{th} durchgeführt werden:

$$S_{th} = \frac{I_{th}}{A} = \frac{I_k'' \sqrt{m+n}}{A} \tag{7.22}$$

Es muss für alle Kurzschlussdauern T_k gelten (vgl. Gl. (7.21)):

$$S_{th} \leq S_{thr} \sqrt{\frac{T_{kr}}{T_k}} = \sqrt{\frac{\rho \cdot c_p \cdot \kappa_{20}}{\alpha_{20} T_{kr}} \ln\left(\frac{1 + \alpha_{20}\left(\vartheta_{Ezul} - \vartheta_{20}\right)}{1 + \alpha_{20}\left(\vartheta_A - \vartheta_{20}\right)}\right)} \cdot \sqrt{\frac{T_{kr}}{T_k}} \tag{7.23}$$

Für alle anderen genannten Betriebsmittel erfolgt die Auslegung anhand des thermisch gleichwertigen Kurzschlussstromes I_{th}. Für diese Betriebsmittel werden von den Herstellern ein Bemessungskurzzeitstrom I_{thr} zusammen mit einer Bemessungskurzschlussdauer T_{kr} angegeben. Letzterer beträgt typischerweise eine Sekunde.

Thermische Kurzschlussfestigkeit ist dann gegeben, wenn die berechnete thermisch gleichwertige Kurzschlussstrombeanspruchung I_{th} (Belastung) kleiner oder gleich groß wie der Bemessungskurzzeitstrom I_{thr} (Festigkeit) ist. Dies gilt auch dann, wenn die Kurzschlussdauer T_k kleiner als die Bemessungskurzschlussdauer T_{kr} ist. Aus dem Vergleich der Energien entsprechend Gl. (7.11) bei Annahme eines konstanten Widerstands:

$$I_{th}^2 T_k \le I_{thr}^2 T_{kr} \tag{7.24}$$

folgt:

$$I_{th} \le I_{thr} \quad \text{für} \quad T_k \le T_{kr} \tag{7.25}$$

Für Kurzschlussdauern, die länger andauern als die Bemessungskurzschlussdauer, ist für den Vergleich Beanspruchung ≤ Festigkeit der Wert für den Bemessungskurzzeitstrom wie folgt zu reduzieren:

$$I_{th} \le I_{thr} \sqrt{\frac{T_{kr}}{T_k}} \quad \text{für} \quad T_k > T_{kr} \tag{7.26}$$

7.2 Mechanische Kurzschlussfestigkeit

Elektrische Anlagen und Betriebsmittel sind auch hinsichtlich ihrer mechanischen Kurzschlussfestigkeit ausreichend zu bemessen. Die größten mechanischen Beanspruchungen treten bei hohen Strömen und damit insbesondere während Kurzschlussereignissen auf. Dabei steht die Kraftwirkung auf parallele Leiter (siehe Band 1, Abschnitt 11.3) wie Sammelschienen (siehe Abbildung 7.7) und Leiterseile (siehe Abbildung 7.8) im Hinblick auf ihre mechanische Kurzschlussfestigkeit entsprechend [21] im Fokus. Im Folgenden wird die Auslegung für Sammelschienenanlagen erläutert, die entsprechend Abbildung 7.7 aus drei Hauptleitern mit jeweils mehreren durch Zwischenstücke auf Abstand gehaltenen Teilleitern bestehen. Die Stromkräfte beanspruchen die Haupt- und Teilleiter auf Biegung und die Stützer in den Befestigungspunkten auf Zug, Druck und Biegung (Umbruch). Für die Analyse der mechanischen Kurzschlussfestigkeit von Leiterseilen wird auf [21] verwiesen.

Grundsätzlich erfolgt die Überprüfung auf mechanische Kurzschlussfestigkeit über die Bestimmung der Stromkräfte und der daraus resultierenden Biegemomente der Sammelschienen. Mit der Kenntnis der Widerstandsmomente können dann die Biegespannungen bestimmt werden und mit den sich aus den Materialkenngrößen ergebenden mechanisch zulässigen Biegespannungen verglichen werden. An dieser Vorgehensweise orientiert sich die nachfolgende Beschreibung des Rechenwegs.

Hauptleiter mit jeweils vier Teilleitern

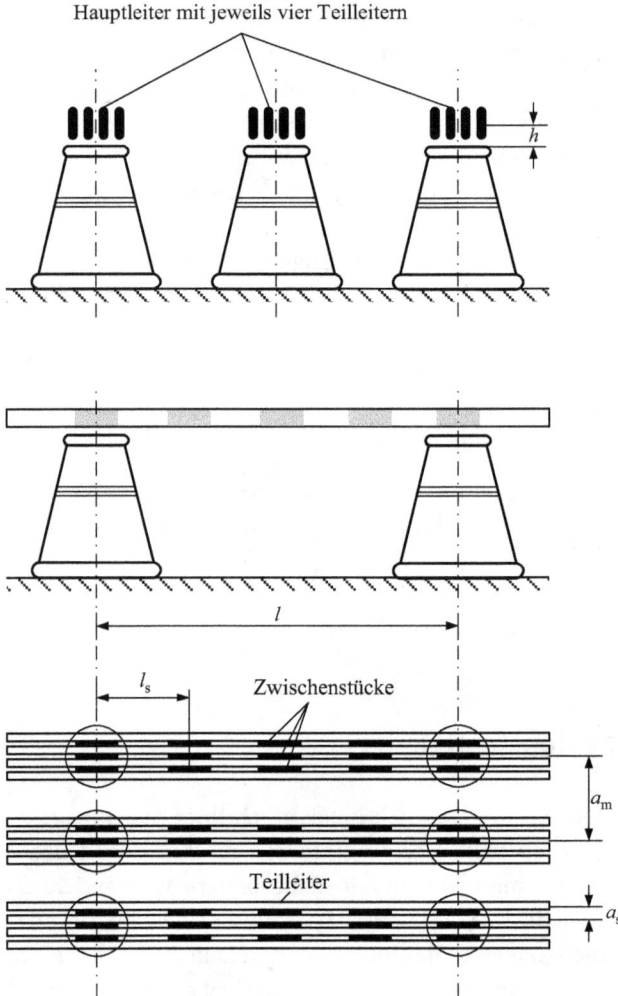

Abb. 7.7: Drehstrom-Sammelschienenanordnung mit parallelen Teil- und Hauptleitern, Frontalansicht (oben), Seitenansicht (Mitte) und Draufsicht (unten)

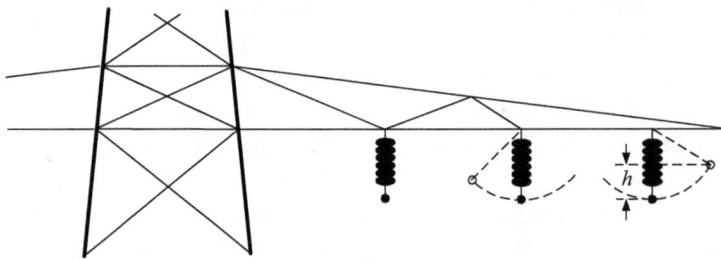

Abb. 7.8: Leiterseilanordnung am Tragmast mit Auslenkungen der Leiterseile

7.2.1 Stromkräfte auf parallele stromdurchflossene Leiter

Um einen stromdurchflossenen Leiter 1 existiert gemäß dem Biot-Savart-Gesetz ein Magnetfeld, das auf einen zweiten parallelen stromdurchflossenen Leiter 2 eine Lorentzkraft ausübt (siehe Abbildung 7.9 und vgl. Band 1, Abschnitt 11.3). Dies gilt auch in umgekehrter Richtung. Der Leiter 2 übt eine entgegensetzt gleich große Lorentzkraft auf den Leiter 1 aus. Die von den beiden Leitern erzeugten Magnetfelder berechnen sich aus ($i = 1, 2$):

$$\vec{B}_i(t) = \frac{\mu_0}{2\pi} \cdot \frac{i_i(t)}{r} \cdot \vec{e}_\varphi \tag{7.27}$$

Für die Beiträge der Lorentzkräfte folgt:

$$F_{12} = i_2(t)l_2 B_1(t) = i_2(t) \cdot l_2 \frac{\mu_0}{2\pi} \cdot \frac{i_1(t)}{a} = i_1(t)l_1 B_2(t) = i_1(t) \cdot l_1 \frac{\mu_0}{2\pi} \cdot \frac{i_2(t)}{a}$$
$$= F_{21} = \frac{\mu_0}{2\pi} \cdot \frac{l}{a} \cdot i_1(t)i_2(t) \tag{7.28}$$

Die Gleichung gilt unter den Voraussetzungen, dass zum einen gleich und genügend lange Leiterlängen l_i mit $l_i/a \gg 1$ vorhanden sind und zum anderen der Abstand a zwischen den parallelen Leitern wesentlich größer als der Leiterdurchmesser d ist ($a/d \gg 1$).

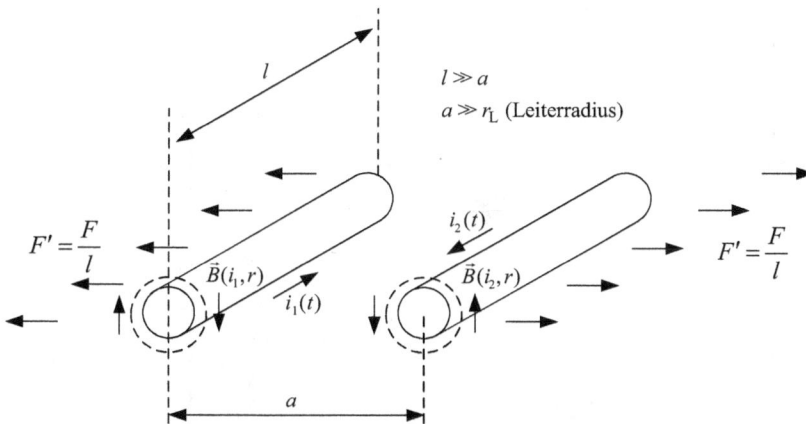

Abb. 7.9: Stromkräfte zwischen zwei parallelen stromdurchflossenen Leitern

Die Kräfte sind gleichmäßig und gleichgerichtet entlang der beiden Leiter verteilt. Bei gleicher Stromrichtung in den Leitern ziehen sich diese an und bei ungleicher Stromrichtung stoßen sie sich ab.

Nimmt man an, dass die Ströme $i_1(t)$ und $i_2(t)$ analog zum Kurzschlussstromzeitverlauf in Gl. (7.29) einen Gleichanteil und einen netzfrequenten Anteil aufweisen, so besitzen die Stromkräfte durch die Multiplikation der beiden Ströme prinzipiell neben einem Gleichanteil und einem netzfrequenten Anteil auch einen Anteil mit doppelter Netzfrequenz. Sie stellen somit keine konstante, sondern eine dynamische Belastung dar. Für ein einphasiges System entsprechend Abbildung 7.9 mit zwei entgegengesetzt gleich großen Strömen und Kurzschlussstromzeitverläufen entsprechend folgender Gleichung (vgl. Gl. (2.1)):

$$i_{k1}(t) = -i_{k2}(t) = \sqrt{2}I_k'' \left[\sin(\omega t + \varphi) - e^{t/T_g} \sin \varphi \right] \quad \text{mit} \quad \varphi = \varphi_U - \varphi_Z \qquad (7.29)$$

sind die Stromzeitverläufe und die Zeitverläufe der längenbezogenen Stromkräfte für einen generatorfernen Kurzschluss im Spannungsmaximum und im Spannungsnulldurchgang in Abbildung 7.10 dargestellt. Der sich in Abhängigkeit vom Fehlereintritt einstellende Gleichstromanteil (vgl. Abschnitt 2.2) wie auch die mit Netzfrequenz bzw. doppelter Netzfrequenz schwingenden Anteile im Zeitverlauf der Stromkräfte sind zu erkennen. In Abbildung 7.11 sind zusätzlich die maximalen Kräfte in Abhängigkeit von Anfangskurzschlusswechselstrom I_k'' und vom Leiterabstand a in doppelt-logarithmischem Maßstab dargestellt. Durch die Darstellung als bezogene Größe gilt die Darstellung unabhängig vom Zeitpunkt des Eintritts des Kurzschlusses.

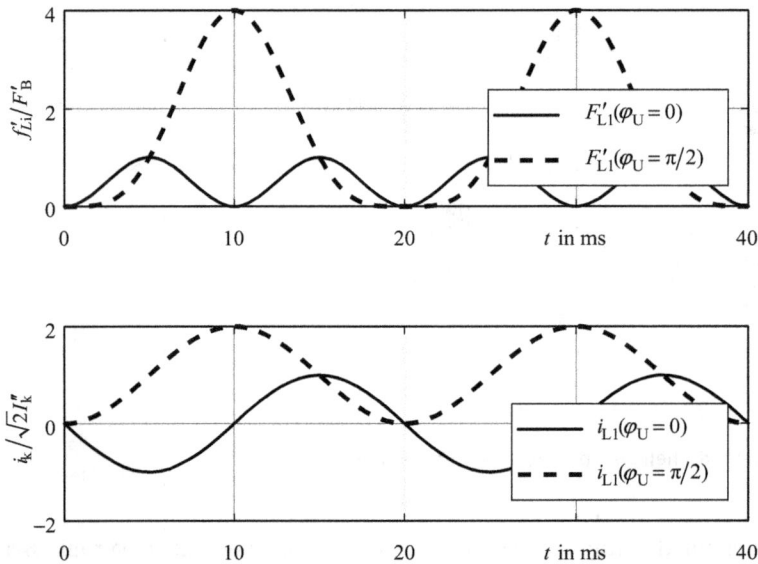

Abb. 7.10: Zeitverläufe der Stromkräfte (oben) und der Kurzschlussströme (unten) für einen Kurzschluss im Spannungsmaximum (durchgezogene Linie) und im Spannungsnulldurchgang (gestrichelte Linien) für ein Wechselstromsystem mit zwei parallelen Leitern

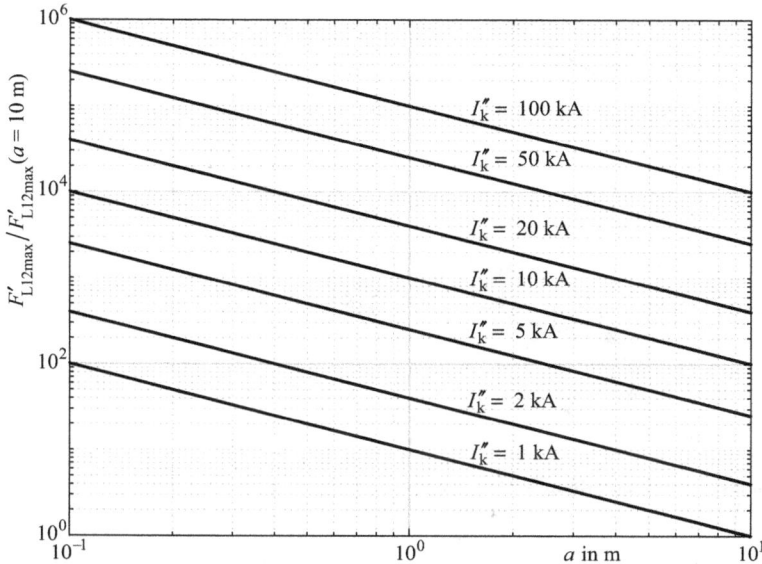

Abb. 7.11: Maximale Stromkräfte zwischen zwei parallelen Leitern mit entgegengesetzten Stromrichtungen in Abhängigkeit vom Leiterabstand a und vom Anfangskurzschlusswechselstrom I_k''

In Mehrleiteranordnungen sind die Stromkräfte vektoriell zu addieren. Dabei sind zum einen die Phasenverschiebungen zwischen den Leiterströmen zu berücksichtigen. Zum anderen weisen die Ströme in den einzelnen Leitern während eines Kurzschlussvorgangs unterschiedlich große Gleichstromanteile auf. Die Leiter sind üblicherweise in einer Ebene nebeneinander oder übereinander angeordnet. In diesem Fall wirken die abstoßenden oder anziehenden Stromkräfte in der Leiterebene. In allen anderen Fällen ändern sich die Stromkräfte nicht nur in ihrem Betrag sondern auch in ihrer Richtung. Im Folgenden werden ausschließlich Anordnungen betrachtet, bei denen die drei Hauptleiter in einer Ebene liegen (siehe Abbildung 7.12).

In Drehstromsystemen tritt bei einem 3-poligen Kurzschluss die größte Kraft am mittleren Hauptleiter auf. Es gilt für die Stromkräfte auf den mittleren Leiter 2 für eine ebene Anordnung mit äquidistanten Leiterabständen ($d_{12} = d_{23} = a$):

$$f_2 = \frac{\mu_0}{2\pi} \cdot \frac{l}{a} \cdot i_2(i_1 - i_3) \tag{7.30}$$

Aufgrund der Phasenverschiebungen zwischen den Leiterströmen fällt dieses Maximum nicht mit dem Maximum eines Leiterstromes zusammen, sondern tritt 45° nach dem Auftreten des Maximalwerts des Leiterstromes im mittleren Stromleiter auf (für eine detaillierte Herleitung siehe z. B. [5]). Die resultierende Hauptleiterkraft

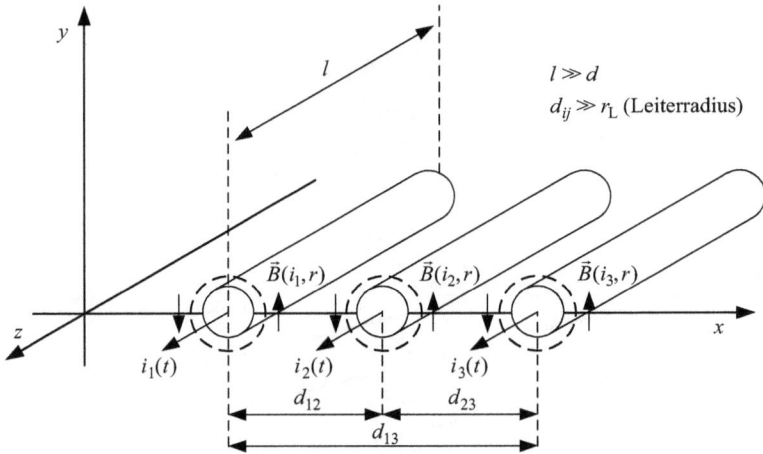

Abb. 7.12: Drehstromsystem mit drei Hauptleitern in einer Ebene

erhält deshalb den Faktor $\sqrt{3}/2$, wenn für die Maximalwerte der Ströme der Stoßkurzschlussstrom i_p (siehe Abschnitt 2.3.2) verwendet wird:

$$F_{\mathrm{m}3} = \frac{\mu_0}{2\pi} \cdot \frac{\sqrt{3}}{2} \cdot \frac{l}{a} \cdot i_\mathrm{p}^2 \tag{7.31}$$

Bei einem 2-poligen Kurzschluss ohne Erdberührung tritt dieser Faktor nicht auf. Die maximale Hauptleiterkraft wird mit dem Stoßkurzschlussstrom $i_{\mathrm{p}2}$ des 2-poligen Kurzschlusses ohne Erdberührung berechnet:

$$F_{\mathrm{m}2} = \frac{\mu_0}{2\pi} \cdot \frac{l}{a} \cdot i_{\mathrm{p}2}^2 \tag{7.32}$$

Aus dem Vergleich der beiden Stromkräfte in Gl. (7.31) und Gl. (7.32) erkennt man, dass bei gleich großen Stoßkurzschlussströmen für den 3- und den 2-poligen Kurzschluss die maximale Stromkraft für den 2-poligen Kurzschluss größer ist als die für den 3-poligen Kurzschluss. Nimmt man demgegenüber an, dass sich gleich große Faktoren κ für die Berechnung der Stoßkurzschlussströme (siehe Abschnitt 2.3.2) aus den Anfangskurzschlusswechselströmen ergeben und gibt das Verhältnis der Anfangskurzschlusswechselströme für den 2-poligen Kurzschluss zum 3-poligen Kurzschluss mit dem Verhältnis aus Abschnitt 3.10 zu $\sqrt{3}/2$ an:

$$\frac{I_{\mathrm{k}2}''}{I_{\mathrm{k}3}''} = \frac{|\underline{Z}_1|}{|\underline{Z}_1 + \underline{Z}_2|}\sqrt{3} = \frac{\sqrt{3}}{2} = \frac{i_{\mathrm{p}2}}{i_{\mathrm{p}3}} = \frac{\sqrt{3}}{2} \tag{7.33}$$

so entsteht die größere Kraftwirkung beim 3-poligen Kurzschluss:

$$\frac{F_{\mathrm{m}2}}{F_{\mathrm{m}3}} = \frac{2}{\sqrt{3}}\left(\frac{i_{\mathrm{p}2}}{i_{\mathrm{p}3}}\right)^2 = \frac{\sqrt{3}}{2} \tag{7.34}$$

Für die drei Leiterströme werden die folgenden Stromzeitverläufe bei einem generatorfernen 3-poligen Kurzschluss angenommen ($i = 1, 2, 3$):

$$i_{Li}(t) = \sqrt{2} I_k'' \left[\sin\left(\omega t + \varphi_{Li}\right) - e^{-t/T_g} \sin \varphi_{Li} \right] \tag{7.35}$$

mit ($\omega L \gg R$):

$$\begin{aligned}
\varphi_{L1} &= \varphi_U - \varphi_Z = \varphi_U - \arctan\left(\frac{\omega L}{R}\right) \approx \varphi_U - \frac{\pi}{2}, \\
\varphi_{L2} &= \varphi_{L1} - \frac{2\pi}{3} \quad \text{und} \quad \varphi_{L3} = \varphi_{L1} + \frac{2\pi}{3}
\end{aligned} \tag{7.36}$$

Der zeitliche Verlauf der Stromkraft auf den mittleren Leiter der Anordnung in Abbildung 7.7 berechnet sich entsprechend Gl. (7.30) mit den Kurzschlussstromzeitverläufen in Gl. (7.35) zu:

$$\begin{aligned}
f_2(t) &= \frac{\mu_0}{2\pi} \cdot \frac{l}{a} \cdot i_2(i_1 - i_3) \\
&= \frac{\mu_0}{2\pi} \cdot \frac{l}{a} \left(\sqrt{2} I_k''\right)^2 \frac{\sqrt{3}}{2} \left[\cos\left(2\omega t + 2\varphi + \frac{\pi}{6}\right) + e^{-2t/T_g} \cdot \cos\left(2\varphi + \frac{\pi}{6}\right) \right. \\
&\qquad\qquad \left. - 2e^{-t/T_g} \cos\left(\omega t + 2\varphi + \frac{\pi}{6}\right) \right] \\
&= \frac{\mu_0}{2\pi} \cdot \frac{l}{a} I_k''^2 \sqrt{3} \left[-\cos\left(2\omega t + 2\varphi - \frac{5\pi}{6}\right) - e^{-2t/T_g} \cdot \cos\left(2\varphi - \frac{5\pi}{6}\right) \right. \\
&\qquad\qquad \left. + 2e^{-t/T_g} \cos\left(\omega t + 2\varphi - \frac{5\pi}{6}\right) \right]
\end{aligned} \tag{7.37}$$

Die Zeitverläufe der Ströme und der Stromkräfte zeigt Abbildung 7.13 für einen 3-poligen Kurzschluss zum Zeitpunkt $t = 0$ bei einem Spannungswinkel der Leiter-Erde-Spannungen von $\varphi_U = 5\pi/12$. Der Zeitverlauf der Stromkräfte auf den Leiter L2 enthält drei Anteile:
- einen ungedämpften Anteil mit doppelter Netzfrequenz,
- einen mit der doppelten Zeitkonstanten $2T_g$ abklingenden Gleichanteil und
- einen mit der Zeitkonstanten T_g abklingenden netzfrequenten Anteil.

Man erkennt deutliche Unterschiede in den Zeitverläufen für die Stromkräfte auf die drei Leiter. Die Maxima der Stromkraft auf den Leiter L2 ist stets 7 % größer als die der Maxima auf die Leiter L1 und L3 [22]. Dies zeigt Abbildung 7.14, in dem die Maxima der Stromkräfte bei unterschiedlichen Kurzschlusseintrittszeitpunkten der Leiter-Erde-Spannung von Leiter L2 dargestellt sind. Anhand von Abbildung 7.14 ist ebenfalls erkennbar, dass das Maximum der Stromkräfte bei einem Kurzschlusseintritt bei einem Spannungswinkel (Bezug Spannungsmaximum im Leiter a, siehe Band 1, Kapitel 3) von $\varphi_U = 5\pi/12$ bzw. $\varphi_U = 75°$ auftritt.

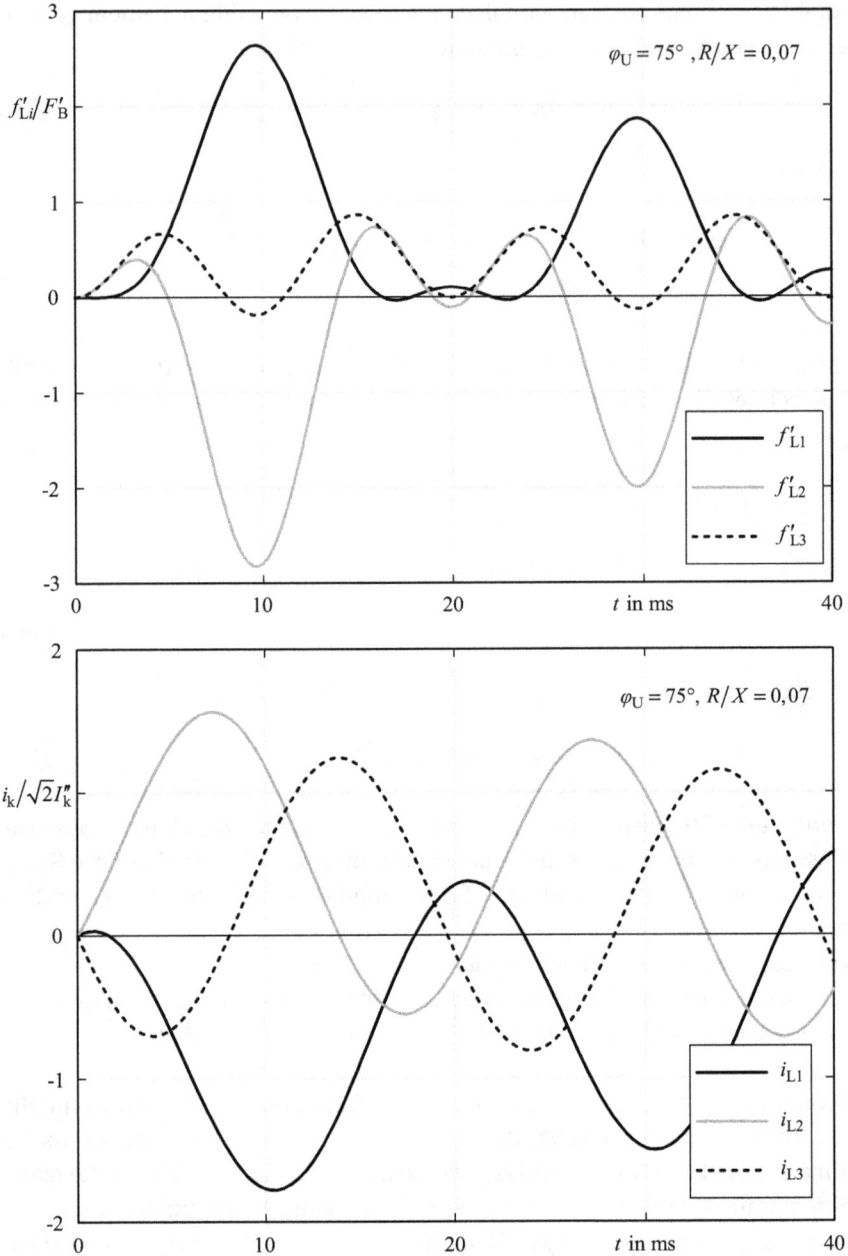

Abb. 7.13: Zeitverläufe der Stromkräfte (oben) und der Leiterströme (unten) bei einem 3-poligen Kurzschluss zum Zeitpunkt $t = 0$ und einem Spannungswinkel der Leiter-Erde-Spannungen von $\varphi_U = 5\pi/12$ bzw. $\varphi_U = 75°$

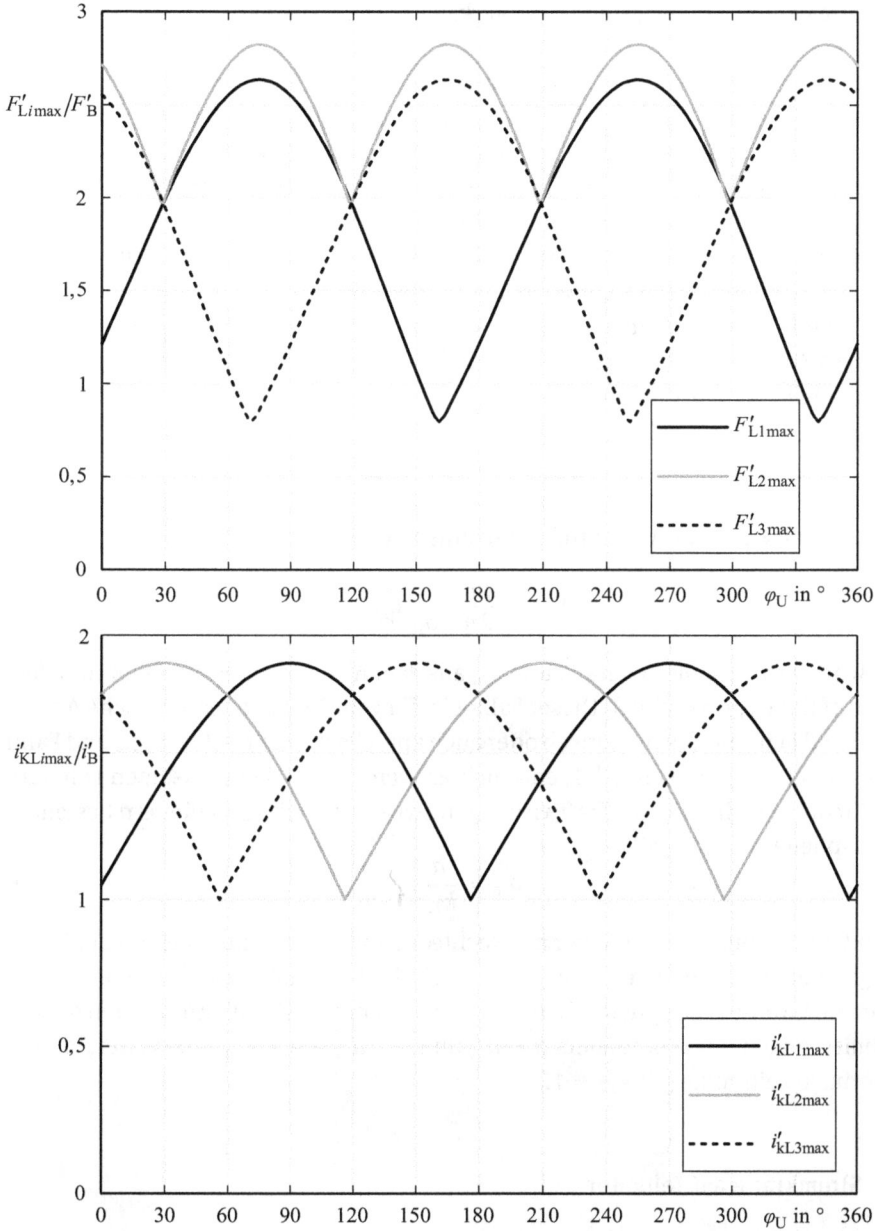

Abb. 7.14: Maxima der Stromkräfte und der Kurzschlussströme bei unterschiedlichen Kurzschluss-eintrittszeitpunkten der Leiter-Erde-Spannung von Leiter L2

7.2.2 Stromkräfte auf Hauptleiter und wirksamer Leiterabstand

Die Kräfte zwischen den Leitern sind abhängig von der geometrischen Anordnung und dem Profil der Leiter. Für in der Praxis ausgeführte Anlagen gelten die für die Gültigkeit von Gl. (7.30) genannten Voraussetzungen nicht. Insbesondere ist der Leitermittenabstand nicht wesentlich größer als die Leiterabmessungen. Die sich tatsächlich für solche Anlagen ergebenden Stromkräfte sind geringer als die mit Gl. (7.30), Gl. (7.31) oder Gl. (7.32) ermittelten Stromkräfte. Um auch weiterhin auf Basis von Gl. (7.30) rechnen zu können, wird ein sogenannter wirksamer Leiter(mitten)abstand a_m eingeführt, der die veränderten Kraftwirkungen zwischen den nicht mehr punktförmigen Leitern mit Hilfe eines Korrekturfaktors berücksichtigt. Für die maximalen Stromkräfte zwischen den Hauptleitern (Index m) gilt:

$$F_\mathrm{m3} = \frac{\mu_0}{2\pi} \cdot \frac{l}{a_\mathrm{m}} \cdot \frac{\sqrt{3}}{2} i_\mathrm{p3}^2 \tag{7.38}$$

Für den 2-poligen Kurzschluss erhält man entsprechend:

$$F_\mathrm{m2} = \frac{\mu_0}{2\pi} \cdot \frac{l}{a_\mathrm{m}} i_\mathrm{p2}^2 \tag{7.39}$$

Dabei wird der wirksame Leiterabstand a_m aus dem Abstand der Hauptleiter und dem Korrekturfaktor k_{12} berechnet. Dieser Faktor ist für verschiedene geometrische Anordnungen und Leiterprofile numerisch oder auch analytisch bestimmt worden und kann Tabellen oder Diagrammen in [21] entnommen werden. Für den wirksamen Leiterabstand für die Berechnung der Kraftwirkungen zwischen zwei aus Teilleitern bestehenden Hauptleitern 1 und 2 gilt:

$$a_\mathrm{m} = \frac{a}{k_{12}} \tag{7.40}$$

Der Faktor k_{12} kann für Einzelleiter mit Rechteckprofilen Abbildung 7.15 mit der Randbedingung mit der Randbedingung $a_\mathrm{1s} = a$ und der Leiterhöhe b sowie Leiterbreite d entnommen werden. Besteht der Hauptleiter aus mehreren Teilleitern, werden die Außenabmessungen des Hauptleiters $b = b_\mathrm{m}$ und $d = d_\mathrm{m}$ sowie $a_\mathrm{1s} = a$ verwendet. Für kreisförmige Leitprofile gilt $k_{12} = 1$.

7.2.3 Stromkräfte auf Teilleiter

Besteht ein Hauptleiter aus zwei oder mehreren Teilleitern, so wirken zwischen diesen Teilleitern ebenfalls Stromkräfte. Geht man weiter davon aus, dass sich der Hauptleiterstrom gleichmäßig auf alle n_T Teilleiter aufteilt, wirkt die maximale Teilleiterkraft

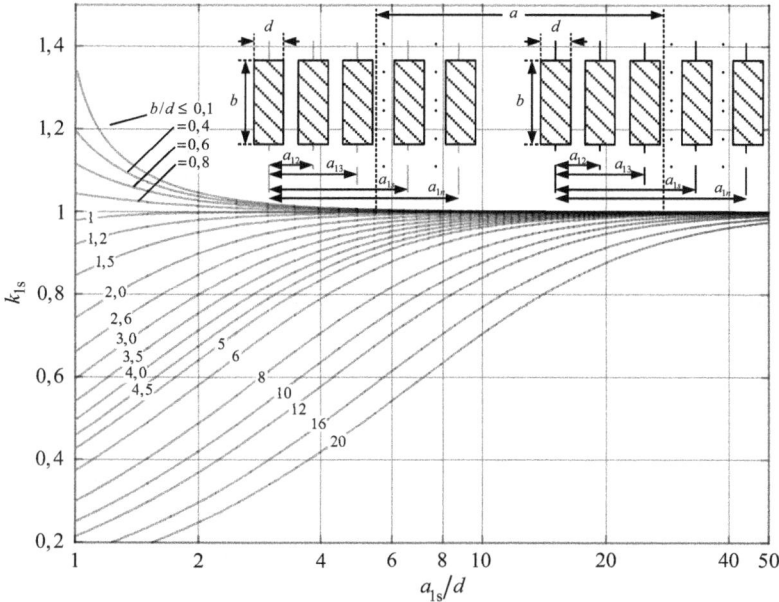

Abb. 7.15: Faktor k_{1s} für die Berechnung der wirksamen Leiterabstände (nach [21])

aufgrund der anziehenden Wirkung aller Teilleiterkräfte auf die beiden äußeren Teilleiter. Der Maximalwert der Teilleiterkraft berechnet sich aus:

$$F_s = \frac{\mu_0}{2\pi} \cdot \frac{l_s}{a_s} \cdot \left(\frac{i_{p3}}{n_T} \right)^2 \tag{7.41}$$

mit dem wirksamen Abstand a_s zwischen den Teilleitern entsprechend Gl. (7.42) und dem größten Mittenabstand l_s zweier benachbarter Zwischenbaustücke entsprechend Abbildung 7.7. Im Unterschied zu den Hauptleiterkräften, die die Lagerungen und damit die Stützer beanspruchen, werden die Teilleiterkräfte durch die Zwischenstücke aufgefangen.

Für die wirksamen Leiterabstände a_s für die Berechnung der Kraftwirkungen zwischen den n rechteckförmigen Teilleitern eines Hauptleiters gilt mit den Faktoren aus Abbildung 7.15:

$$\frac{1}{a_s} = \frac{k_{12}}{a_{12}} + \frac{k_{13}}{a_{13}} + \cdots + \frac{k_{1n}}{a_{1n}} \tag{7.42}$$

Die Faktoren k_{1i} können aus Abbildung 7.15 mit den Abmessungen der Teilleiter abgelesen werden. Erneut gilt für Teilleiter mit Kreisprofil $k_{1i} = 1$.

7.2.4 Biegemomente von biegesteifen Leitern

Die Biegemomente von biegesteifen Leitern infolge der Kurzschlusskräfte sind abhängig von der Lagerung der Sammelschienen, wobei diese so zu befestigen sind, dass die Axialkräfte zu vernachlässigen sind. Dabei können sich statisch bestimmte und unbestimmte Lagerungen ergeben, wobei Letztere mit Hilfe des Satzes vom Minimum der Formänderungsarbeit berechnet werden können. In Tabelle 7.1 sind verschiedene im Wesentlichen zu unterscheidende Träger und Befestigungsarten angegeben. Man unterscheidet bei der Befestigungsart zwischen Stützung, Einspannung und der Kombination von beiden. Bei zwei vorhandenen Befestigungspunkten spricht man von einem Einfeldträger, bei mehr als zwei Befestigungspunkten bilden sich mehrere Felder, und man spricht von einem durchlaufenden Mehrfeldträger.

Tab. 7.1: Maximale Momente M_{plmax} und M_{elmax} sowie Faktor β für verschiedene Träger und Befestigungsarten [21, 22]

Träger und Befestigungsart			M_{plmax}	M_{elmax}	β
Einfeldträger	A und B: gestützt		–	$\dfrac{F_m l}{8}$	1,0
	A: eingespannt B: gestützt		$\dfrac{F_m l}{11}$	$\dfrac{F_m l}{8}$	$\dfrac{8}{11} = 0,73$
	A und B: eingespannt		$\dfrac{F_m l}{16}$	$\dfrac{F_m l}{12}$	$\dfrac{8}{16} = 0,5$
durchlaufender Mehrfeldträger mit gleichen Stützabständen	2 Felder		$\dfrac{F_m l}{11}$	$\dfrac{F_m l}{8}$	$\dfrac{8}{11} = 0,73$
	3 oder mehr Felder		$\dfrac{F_m l}{11}$	$\dfrac{F_m l}{8}$	$\dfrac{8}{11} = 0,73$

Beispielhaft ergibt sich für die statisch bestimmte Lagerung einer beidseitig gestützten Sammelschiene mit einer Streckenlast $F'l$ in Abbildung 7.16 links ein Momentenverlauf entsprechend Abbildung 7.17.

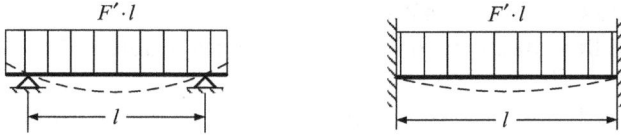

Abb. 7.16: Angreifende Stromkräfte als Streckenlast und Biegelinie (gestrichelt) für eine beidseitig gestützte Sammelschiene mit statisch einfach unbestimmter (statisch überbestimmter) Lagerung (links) und für eine beidseitig eingespannte Sammelschiene mit dreifach statisch unbestimmter (statisch überbestimmter) Lagerung

Der Maximalwert des Biegemoments stellt sich in der Mitte der Anordnung ein und berechnet sich zu (vgl. Tabelle 7.1):

$$M_{\text{elmax}} = \frac{F \cdot l}{8} = \frac{F' \cdot l^2}{8} \tag{7.43}$$

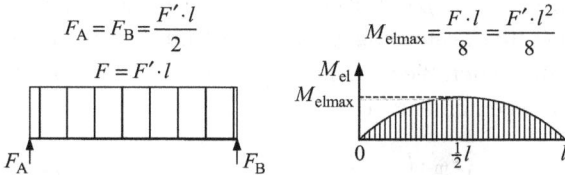

Abb. 7.17: Biegekraft- und Momentenverlauf für eine beidseitig gestützte Sammelschiene mit statisch bestimmter Lagerung

Für eine beidseitig eingespannte, statisch einfach unbestimmte (statisch überbestimmte) Sammelschiene (siehe Abbildung 7.16 rechts) ergibt sich aus dem Momentenverlauf ein Maximalwert des Moments M_{elmax}, das an den beiden fest eingespannten Enden der Anordnung auftritt (vgl. Tabelle 7.1):

$$M_{\text{elmax}} = \frac{F \cdot l}{12} = \frac{F' \cdot l^2}{12} \tag{7.44}$$

Da Sammelschienen durch Stützisolatoren biegesteif und punktförmig befestigt sind, können sie in der Regel als beidseitig eingespannt betrachtet werden. Dies gilt insbesondere auch für die Mittelfelder von mehrfach gelagerten Sammelschienen (siehe Tabelle 7.1). Das bzw. die Endfeld(er) entsprechen dann einer einseitig eingespannten und auf der anderen Seite gestützten Sammelschiene. In den Endfeldern treten die höchsten Beanspruchungen auf. Tatsächlich gibt es keine Lagerung, die einer idealen Einspannung entspricht. Die beiden für die statisch einfach unbestimmten Lagerungen erforderlichen Gleichungen für die Bestimmung der unbestimmten Größe werden über den Satz vom Minimum der Formänderungsarbeit gewonnen. Das maximale Biegemoment nimmt dann seinen Minimalwert an, und die Biegelinie und die

Momentenlinie zeigen veränderte Verläufe. Die Reduzierung des maximalen Moments gegenüber einer idealisierten Berechnung wird durch den Faktor β in Tabelle 7.1 beschrieben.

Dabei geht man allerdings davon aus, dass nur Verformungen im elastischen Bereich (Index el) auftreten. Aus wirtschaftlichen Gründen wird für eine geringere Dimensionierung der Anlagen eine geringe plastische Verformung zugelassen und der Tragfähigkeitsnachweis unter Ausnutzung der plastischen Tragfähigkeit (Index pl) mit dem zugehörigen Maximalmoment M_{plmax} erbracht [22]. Für eine einfache Berechnung und Anwendung der im Folgenden angegebenen Gleichungen werden die maximalen plastischen Momente auf die maximalen elastischen Momente eines beidseitig gestützten Trägers mit Hilfe des Faktors β bezogen (siehe Tabelle 7.1). Es gilt:

$$\beta = \frac{M_{\text{plmax}}}{M_{\text{elmax}} \text{ (beidseitig gestützt)}} \tag{7.45}$$

Für statisch bestimmte Lagerungen nimmt β den Wert 1,0 an (keine Reduzierung) und für statisch unbestimmte Lagerungen nimmt β den Wert 0,5 für die beidseitig eingespannte Lagerung und den Wert 0,73 für die einseitig eingespannte und gestützte Lagerung bei Berechnung mit dem maximalen Biegemoment in Gl. (7.44) an (siehe Tabelle 7.1). Es gilt für das Hauptleiterbiegemoment:

$$M_{\text{m}} = M_{\text{plmax}} = \beta \frac{F_{\text{m}} \cdot l}{8} = \beta \frac{F'_{\text{m}} \cdot l^2}{8} \tag{7.46}$$

Für das Biegemoment der Teilleiterkräfte geht man von beidseitig eingespannten Lagerungen aus. Die äußeren Teilleiter können wie in den Zwischenstücken eingespannte Einfeldträger mit $\beta = 0,5$ (siehe Tabelle 7.1) behandelt werden. Für das maximale Biegemoment ergibt sich:

$$M_{\text{s}} = \beta \frac{F_{\text{s}} \cdot l_{\text{s}}}{8} = \frac{1}{2} \frac{F_{\text{s}} \cdot l_{\text{s}}}{8} = \frac{F'_{\text{s}} \cdot l_{\text{s}}^2}{16} \tag{7.47}$$

7.2.5 Berechnung der Biegespannungen

Die statischen Biegespannungen berechnen sich allgemein aus der Division der statischen Biegemomente M_{B} durch die Widerstandsmomente W der Sammelschienen in der jeweiligen Biegeachse:

$$\sigma_{\text{m,stat}} = \frac{M_{\text{m}}}{W_{\text{m}}} \quad \text{bzw.} \quad \sigma_{\text{s,stat}} = \frac{M_{\text{s}}}{W_{\text{s}}} \tag{7.48}$$

Das Widerstandsmoment ist von der Querschnittsform der Sammelschiene und der Lage der Biegeachse abhängig. In Tabelle 7.2 sind für typische Anordnungen die Widerstandsmomente in Bezug auf die gestrichelt eingezeichnete Biegeachse angegeben. Die Stromkraft wirkt dabei senkrecht auf die Biegeachse.

Tab. 7.2: Widerstands- und Massenträgheitsmomente sowie Faktor q für typische Leiteranordnungen in Bezug auf die gestrichelt eingezeichnete Biegeachse

Leiteranordnung	Widerstands-moment W	Flächenträgheits-moment J	Faktor q
Rechteckeckleiter (flach)	$\dfrac{b^2 h}{6}$	$\dfrac{b^3 h}{12}$	1,5
Rechteckeckleiter (senkrecht)	$\dfrac{b h^2}{6}$	$\dfrac{b h^3}{12}$	1,5
Vollleiter (Kreis)	$\dfrac{\pi d^3}{32}$	$\dfrac{\pi d^4}{64}$	1,7
Hohlleiter (Kreisring)	$\dfrac{\pi(D^4 - d^4)}{32D}$	$\dfrac{\pi(D^4 - d^4)}{64}$	$1{,}7 \dfrac{1 - \left(1 - \dfrac{D-d}{D}\right)^3}{1 - \left(1 - \dfrac{D-d}{D}\right)^4}$
Hohlprofil (Rechteckrohr)	$\dfrac{D^4 - d^4}{6D}$	$\dfrac{D^4 - d^4}{12}$	$1{,}5 \dfrac{1 - \left(1 - \dfrac{D-d}{D}\right)^3}{1 - \left(1 - \dfrac{D-d}{D}\right)^4}$

Das Widerstandsmoment W_m eines aus mehreren Teilleitern zusammengesetzten Hauptleiters ist gleich der Summe der Widerstandsmomente der Teilleiter, wenn die Belastungsrichtung entsprechend Abbildung 7.18 parallel zur Fläche gerichtet ist.

Das gilt auch bei einer Belastung, die senkrecht zur Fläche wie in Abbildung 7.18 gerichtet ist, wenn kein oder nur ein Zwischenstück zwischen den Teilleitern inner-

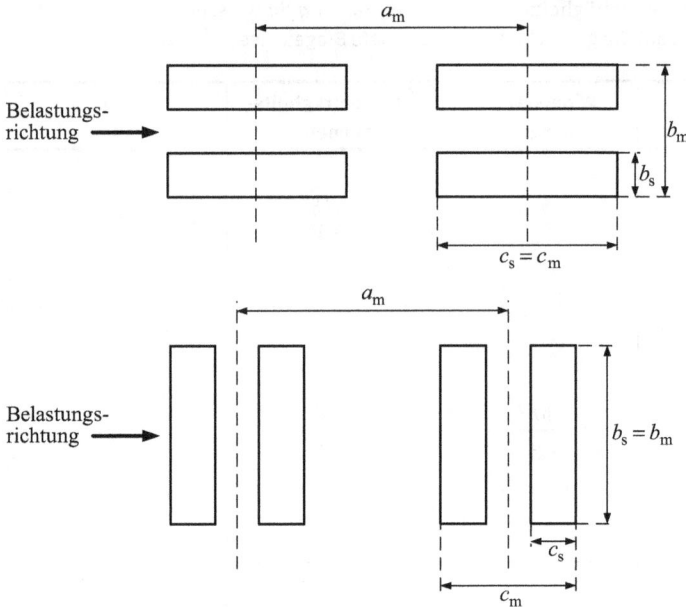

Abb. 7.18: Belastungsrichtungen und Biegeachsen bei aus mehreren Teilleitern zusammengesetzten Hauptleitern (oben: Belastung parallel zur Fläche, unten: Belastung senkrecht zur Fläche)

halb eines Stützpunktabstands vorhanden ist. In allen anderen Fällen oder auch bei Verwendung von Profilleitern wird auf die ergänzenden Ausführungen in [21] verwiesen.

Mit Gl. (7.48) werden nur die maximalen statischen Biegespannungen bestimmt. Tatsächlich handelt es sich aber um dynamische, stoßartige Beanspruchungen, die den Zeitverläufen der Stromkraft folgen (vgl. Abschnitt 7.2.1). Dies wird über die Faktoren $V_{\sigma m}$ und $V_{\sigma s}$ berücksichtigt, die durch Versuche, analytische und numerische Berechnungen bestimmt wurden. Allgemein beschreibt ein Faktor den folgenden Zusammenhang und ermöglicht damit die Berechnung der dynamischen Strukturantwort auf Basis der maximalen statischen Beanspruchungen:

$$V = \frac{\text{Strukturantwort auf dynamische Lastannahme}}{\text{Strukturantwort auf statische Lastannahme}} \tag{7.49}$$

Eine weitere Dynamik entsteht durch unterschiedliche Stromflussdauern, wie sie z. B. bei einer erfolglosen 3-poligen Automatischen Wiedereinschaltung (AWE, siehe Abschnitt 8.7 und Band 1, Abschnitt 17.1) entstehen. Eine AWE erzeugt einen mechanischen Impuls, der die mechanischen Eigenfrequenzen der Sammelschienenanlage anregen und daraus folgend Resonanzerscheinungen mit hohen mechanischen Spannungen entstehen lassen könnte. Die daraus resultierenden Effekte werden über die Faktoren V_{rm} und V_{rs} beschrieben, die den dynamischen Biegespannungsbeitrag relativ zu einer erfolgreichen 3-poligen AWE angeben [22]:

$$V_r = \frac{\text{Strukturantwort auf dynamische Lastannahme bei erfolgloser AWE}}{\text{Strukturantwort auf statische Lastannahme ohne AWE}} \quad (7.50)$$

Das Produkt der beiden Faktoren $V_{rm} V_{\sigma m}$ bzw. $V_{rs} V_{\sigma s}$ kann [21] für 2- und 3-polige Kurzschlüsse und verschiedene Netzreaktionen mit und ohne 3-polige AWE zusammen mit weiteren Details zur Berechnung entnommen werden.

Mit Berücksichtigung dieser Einflüsse berechnen sich die Biegespannungen infolge der Hauptleiterkräfte zu:

$$\sigma_m = V_{\sigma m} V_{rm} \sigma_{m,stat} = V_{\sigma m} V_{rm} \beta \frac{F_m l}{8 W_m} = V_{\sigma m} V_{rm} \beta \frac{F_m' l^2}{8 W_m} \quad (7.51)$$

Entsprechend erhält man für die Biegespannungen infolge der Teilleiterkräfte:

$$\sigma_s = V_{\sigma s} V_{rs} \frac{F_s l}{16 W_s} = V_{\sigma s} V_{rs} \frac{F_s' l^2}{16 W_s} \quad (7.52)$$

7.2.6 Zulässige Biegespannung

Ein Leiter gilt als mechanisch kurzschlussfest, wenn die gesamte Biegespannung σ_{tot} kleiner oder gleich der zulässigen Belastbarkeit σ_{zul} ist:

$$\sigma_{tot} \leq \sigma_{zul} \quad (7.53)$$

Bei Einzelleitern entspricht die gesamte Biegespannung der Biegespannung infolge der Hauptleiterkraft: $\sigma_{tot} = \sigma_m$. Besteht der Hauptleiter aus mehreren Teilleitern, so rechnet man vereinfachend mit:

$$\sigma_{tot} = \sigma_m + \sigma_s \quad (7.54)$$

Die beiden Biegespannungen werden dabei im Rahmen einer Worst-Case-Betrachtung unter Vernachlässigung einer möglichen Phasenverschiebung addiert.

Die zulässige mechanische Spannung σ_{zul} bestimmt sich aus der materialabhängigen Streckgrenze R_e des Leiters und dem Faktor q. Der Faktor q beschreibt die Erhöhung der zulässigen Belastbarkeit des Leiters infolge seines plastischen Verhaltens außerhalb seiner Befestigungsstellen [21]. Er ist abhängig vom Leiterprofil, der Biegeachse und der Anzahl der Zwischenstücke innerhalb eines Stützpunktabstands und berücksichtigt indirekt auch die Zeitabhängigkeit der mechanischen Spannungsbeanspruchung und die ungleiche Spannungsverteilung im Leiterquerschnitt. Für Rechteckprofile beträgt er beispielhaft $q = 1{,}5$ (siehe Tabelle 7.2). Für die Streckgrenze R_e wird für technische Werkstoffe meistens die 0,2 %-Dehngrenze $R_{p0,2}$ verwendet, die die mechanische Spannung angibt, bei der die bleibende Dehnung nach Entlastung

0,2 % der Anfangslänge einer Probe beträgt. Es gilt damit für die Überprüfung der mechanischen Kurzschlussfestigkeit:

$$\sigma_{tot} = \sigma_m + \sigma_s \leq \sigma_{zul} = q \cdot R_e \approx q \cdot R_{p0,2} \tag{7.55}$$

Um sicherzustellen, dass die Teilleiterabstände während eines Kurzschlusses nicht zu stark verändert werden, wird zusätzlich die Einhaltung der folgenden Bedingung empfohlen [21]:

$$\sigma_s \leq R_e \approx R_{p0,2} \tag{7.56}$$

7.2.7 Kräfte auf Stützpunkte

Die Kraft auf den Stützpunkt (siehe Abbildung 7.19) eines biegesteifen Leiters hängt von der Art und der Anzahl der Stützpunkte ab. Sie berechnet sich aus der maximalen Stromleiterkraft F_m bei einem 3-poligen Kurzschluss in Gl. (7.38) und stellt eine statische Ersatzlast dar, die auf die Stützpunkte biegesteifer Leiter wirkt:

$$F_{r,d} = V_F V_{rm} \alpha F_m \tag{7.57}$$

Mit den Faktoren V_F und V_{rm} wird wieder die Strukturantwort auf die dynamische Lastannahme und die zeitveränderliche Kraftwirkung berücksichtigt. Der Faktor V_F wird benötigt, um eine statische Ersatzlast zu erhalten, die die aus dem Zeitverlauf der angreifenden Stromkraft resultierenden dynamischen Beanspruchungen berücksichtigt. Er beschreibt das Verhältnis von dynamischer zu statischer Kraft auf den Stützpunkt.

Der Faktor V_{rm} berücksichtigt die Wirkungen unterschiedlicher Stromflussdauern und der daraus folgenden unterschiedlichen Stromkräfte auf die Stützpunkte in Folge einer erfolglosen 3-poligen Automatischen Wiedereinschaltung (AWE, siehe Abschnitt 8.7 und Band 1, Abschnitt 17.1) im Verhältnis zu denen einer erfolgreichen 3-poligen AWE. Das Produkt der beiden Faktoren $V_F V_{rm}$ kann [21] zusammen mit weiteren Details zur Berechnung entnommen werden.

Die Art und die Anzahl der Stützpunkte des biegesteifen Leiters werden über den Faktor α berücksichtigt (siehe Tabelle 7.3).

Die Prüfung auf eine ausreichende Dimensionierung der Stützer erfolgt über die Berechnung des Drehmoments am Kraftangriffspunkt entsprechend (siehe [21] und Abbildung 7.19):

$$F_{r,d} \cdot h_d \leq F_u \cdot h_u \tag{7.58}$$

F_u bezeichnet die vom Hersteller angegebene Umbruchkraft des Stützers, die als eine am Isolatorkopf angreifende Kraft angegeben wird.

Tab. 7.3: Faktoren α für verschiedene Träger- und Befestigungsanordnungen [21]

Träger und Befestigungsart			α Stützpunkt A	α Stützpunkt B
Einfeldträger	A und B: gestützt		0,5	0,5
	A: eingespannt B: gestützt		0,625	0,375
	A und B: eingespannt		0,5	0,5
durchlaufender Mehrfeldträger mit gleichen Stützabständen	2 Felder		0,375	1,25
	3 oder mehr Felder		0,4	1,1

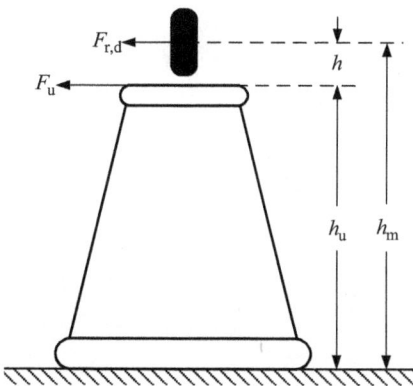

Abb. 7.19: Sammelschienenstützer mit wirksamer Kraft $F_{r,d}$ im Kraftangriffspunkt

8 Sternpunkterdung

Der 1-polige Leiter-Erde-Fehler ist die am häufigsten auftretende Fehlerart in den Stromnetzen (siehe Abschnitt 3.1). Die Auswirkungen dieser Fehlerart auf die Strom- und Spannungsverhältnisse im Stromnetz lassen sich durch die Art der Sternpunkterdung der im Stromnetz vorhandenen Transformatoren entscheidend beeinflussen. Insbesondere können die beiden folgenden elektrischen Größen über die Art der Sternpunkterdung und die Sternpunkt-Erde-Impedanz eingestellt werden:

- die Größe des 1-poligen Fehlerstroms und
- die Größe der Sternpunkt-Erde-Verlagerungsspannung bei Eintritt eines 1-poligen Fehlers und damit die Größe der Leiter-Erde-Spannungen der nicht vom Fehler betroffenen Leiter.

Dabei bedingt ein kleiner Fehlerstrom eine hohe Verlagerungsspannung und umgekehrt. Die Auswahl der Art der Sternpunkterdung und der Größe der Sternpunkt-Erde-Impedanz erfordert einen Kompromiss, der abhängig von der Netzgröße, der Spannungsebene und der Art des Netzes (Freileitungen oder Kabel) zu treffen ist und der die folgenden weiteren Auswirkungen mit einbeziehen muss:

- die Überspannungen während der transienten Ausgleichsvorgänge bei Eintritt des 1-poligen Fehlers in den nicht vom Fehler betroffenen Leitern,
- die Art der Spannungswiederkehr im fehlerbehafteten Leiter nach der Aufhebung des 1-poligen Erd(kurz)schlusses,
- die Höhe der Schritt- und Berührungsspannungen, die infolge des über die Erde fließenden 1-poligen Fehlerstroms insbesondere an der Fehlerstelle hohe Werte annehmen und zu Gefährdungen für Mensch und Tier führen können. Diese Erdströme beeinflussen auch weitere im Erdboden verlegte Leitungen.
- die Größe der Sternpunkt-Erde-Verlagerungsspannung im Normalbetrieb in unsymmetrischen Netzen.

Im Folgenden werden die stationären Strom- und Spannungsverhältnisse bei 1-poligen Fehlern für verschiedene Sternpunkterdungsarten mit Hilfe von Zeigern, den Symmetrischen Komponenten und einfachen Überlegungen erläutert. Auf die Analyse der transienten Ausgleichsvorgänge beim Eintritt und bei der Aufhebung des 1-poligen Fehlers wird am Ende des Kapitels in Abschnitt 8.7 kurz eingegangen und ansonsten auf die Literatur verwiesen (z. B. [23]).

https://doi.org/10.1515/9783110608274-008

8.1 Übersicht

Man unterscheidet drei Arten der Sternpunkterdung (SPE, siehe Abbildung 8.1). Dies sind:

– Netze mit freien oder isolierten Sternpunkten (oder Netz ohne Sternpunkterdung (oSPE)):

Bei dieser Art der Sternpunkterdung ist kein Transformatorsternpunkt (siehe Band 2, Abschnitt 5.3.1) und kein Sternpunkt von Synchron- und Asynchronmaschinen (diese werden üblicherweise nicht geerdet) geerdet.

– Netz mit Erdschlusskompensation (oder Netze mit Resonanzsternpunkterdung (RESPE) oder gelöschte Netze):

Es werden einzelne Sternpunkte von Transformatoren über einphasige Drosselspulen mit Eisenkern (Petersen-Spule) geerdet. Diese Drosselspulen sind in der Größe ihrer Induktivität einstellbar. Bei den sogenannten Tauchkernspulen erfolgt dies durch Heraus- und Hereinfahren des Eisenkernjochs, wodurch die Größe des Luftspalts verändert wird (siehe Abschnitt 8.5.5 und Band 2, Abschnitt 7.3).

– niederohmig geerdete Netze (NOSPE, auch strombegrenzende Sternpunkterdung) mit dem Sonderfall der Netze mit starrer Sternpunkterdung:

Es werden mehrere Sternpunkte von Transformatoren über niederohmige Induktivitäten oder Widerstände geerdet. In Netzen mit teilstarrer bzw. starrer Sternpunkterdung sind einige bzw. alle Sternpunkte widerstandslos (starr) geerdet.

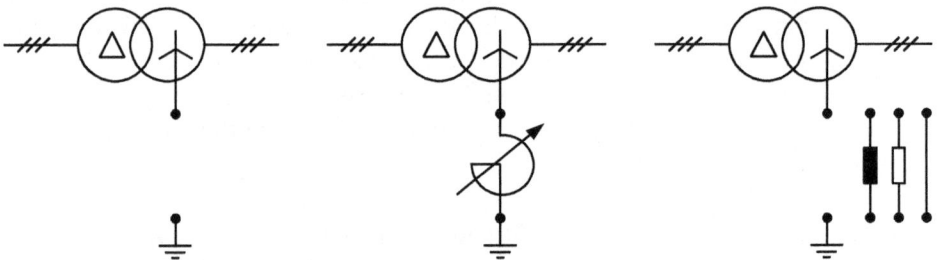

Abb. 8.1: Arten der Sternpunkterdung: isolierter Sternpunkt (links), Resonanzsternpunkterdung (Mitte) und niederohmige Sternpunkterdung (rechts) mit Erdung über niederohmige Induktivitäten, niederohmige Widerstände oder mit dem Sonderfall der starren Sternpunkterdung

8.2 Minimales Netzmodell und Ersatzschaltung

Für die Untersuchung der Strom- und Spannungsverhältnisse bei 1-poligen Fehlern soll die allgemeine Ersatzschaltung in Abbildung 8.2 verwendet werden. Es besteht aus einer durch drei symmetrische Spannungsquellen repräsentierte Einspeisung, die z. B. einer Einspeisung über einen Transformator aus einem überlagerten Netz entspricht. Der Sternpunkt des Netzes ist über die Impedanz $\underline{Z}_{ME}$ geerdet. Diese kann mit der zulässigen Annahme $R_{ME} \ll X_{ME}$ näherungsweise durch eine Parallelschaltung aus einem Ohm'schen Widerstand und einer Reaktanz beschrieben werden:

$$\underline{Y}_{ME} = \frac{1}{\underline{Z}_{ME}} = \frac{1}{R_{ME} + j\omega L_{ME}} \approx \frac{R_{ME}}{R_{ME}^2 + X_{ME}^2} - j\frac{1}{X_{ME}} = G_{ME} - j\frac{1}{\omega L_{ME}} = G_{ME} + jB_{ME} \quad (8.1)$$

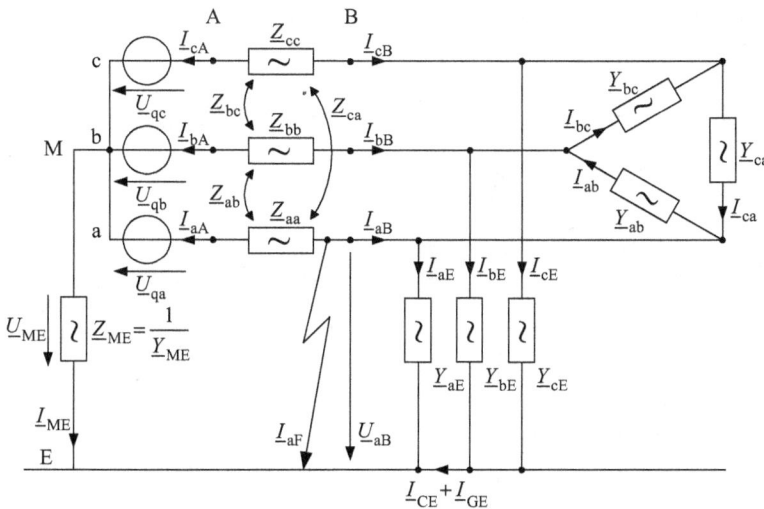

Abb. 8.2: Allgemeine Ersatzschaltung für die Untersuchung der Strom- und Spannungsverhältnisse bei 1-poligen Fehlern in Netzen mit unterschiedlichen Arten der Sternpunkterdung

Es wird angenommen, dass im fehlerfreien Zustand ein symmetrisches Drehstromsystem vorliegt (siehe Band 1, Abschnitt 19.1) und dass sich das System im Leerlaufzustand ohne eine Netzbelastung befindet. Die Längsimpedanzen der Ersatzschaltung in Abbildung 8.2 werden durch die Selbstimpedanzen $\underline{Z}_{ii}$ der drei Leiter und die Gegenimpedanzen $\underline{Z}_{ik}$ zwischen den drei Leitern gebildet (i, k = a, b, c):

$$\underline{Z}_{ii} = \underline{Z}_s = R_s + jX_s \quad (8.2)$$

und:

$$\underline{Z}_{ik} = \underline{Z}_g = R_g + jX_g \quad (8.3)$$

Die Queradmittanzen der Ersatzschaltung in Abbildung 8.2 werden durch die Leiter-Erde-Admittanzen $\underline{Y}_{iE}$ der drei Leiter und die Leiter-Leiter-Admittanzen $\underline{Y}_{ik}$ zwischen den drei Leitern beschrieben (i, k = a, b, c):

$$\underline{Y}_{iE} = \underline{Y}_E = \left(G'_E + j\omega C'_E\right) l \tag{8.4}$$

und:

$$\underline{Y}_{ik} = \underline{Y} = \left(G' + j\omega C'\right) l \tag{8.5}$$

Die Ersatzschaltung in den Symmetrischen Koordinaten in Abbildung 8.3 kann entsprechend Abschnitt 3.7.1 und analog zu der in Abschnitt 3.6 beschriebenen Vorgehensweise mit den Definitionen für die Mit-, Gegen- und Nullsystemimpedanzen in Band 1, Abschnitt 20.5 aufgebaut werden. Die Fehlertore sind in Abbildung 8.3 auf die rechte Seite herausgezogen worden.

Die Torimpedanzen an der Fehlerstelle berechnen sich für das Mit-, Gegen- und Nullsystem wie folgt:

$$\underline{Z}_{1F} = \underline{Z}_{2F} = \cfrac{1}{\cfrac{1}{\underline{Z}_1} + \underline{Y}_1} = \cfrac{1}{\cfrac{1}{(\underline{Z}_s - \underline{Z}_g)} + \underline{Y}_E + 3\underline{Y}} \approx \underline{Z}_1 = \underline{Z}_s - \underline{Z}_g \tag{8.6}$$

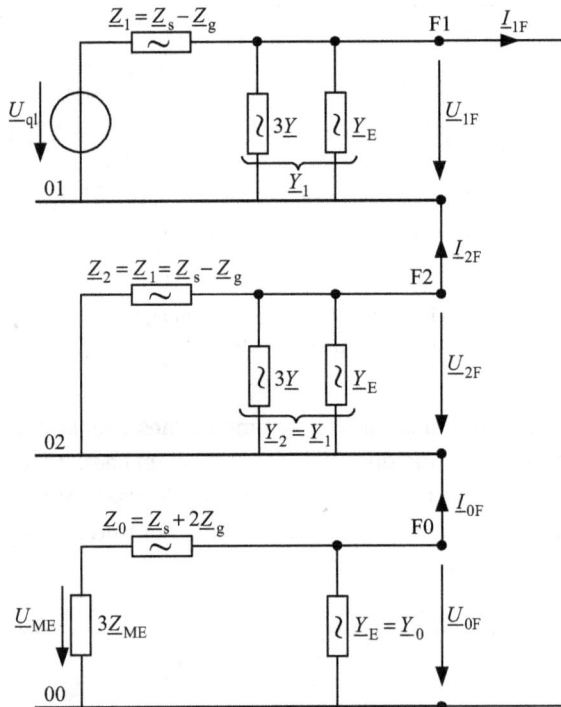

Abb. 8.3: Ersatzschaltung in den Symmetrischen Koordinaten für den 1-poligen Erd(kurz)schluss

und:

$$\underline{Z}_{0F} = \cfrac{1}{\cfrac{1}{(\underline{Z}_0 + 3\underline{Z}_{ME})} + \underline{Y}_0} = \cfrac{1}{\cfrac{1}{(\underline{Z}_s + 2\underline{Z}_g + 3\underline{Z}_{ME})} + \underline{Y}_E} \qquad (8.7)$$

Im Mit- und Gegensystem können die Leiter-Erde-Impedanzen $1/\underline{Y}_1$ aufgrund ihrer wesentlich größeren Werte (kleine Kapazitätswerte) gegenüber den kleinen Längsimpedanzen $\underline{Z}_1 = \underline{Z}_2$ vernachlässigt werden, wodurch sich die in Gl. (8.6) angegebene Näherung für die Fehlertorimpedanzen $\underline{Z}_{1F} = \underline{Z}_{2F}$ ergibt.

8.3 Ströme, Spannungen und Erdfehlerfaktor bei 1-poligen Leiter-Erde-Fehlern

Mit der Ersatzschaltung in den Symmetrischen Koordinaten können die Fehlerströme berechnet werden. Hierzu kann entweder Gl. (3.21) verwendet werden oder nochmals der Maschensatz auf die drei Komponentensysteme in Abbildung 8.3 angewendet werden. Anschließend wird die Rücktransformation in die natürlichen Koordinaten durchgeführt. Für den Fehlerstrom bei einem 1-poligen Leiter-Erde-Fehler ergibt sich mit $\underline{U}_{q1} = \underline{U}_{qa}$ und $\underline{Z}_{1F} = \underline{Z}_{2F}$ sowie Abbildung 8.2:

$$\underline{I}_{aF} = 3\underline{I}_{1F} = -\underline{I}_{CE} - \underline{I}_{GE} - \underline{I}_{ME} = 3\frac{\underline{U}_{q1}}{\underline{Z}_{1F} + \underline{Z}_{2F} + \underline{Z}_{0F}} = \frac{3}{2+\underline{m}}\frac{\underline{U}_{qa}}{\underline{Z}_{1F}} = \frac{3}{2+\underline{m}}\underline{I}''_{k3} \qquad (8.8)$$

In Gl. (8.8) beschreibt der Faktor $\underline{m}$ das komplexe Verhältnis der Nullsystemtorimpedanz zur Mitsystemtorimpedanz. Für annähernd gleiche Impedanzwinkel nimmt dieses Verhältnis einen reellen Wert an:

$$\underline{m} = \frac{\underline{Z}_{0F}}{\underline{Z}_{1F}} \approx m \quad \text{für} \quad \angle\underline{Z}_{0F} \approx \angle\underline{Z}_{1F} \qquad (8.9)$$

Die graphische Auswertung des auf den 3-poligen Kurzschlussstrom $\underline{I}''_{k3}$ (vgl. Abschnitt 3.7.4) bezogenen Fehlerstroms $\underline{I}_{aF}$ in Abhängigkeit vom Betrag und Winkel des Impedanzverhältnisses $\underline{m}$ zeigt Abbildung 8.4.

Der Fehlerstrom $\underline{I}_{aF}$ bei 1-poligen Leiter-Erde-Fehlern setzt sich entsprechend Gl. (8.8) aus den drei Komponenten $\underline{I}_{CE}$, $\underline{I}_{GE}$ und $\underline{I}_{ME}$ (Knotensatz am Knoten E in Abbildung 8.2) zusammen. Die erste Komponente entspricht dem sogenannten kapazitiven Erdschlussstrom:

$$\underline{I}_{CE} = j\omega\, C_E\, (\underline{U}_{bF} + \underline{U}_{cF}) = j\omega\, C'_E\, l\, (\underline{U}_{bF} + \underline{U}_{cF}) \qquad (8.10)$$

die zweite Komponente dem konduktiven Erdschlussstrom:

$$\underline{I}_{GE} = G_E\, (\underline{U}_{bF} + \underline{U}_{cF}) = G'_E\, l\, (\underline{U}_{bF} + \underline{U}_{cF}) \qquad (8.11)$$

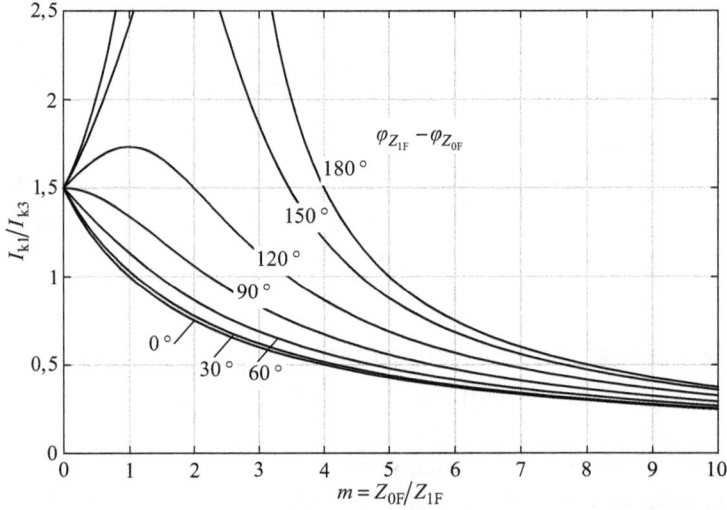

Abb. 8.4: 1-poliger Erd(kurz)schlussstrom in Leiter a in Abhängigkeit von Betrag und Phasenwinkel des Impedanzverhältnisses $\underline{m}$

und die dritte Komponente dem Sternpunkt-Erde-Strom, die mit Gl. (8.1) in einen Strom durch den Leitwert G_{ME} und einen Strom durch die Suszeptanz B_{ME} aufgeteilt werden kann:

$$\underline{I}_{ME} = \underline{Y}_{ME}\underline{U}_{ME} = \left(G_{ME} - j\frac{1}{\omega L_{ME}} \right) \underline{U}_{ME} = (G_{ME} + jB_{ME})\,\underline{U}_{ME} = \underline{I}_{GME} + \underline{I}_{BME} \qquad (8.12)$$

Diese drei Ströme lassen sich mit den Leiter-Erde-Spannungen $\underline{U}_{bF}$ und $\underline{U}_{cF}$ der nicht fehlerbehafteten Leiter sowie mit der Sternpunkt-Erde-Spannung $\underline{U}_{ME}$ berechnen. Die Leiter-Erde-Spannungen der nicht fehlerbehafteten Leiter können dabei ebenfalls als Funktionen des Faktors $\underline{m}$ angegeben werden (siehe Gl. (3.22) in Abschnitt 3.7.1):

$$\underline{U}_{bF} = \frac{(\underline{a}^2 - \underline{a}) + (\underline{a}^2 - 1)\,\underline{m}}{2 + \underline{m}}\underline{U}_{qa} = -\frac{\sqrt{3}}{2}\left(\frac{\sqrt{3}\underline{m}}{2 + \underline{m}} + j \right)\underline{U}_{qa} \qquad (8.13)$$

und:

$$\underline{U}_{cF} = \frac{(\underline{a} - \underline{a}^2) + (\underline{a} - 1)\,\underline{m}}{2 + \underline{m}}\underline{U}_{qa} = -\frac{\sqrt{3}}{2}\left(\frac{\sqrt{3}\underline{m}}{2 + \underline{m}} - j \right)\underline{U}_{qa} \qquad (8.14)$$

Die Sternpunkt-Erde-Spannung $\underline{U}_{ME}$ berechnet sich mit Hilfe der Spannungsteilerregel (siehe Band 1, Abschnitt 8.5) und der Ersatzschaltung in den Symmetrischen Koordinaten in Abbildung 8.3:

$$\underline{U}_{ME} = -\frac{\underline{Z}_{0F}}{\underline{Z}_{1F} + \underline{Z}_{2F} + \underline{Z}_{0F}} \cdot \frac{\underline{Z}_{ME}}{\underline{Z}_{ME} + \underline{Z}_0}\underline{U}_{qa} = -\frac{\underline{m}}{2 + \underline{m}} \cdot \frac{1}{1 + \underline{Z}_0/\underline{Z}_{ME}}\underline{U}_{qa} \qquad (8.15)$$

Für die Beschreibung der stationären Spannungserhöhungen in den nicht vom 1-poligen Leiter-Erde-Fehler betroffenen Leitern b und c wird als bezogene Größe der Erdfehlerfaktor δ mit der Leiter-Leiter-Spannung vor Fehlereintritt $U_{\text{Betrieb}} \approx \sqrt{3}U_{\text{q1}}$ als Bezugsgröße verwendet:

$$\delta = \frac{\max(U_{\text{bF}}, U_{\text{cF}})}{U_{\text{Betrieb}}/\sqrt{3}} = \max\left(\left|-\frac{\sqrt{3}}{2}\left(\frac{\sqrt{3}\underline{m}}{2+\underline{m}} \pm j\right)\right|\right) \overset{\underline{m}\approx m}{=} \sqrt{3}\frac{\sqrt{m^2 + m + 1}}{2 + m} \qquad (8.16)$$

Der Ausdruck $\max(U_{\text{bF}}, U_{\text{cF}})$ beschreibt dabei die höchste im Netz auftretende betriebsfrequente Leiter-Erde-Spannung bei Eintritt eines 1-poligen Leiter-Erde-Fehlers bzw. auch bei einem anderen Querfehler mit Erdberührung. Dieser Höchstwert tritt in Netzen mit einer niederohmigen Sternpunkterdung am Ort des Fehlers auf, während in Netzen mit isolierten Sternpunkten oder mit einer Resonanzsternpunkterdung diese Spannung typischerweise entfernt von der Fehlerstelle aufgrund von kapazitiven Spannungserhöhungen auftritt [5].

Entsprechend zu der Auswertung für den 1-poligen Fehlerstrom in Abbildung 8.4 zeigen Abbildung 8.5 und Abbildung 8.6 die Auswertungen für die Erdfehlerfaktoren der Leiter b und c und damit indirekt die für die Leiter-Erde-Spannungen $\underline{U}_{\text{bF}}$ und $\underline{U}_{\text{cF}}$ der nicht fehlerbehafteten Leiter.

Bei sehr großen Werten für $\underline{m}$ bzw. für die Nullsystemtorimpedanz $\underline{Z}_{\text{0F}}$ strebt der Erdfehlerfaktor δ gegen den Wert $\sqrt{3}$, und es stellen sich die $\sqrt{3}$-fachen Leiter-Erde-Spannungen $\underline{U}_{\text{bF}}$ und $\underline{U}_{\text{cF}}$ im stationären Zustand gegenüber der normalen Betriebsspannung mit entsprechenden Beanspruchungen der Isolation ein (siehe Abbildung 8.5 und Abbildung 8.6).

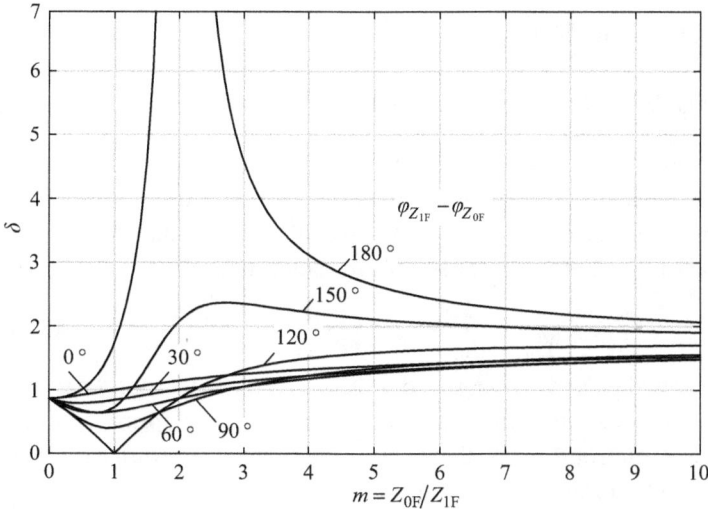

Abb. 8.5: Leiter-Erde-Spannung $\underline{U}_{\text{bF}}$ im Leiter b bei einem 1-poligen Erd(kurz)schluss in Leiter a in Abhängigkeit von Betrag und Phasenwinkel des Impedanzverhältnisses $\underline{m}$

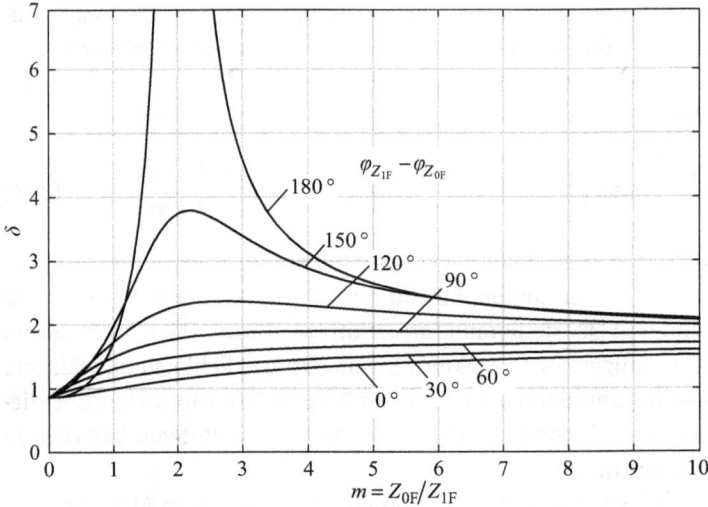

Abb. 8.6: Leiter-Erde-Spannung $\underline{U}_{cF}$ im Leiter c bei einem 1-poligen Erd(kurz)schluss in Leiter a in Abhängigkeit von Betrag und Phasenwinkel des Impedanzverhältnisses $\underline{m}$

Mit den Bestimmungsgleichungen für die Leiter-Erde-Spannungen in den Gln. (8.13) und (8.14) erhält man für den kapazitiven und den konduktiven Erdschlussstrom:

$$\underline{I}_{CE} = -j\omega C'_E l\frac{3m}{2 + \underline{m}}U_{qa} \quad \text{und} \quad \underline{I}_{GE} = -G'_E l\frac{3m}{2 + \underline{m}}U_{qa} \tag{8.17}$$

8.4 Netze mit isoliertem Sternpunkt

8.4.1 Erdschlussstrom, Leiter-Erde- und Sternpunkt-Erde-Spannungen

In Netzen mit freien oder isolierten Sternpunkten (Netze ohne Sternpunkterdung, oSPE) werden alle Sternpunkte der Transformatoren isoliert betrieben (siehe Abbildung 8.7). Es gilt somit $|\underline{Z}_{ME}| \rightarrow \infty$ bzw. $\underline{Y}_{ME} = 0$. Die Nullsystemtorimpedanz $\underline{Z}_{0F}$ in Gl. (8.7) entspricht damit dem Kehrwert der Leiter-Erde-Admittanz $\underline{Y}_E$:

$$\underline{Z}_{0F} = \frac{1}{\underline{Y}_{0F}} = \frac{1}{\underline{Y}_E} = \frac{1}{G_E + j\omega C_E} \tag{8.18}$$

Bei Betrachtung der Impedanzverhältnisse in den Ersatzschaltungen der einzelnen Teilsysteme der Symmetrischen Koordinaten erkennt man, dass die Torimpedanzen im Mit- und Gegensystem aufgrund der großen Leiter-Erde-Impedanzen durch die kleineren Längsimpedanzen bestimmt werden (vgl. Gl. (8.6)):

$$\underline{Z}_{1F} = \underline{Z}_{2F} = \frac{1}{\dfrac{1}{\underline{Z}_1} + \underline{Y}_1} \approx \underline{Z}_1 = \underline{Z}_2 = \underline{Z}_s - \underline{Z}_g \tag{8.19}$$

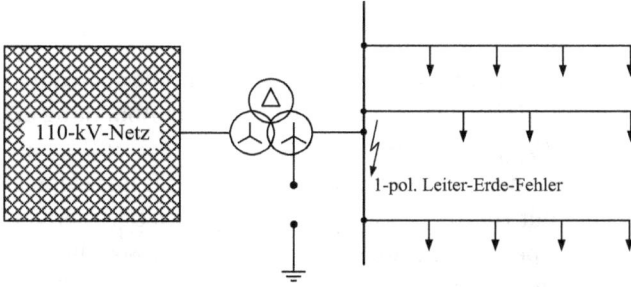

Abb. 8.7: Beispiel für ein mit einem isoliertem Sternpunkt betriebenes MS-Netz, das über einen Yy(d)0-Transformator an ein 110-kV-Netz angeschlossen ist

Die Nullsystemtorimpedanz stellt damit im Vergleich zu den Mit- und Gegensystemtorimpedanzen einen sehr großen Wert dar, der die den Fehlerstrom begrenzende Gesamtimpedanz in Gl. (8.8) eindeutig dominiert. Entsprechend wird auch das Impedanzverhältnis $\underline{m}$ sehr groß:

$$|\underline{Z}_{1F}| = |\underline{Z}_{2F}| \ll |\underline{Z}_{0F}| = |1/\underline{Y}_E| \quad \text{und} \quad m \gg 1 \tag{8.20}$$

Die Sternpunkt-Erde-Spannung $\underline{U}_{ME}$ in Gl. (8.15) entspricht damit ungefähr der Quellenspannung des Leiters a (vgl. auch Abbildung 8.2 oder Abbildung 8.3) mit den beschriebenen Näherungen sowie $\underline{Z}_0/\underline{Z}_{ME} \to 0$ wegen $|\underline{Z}_{ME}| \to \infty$):

$$\underline{U}_{ME} \approx -\underline{U}_{qa} = -\underline{U}_{q1} \tag{8.21}$$

Für den 1-poligen Leiter-Erde-Fehlerstrom folgt damit (vgl. Gl. (8.8) mit $\underline{I}_{ME} = 0$):

$$\underline{I}_{aF} = -\underline{I}_{CE} - \underline{I}_{GE} \approx 3\frac{\underline{U}_{qa}}{\underline{Z}_{0F}} = 3\underline{Y}_{0F}\underline{U}_{qa} = 3\left(G_E + j\omega C_E\right)\underline{U}_{qa} \approx -\underline{I}_{CE} = j3\omega C_E\underline{U}_{qa} \tag{8.22}$$

Dieser Fehlerstrom entspricht bei Vernachlässigung der Leitwerte dem negativen kapazitiven Erdschlussstrom $\underline{I}_{CE}$ und ist aufgrund der großen Impedanz des Nullsystems ein kleiner Strom (Erdschlussstrom), der im Bereich von einigen A bis zu einigen 10 A liegt.

Die Leiter-Erde-Spannungen der nicht fehlerbehafteten Leiter berechnen sich mit den angegebenen Näherungen ($m \gg 1$) aus den Gln. (8.13) und (8.14) zu:

$$\underline{U}_{bF} \approx -\frac{\sqrt{3}}{2}\left(\sqrt{3} + j\right)\underline{U}_{qa} = -\sqrt{3}\underline{U}_{qa}e^{j\frac{\pi}{6}} \tag{8.23}$$

und:

$$\underline{U}_{cF} \approx -\frac{\sqrt{3}}{2}\left(\sqrt{3} - j\right)\underline{U}_{qa} = -\sqrt{3}\underline{U}_{qa}e^{-j\frac{\pi}{6}} \tag{8.24}$$

Entsprechend ist der Erdfehlerfaktor in Gl. (8.16) für beide nicht fehlerbehafteten Leiter gleich groß und ergibt sich zu (vgl. Abbildung 8.6 und Abbildung 8.7):

$$\delta \approx \sqrt{3} \tag{8.25}$$

8.4.2 Zeigerbild

Diese anhand der Gleichungen hergeleiteten Zusammenhänge lassen sich auch durch die Konstruktion eines Zeigerbildes für das minimale Systemmodell in Abbildung 8.2 unter Beachtung der Näherungen ($|\underline{Z}_{ME}| \to \infty$ und $\underline{Z}_1$, $\underline{Z}_2$, $\underline{Z}_0$, $\underline{Z}_{1F}$, $\underline{Z}_{2F} \ll \underline{Z}_{ME}$) ableiten. Die Konstruktion beginnt mit der Darstellung der drei Zeiger für das symmetrische Quellenspannungssystem mit $\underline{U}_{qa}$, $\underline{U}_{qb} = \underline{a}^2\underline{U}_{qa}$ und $\underline{U}_{qc} = \underline{a}\,\underline{U}_{qa}$. Bei Vernachlässigung der kleinen Längsimpedanzen erkennt man anhand des Maschensatzes über die Fehlerstelle, die Quellenspannung im Leiter a und den offenen Sternpunkt mit der Sternpunkt-Erde-Spannung $\underline{U}_{ME}$ den Zusammenhang in Gl. (8.21). Aus den entsprechenden Maschensätzen über die anderen Spannungsquellen ergibt sich:

$$\underline{U}_{bF} \approx \underline{U}_{qb} + \underline{U}_{ME} \quad \text{und} \quad \underline{U}_{bF} \approx \underline{U}_{qc} + \underline{U}_{ME} \tag{8.26}$$

Nach der Konstruktion dieser Spannungszeiger können die Ströme durch die Leitwerte und die Kondensatoren in den Leiter b und c angegeben werden. Ihre jeweilige Summe ergibt den kapazitiven und den konduktiven Erdschlussstrom. Die Summe der beiden Anteile ergibt den resultierenden Fehlerstrom im Leiter a, der aufgrund seiner geringen Größenordnung als Erdschlussstrom bezeichnet wird.

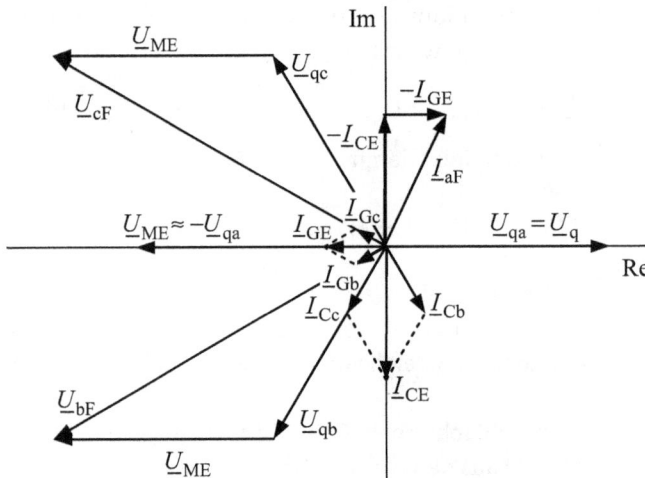

Abb. 8.8: Zeigerbild für einen 1-poligen Leiter-Erde-Fehler (Erdschluss) in einem Netz mit einem isolierten Sternpunkt

8.4.3 Einsatzgebiet, Löschgrenze und Vor- und Nachteile

Diese Art der Sternpunkterdung wird in Netzen eingesetzt, wo der Erdschlussstrom $\underline{I}_{aF}$ kleiner als die Löschgrenze [23] bleibt. Die Löschgrenze wird im Allgemeinen als Bewertungsgrundlage bei der Auswahl einer Sternpunkterdungsart für ein Netz verwendet. Man geht dabei davon aus, dass unterhalb der Löschgrenze die Lichtbögen bei 1-poligen Leiter-Erde-Fehlern aufgrund ihrer geringen Größe von alleine verlöschen (Selbstlöschung). Man spricht dann von sogenannten Erdschlusswischern. Die Löschgrenze ist von der Netznennspannung abhängig und davon, ob das Netz mit isolierten Sternpunkten oder mit einer Resonanzsternpunkterdung betrieben wird (siehe Abbildung 8.9). Sie wird allerdings zunehmend kritisch gesehen [28], insbesondere bei der Nutzung als maximal zulässigen Fehlerstrom in Netzen mit Resonanzsternpunkterdung und hat im Normenwerk tatsächlich nur bei der Beeinflussung von Telekommunikationsanlagen durch Starkstromanlagen eine Bedeutung (siehe [29]). Die höheren Werte der Löschgrenze für kompensiert betriebene Netze gegenüber den Werten für isoliert betriebene Netze ist durch den nach Fehlerklärung langsameren Spannungsanstieg (siehe Abschnitt 8.8) in dem vormals fehlerbehafteten Leiter zu erklären.

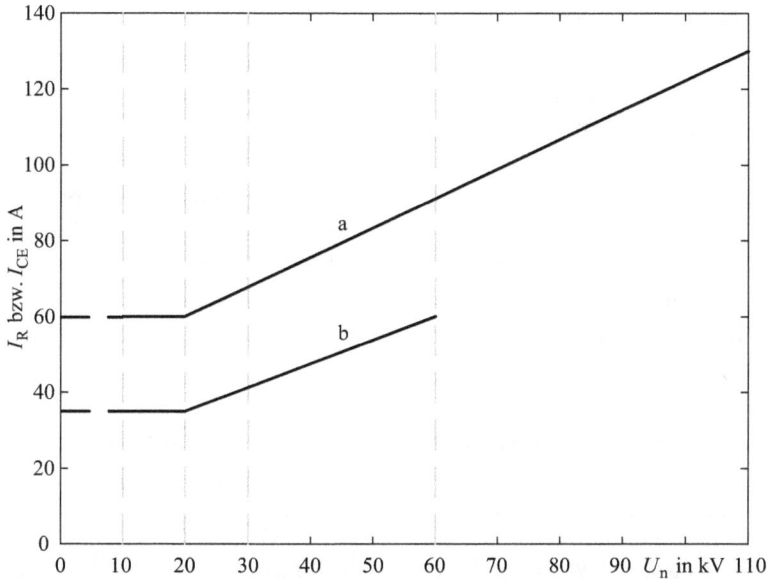

Abb. 8.9: Löschgrenzen nach [25] und [24] für den Erdschlussreststrom $\underline{I}_R$ in Netzen mit Resonanzsternpunkterdung (Verlauf a) und den kapazitiven Erdschlussstrom $\underline{I}_{CE}$ in Netzen mit isoliertem Sternpunkt (Verlauf b) in Abhängigkeit von der Netznennspannung

Legt man ein Netz mit isolierten Sternpunkten entsprechend dem Bewertungskriterium Löschgrenze aus und zieht näherungsweise nur den Betrag des kapazitiven Erdschlussstroms $\underline{I}_{CE}$ für den Fehlerstrom heran (siehe Gl. (8.22)), so wird deutlich, dass mit steigender Netzgröße der kapazitive Erdschlussstrom ansteigt. Die jeweilige Löschgrenze entsprechend Abbildung 8.9, Verlauf b wird ab einer bestimmten Netzausdehnung bzw. einer bestimmten Stromkreislänge l überschritten, wodurch diese Art der Sternpunkterdung nicht mehr anwendbar ist (vgl. auch Gl. (8.17) für $|\underline{m}| \gg 1$):

$$I_{\mathrm{aF}} \approx I_{\mathrm{CE}} = 3\omega C_E U_{\mathrm{qa}} = 3\omega C_E' l U_{\mathrm{qa}} = I_{\mathrm{CE}}' l < I_{\mathrm{lösch}} \qquad (8.27)$$

Der längenbezogene kapazitive Erdschlussstrom I_{CE}' liegt beispielhaft mit den Daten für typische MS-Freileitungen und MS-Kabel aus Band 2, Abschnitt 6.5.4 im Bereich von 54 mA/km für MS-Freileitungen und 3,2 A/km für MS-Kabel. Für HS-Freileitungen und -Kabel ergeben sich Werte von 0,3 A/km bzw. 11,4 A/km (siehe Tabelle 8.1). Bedingt durch die wesentlich größeren Leiter-Erde-Kapazitätsbeläge C_E' ist der kapazitive Erdschlussstrombeitrag von MS- und HS-Kabeln um ein Vielfaches größer (hier Faktor 58 bzw. Faktor 38) als der von MS- bzw- HS-Freileitungen. Daraus folgend lassen sich maximal zulässige Stromkreislängen von MS- und HS-Netzen bis $U_{\mathrm{n}} = 60$ kV mit isolierten Sternpunkten unter Zuhilfenahme der Kennlinie b in Abbildung 8.9 berechnen. In reinen MS-Kabelnetzen (hier 20 kV) wird bereits ab Stromkreislängen von wenigen Kilometern (hier 11,1 km) der kapazitive Erdschlussstrom die Löschgrenze von Netzen mit isolierten Sternpunkt in Höhe von 35 A erreichen. In reinen MS-Freileitungsnetzen (hier 20 kV) liegt diese Grenze bei mehreren hundert Kilometern (hier 643,2 km). Es wird damit deutlich, dass diese Art der Sternpunkterdung nur in Netzen mit geringen Ausdehnungen und nur mit geringen Kabelanteilen sinnvoll eingesetzt werden kann. Dies sind typischerweise Kraftwerkseigenbedarfsnetze oder Industrienetze. In HS-Netzen bis 60 kV sehen die Verhältnisse ähnlich aus. Insbesondere auch aufgrund der höheren Netznennspannung wird die Löschgrenze bereits bei geringeren Stromkreislängen als in der MS-Ebene erreicht. In reinen 60-kV-Kabelnetzen beträgt die maximal zulässige Stromkreislänge hier beispielhaft etwa 5 km, und in reinen Freileitungsnetzen wird die Löschgrenze bei Stromkreislängen von 200 km erreicht.

Tab. 8.1: Längenbezogener kapazitiver Erdschlussstrombeitrag von MS- und HS-Kabeln und -Freileitungen berechnet mit den typischen Leitungsparametern aus Band 2, Abschnitt 6.5.4

	MS-Netz (hier 20 kV)		HS-Netz (hier 60 kV)	
	Freileitung	**VPE-Kabel**	**Freileitung**	**VPE-Kabel**
Leitermaterial	Al/St	Al	Al/St	Cu
Querschnitt in mm^2	120/20	240	265/35	1000
S_{thmax} in MVA	14,2	15,9	130	158
C_0' in nF/km	5,000	290,000	5,000	190,000
I_{CE}' in A/km	0,054	3,156	0,299	11,373
$I_{\mathrm{lösch}}'$ in A	35	35	60	60
$l_{\mathrm{zul,max}}$ in km	643,2	11,1	200,5	5,3

Die Vor- und Nachteile von Netzen mit isolierten Sternpunkten sind:

- Erdschlusslichtbögen verlöschen von alleine, wenn die Beträge der Erdschlussströme unterhalb der Löschgrenze bleiben. Man spricht dann von Erdschlusswischern.

- Aufgrund der geringen Größe der Fehlerströme kann bei einem ausreichenden
  Isolationsniveau des Netzes das Netz bis zur Durchführung von Umschaltungen,
  die die Weiterversorgung von Netzkunden sicherstellen, weiterbetrieben werden,
  und es werden größere Beschädigungen von Betriebsmitteln vermieden.

- Die Schritt- und Berührungsspannungen an der Fehlerstelle sind aufgrund der
  kleinen Erdschlussströme im zulässigen Bereich.

- Durch den kleinen Erdschlussstrom treten nur vernachlässigbar kleine induktive
  Beeinflussungen von Informations- und Kommunikationsleitungen sowie anderen Leitungssystemen auf.

- Es ist kein technischer und finanzieller Aufwand für die Sternpunkterdung notwendig.

- Bei Eintritt eines Erdschlusses treten transiente Überspannungen in den nicht
  vom Fehler betroffenen Leitern auf, die den 2,5-fachen Wert der Leiter-Erde-Spannung erreichen können (siehe Abschnitt 8.8).

- Es tritt im stationären Zustand eine Sternpunkt-Erde-Spannung und damit eine
  Erhöhung der Leiter-Erde-Spannungen der nicht vom Fehler betroffenen Leiter
  um den Faktor $\sqrt{3}$ auf ($\delta = \sqrt{3}$). Diese zeitweilige Überspannung tritt für die Dauer
  des Erdschlusses im gesamten Netz auf und beansprucht die Isolation.

- Die transienten Überspannungen wie auch die stationären Spannungserhöhungen um $\sqrt{3}$ in den nicht vom Fehler betroffenen Leitern im Erdschlussfall können
  an Orten mit einer geschwächten Isolation zu weiteren Fehlern im Netz (Doppelerdkurzschluss, siehe Abschnitt 3.11) mit entsprechend hohen Kurzschlussströmen (vgl. Abschnitt 3.10) führen.

- Nach der Abschaltung des Erdschlusses besteht die Gefahr des Auftretens der Ferroresonanz (Kippschwingungen) [2, 8] insbesondere im Zusammenhang mit den
  nichtlinearen Kennlinien von Spannungswandlern (siehe Band 1, Abschnitt 17.7.2).

- Nach der Klärung eines Erdschlusses erreicht die Leiter-Erde-Spannung des vormals fehlerbehafteten Leiters bereits nach 10 ms im transienten Zeitbereich eine
  Überspannung von bis zum 1,7-fachen Wert der Leiter-Erde-Spannung im Normalbetrieb (siehe Abschnitt 8.8). Hierdurch besteht die Gefahr des Wiederzündens
  des Erdschlusses. Man spricht dann von einem sogenannten intermittierenden
  Erdschluss mit erheblichen Überspannungen in den beiden anderen Leitern von
  bis zu dem 3,5-fachen Wert der Leiter-Erde-Spannung im Normalbetrieb [23].

8.5 Netze mit Resonanzsternpunkterdung

In Netzen mit Resonanzsternpunkterdung werden einzelne Sternpunkte von Transformatoren über einphasige, in der Größe ihrer Reaktanz einstellbare Drosselspulen mit Eisenkern geerdet betrieben. Die Grundidee der Einführung der Resonanzsternpunkterdung ist, dass der Erdschlussstrom auf einen bestimmten Wert unterhalb der Löschgrenze begrenzt wird, indem der kapazitive Erdschlussstrom $\underline{I}_{CE}$ durch den induktiven Strom der Sternpunktdrosselspule $\underline{I}_{BME}$ (siehe Gl. (8.12)) kompensiert wird. Diese Idee wurde im Jahr 1917 von dem deutschen Elektroingenieur und späteren Universitätsprofessor W. Petersen entwickelt und patentiert. Die Sternpunkt-Erde-Drosselspule wird deshalb auch als Petersen-Spule bezeichnet.

8.5.1 Ströme, Spannungen und Erdfehlerfaktor bei 1-poligen Leiter-Erde-Fehlern

Mit Blick auf die Ersatzschaltung in den Symmetrischen Koordinaten in Abbildung 8.3 können bei Betrachtung der Impedanzverhältnisse in den Ersatzschaltungen für das Mit- und Gegensystem auch hier wieder die Querimpedanzen $1/\underline{Y}_1 = 1/\underline{Y}_2$ aufgrund ihrer Größe gegenüber den viel kleineren Längsimpedanzen $\underline{Z}_1 = \underline{Z}_2$ vernachlässigt werden:

$$\underline{Z}_{1F} = \underline{Z}_{2F} = \frac{1}{\dfrac{1}{\underline{Z}_1} + \underline{Y}_1} \approx \underline{Z}_1 = \underline{Z}_2 = \underline{Z}_s - \underline{Z}_g \tag{8.28}$$

Ebenso kann auch im Nullsystem die Längsimpedanz $\underline{Z}_0$ gegenüber der dreifachen Sternpunkt-Erde-Impedanz $\underline{Z}_{ME}$ vernachlässigt werden, da diese für die Kompensation des kapazitiven Erdschlussstromes in derselben Größenordnung wie die Leiter-Erde-Impedanzen $1/\underline{Y}_0 = 1/\underline{Y}_E$ liegt.

Des Weiteren erkennt man den in Abbildung 8.3 im Nullsystem aus der Leiter-Erde-Kapazität und der Sternpunkt-Erde-Drosselspule gebildeten gedämpften Parallelschwingkreis:

$$\underline{Z}_{0F} \approx \frac{1}{\dfrac{\underline{Y}_{ME}}{3} + \underline{Y}_E} = \frac{3}{G_{ME} - j\dfrac{1}{\omega L_{ME}} + 3G_E + j3\omega C_E}$$

$$= \frac{3}{G_{ME} + 3G_E + j\left(3\omega C_E - \dfrac{1}{X_{ME}}\right)} \tag{8.29}$$

Durch die Verstellung des Wertes der Reaktanz X_{ME} der Sternpunkt-Erde-Drosselspule kann der Schwingkreis für die Frequenz von 50 Hz als Sperrkreis mit einer sehr großen Nullsystemtorimpedanz abgestimmt werden und dadurch der Fehlerstrom $\underline{I}_{aF} = 3\underline{I}_{1F}$ begrenzt werden. Die Nullsystemtorimpedanz wird damit wesentlich größer als die Torimpedanzen des Mit- und Gegensystems:

$$|\underline{Z}_{0F}| \gg |\underline{Z}_{1F}| = |\underline{Z}_{2F}| \quad \text{und} \quad m \gg 1 \tag{8.30}$$

Damit entspricht auch die Sternpunkt-Erde-Spannung wieder näherungsweise der Quellenspannung des Leiters a (vgl. Maschenumlauf über die Fehlerstelle, die Quellenspannung im Leiter a und die Sternpunkt-Erde-Spannung in Abbildung 8.2 mit den getroffenen Näherungen):

$$\underline{U}_{ME} \approx -\underline{U}_{qa} = -\underline{U}_{q1} \tag{8.31}$$

Die Leiter-Erde-Spannungen der nicht fehlerbehafteten Leiter erhöhen sich damit analog zu den Netzen mit isoliertem Sternpunkt wieder auf den $\sqrt{3}$-fachen Wert:

$$\underline{U}_{bF} \approx -\sqrt{3}\,\underline{U}_{qa}\,e^{j\frac{\pi}{6}} \tag{8.32}$$

und:

$$\underline{U}_{cF} \approx -\sqrt{3}\,\underline{U}_{qa}\,e^{-j\frac{\pi}{6}} \tag{8.33}$$

Entsprechend ist der Erdfehlerfaktor in Gl. (8.16) für beide nicht fehlerbehafteten Leiter gleich groß und ergibt sich zu:

$$\delta \approx \sqrt{3} \tag{8.34}$$

Die Stromkompensation kann am besten erkannt werden, wenn in der Bestimmungsgleichung für den Fehlerstrom $\underline{I}_{aF}$ in Gl. (8.8) die Teilströme durch ihre Bestimmungsgleichungen in den Gln. (8.10) bis (8.12) sowie mit Gl. (8.31) ersetzt werden:

$$
\begin{aligned}
\underline{I}_{aF} &= -\underline{I}_{CE} - \underline{I}_{GE} - \underline{I}_{ME} \approx -\left(G'_E + j\omega C'_E\right) l \left(\underline{U}_{bF} + \underline{U}_{cF}\right) - \left(G_{ME} + jB_{ME}\right)\left(-\underline{U}_{qa}\right) \\
&= \left[3\left(G'_E + j\omega C'_E\right) l + \left(G_{ME} + jB_{ME}\right)\right]\underline{U}_{qa} \\
&= \left[3G'_E l + G_{ME} + j\left(\omega C'_E l - \frac{1}{X_{ME}}\right)\right]\underline{U}_{qa}
\end{aligned}
\tag{8.35}
$$

8.5.2 Reststrom, Verstimmung und Dämpfung

Der kompensierte Fehlerstrom in Gl. (8.35) wird auch als Reststrom $\underline{I}_R = \underline{I}_{aF}$ bezeichnet. Führt man den kapazitiven Erdschlussstrom $\underline{I}_{CE}$ aus Gl. (8.22) bzw. Gl. (8.17) für $m \gg 1$ als Bezugsstrom ein:

$$\underline{I}_{CE} = -j3\omega C_E \underline{U}_{qa} = -j3\omega C'_E l \underline{U}_{qa} = \underline{I}'_{CE} l \tag{8.36}$$

so lässt sich Gl. (8.35) wie folgt angeben:

$$
\begin{aligned}
\underline{I}_R = \underline{I}_{aF} = 3\underline{I}_{1F} &= -j3\omega C'_E l \underline{U}_{qa} \frac{(3G'_E l + G_{ME}) + j\left(3\omega C'_E l - 1/X_{ME}\right)}{-j3\omega C'_E l} \\
&= j\underline{I}_{CE}\left(\frac{3G_E + G_{ME}}{3\omega C_E} + j\frac{3\omega C_E - 1/X_{ME}}{3\omega C_E}\right) \\
&= 3\omega C_E \underline{U}_{qa}\left(\frac{3G_E + G_{ME}}{3\omega C_E} + j\frac{3\omega C_E - 1/X_{ME}}{3\omega C_E}\right)
\end{aligned}
\tag{8.37}
$$

Der Reststrom kann noch mit Bezug zur Quellenspannung $\underline{U}_{qa}$ des Leiters a in einen Wirkanteil (Wirkreststrom) I_{Rw} und einen Blindanteil I_{Rb} aufgeteilt werden:

$$\underline{I}_R = \underline{I}_{Rw} + j\underline{I}_{Rb} = j\underline{I}_{CE}\,(d + jv) = 3\omega C_E\,(d + jv)\,\underline{U}_{qa} \tag{8.38}$$

mit der Dämpfung d:

$$d = \frac{\underline{I}_{Rw}}{j\underline{I}_{CE}} = \frac{I_{Rw}}{I_{CE}} = \frac{3G_E + G_{ME}}{3\omega C_E} = \frac{3G'_E l + G_{ME}}{3\omega C'_E l} \tag{8.39}$$

der Verstimmung v:

$$
\begin{aligned}
v &= \frac{\underline{I}_{Rb}}{j\underline{I}_{CE}} = \frac{I_{Rb}}{I_{CE}} = \frac{I_{CE} - I_{MEb}}{I_{CE}} = \frac{(3\omega C'_E l - 1/X_{ME})\,U_{qa}}{3\omega C'_E l U_{qa}} \\
&= 1 - \frac{1}{3\omega^2 C'_E l L_{ME}} = 1 - \frac{1}{3\omega C_E X_{ME}}
\end{aligned} \tag{8.40}
$$

und dem Betrag des Reststroms:

$$I_R = \sqrt{I_{Rw}^2 + I_{Rb}^2} = I_{CE}\sqrt{d^2 + v^2} = 3\omega C_E\sqrt{d^2 + v^2}\,U_{qa} = 3\omega C'_E l\sqrt{d^2 + v^2}\,U_{qa} \tag{8.41}$$

Der Wirkreststrom I_{Rw} ist konstant und kann nicht durch die Kompensation beeinflusst werden (siehe parallele Leitwerte in Abbildung 8.2). Demgegenüber kann über die Verstimmung v der Blindstrom I_{Rb} und somit der resultierende Reststrom $\underline{I}_R$ eingestellt werden. Für $v > 0$ stellt sich ein unterkompensierter Fall ein, d. h. dass der induktive Strom durch die Sternpunkt-Erde-Impedanz den kapazitiven Erdschlussstrom $\underline{I}_{CE}$ nicht vollständig kompensiert. Die Sternpunkt-Erde-Impedanz ist größer als die Leiter-Erde-Impedanz der Leitungskapazitäten. Für $v < 0$ stellt sich entsprechend der überkompensierte Fall ein. In diesem Fall übersteigt der induktive Strom $\underline{I}_{ME}$ durch die Sternpunkt-Erde-Impedanz den kapazitiven Erdschlussstrom $\underline{I}_{CE}$ (Überkompensation). Im Sonderfall $v = 0$ sind beide Impedanzen und die beiden Ströme vom Betrag gleich groß und kompensieren sich vollständig gegenseitig. Es fließt nur noch der Wirkreststrom (siehe Abbildung 8.10). Der Reststrom ist dann minimal. Bei Vernachlässigung der Verluste ($d = 0$) ist er sogar gleich null.

$$\underline{I}_R(v = 0) = \underline{I}_{Rw} = j\underline{I}_{CE}d = 3\omega C_E \underline{U}_{qa}d = 3\omega C'_E l\underline{U}_{qa}d \tag{8.42}$$

Für den Sonderfall $v = 1$ erkennt man anhand von Gl. (8.40), dass dann $X_{ME} \to \infty$ gelten muss, womit dieser Sonderfall Netze mit isolierten Sternpunkten beschreibt (siehe Abschnitt 8.4). Die im nachfolgenden Abschnitt 8.6 dargestellten Netze mit einer niederohmigen bzw. im Extremfall mit einer starren Sternpunkterdung ergeben sich für den Sonderfall $v \to -\infty$ bzw. mit Gl. (8.40) für $X_{ME} \to 0$.

Die Dämpfung und damit der Wirkreststrom setzen sich aus einem Anteil, der aus dem Leitwert und damit den Verlusten der Sternpunktdrosselspule resultiert, und einem Anteil aus den Leitwerten der Freileitungen und Kabel zusammen. Die Beiträge

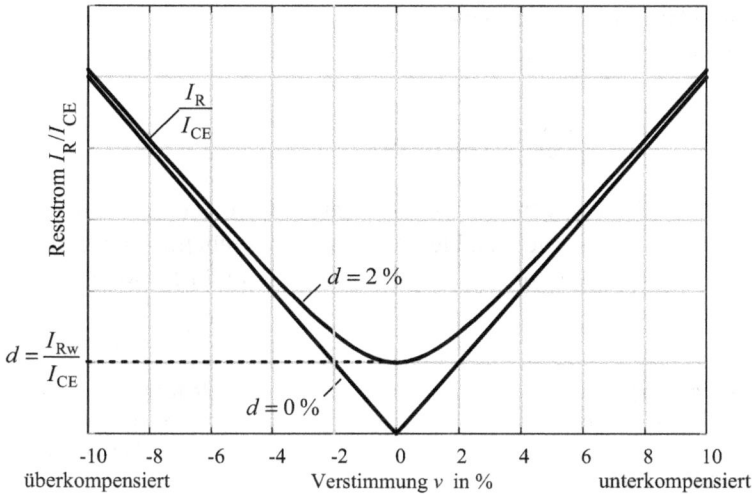

Abb. 8.10: Reststrom bei Erdschluss mit und ohne Dämpfung d in Abhängigkeit von der Verstimmung v

der Drosselspulen zur Dämpfung d liegen heute in einem Bereich von 0,5 bis 1,5 %, während die Dämpfung der Kabel nahezu konstant ist und dem Verlustwinkel $\tan\delta$ (siehe Band 2, Abschnitt 6.3.2.2) entspricht. Für VPE-Kabel ist dieser Wert kleiner als $\tan\delta < 0{,}4\cdot 10^{-3}$ und für Papier-Masse-Kabel liegt er bei $\tan\delta = (3\ldots 4)\cdot 10^{-3}$ (siehe Band 2, Abschnitt 6.3.2.2), wodurch sich eine sehr kleine und konstante, d. h. witterungsunabhängige Dämpfung d ergibt. Die Dämpfungsbeiträge von Freileitungen sind deutlich größer, liegen im Bereich von 1,5 bis 4 % und sind vor allem witterungsabhängig. Aufgrund der kleinen Dämpfungsbeiträge der Kabel können somit auch sehr ausgedehnte MS- und HS-Kabelnetze oder MS- und HS-Netze mit einem hohen Kabelanteil noch mit einer Resonanzsternpunkterdung betrieben werden, ohne dass der Wirkreststrom zu groß wird und eine Selbstlöschung der 1-poligen Leiter-Erde-Fehler verhindert wird. Insbesondere in MS-Kabelnetzen wird die technische Grenze typischerweise nicht erreicht. Allerdings wird für die Kompensation des kapazitiven Erdschlussstroms ein entsprechend hoher Bedarf an Drosselspulenblindleistung erforderlich. So würde beispielsweise in HS-Netzen der Zubau von 100 km VPE-Kabel den kapazitiven Erdschlussstrom um mehr als 1 kA (mit den typischen Leitungsparametern aus Band 2, Abschnitt 6.5.4 $\Delta I_{CE} = I'_{CE}\Delta l_K = 1137$ A) (siehe Tabelle 8.2) ansteigen lassen und damit für dessen Kompensation mit $v = -0{,}05$ die Installation von Drosselspulen mit einer Blindleistung von 75,8 Mvar erforderlich machen.

$$\Delta Q_{\text{Spule}} = \Delta I_{\text{MEb}}U_{\text{qa}} = (1-v)\Delta I_{CE}U_{\text{qa}} = (1-v)\underline{I}'_{CE}\Delta l U_{\text{qa}} = 3\omega C'_E\Delta l(1-v)U_{\text{qa}}^2 \quad (8.43)$$

Die maximal zulässigen Stromkreislängen in reinen Freileitungs- und Kabelnetzen der MS- und HS-Ebene mit einer Resonanzsternpunkterdung ergeben sich aus Gl. (8.41) mit $C_E = C'_{E,\text{FL}}l_{\text{FL}} + C'_{E,K}l_K$ (Index FL=Freileitung, Index K=Kabel) unter Zuhilfenahme der Kennlinie a in Abbildung 8.9 und mit einer Verstimmung von $v = -0{,}05$ sowie den in Tabelle 8.2 angegebenen Werten für die Dämpfung und die Leitungsbeläge.

$$l_{\text{FLzulmax}} = \frac{I_{\text{R}}}{3\omega C'_{\text{E,FL}}\sqrt{d^2 + v^2}\,U_{\text{qa}}} - \frac{C'_{\text{E,K}}}{C'_{\text{E,FL}}} l_{\text{K}} \tag{8.44}$$

Auch hier sind die maximal zulässigen Stromkreislängen von Kabelnetzen im Bereich von einigen Hundert Kilometern erheblich kleiner als die von Freileitungsnetzen mit mehreren Tausend Kilometern (Faktor 46 für MS- und Faktor 30 für HS-Netze, siehe Tabelle 8.2).

Tab. 8.2: Maximal zulässige Länge von MS- und HS-Kabel- und MS- und HS-Freileitungsnetzen mit Resonanzsternpunkterdung für eine Verstimmung $v = 5\,\%$ und angenommenen Dämpfungen $d_{\text{L}} = d_{\text{F}}$ für die Freileitung, $d_{\text{L}} = d_{\text{K}}$ für die Kabel und d_{S} für die Petersen-Spule berechnet mit den typischen Leitungsparametern aus Band 2, Abschnitt 6.5.4

	MS-Netz (hier 20 kV)		HS-Netz (hier 60 kV)	
	Freileitung	VPE-Kabel	Freileitung	VPE-Kabel
Leitermaterial	Al/St	Al	Al/St	Cu
Querschnitt in mm^2	120/20	240	265/35	1000
S_{thmax} in MVA	14,2	15,9	130	158
C'_0 in nF/km	5,000	290,000	5,000	190,000
I'_{CE} in A/km	0,054	3,156	0,299	11,373
$d = d_{\text{L}} + d_{\text{S}}$ in %	0,03+0,01	0,001+0,01	0,03+0,01	0,001+0,01
$I'_{\text{lösch}}$ in A	60	60	132	132
$l_{\text{zul,max}}$ in km	17.220,6	372,6	6783,9	223,8

Grundsätzlich besteht der Erdschlussreststrom aus dem Wirkreststrom, dem nicht kompensierten Anteil des kapazitiven Erdschlussstroms und aus den bislang nicht berücksichtigten Oberschwingungsrestströmen. Bei der Berechnung des Reststromes sind deshalb auch die harmonischen Anteile (siehe Band 1, Abschnitt 6.3), die sich den beiden anderen Anteilen des Erdschlussreststroms an der Fehlerstelle überlagern, zu berücksichtigen. Dies kann näherungsweise mit der folgenden Gleichung (vgl. Gl. (8.38)) erfolgen [8]:

$$I_{\text{R}} = \sqrt{I_{\text{Rw}}^2 + I_{\text{Rb}}^2} = I_{\text{CE}}\sqrt{d^2 + v^2 + \sum_{v=2}^{\infty} i_v^2} \le I_{\text{lösch}} \quad \text{mit} \quad i_v = \frac{I_v}{I_{\text{CE}}} \tag{8.45}$$

Die Oberschwingungsanteile im Erdschlussreststrom sind aufgrund ihrer Größenordnung ein wichtiges Beurteilungskriterium bei der Überprüfung der Einhaltung der Löschgrenze.

8.5.3 Zeigerbild

Die beschriebenen Verhältnisse können ebenfalls wieder mit einem Zeigerbild (siehe Abbildung 8.11) erläutert werden. Die Konstruktion beginnt mit der Darstellung der drei Zeiger für das symmetrische Quellenspannungssystem mit $\underline{U}_{qa}$, $\underline{U}_{qb} = \underline{a}^2 \underline{U}_{qa}$ und $\underline{U}_{qc} = \underline{a}\,\underline{U}_{qa}$. Bei Vernachlässigung der vergleichsweise kleinen Längsimpedanzen erkennt man anhand des Maschensatzes über die Fehlerstelle, die Quellenspannung $\underline{U}_{qa}$ im Leiter a und die Sternpunkt-Erde-Spannung $\underline{U}_{ME}$ den Zusammenhang in Gl. (8.31). Aus den entsprechenden Maschensätzen über die beiden anderen Spannungsquellen ergibt sich analog zur Beschreibung für die Netze mit isoliertem Sternpunkt:

$$\underline{U}_{bF} \approx \underline{U}_{qb} + \underline{U}_{ME} \quad \text{und} \quad \underline{U}_{bF} \approx \underline{U}_{qc} + \underline{U}_{ME} \tag{8.46}$$

Nach der Konstruktion dieser Spannungszeiger können die Zeiger für die Ströme durch die Leitwerte $\underline{I}_{Gb}$, $\underline{I}_{Gc}$ und durch die Kondensatoren $\underline{I}_{Cb}$, $\underline{I}_{Cc}$ in den Leiter b und c gebildet werden. Ihre jeweiligen Summen ergeben den konduktiven und den kapazitiven Erdschlussstrom $\underline{I}_{GE}$ und $\underline{I}_{CE}$. Zusätzlich können mit der Spannung $\underline{U}_{ME}$ die beiden Teilströme $\underline{I}_{GME}$ und $\underline{I}_{BME}$ durch die verlustbehaftete Sternpunkt-Erde-Drosselspule konstruiert werden. Die Summe der vier Ströme ergibt den Reststrom $\underline{I}_R = \underline{I}_{aF}$ im Leiter a, der aufgrund seiner geringen Größenordnung als Erdschlussstrom bezeichnet wird. Ist der Strom $\underline{I}_{BME}$ größer als der kapazitive Erdschlussstrom $\underline{I}_{CE}$ (siehe Abbildung 8.11) handelt es sich um den überkompensierten Fall mit $v < 0$. Anderenfalls stellt sich mit $|\underline{I}_{bME}| < |\underline{I}_{CE}|$ der unterkompensierte Fall mit $v > 0$ ein.

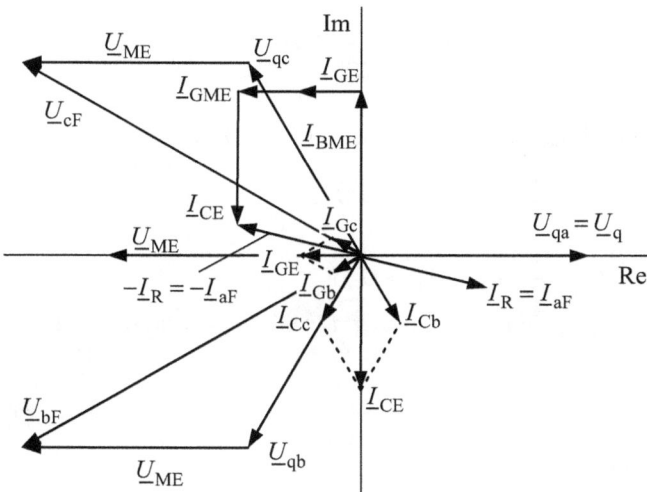

Abb. 8.11: Zeigerbild für einen 1-poligen Leiter-Erde-Fehler (Erdschluss) in einem Netz mit Resonanzsternpunkterdung mit $v < 0$ (überkompensierter Fall)

8.5.4 Verlagerungsspannung im fehlerfreien Betrieb

In den Netzen der MS- und HS-Ebene, in denen die Resonanzsternpunkterdung eingesetzt wird, werden die Freileitungen typischerweise nicht verdrillt (siehe Band 2, Abschnitt 6.5.3), so dass eine natürliche kapazitive Unsymmetrie (siehe Band 1, Abschnitt 19.1.2) aufgrund der unterschiedlichen Leiter-Erde-Kapazitäten vorliegt. Durch diese Unsymmetrie stellt sich eine unsymmetrische Strom- und Spannungsverteilung mit einem Strom durch die Sternpunkt-Erde-Impedanz ein, wodurch sich auch im erdschlussfreien Normalbetrieb eine Verlagerungsspannung einstellt. Diese Verlagerungsspannung wird mit dem Minimalnetzmodell in Abbildung 8.2 für den erdschlussfreien Zustand und mit der Annahme von unsymmetrischen Leiter-Erde-Admittanzen $\underline{Y}_{aE} \neq \underline{Y}_{bE} \neq \underline{Y}_{cE}$ berechnet. Hierfür ist der Knotensatz am Bezugsknoten zu bilden:

$$0 = \underline{I}_a + \underline{I}_b + \underline{I}_c + \underline{I}_{ME} = \underline{Y}_{aE}\underline{U}_a + \underline{Y}_{bE}\underline{U}_a + \underline{Y}_{cE}\underline{U}_a + \underline{Y}_{ME}\underline{U}_{ME} \qquad (8.47)$$

Die drei Leiter-Erde-Spannungen $\underline{U}_a$, $\underline{U}_b$ und $\underline{U}_c$ können mit Hilfe der Quellenspannungen und der Sternpunkt-Erde-Spannung bei Vernachlässigung der vergleichsweise kleinen Längsspannungsabfälle (vgl. Abschnitt 8.2) abgeschätzt werden:

$$\underline{U}_a \approx \underline{U}_{qa} + \underline{U}_{ME}, \underline{U}_b \approx \underline{U}_{qb} + \underline{U}_{ME} \quad \text{und} \quad \underline{U}_c \approx \underline{U}_{qc} + \underline{U}_{ME} \qquad (8.48)$$

Die Zusammenfassung der einzelnen Terme in Gl. (8.47) und die Symmetrie der Quellenspannungen liefern mit Gl. (8.48):

$$
\begin{aligned}
\underline{U}_{ME} &= -\frac{\underline{Y}_{aE} + \underline{a}^2\underline{Y}_{bE} + \underline{a}\,\underline{Y}_{cE}}{\underline{Y}_{aE} + \underline{Y}_{bE} + \underline{Y}_{cE} + \underline{Y}_{ME}}\underline{U}_{qa} \\
&= -\frac{1}{3\omega C_E} \cdot \frac{\underline{Y}_{aE} + \underline{a}^2\underline{Y}_{bE} + \underline{a}\,\underline{Y}_{cE}}{\dfrac{3G_E + G_{ME}}{3\omega C_E} + j\dfrac{3\omega C_E - 1/X_{ME}}{3\omega C_E}}\underline{U}_{qa}
\end{aligned}
\qquad (8.49)
$$

mit den Mittelwerten der Leiter-Erde-Kapazitäten und der Leiter-Erde-Leitwerte:

$$C_E = \frac{1}{3}\left(C_{aE} + C_{bE} + C_{cE}\right) \qquad (8.50)$$

und:

$$G_E = \frac{1}{3}\left(G_{aE} + G_{bE} + G_{cE}\right) \qquad (8.51)$$

Mit den Bestimmungsgleichungen für die Dämpfung d in Gl. (8.39) und die Verstimmung v in Gl. (8.40) vereinfacht sich Gl. (8.49) für die Verlagerungsspannung $\underline{U}_{ME}$ zu:

$$\underline{U}_{ME} = \frac{-\underline{k}}{d + jv}\underline{U}_{qa} \qquad (8.52)$$

mit dem Unsymmetriefaktor $\underline{k}$:

$$\underline{k} = \frac{\underline{Y}_{aE} + \underline{a}^2\underline{Y}_{bE} + \underline{a}\,\underline{Y}_{cE}}{3\omega C_E} \qquad (8.53)$$

Die Verlagerungsspannung $\underline{U}_{ME}$ kann ebenso wie der Reststrom $\underline{I}_R$ in Abbildung 8.10 als Funktion der Verstimmung v dargestellt werden. Es stellt sich die typische Glocken-

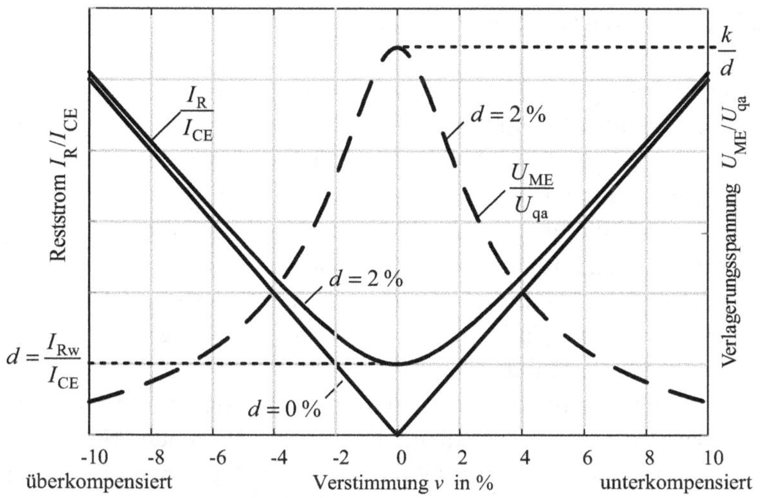

Abb. 8.12: Verlagerungsspannung im ungestörten Betrieb und Reststrom bei Erdschluss in Abhängigkeit von der Verstimmung

kurve ein, die ihr Maximum $\underline{U}_{\text{MEmax}} = -k/d \cdot \underline{U}_{\text{qa}}$ bei vollständiger Kompensation mit $v = 0$ erreicht (siehe Abbildung 8.12).

Damit treten durch die kapazitive Unsymmetrie bereits im Normalbetrieb eine Verlagerungsspannung $\underline{U}_{\text{ME}}$ und daraus folgend unsymmetrische Leiter-Erde-Spannungen $\underline{U}_{\text{a}}$, $\underline{U}_{\text{b}}$ und $\underline{U}_{\text{c}}$ auf.

Um die Verlagerungsspannung und damit die Leiter-Erde-Spannungen im Normalbetrieb klein zu halten, wählt man eine kleine Verstimmung im überkompensierten Bereich. Hierbei ist ein Kompromiss (siehe Abschnitt 8.5.5) zwischen einer möglichst geringen Verlagerungsspannung und der Einhaltung der Löschgrenze für den Reststrom zu finden.

Die Verlagerungsspannung im Normalbetrieb wird des Weiteren dazu genutzt, die Sternpunkt-Erde-Drosselspule abzustimmen und um damit z. B. bei Schaltzustandsänderungen im Netz die Verstimmung v einzustellen. Für diese Abstimmung ist zwingend eine Unsymmetrie erforderlich, da die Verlagerungsspannung für ein symmetrisches System im fehlerfreien Zustand gleich null ist. Insbesondere in Kabelnetzen ist aufgrund des nahezu symmetrischen Aufbaus der Kabel nur eine geringe Verlagerungsspannung messbar. Deswegen wird in den Kabelnetzen durch den Einbau von Leiter-Erde-Kondensatoren eine künstliche Unsymmetrie eingebaut, um im Normalbetrieb eine Verlagerungsspannung erzeugen zu können und um damit eine Abstimmung der Resonanzsternpunktdrosselspule durchführen zu können [8].

In Netzen mit isolierten Sternpunkten (siehe Abschnitt 8.4) macht sich die Verlagerungsspannung kaum bemerkbar, da mit $v = 1$ der Nenner gegenüber dem Zählerausdruck vergleichsweise groß und damit die Verlagerungsspannung klein wird.

8.5.5 Einsatzgebiet, Löschgrenze und Vor- und Nachteile

Diese Art der Sternpunkterdung wird in Netzen eingesetzt, wo der kompensierte Erdschlussreststrom I_R kleiner als die Löschgrenze entsprechend Abbildung 8.9 bleibt und die Lichtbögen bei 1-poligen Leiter-Erde-Fehlern aufgrund ihrer geringen Größe von alleine verlöschen können (Erdschlusswischer). Die Löschgrenze ist wie die Löschgrenze für Netze mit isolierten Sternpunkten von der Netznennspannung abhängig (siehe Abbildung 8.9). Aufgrund der durch den nach der Fehlerklärung langsameren Spannungsanstieg (siehe Abschnitt 8.8) in dem vormals fehlerbehafteten Leiter sind die Werte für die Löschgrenze für kompensiert betriebene Netze gegenüber den Werten für isoliert betriebene Netze höher.

Legt man ein Netz mit Resonanzsternpunkterdung entsprechend dem Bewertungskriterium Löschgrenze aus, so wird deutlich, dass mit steigender Netzgröße der Erdschlussreststrom und damit auch der Wirkreststrom entsprechend Gl. (8.38) ansteigen. Auch wenn der kapazitive Erdschlussstrom im Erdschlussreststrom vollständig kompensiert wird ($v = 0$), übersteigt ab einer bestimmten Netzausdehnung bzw. einer bestimmten Stromkreislänge l der Reststrom bzw. der Wirkreststrom in Gl. (8.41) die Löschgrenze entsprechend Abbildung 8.9. Diese Art der Sternpunkterdung ist dann nicht mehr anwendbar. Die Netzausdehnung bzw. Stromkreislänge l ist im Vergleich zu der möglichen Netzausdehnung in Netzen mit isolierten Sternpunkten allerdings deutlich größer. Ebenso ist diese Art der Sternpunkterdung auch in Netzen mit Nennspannungen bis zu 110 kV einsetzbar. So wird der Großteil der 20-kV- und nahezu die Hälfte der 10-kV-Netze und in mehr als 80 % der 110-kV-Netze die Resonanzsternpunkterdung eingesetzt.

In der Praxis erfolgt keine exakte Kompensation ($v = 0$). Stattdessen wählt man üblicherweise eine kleine Überkompensation mit $v = -5 \dots -10\,\%$. Eine Überkompensation wird u. a. deshalb gewählt, damit das Netz im fehlerfreien Zustand bei Abschaltungen von Leitungen, die zu einer Verringerung der Leiter-Erde-Kapazitäten führen, nicht in den Resonanzpunkt mit hohen Verlagerungsspannungen fällt. Die Einstellung der Erdschlusslöschspule auf die für einen bestimmten Netzschaltzustand wirksame Netzkapazität erfolgt durch ein stufenweises Beschalten der Wicklungsanzapfungen oder bei Tauchkernspulen stufenlos durch das Heraus- und Hereinfahren des Eisenkernjochs und eine dadurch mögliche Veränderung der Größe des Luftspalts und damit der Induktivität (siehe Abbildung 8.13). Die Verlagerungsspannung durchläuft dabei im Normalbetrieb ein Maximum entsprechend Abbildung 8.12 und ist entsprechend Gl. (8.52) von der Dämpfung d und dem Unsymmetriefaktor $\underline{k}$ abhängig. Darüber hinaus weisen die Tauchkernspulen aufgrund des Eisenkerns eine nichtlineare Magnetisierungskennlinie auf, wodurch die in Abbildung 8.12 dargestellten idealen Verhältnisse in der Praxis nicht auftreten und das Maximum der Verlagerungsspannung nicht mit dem Minimum des Reststromes zusammenfällt.

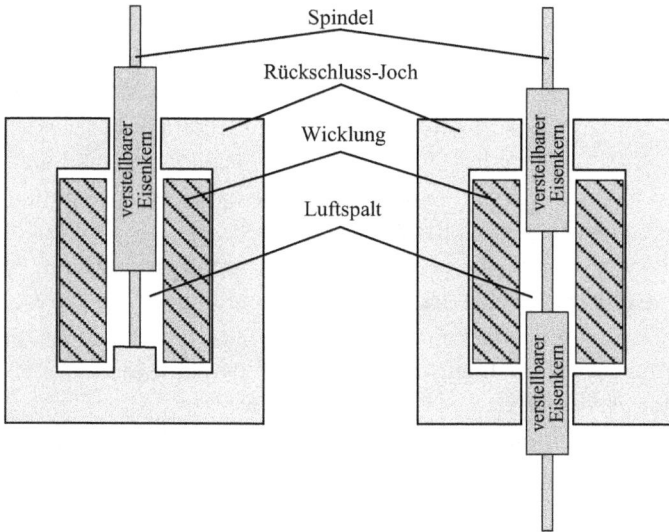

Abb. 8.13: Erdschlusslöschspulen (Petersen-Spulen) als Tauchkernspule mit einem einstellbaren Eisenkern (Tauchkern)

Für den Anschluss der Sternpunkt-Erde-Drosselspulen an die herausgeführten Sternpunkte der Transformatoren ist neben einer geeigneten Schaltgruppe eine ausreichende Sternpunktbelastbarkeit der Transformatoren zu fordern (siehe Band 2, Abschnitt 5.8). Ist dies nicht gegeben, ist für den Anschluss einer Sternpunkt-Erde-Drosselspule oder auch für die direkte Erdung ein sogenannter Sternpunktbildner zu installieren. Sternpunktbildner (siehe Abbildung 8.14) sind entweder dreiphasige Drosselspulen in Zickzackschaltung oder Transformatoren in Stern-Dreieck-Schal-

Abb. 8.14: 10-kV-Sternpunktbildner (P_r = 303 kVA, Schaltgruppe ZN, U_m = 24 kV) mit dem von oben herangeführten Anschlussdrehstromsystem und dem nach rechts wegführten Sternpunkt, der über Stromwandler an das Erdungssystem im Umspannwerk angebunden ist

tung, wobei die unterspannungsseitige Dreieckwicklung als Ausgleichswicklung ausgeführt ist. Sternpunktbildner werden des Weiteren auch eingesetzt, um einen künstlichen Sternpunkt in einem Netz zu erzeugen, falls bei einem das Netz mit anderen Netzebenen verbindenden Transformator in Stern-Stern-Schaltung bereits der Sternpunkt auf der anderen Transformatorseite beschaltet sein sollte und man eine Kopplung der Nullsysteme über den Transformator bei einer beidseitigen Sternpunktbeschaltung vermeiden möchte (siehe auch Band 2, Abschnitt 5.5.3).

Die Vor- und Nachteile von Netzen mit einer Resonanzsternpunkterdung sind:

- Bei Eintritt eines Erdschlusses treten transiente Überspannungen (siehe Abschnitt 8.8) in den nicht vom Fehler betroffenen Leitern auf, die das 2,5-fache der Leiter-Erde-Spannung im Normalbetrieb erreichen können (analog zu denen in Netzen mit isoliertem Sternpunkt).

- Es tritt im Erdschlussfall im stationären Zustand eine Sternpunkt-Erde-Spannung und damit eine Erhöhung der Leiter-Erde-Spannungen in den nicht vom Fehler betroffenen Leitern um den Faktor $\sqrt{3}$ auf ($\delta = \sqrt{3}$). Diese zeitweilige Überspannung tritt für die Dauer des Erdschlusses im gesamten Netz auf und beansprucht die Isolation entsprechend.

- Die transienten Überspannungen wie auch die stationären Spannungserhöhungen um $\sqrt{3}$ in den nicht vom Fehler betroffenen Leitern im Erdschlussfall können an Orten mit einer geschwächten Isolation zu weiteren Fehlern im Netz (Doppelerdkurzschluss, siehe Abschnitt 3.11) führen.

- Nach der Abschaltung des Erdschlusses klingt die Sternpunkt-Erde-Verlagerungsspannung mit nahezu Netzfrequenz auf ihren Wert im stationären fehlerfreien Betrieb ab (Spulenausgleichsvorgang, siehe [23] und Abschnitt 8.8).

- Die Spannung des vormals fehlerbehafteten Leiters klingt vergleichsweise langsam nach der Klärung des Erdschlusses auf ihren Wert im Normalbetrieb innerhalb von mehreren Netzperioden ab (siehe Abschnitt 8.8), so dass sich die Lichtbogenstrecke verfestigen kann und die Gefahr eines intermittierenden Erdschlusses mit einem erneuten Zünden des Erdschlusses und daraus resultierenden hohen transienten Überspannungen gering ist.

- Die Erdschlusslichtbögen verlöschen von alleine, solange die Löschgrenze eingehalten wird (Erdschlusswischer). Aufgrund der kleinen Fehlerströme werden Zerstörungen an der Fehlerstelle weitgehend vermieden.

- Aufgrund der geringen Größe der Fehlerströme kann das Netz bei einem ausreichenden Isolationsniveau bis zur Durchführung von Umschaltungen, die die Weiterversorgung von Netzkunden sicherstellen, weiterbetrieben werden, und es werden größere Beschädigungen von Betriebsmitteln vermieden.

- Die Schritt- und Berührungsspannungen an der Fehlerstelle sind aufgrund der kleinen Erdschlussströme im zulässigen Bereich.

- Durch den kleinen Erdschlussstrom treten nur vernachlässigbar kleine induktive Beeinflussungen von Informations- und Kommunikationsleitungen sowie anderen Leitungssystemen auf.

- Es ist ein zusätzlicher Aufwand für die Erdschlusskompensationsdrosselspulen mit ihren Nebenanlagen erforderlich. Im Betrieb ist der Kompensationsgrad für die Verstimmung *v* ständig zu überwachen.
- Für die Erkennung einer von einem Erdschluss betroffenen Leitung und die anschließende Fehlerbeseitigung ist eine selektive Erdschlusserfassung notwendig.
- Bei einer größeren kapazitiven Unsymmetrie entstehen bereits im Normalbetrieb erhebliche Verlagerungsspannungen.

8.5.6 Kurzzeitige niederohmige Sternpunkterdung

Die kurzzeitige niederohmige Sternpunkterdung (KNOSPE) ist eine Sonderform der Sternpunkterdung, bei der kurzzeitig ein niederohmiger Widerstand in einen Sternpunkt eines ansonsten resonanzsternpunktgeerdeten Netzes während eines Erdschlusses zugeschaltet wird. Damit erhöht sich der Erdschlussstrom während der Zuschaltung zu einem Erdkurzschlussstrom (siehe Abschnitt 8.6) begrenzter Höhe, der dann durch den Kurzschlussschutz erkannt, geortet und abgeschaltet werden kann.

8.6 Netze mit niederohmiger Sternpunkterdung

In Netzen mit niederohmiger Sternpunkterdung (NOSPE) werden mehrere Sternpunkte von Transformatoren über niederohmige Reaktanzen oder Widerstände $\underline{Z}_{ME}$ strombegrenzend geerdet. Diese Impedanzen sind wesentlich kleiner als die Leiter-Erde-Impedanzen $1/\underline{Y}_E$. Als Sonderfälle der niederohmigen Sternpunkterdung sind die teilstarre und die starre Sternpunkterdung zu nennen. In Netzen mit einer teilstarren Sternpunkterdung sind nicht alle, sondern nur einige ausgewählte Sternpunkte direkt und damit impedanzlos geerdet. Die anderen Sternpunkte werden isoliert betrieben. In Netzen mit einer starren Sternpunkterdung sind alle Sternpunkte direkt und damit impedanzlos (starr) geerdet.

8.6.1 Erdkurzschlussstrom, Leiter-Erde- und Sternpunkt-Erde-Spannungen

Bei Betrachtung der Impedanzverhältnisse in den Ersatzschaltungen der einzelnen Teilsysteme der Symmetrischen Komponenten erkennt man erneut, dass die Fehlertorimpedanzen $\underline{Z}_{1F}$ und $\underline{Z}_{2F}$ im Mit- und Gegensystem aufgrund der großen Leiter-Erde-Impedanzen $1/\underline{Y}_1$ und $1/\underline{Y}_2$ durch die kleineren Längsimpedanzen $\underline{Z}_1$ und $\underline{Z}_2$ bestimmt werden. Auch im Nullsystem wird die Torimpedanz $\underline{Z}_{0F}$ durch die kleine Längsimpedanz $\underline{Z}_0$ und die kleine, niederohmige Sternpunkt-Erde-Impedanz $\underline{Z}_{ME}$ dominiert. Es gilt:

$$\underline{Z}_{1F} = \underline{Z}_{2F} \approx \underline{Z}_1 = \underline{Z}_2 = \underline{Z}_s - \underline{Z}_g \quad \text{und} \quad \underline{Z}_{0F} \approx \underline{Z}_0 + 3\underline{Z}_{ME} \qquad (8.54)$$

Das Impedanzverhältnis $\underline{m}$ in Gl. (8.9) nimmt vergleichsweise kleine Werte an, die typischerweise größer als eins sind ($m = 2 \dots 4$ für die starre/teilstarre und $m = 4 \dots 60$ für die strombegrenzende niederohmige Sternpunkterdung [3]):

$$\underline{m} = \frac{\underline{Z}_{0F}}{\underline{Z}_{1F}} \approx \frac{\underline{Z}_0 + 3\underline{Z}_{ME}}{\underline{Z}_1} \tag{8.55}$$

Der 1-polige Fehlerstrom $\underline{I}_{aF}$ berechnet sich grundsätzlich entsprechend Gl. (8.8) und kann mit den dargestellten Näherungen wie folgt bestimmt werden ($\underline{Z}_1 = \underline{Z}_2$):

$$\underline{I}_{aF} = 3\underline{I}_{1F} = \frac{3}{2 + \underline{m}} \frac{\underline{U}_{q1}}{\underline{Z}_{1F}} \approx 3 \frac{\underline{U}_{q1}}{2\underline{Z}_1 + \underline{Z}_0 + 3\underline{Z}_{ME}} \tag{8.56}$$

In Analogie zu der in Abschnitt 2.7 beschriebenen Kurzschlussstromberechnung mit der Ersatzspannungsquelle an der Fehlerstelle kann auch hier auf Basis der dort angegebenen Näherungen, die weitgehend den hier bereits getroffenen Näherungen (Vernachlässigung der Querelemente) entsprechen, mit einer Ersatzspannungsquelle gerechnet werden. Diese Ersatzspannungsquelle nimmt analog zu Gl. (2.20) den folgenden Wert an, wobei der Spannungsbeiwert c entsprechend der Tabelle 2.4 ausgewählt wird:

$$\underline{U}_{q1} = c \frac{U_{nN}}{\sqrt{3}} \tag{8.57}$$

Aufgrund der kleinen Impedanzen liegt der Fehlerstrom $\underline{I}_{aF}$ in der Größenordnung von einigen kA bis zu einigen 10 kA und kann damit Werte bis in die Größenordnung des 3-poligen Kurzschlussstromes erreichen (vgl. Abschnitt 3.10 und siehe Abbildung 8.4). Es handelt sich dann nicht mehr um einen Erdschlussstrom sondern um einen Erdkurzschlussstrom. Erdkurzschlussströme sind durch den Kurzschlussschutz schnellstmöglich abzuschalten. Ihre Höhe kann über die Größe der Sternpunkt-Erde-Impedanz $\underline{Z}_{ME}$ und auch über die Anzahl der geerdeten Sternpunkte (Beispiel teilstarre und starre Sternpunkterdung) eingestellt werden, so dass ein maximal zulässiger Erdkurzschlussstrom nicht überschritten wird:

$$I''_{k1} = I_{aF} = f\left(|\underline{Z}_{ME}|\right) \quad \Rightarrow \quad |\underline{Z}_{ME}| = g\left(I''_{k1} < I''_{k1max}\right) \tag{8.58}$$

Der maximal zulässige Erdkurzschlussstrom wird typischerweise in den HöS-Netzen auf einen Wert im Bereich von 40–60 % des 3-poligen Kurzschlussstromes [16] eingestellt. In 110-kV-Netzen werden die Erdkurzschlussströme auf Werte zwischen 5 kA bis 10 kA und in MS-Netzen auf Werte im Bereich von 0,4 kA bis 5 kA [4] bzw. 1,5 kA bis 2 kA [16] begrenzt, damit die Schutzgeräte noch sicher anregen können, aber die Berührungsspannungen und Beeinflussungen von Informationsleitungen noch ausreichend gering sind.

Die Sternpunkt-Erde-Spannung lässt sich mit Hilfe des Maschensatzes über den Erdkurzschluss, die Sternpunkt-Erde-Spannung und den Leiter a bestimmen:

$$\underline{U}_{ME} \approx -\underline{U}_{qa} + \underline{Z}_s \underline{I}_{aF} \tag{8.59}$$

Die Leiter-Erde-Spannungen der nicht vom Fehler betroffenen Leiter sind abhängig von der Sternpunkt-Erde-Impedanz und können als Funktionen des Impedanzverhältnisses $\underline{m}$ entsprechend der Gln. (8.13) und (8.14) mit den in Gl. (8.54) eingeführten Näherungen angegeben werden (siehe auch Abbildung 8.5 und Abbildung 8.6).

8.6.2 Erdfehlerfaktor sowie wirksame und nicht wirksame Sternpunkterdung

Der Erdfehlerfaktor δ und auch das Impedanzverhältnis $\underline{m}$ werden bei der niederohmigen Sternpunkterdung genutzt, um die niederohmig geerdeten Netze in wirksam und nicht wirksam geerdete Netze zu unterteilen. Diese Unterteilung ist entscheidend für die Bewertung und den Aufwand für die Erdung und Isolation von elektrischen Betriebsmitteln sowie indirekt eine Kennzeichnung dafür, ob die Kurzschlussströme ausreichend groß sind, um vom Schutz sicher erkannt zu werden und um damit eine zuverlässige selbsttätige Ausschaltung des Fehlers zu ermöglichen. Auf der anderen Seite sollen die Fehlerströme nicht zu groß werden, um die Berührungsspannungen klein halten zu können und den Erdungsaufwand zu begrenzen sowie die Ausschaltfähigkeit der Leistungsschalter (siehe Band 1, Abschnitt 17.1) nicht unnötig groß wählen zu müssen.

Die zeitweiligen Überspannungen im stationären Erdkurzschlusszustand sind in wirksam geerdeten Netzen ($\delta \leq 1,4$) auf das 1,4-fache der Betriebsspannung vor dem Fehler begrenzt. Sie treten, im Gegensatz zu den in Netzen mit isolierten Sternpunkten und mit einer Resonanzsternpunkterdung im gesamten Netz feststellbaren zeitweiligen Überspannungen, nur an und rund um die Fehlerstelle auf. Man geht dann davon aus, dass die zulässigen Berührungsspannungen aufgrund der schnellen Fehlerklärungszeit eingehalten werden. Eine geringere zeitweilige Überspannung deutet auf eine geringere Sternpunkt-Erde-Verlagerungsspannung und damit auf eine geringe Nullsystemimpedanz und diese wiederum auf eine ausreichend gute Erdung des Sternpunktes hin.

Durch die notwendige schnelle Abschaltung des Erdkurzschlusses kommt es zu Unterbrechungen der Versorgung der Verbraucher. Diese nachteilige Wirkung kann durch die Automatische Wiedereinschaltung (AWE, siehe Abschnitt 8.7) erheblich verringert werden, weil dadurch die Lichtbogenfehler, die den Großteil der Fehler ausmachen, schnell und ohne nennenswerte Beeinträchtigungen der Netzanschlussnehmer beseitigt werden können.

In nicht wirksam geerdeten Netzen mit $\delta = 1,4 \ldots \sqrt{3}$ treten entsprechend größere zeitweilige Überspannungen auf. Die Höhe der zeitweiligen Überspannungen verhält sich reziprok zur Höhe des Erdkurzschlussstroms, der durch die Größe der Sternpunkt-Erde-Impedanzen strombegrenzend eingestellt werden kann. In Abbildung 8.15 sind die Abhängigkeiten des Erdfehlerfaktors δ und des auf den 3-poligen Kurzschlussstrom I_{k3}'' bezogenen Erdkurzschlussstroms I_{k1}'' von dem Betrag des Impedanzverhältnisses $\underline{m}$ dargestellt. Der Bereich der wirksam geerdeten Netze mit

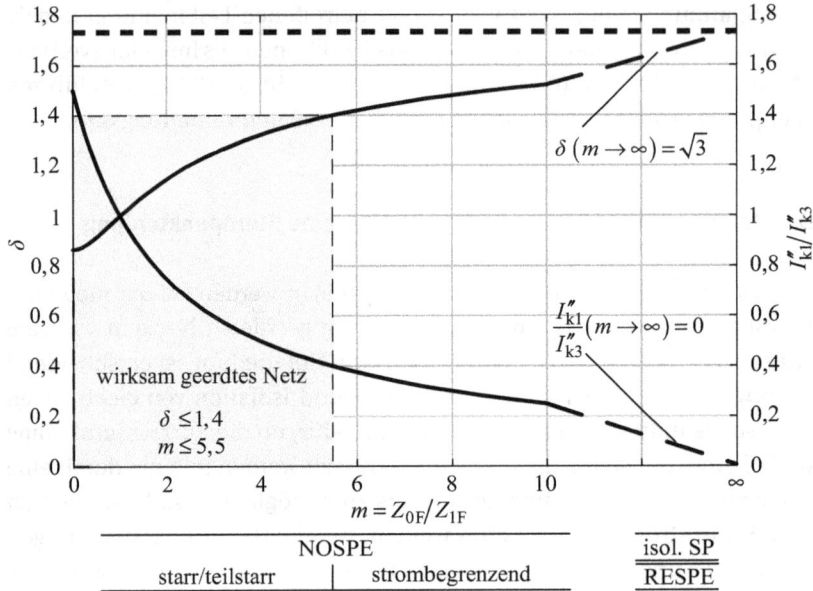

Abb. 8.15: Erdfehlerfaktor δ und bezogener 1-poliger Erdkurzschlussstrom I''_{k1} in Abhängigkeit vom Impedanzverhältnis $\underline{m}$

$\delta \leq 1,4$ stellt sich für ein Impedanzverhältnis von $m \leq 5,5$ mit Erdkurzschlussströmen $I''_{k1} \geq 0,4 I''_{k3}$ (vgl. Gl. (8.16)) ein. Dieser Bereich wird auch mit dem Bereich der starren und teilstarren Sternpunkterdung (typischerweise $m \approx 2 \ldots 4$) gleichgesetzt und geht in den Bereich der strombegrenzenden niederohmigen Sternpunkterdung über. Für $m > 5,5$ folgt dann der Bereich der nicht wirksam geerdeten Netze mit steigenden zeitweiligen Überspannungen in den nicht vom Erdkurzschluss betroffenen Leitern und abnehmenden Erdkurzschlussströmen. Dieser Bereich ist die Weiterführung des Bereichs der strombegrenzenden niederohmigen Sternpunkterdung, in dem die Größe des Fehlerstroms entsprechend der in Abschnitt 8.6.1 angegebenen Wertebereiche eingestellt wird und der Fehlerstrom einem Kurzschlussstrom entspricht.

Mit weiter steigendem Impedanzverhältnis $\underline{m}$ wird der Bereich der Netze mit einer Resonanzsternpunkterdung und mit isolierten Sternpunkten erreicht, die durch sehr kleine Fehlerströme (Erdschlussströme) und hohe zeitweilige Überspannungen gekennzeichnet sind.

8.6.3 Einsatzgebiet und Vor- und Nachteile

Die Vor- und Nachteile von Netzen mit einer niederohmigen Sternpunkterdung sind:
- Der Erdkurzschlussstrom lässt sich über die Größe der Sternpunkt-Erde-Impedanz in seiner Höhe einstellen.

– Der Fehler wird über den Kurzschlussschutz erkannt und schnellstmöglich abgeschaltet. Durch die möglichst selektive Abschaltung der fehlerbetroffenen Leitung entstehen Versorgungsunterbrechungen. Die Fehler werden mit einer automatischen Wiedereinschaltung geklärt. Hierfür sind AWE-Einrichtungen (siehe Abschnitt 8.7) und AWE-fähige Leistungsschalter (siehe Band 1, Abschnitt 17.1) erforderlich. In HS-Netzen erfolgt typischerweise eine 3-polige AWE, in HöS-Netzen wird eine 1-polige AWE eingesetzt.

– Die Verlagerungsspannung liegt aufgrund der schnellen Fehlerklärung nur kurzfristig während des Erdkurzschlusses an.

– Die Spannungsbeanspruchungen der nicht vom Fehler betroffenen Leiter sind deutlich reduziert, und es besteht in Netzen mit einer starren oder teilstarren Sternpunkterdung keine und in Netz mit einer strombegrenzenden niederohmigen Sternpunkterdung nur eine geringe Gefahr für das Eintreten eines Doppelerdkurzschlusses.

– Es ist nur ein geringer Aufwand für die Sternpunkterdung in Form von eisenfreien Luftdrosselspulen erforderlich.

– Für die Beherrschung der Schritt- und Berührungsspannungen bei den höheren Erdkurzschlussströmen ist ein höherer Aufwand für die Erdungen, insbesondere für die Masterdungen der Freileitungen erforderlich.

– Bei der teilstarren Erdung mit einer starren Erdung von einzelnen Sternpunkten ist darauf zu achten, dass infolge von Schalthandlungen bei Netzstörungen keine Netzinseln mit isolierten Sternpunkten entstehen. In diesen Bereichen würde dann u. a. bei einem 1-poligen Fehler eine unzulässige, die Isolation gefährdende stationäre Spannungserhöhung um den Faktor $\delta = \sqrt{3}$ auftreten.

Auf Basis der beschriebenen Vor- und Nachteile wird die niederohmige Sternpunkterdung als starre, in der Regel aber als teilstarre Sternpunkterdung in den HöS-Netzen ($U_{nN} \geq 220\,\text{kV}$) eingesetzt. Ebenso wird sie als strombegrenzende Sternpunkterdung in städtischen Kabelnetzen der MS-Ebene verwendet, da dort aufgrund der großen Kapazitäten und hohen kapazitiven Erdschlussströme keine ausreichende Erdschlusskompensation durchgeführt werden kann (der Reststrom wird zu groß). Des Weiteren wird die strombegrenzende niederohmige Sternpunkterdung in ausgedehnten HS-Netzen, wie z. B. dem 110-kV-Netz in Bayern, eingesetzt.

8.7 Automatische Wiedereinschaltung

Die automatische Wiedereinschaltung (AWE, früher Kurzunterbrechung (KU) oder Kurzunterbrechung mit automatischer Wiedereinschaltung) wird vornehmlich in Freileitungsnetzen oder Netzen mit einem hohen Freileitungsanteil der MS- bis HöS-Ebene zur Beseitigung von Lichtbogenfehlern eingesetzt. Lichtbogenfehler können in niederohmig geerdeten Netzen aufgrund der fließenden Erdkurzschlussströme nicht mehr wie die deutlich geringeren Erdschlussströme in Netzen mit isolierten Sternpunkten oder in Netzen mit Resonanzsternpunkterdung von selbst verlöschen. Die Erdkurzschlussströme sind durch die Schutzeinrichtungen zu erkennen und die betroffenen Betriebsmittel möglichst selektiv abzuschalten. Um eine längere Unterbrechung zu vermeiden, wird diese Abschaltung mit einer nachfolgenden AWE verbunden. Damit werden die ggf. vorhandenen Lichtbogenfehler geklärt, die Lichtbogenstrecke wird bei einer ausreichend langen Pausenzeit entionisiert, und es kann wieder eingeschaltet werden.

Die AWE wird in Abhängigkeit von der Sternpunkterdung und den Stabilitätsverhältnissen ein- oder 3-polig ausgeführt. Eine 3-polige AWE kann die Stabilität (siehe Kapitel 5) der Synchrongeneratoren gefährden, da die Synchrongeneratoren durch die 3-polige Trennung den Synchronismus verlieren können. Bei einer 1-poligen AWE kann der Synchronismus der Synchronmaschinen durch die beiden nicht getrennten Leiter in den meisten Fällen aufrechterhalten werden [26]. Bei der 1-poligen AWE müssen die Leistungsschalter (siehe Band 1, Abschnitt 17.1) 1-polig schaltbar ausgeführt sein, d. h., dass sie einen Einzelpolantrieb benötigen und dass die Schutzgeräte auf Basis von entsprechenden Kriterien für eine Einzelpolauslösung sorgen müssen. Bei der 3-poligen AWE verfügen die Leistungsschalter nur über einen gemeinsamen Antrieb für alle drei Pole.

In den Netzen der MS-Ebene wird die 3-polige AWE unabhängig von der Art der Sternpunkterdung eingesetzt [26]. In MS-Netzen mit isoliertem Sternpunkt oder mit Resonanzsternpunkterdung fließen nur Erdschlussströme, die von selbst verlöschen sollen. Somit sollen in Netzen mit einem hohen Freileitungsanteil vor allem Kurzschlüsse zwischen den Leitern, die durch atmosphärische Störungen entstanden sind und als Lichtbogenfehler auftreten, durch die 3-polige AWE beseitigt werden, indem diesen die Energie durch die kurzzeitige Abschaltung entzogen wird. In MS-Netzen mit einem hohen Kabelanteil, die mit einer niederohmigen Sternpunkterdung betrieben werden, oder allgemein in MS-Netzen mit niederohmiger Sternpunkterdung oder einer kurzzeitigen niederohmigen Sternpunkterdung (KNOSPE) können demgegenüber die Erdkurzschlussströme, sofern es sich um Lichtbogenfehler handelt, meistens durch den Einsatz der 3-poligen AWE geklärt werden. In den MS-Netzen hat sich auch der Einsatz einer zweimaligen AWE mit einer weiteren Pausenzeit (Sperrzeit) von 20 s bis 40 s, in der die Leistungsschalter wieder schaltbereit gemacht werden können, wenn keine ausreichende Energie im Speicher vorhanden ist (siehe Band 1, Abschnitt 17.1), bewährt.

Für HS-Netze mit einer Resonanzsternpunkterdung gelten dieselben Überlegungen wie für die MS-Netze mit einer Resonanzsternpunkterdung. In diesen Netzen wird ebenfalls die 3-polige AWE eingesetzt, auch weil aufgrund der geringeren Fehlerhäufigkeit, der größeren Isolationsabstände, dem Schutz durch die Erdseile und der geringeren Wahrscheinlichkeiten von Versorgungsunterbrechungen von Netzkunden (vermaschtes Netz, siehe Band 1, Abschnitt 16.1) die Auswirkungen geringer sind als in den MS-Netzen [26].

In den mit einer niederohmigen Sternpunkterdung betriebenen HS- und HöS-Netzen fließen bei 1-poligen Fehlern Erdkurzschlussströme, die, um die Auswirkungen der Kurzschlussströme auf Mensch und Tier sowie auf die Betriebsmittel gering zu halten, möglichst schnell abgeschaltet werden müssen. Da diese auch die am häufigsten auftretenden Fehler in diesen Netzen darstellen und man eine vollständige Abschaltung der betroffenen Freileitung vermeiden möchte, führt man eine 1-polige AWE durch, bevor nach einer erfolglosen AWE der Stromkreis endgültig abgeschaltet wird. Dadurch kann der Großteil der Fehler geklärt werden. Eine 1-polige AWE wird insbesondere in den HöS-Netzen auch aus Stabilitätsgründen eingesetzt (siehe oben).

Die Leistungsschalter müssen damit in der Lage sein, eine bestimmte Schaltreihenfolge auszuführen. Bei einer AWE schaltet der zuständige Leistungsschalter nach der Abschaltung nach einer resultierenden Pausenzeit (ca. 0,2 bis 3 s bei 1-poligen und ca. 0,2 bis 1,0 s bei einer 3-poligen AWE) automatisch wieder zu. Ist der Lichtbogen nach dem Wiedereinschalten verloschen, handelt es sich um eine erfolgreiche AWE. Anderenfalls, bei einer erfolglosen AWE, löst der Leistungsschalter nach einer von der Regeneration des Leistungsschalters abhängigen Sperrzeit von 2,0 s bis 10 s erneut aus. Der Leistungsschalter muss damit ausreichend Energie für mindestens drei Schalthandlungen (Aus–Ein–Aus) oder, falls der Leistungsschalter auch eine Freileitung zuschalten können soll, für vier Schalthandlungen (Ein–Aus–Ein–Aus) zur Verfügung haben.

8.8 Transiente Vorgänge

Bei Eintritt eines 1-poligen Fehlers entstehen während der transienten Ausgleichsvorgänge Überspannungen in den nicht vom Fehler betroffenen Leitern. Der transiente Verlauf des Erd(kurz)schlusses kann in drei charakteristische Teilvorgänge gegliedert werden. Diese laufen in guter Näherung zeitlich aufeinanderfolgend ab und können daher getrennt voneinander betrachtet werden. Dies sind [23]:
1. der Entladevorgang des fehlerbehafteten Leiters,
2. der Aufladevorgang der nichtfehlerbehafteten Leiter und
3. der Spulenausgleichsvorgang (sofern eine Sternpunkterdung vorliegt).

In Abbildung 8.16 sind für ein einfaches Beispielnetz mit einem isolierten Sternpunkt, dessen Ersatzschaltung der Ersatzschaltung in Abbildung 8.2 mit $|\underline{Z}_{ME}| \to \infty$ entspricht, die zeitlichen Verläufe der Leiter-Erde-Spannungen dargestellt. Zum Zeitpunkt des Fehlereintritts nach 10 ms bricht die Spannung des fehlerbehafteten Leiters a in Form einer hochfrequenten Schwingung auf null zusammen, und es schwingen die Leiter-Erde-Spannungen der nichtfehlerbehafteten Leiter b und c in Form einer höherfrequenten Aufladeschwingung auf ihre ebenfalls eingezeichneten stationären sinusförmigen Endwerte, die dem $\sqrt{3}$-fachen der Spannungen vor dem Fehler entsprechen, ein. Man erkennt, dass die Leiter-Erde-Spannungen mehr als das 2,5-fache

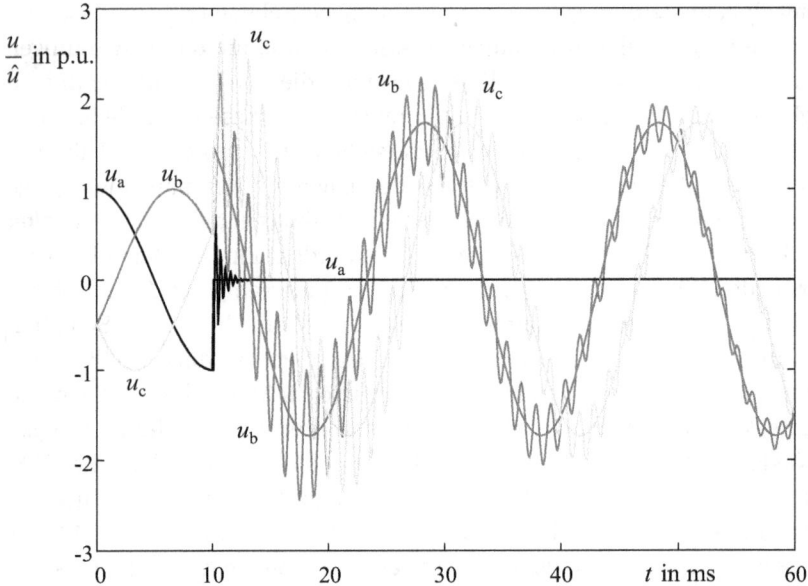

Abb. 8.16: Transienter Verlauf der Leiter-Erde-Spannungen bei Eintritt eines Erdschlusses zum Zeitpunkt $t = 10$ ms in einem Netz mit isolierten Sternpunkten

des Amplitudenwertes der stationären Betriebsspannung erreichen können, womit die Gefahr des Eintritts eines Doppelerdkurzschlusses (siehe Abschnitt 3.11) ansteigt.

Eine genaue Berechnung der transienten Ausgleichsvorgänge nach den Schaltgesetzen führt auf Differentialgleichungen höherer Ordnung oder bei Berücksichtigung der verteilten Parameter der Leitung auf transzendente Gleichungen, deren Lösung analytisch schwierig oder unmöglich ist und durch numerische Integration erfolgen muss. Im Allgemeinen reicht es aus, diese Vorgänge unter vereinfachenden Annahmen zu berechnen, weil zum einen diese hoch- und mittelfrequenten Vorgänge von kurzer Dauer und stark gedämpft sind, und zum anderen meistens nur der Anfang der Ausgleichsschwingung (die Amplitude der ersten Halbwelle ergibt bereits die höchste Überspannung bzw. den höchsten Strom) von Interesse ist.

Nach dem Löschen des Fehlerlichtbogens entweder im ersten Nulldurchgang des betriebsfrequenten Erdschlussstroms oder bei sehr kleinen Strömen auch im ersten Nulldurchgang der Aufladeschwingung kehrt die Leiter-Erde-Spannung auf dem vorher fehlerhaften Leiter schnell zurück und schwingt in der in Abbildung 8.17 dargestellten Beispielsimulation auf ungefähr den doppelten Amplitudenwert auf. Gleichzeitig klingt die Sternpunkt-Erde-Verlagerungsspannung u_{ME} langsam ab. Die Leiter-Erde-Spannungen der nicht fehlerbehafteten Leiter schwingen ebenfalls langsam wieder auf ihre stationären Spannungszeitverläufe ein (ein Abklingen ist in dem dargestellten Zeitbereich in Abbildung 8.17 noch nicht erkennbar). Kehrt die Leiter-Erde-Spannung auf dem vorher fehlerhaften Leiter zu schnell wieder und kann sich die Lichtbogenstrecke in diesem Zeitraum nicht ausreichend verfestigen, so ist eine Wiederzündung des Lichtbogens möglich. Dieses Wiederzünden führt zu noch höheren transienten Überspannungen in den nicht vom Fehler betroffenen Leitern, die ihrerseits die Gefahr eines Doppelerdkurzschlusses mit sich bringen.

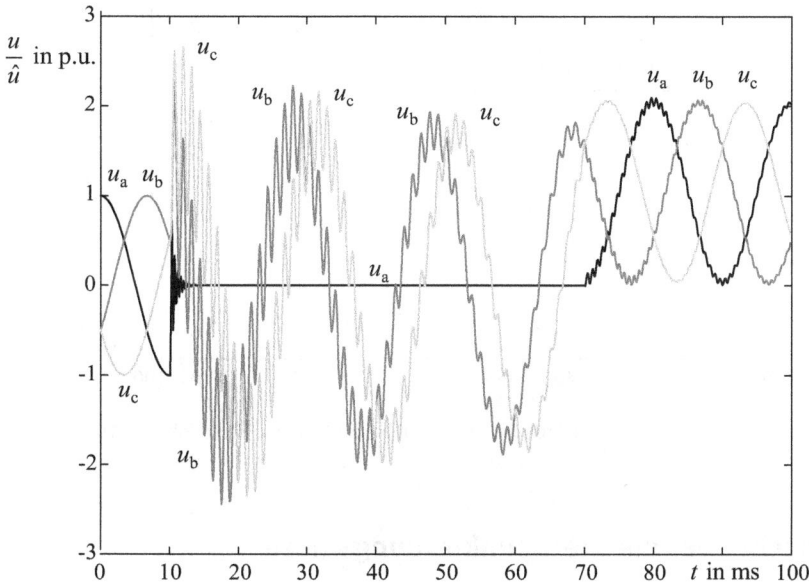

Abb. 8.17: Transienter Verlauf der Leiter-Erde-Spannungen bei Eintritt zum Zeitpunkt t = 10 ms und Löschen zum Zeitpunkt t = 70 ms eines Erdschlusses in einem Netz mit isolierten Sternpunkten

Wesentlich anders verlaufen die Vorgänge in Netzen mit einer Resonanzsternpunkterdung (siehe Abbildung 8.18). Bei Unterbrechung des Fehlerstromes im Nulldurchgang des Erdschlussstromes besitzt die Sternpunkt-Erde-Spannung den Wert null, weil die Ladungen über die Sternpunktreaktanz abfließen können, so dass keine Nullspannungen als Gleichspannungen auftreten. Somit ist die Gefahr eines intermittierenden Erdschlusses in Netzen mit Resonanzsternpunkterdung gering, da die wiederkehrende Spannung nur sehr langsam auf ihren maximalen Wert der Strangspannung einschwingt. In realen Netzen liegt diese Spannung nach etwa 1 s bis 1,2 s an. Findet eine Wiederzündung dennoch statt, so verlaufen die Vorgänge ohne größere Überspannungen ähnlich wie nach dem ersten Erdschlusseintritt.

Offensichtlich ist auch, dass ein schlecht kompensiertes Netz bezüglich der Gefahr eines intermittierenden Erdschlusses immer noch günstiger ist, als ein sternpunktisoliertes Netz. Positiv wirken in dieser Hinsicht die erhöhte Dämpfung durch die Spulenresistanz und der Abbau der niederfrequent schwingenden Nullsystemspannung über die Sternpunkt-Erde-Drosselspule.

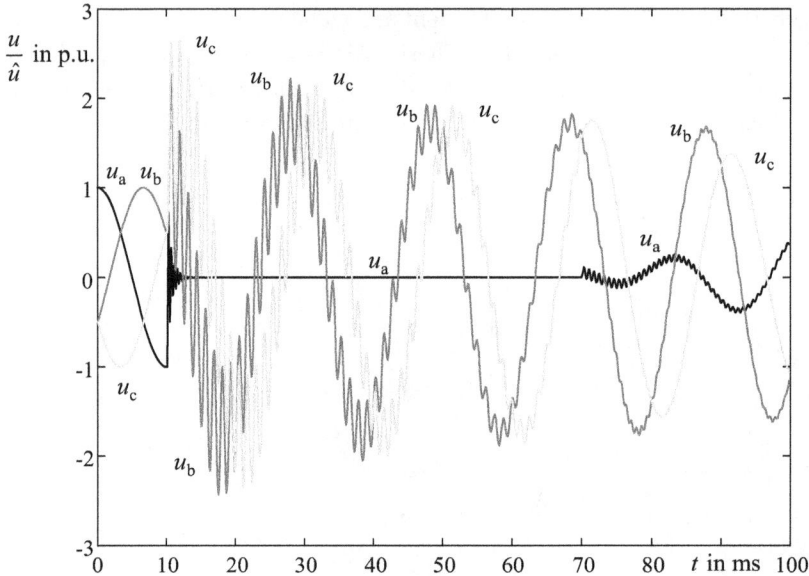

Abb. 8.18: Transienter Verlauf der Leiter-Erde-Spannungen bei Eintritt zum Zeitpunkt t = 10 ms und Löschen zum Zeitpunkt t = 70 ms eines Erdschlusses in einem Netz mit Resonanzsternpunkterdung

8.9 Übersicht über die Sternpunkterdungsarten

In den deutschen MS-Netzen wird im Wesentlichen die Resonanzsternpunkterdung und die strombegrenzende, niederohmige Sternpunkterdung eingesetzt (Stand 2010) [27]. So wird in 98,4 %[1] der 20-kV-Netze und in 46,6 % der 10-kV-Netze die Resonanzsternpunkterdung und in 1,6 % der 20-kV-Netze sowie 29,2 % der 10-kV-Netz die niederohmige Sternpunkterdung eingesetzt [27]. Lediglich 24,2 % der 10-kV-Netze werden ohne eine Sternpunkterdung (isolierter Sternpunkt) ggf. in Kombination mit einer kurzzeitigen niederohmigen Sternpunkterdung (KNOSPE) betrieben [27] .

In der 110-kV-Ebene verfügen 82,1 % der Netze über eine Resonanzsternpunkterdung (Stand 2010), während die restlichen 17,9 % mit der strombegrenzenden, niederohmigen Sternpunkterdung ausgestattet sind [27].

Die HöS-Netze sind vollständig aus den bereits oben ausgeführten Gründen mit einer starren oder teilstarren Sternpunkterdung ausgeführt.

In der nachfolgenden Tabelle 8.3 sind die wesentlichen Eigenschaften, die Einsatzgebiete sowie die Vor- und Nachteile der verschiedenen Arten der Sternpunkterdung zusammengefasst.

---

1 Diese und die in diesem Abschnitt nachfolgenden Prozentangaben sind auf die Summe der Stromkreiskilometer der Netze in der jeweiligen Spannungsebene bezogen.

Tab. 8.3: Übersicht über die wesentlichen Eigenschaften der Sternpunkterdungsarten

	isolierter Sternpunkt	Resonanzsternpunkterdung	niederohmige Sternpunkterdung
Lichtbogenfehler	selbstverlöschend	selbstverlöschend	Abschaltung durch AWE
intermittierender Erdschluss	möglich	nicht möglich	nicht möglich
$\lvert \underline{Z}_{ME}\rvert$	$\lvert \underline{Z}_{ME}\rvert \rightarrow \infty$	$\lvert \underline{Z}_{ME}\rvert = f(v)$	$\lvert \underline{Z}_{ME}\rvert = f(I''_{k1} < I''_{k1max})$
$\underline{Z}_{0F}$	$\lvert \underline{Z}_{0F}\rvert = \left\lvert \dfrac{1}{\underline{Y}_E}\right\rvert$	$\lvert \underline{Z}_{0F}\rvert \approx \left\lvert \dfrac{1}{\underline{Y}_{ME}/3 + \underline{Y}_E}\right\rvert$	$\underline{Z}_{0F} \approx \underline{Z}_0 + 3\underline{Z}_{ME}$
$\lvert \underline{Z}_{1F}\rvert = \lvert \underline{Z}_{2F}\rvert$	$\lvert \underline{Z}_{1F}\rvert = \lvert \underline{Z}_{2F}\rvert \ll \lvert \underline{Z}_{0F}\rvert$	$\lvert \underline{Z}_{1F}\rvert = \lvert \underline{Z}_{2F}\rvert \ll \lvert \underline{Z}_{0F}\rvert$	$\underline{Z}_{1F} = \underline{Z}_{2F} \approx \underline{Z}_1$
m (wirksam geerdete Netze: $m \leq 5{,}5$, nicht wirksam geerdete Netze: $m > 5{,}5$)	$m \gg 1$	$m \gg 1$	$\underline{m} \approx \dfrac{\underline{Z}_0 + 3\underline{Z}_{ME}}{\underline{Z}_1}$ $m \approx 2 \dots 4$ starr/teilstarr (HS- und HöS-Netze) $m > 4$ strombegrenzend (10–110-kV-Netze)
Sternpunkt-Erde-Spannung $\underline{U}_{ME}$	$\underline{U}_{ME} \approx -\underline{U}_{qa} = -\underline{U}_{q1}$	$\underline{U}_{ME} \approx -\underline{U}_{qa} = -\underline{U}_{q1}$	$\underline{U}_{ME} \approx -\underline{U}_{qa} + \underline{Z}_s\underline{I}_{aF}$
Fehlerstrom bei 1-poligem Leiter-Erde-Fehler	$\underline{I}_{aF} = -\underline{I}_{CE} - \underline{I}_{GE}$ $\approx -\underline{I}_{CE} = j3\omega C_E \underline{U}_{q1}$ (negativer) kapazitiver Erdschlussstrom	$\underline{I}_{aF} = \underline{I}_R$ $= j\underline{I}_{CE}(d + jv)$ $= 3\omega C_E(d + jv)\underline{U}_{q1}$ (Reststrom)	$\underline{I}_{aF} = I''_{k1} = \dfrac{3}{2 + \underline{m}}\dfrac{\underline{U}_{q1}}{\underline{Z}_{1F}}$ $= \dfrac{3}{2 + \underline{m}}\underline{I}''_{k3}$ mit $\underline{U}_{q1} = 1{,}1\dfrac{U_{nN}}{\sqrt{3}}$
Leiter-Erde-Spannungen der nicht fehlerbehafteten Leiter	$\underline{U}_{bF} \approx -\sqrt{3}\underline{U}_{q1}\,e^{j\pi/6}$ $\underline{U}_{cF} \approx -\sqrt{3}\underline{U}_{q1}\,e^{-j\pi/6}$	$\underline{U}_{bF} \approx -\sqrt{3}\underline{U}_{q1}\,e^{j\pi/6}$ $\underline{U}_{cF} \approx -\sqrt{3}\underline{U}_{q1}\,e^{-j\pi/6}$	$\underline{U}_{bF} = f_b(\underline{m})$ $\underline{U}_{cF} = f_c(\underline{m})$
Spannungsanhebung	im gesamten Netz	im gesamten Netz	nur an und rund um die Fehlerstelle
Erdfehlerfaktor	$\delta \approx \sqrt{3}$	$\delta \approx \sqrt{3}$	$\delta \leq 1{,}4$: wirksam geerdet, starre/teilstarre Erdung $\delta \approx 1{,}4 \dots \sqrt{3}$: nicht wirksam geerdet, strombegrenzende Erdung

Tab. 8.3: (Fortsetzung)

	isolierter Sternpunkt	Resonanzsternpunkt-erdung	niederohmige Sternpunkterdung
Verstimmung	$v = 1$	$v = 1 - \dfrac{1}{3\omega^2 C_E L_{ME}}$ $v > 0$ unterkompensiert $v < 0$ überkompensiert	$v \ll -1$
Dämpfung	–	$d = \dfrac{G_{ME} + 3G_E}{3\omega C_E}$	–
Verlagerungs-spannung im ungestörten Betrieb	–	$\underline{U}_{ME} = \dfrac{-\underline{k}}{d + jv}\underline{U}_{qa}$	–
Unsymmetriefaktor	–	$\underline{k} = \dfrac{\underline{Y}_{aE} + \underline{a}^2 \underline{Y}_{bE} + \underline{a}\,\underline{Y}_{cE}}{3\omega C_E}$	–
Mittelwert der/s Leiter-Erde-Kapa-zität/Leitwertes	–	$C_E = \dfrac{1}{3}(C_{aE} + C_{bE} + C_{cE})$ $G_E = \dfrac{1}{3}(G_{aE} + G_{bE} + G_{cE})$	–
Beeinflussung von Informationslei-tungen	sehr gering	sehr gering	sehr groß
transiente Überspannungen bei Fehlereintritt	$2,8 \ldots 3,2 \dfrac{U_n}{\sqrt{3}}$	$2,2 \ldots 2,8 \dfrac{U_n}{\sqrt{3}}$	$1,8 \ldots 2,0 \dfrac{U_n}{\sqrt{3}}$
Besonderheiten	selektive Erdschlusserfassung erforderlich, Kippschwingungen nach Fehlerklärung möglich, Weiterbetrieb bei Erdschluss möglich	selektive Erdschlusserfassung erforderlich, langsame Spannungs-wiederkehr nach Fehlerklärung, Weiterbetrieb bei Erdschluss möglich	Kurzschlussschutz zur Fehlererfassung und selektive Fehlerab-schaltung erforderlich, Erdungsmaßnahmen zur Begrenzung der Be-rührungsspannungen und der Beeinflussung
Netzgröße	begrenzt	begrenzt	keine Begrenzung
Anwendung	kleine 10-kV-Netze, Industrienetze, Kraftwerkseigenbe-darfsnetze	10-kV- bis 110-kV-Freileitungs- und Kabelnetze	HöS-Netze: starr, teilstarr, MS-Freileitungs- und Kabel- und HS-Netze: strombegrenzend

A Anhang

A.1 Ausgewählte SI-Basis-Einheiten

Größe	Symbol	Einheitenname	Zeichen
Länge	l	Meter	m
Masse	m	Kilogramm	kg
Zeit	t	Sekunde	s
Elektrische Stromstärke	I	Ampere	A
Thermodynamische Temperatur	T	Kelvin	K

A.2 Ausgewählte abgeleitete SI-Einheiten

Größe	Symbol	Einheitenname	Zeichen
Energie, Arbeit, Wärme	W, Q	Joule	J
Dichte	ρ	Kilogramm/Kubikmeter	kg/m^3
Drehmoment	M	Newtonmeter	N m
Ebener Winkel	α	Radiant	rad
Elektrischer Leitwert	G	Siemens	S
Elektrische Spannung	U	Volt	V
Elektrische Stromdichte	S	Ampere/Quadratmeter	A/m^2
Elektrischer Widerstand	R	Ohm	Ω
Frequenz	f	Hertz	Hz
Geschwindigkeit	v	Meter/Sekunde	m/s
Induktivität	L	Henry	H
Kapazität	C	Farad	F
Kraft	F	Newton	N
Ladung	Q	Coulomb	C
Leistung	P	Watt	W
Magnetische Feldstärke	H	Ampere/Meter	A/m
Magnetische Flussdichte	B	Tesla	T
Massenträgheitsmoment	J	Kilogramm · Quadratmeter	$kg\,m^2$
Permeabilität	μ	Henry/Meter	H/m
Temperatur	ϑ	Grad Celsius	°C
Winkelgeschwindigkeit, elektrisch	ω	Radiant/Sekunde	rad/s
Winkelgeschwindigkeit, mechanisch	Ω	Radiant/Sekunde	rad/s

https://doi.org/10.1515/9783110608274-009

A.3 Naturkonstanten und mathematische Konstanten

Konstante	Zahlenwert	Einheit
Zusammenhang der Konstanten μ_0, ε_0 und c	$\mu_0 = 1/\varepsilon_0\,c^2$	
Magnetische Feldkonstante μ_0	$4\pi 10^{-7} = 1{,}25663\ldots \cdot 10^{-6}$	Vs / Am
Elektrische Feldkonstante ε_0	$8{,}85418\ldots \cdot 10^{-12}$	As / V m
Lichtgeschwindigkeit c	$299.792.458$	m / s
Euler'sche Zahl e	$2{,}71828\ldots$	
Stefan-Boltzmann-Konstante	$5{,}67 \cdot 10^{-8}$	$W/(m^2 K^4)$

Literaturverzeichnis

[1]   Oswald, B. R.: Netzberechnung. Berlin, Offenbach: vde-verlag, 1992.

[2]   Heuck, K.; Dettmann, K.-D.; Schulz, D.: Elektrische Energieversorgung: Erzeugung, Übertragung und Verteilung elektrischer Energie für Studium und Praxis. 8. Auflage, Wiesbaden: Vieweg und Teubner Verlag/Springer Fachmedien Wiesbaden GmbH, 2010.

[3]   ABB (Hrsg.): ABB Schaltanlagen Handbuch. 12. Auflage, 2012.

[4]   Weßnigk, K.-D.: Kraftwerkselektrotechnik. Berlin: VDE-Verlag, 1993.

[5]   Oeding, D.; Oswald, B. R.: Elektrische Kraftwerke und Netze. 8. Auflage, Berlin: Springer Vieweg, 2016.

[6]   Kundur, P.: Power System Stability and Control. New York: Mc Graw Hill, 1994.

[7]   DIN EN 60909-0 VDE 0102:2016-12: Kurzschlussströme in Drehstromnetzen, Teil 0: Berechnung der Ströme. Berlin: VDE-Verlag, 2016.

[8]   Schegner, P.: Sternpunktbehandlung und Erdung in Kabelnetzen. Vortrag, 90. Kabelseminar des Instituts für Elektrische Energiesysteme der Leibniz Univ. Hannover, 2017.

[9]   IEC 60909-0:2016: Short-circuit currents in three-phase a.c. systems – Part 0: Calculation of currents. 2016.

[10] Noe, M.: Supraleitende Strombegrenzer als neuartige Betriebsmittel in Elektroenergiesystemen. Leipzig: Leipziger Universitätsverlag, zgl. Dissertation Univ. Hannover, 1998.

[11] Stemmle, M.: Supraleitende Strombegrenzer in Hochspannungsnetzen. Aachen: Shaker, zgl. Dissertation Univ. Hannover, 2009.

[12] Stemmle, M.; Merschel, F.; Noe, M.; Hofmann, L.; Hobl, A.: Novel grid concepts for urban area power supply. Physics Procedia, Vol. 36 (2012), pp. 884–889.

[13] Forum Netztechnik/Netzbetrieb im VDE (FNN): FNN-Störungs- und Verfügbarkeitsstatistik Berichtsjahr 2015. Berlin, 2016.

[14] Oswald, B. R.: Skript Fehler zur Vorlesung Elektrische Energieversorgung II. Institut für Energieversorgung und Hochspannungstechnik, Leibniz Univ. Hannover, Hannover, 2005.

[15] Hofmann, L.: Grundlagen der Elektrischen Energieversorgung, Erweiterte und korrigierte Ausgabe des Skriptes von Prof. Dr.-Ing habil B. R. Oswald, Institut für Elektrische Energiesysteme, Leibniz Univ. Hannover, Hannover, 2011.

[16] Oswald, B. R.: Skript Sternpunkterdung. Institut für Energieversorgung und Hochspannungstechnik, Leibniz Univ. Hannover, Hannover, 2005.

[17] Okubo, H.; Noe, M.; Cho, J.; Malozemoff, A.; Martini, L.; Nagaya, S.; Schmidt, F.: Status of Development and Field Test Experience with High-Temperature Superconducting Power Equipment. Cigre, Paris, 2010.

[18] Funk, G.: Anwendungsmöglichkeiten von Hochtemperatur-Supraleitern im Bereich der elektrischen Energieversorgung. Elektrizitätswirtschaft, Vol. 92 (1993), Heft 25, pp. 1619–1626.

[19] Funk, G.; Weßnigk, K.-D.: Anwendungsmöglichkeiten von Hochtemperatur-Supraleitern HTSL im Bereich der elektrischen Energieversorgung. Abschlußbericht zur Studie Energieversorgung im Schwerpunktprogramm Hochtemperatur-Supraleiter (HTSL), Hannover, 1993.

[20] 50Hertz; Amprion; TenneT; Transnet BW: www.regelleistung.net, Internetplattform zur Vergabe von Regelleistung. www.regelleistung.net, Zugriff am 10.11.2017.

[21] DIN EN 60865-1:2012-09; VDE 0103:2012-09: Kurzschlussströme – Berechnung der Wirkung, Teil 1: Begriffe und Berechnungsverfahren (IEC 60865-1:2011); Deutsche Fassung EN 60865-1:2012. Berlin: Beuth-Verlag, 2012.

[22] Meyer, W.: Mechanische Kurzschlußfestigkeit von biegesteifen Leitern in IEC 865-1/DIN EN 60865-1 (VDE 013/11.94) – Hintergründe zur Norm. Lehrstuhl für Elektrische Energieversorgung der Friedrich-Alexander-Universität Erlangen-Nürnberg, Erlangen, 2002.

https://doi.org/10.1515/9783110608274-010

[23] Koettnitz, H.; Winkler, G.; Weßnigk, K.-D.: Grundlagen elektrischer Betriebsvorgänge in Elek-troenergiesystemen. Leipzig: VEB Deutscher Verlag für Grundstoffindustrie, 1986.

[24] DIN VDE 0845-6-2 VDE 0845-6-2:2014-09: Maßnahmen bei Beeinflussung von Telekommu-nikationsanlagen durch Starkstromanlagen, Teil 2: Beeinflussung durch Drehstromanlagen. Offenbach: VDE Verlag, 2014.

[25] Poll, J.: Löschung von Erdschlußlichtbögen. Elektrizitätswirtschaft, Vol. 83 (1984), Heft 7, pp. 322–327.

[26] VDEW und VEÖ (Hrsg.): Schutztechnik, Richtlinie für die Automatische Wiedereinschaltung in elektrischen Netzen. 3. Auflage, Frankfurt am Main: VWEW Energieverlag GmbH, 2001.

[27] Schegner, P.; Fickert, L.; Melzer, H.; Reincke, S.: Umfrage Sternpunktbehandlung 2010 – Über-blick und Auswertung. ETG-Fachtagung Sternpunktbehandlung 2011, 2011.

[28] Schmidt, U.; Schegner, P.; Fickert, L.; Druml, G.: Bedeutung der „Löschgrenze" für die Reso-nanz-Sternpunkterdung. STE 2014 – Sternpunktbehandlung in Netzen bis 110 kV (D-A-CH) – Beiträge der 3. ETG-Fachtagung, 16.09.2014 – 17.09.2014, Nürnberg, Deutschland.

[29] DIN VDE 0845-6-2 VDE 0845-6-2:2014-09: Maßnahmen bei Beeinflussung von Telekommunika-tionsanlagen durch Starkstromanlagen, Teil 2: Beeinflussung durch Drehstromanlagen. Berlin: VDE Verlag, 2014.

Stichwortverzeichnis

1-poliger Erd(kurz)schluss 183

adiabatisches System 159
aggregiertes Modell 121
Anfangskurzschlusswechselstrom 158
Anfangswertproblem 160
Auslegung 157
Automatische Wiedereinschaltung 209, 211
– 1-polige 212
– 3-polige 212
– erfolglose 213
– erfolgreiche 213
– Lichtbogenfehler 211
– Pausenzeit 212
– Schaltreihenfolge 213
– Sperrzeit 212
– zweimalige 212
Automatische Wiedereinschaltung (AWE) 178
AWE 178, *siehe auch* Automatische
    Wiedereinschaltung

Beeinflussung TK-Anlagen 193
Berührungsspannungen 3
Bewegungsgleichung 121
Bilanzmodell 121

Doppelerdkurzschluss 33, 74, 75
Drosselspule
– Einschalten 6

Einfachfehler 32, *siehe auch* Fehlerart
Energiebilanz 156
Energieerhaltungssatz 160
Erdstrom 183

Fahrplan 141
Fehlerart 31
– 1-polige Unterbrechung 57
– 1-polige Unterbrechung mit
    Fehlerimpedanz 69
– 1-poliger Erd(kurz)schluss 45, 183
– 1-poliger Erd(kurz)schluss mit
    Fehlerimpedanz 64
– 2-polige Unterbrechung 59
– 2-polige Unterbrechung mit
    Fehlerimpedanz 70
– 2-poliger Erdkurzschluss 48

– 2-poliger Erdkurzschluss mit
    Fehlerimpedanz 66
– 2-poliger Kurzschluss 50
– 2-poliger Kurzschluss mit Fehlerimpedanz 66
– 3-polige Unterbrechung 62
– 3-polige Unterbrechung mit
    Fehlerimpedanz 72
– 3-poliger Erdkurzschluss 52
– 3-poliger Erdkurzschluss mit
    Fehlerimpedanz 67
– 3-poliger Kurzschluss 55
– 3-poliger Kurzschluss mit Fehlerimpedanz 67
– Aufbau Komponentennetzwerke 44
– Doppelerdkurzschluss 33, 74, 75
– Doppelfehler 74
– Dualität 43, 48, 58, 60, 62
– Einfachfehler 32
– Einfachlängsfehler 57
– Einfachquerfehler 45
– Fehlerbedingungen 35
– Fehlerimpedanz 64
– Fehlertor 34
– Fehlertorgleichung 38
– gleichartige Fehler 32
– gleichpolige Fehler 33
– Häufigkeit 33
– Innenimpedanzen 39
– Klemmengrößen Längsfehlertor 34
– Klemmengrößen Querfehlertor 34
– Kurzschluss, „satter" 45
– Längsfehler 32, 34
– Mehrfachfehler 32, 74
– Netzknoten dreiphasig 34
– Parallelfehler 33, 39, 40, 43, 48, 51, 57
– Parallelschaltung 37
– Querfehler 32
– Serienfehler 33, 39, 40, 43, 46, 60
– Serienschaltung 37
– Teilkurzschlussstrom 50
– Übersicht 32
– Übertrager 74
– Unbekannte Größen 39
– ungleichartige Fehler 32, 33
– ungleichpolige Fehler 33
– Vergleich Kurzschlussströme 72
– Verschaltung Komponentennetzwerke 45

https://doi.org/10.1515/9783110608274-011

– Vorgehensweise 44
– Zweipolersatzschaltung 39
– zyklisches Vertauschen 35, 78
Fehlerbedingungen 35, 44
– Bezugsleiter 35
– Doppelfehler 35
– Dualität 43
– Längsfehlertor 35
– Mehrfachfehler 35
– natürliche Koordinaten 35
– Querfehlertor 35
– Symmetrische Koordinaten 37
– Transformation 37, 44
– Übertrager 35
Fehlertor 34
– 3-poliger Kurzschlussstrom 39
– Dualität 43
– Fehlertorimpedanz 39
– Klemmenbeziehungen Längsfehler 41
– Klemmenbeziehungen Querfehler 39
– Leerlaufspannung 39
– Querfehler 34
freier Sternpunkt 190, *siehe auch* isolierter
    Sternpunkt
Frequenz
– Definition 122
Frequenzregelung 119
– 5-Stufenplan 133, 153
– Arbeitspunkt 131, 134
– Area Control Error (ACE) 145, 150
– Bewegungsgleichung des Netzes 129
– Blockreglerleistungszahl 128
– Blockreglerstatik 128
– Ersatzzeitkonstante Motoren 124
– Ersatzzeitkonstante Synchrongeneratoren 123
– Fahrplan 149
– Fangen im Eigenbedarf 154
– Frequency Control Error (FCE) 146, 150
– Frequenzabweichung 131
– Frequenzstabilisierung 153
– Frequenz-Übergabeleistungsregelung 141,
    145, 149
– Inselnetz 130
– Inselnetzbetrieb 154
– ITC-Mechanism 148
– Kohärenz 142
– Kraftwerkskennlinie 127, 134, 135, 138
– Kraftwerksleistung, installiert 123
– Last, Frequenzverhalten 124

– Lastabwurf 153
– Lastkennlinie 125, 134, 135, 138
– Lastkennzahl 134
– Lastleistungszahl 125
– Lastleistungszahl, Bestimmung 132
– Lastleistungszahl, bezogen 125
– Lastprognose 123, 149, 150
– Leistungsdifferenz 143
– Mischsignal 145
– Momentanreserve 130, 139, 147, 153
– Motorleistung, installiert 124
– Netzkennlinie 129, 134, 142
– Netzkennlinienregelung 145, 148
– Netzkennzahl 134
– Netzlast 123
– Netzlast, Frequenzabhängigkeit 123
– Netzleistungszahl 129
– Netzregelverbund 150
– Netzstatik 125
– Netztrennung 154
– Netzwiederaufbau 154
– Power Control Error (PCE) 146, 150
– Primärregelleistung 126, 128, 134, 138, 143,
    147, 149, 153
– Primärregelung 142
– Primärregelung, Inselnetz 134
– Primärregler 127
– Primärregler, Proportionalverhalten 127
– Prognose EE-Einspeisungen 149
– PV-Prognose 149
– Rate of Change of Frequency (RoCoF) 133
– Regelabweichung 132, 136–138, 142, 144
– Regelabweichung, max. zulässig 137
– Regelfaktor 137
– Regelzone 149
– Regelzonenbilanz 149
– Reglerleistungszahl 137, 149
– Reglerleistungszahl des Netzes 128
– Schwarzstartfähigkeit 154
– Schwungleistung, Auskopplung 133
– Sekundärregelleistung 126, 147, 150, 153
– Sekundärregelleistung, Merit Order 150
– Sekundärregelleistungsoptimierer 150
– Sekundärregelung 138, 142, 145
– Selbstregeleffekt 131, 133, 134, 138, 143
– Sprungantwort 132, 135, 139
– SRL-Optimierer 150
– Statik der Primärregelung 129
– Störleistung 123, 131, 134, 138, 142, 147

– Trägheitskonstante des Netzes 129, 133
– Turbinenleistung 123
– Turbinenregelung 126
– Übergabeleistung 142, 144
– Verbraucherkennlinie 125
– Verbraucherlast 123
– Verbraucherstatik 125
– Verursacherprinzip 147
– Windprognose 149, 150
– Zeitverlauf 132, 135, 138
– Zeitverläufe 147, 153
Frequenzstabilität 93, 119
Frequenz-Übergabeleistungsregelung 119, 141, *siehe auch* Frequenzregelung
Frequenz-Wirkleistungsregelung 119, *siehe auch* Frequenzregelung

Gleichzeitigkeitsfaktor 84

Instabilität 93
isolierter Sternpunkt 184, 190
– Doppelerdkurzschluss 195
– Einsatzbereich 194
– Einsatzgebiet 192
– Erdfehlerfaktor 191
– Erdschlussstrom 191, 192
– Erdschlussstrom, Größenordnung 191
– Erdschlusswischer 195
– Ferroresonanz 195
– Impedanzverhältnis 191
– induktive Beeinflussung 195
– intermittierender Erdschluss 195
– kapazitiver Erdschlussstrom 191–193
– kapazitiver Erdschlussstrom, längenbezogen 194
– Kippschwingung 195
– konduktiver Erdschlussstrom 192
– Leiter-Erde-Spannungen 191
– Löschgrenze 192, 194
– Mitsystemimpedanz 190
– Netzausdehnung, maximale 193
– Nullsystemimpedanz 190
– Schritt- und Berührungsspannungen 195
– Selbstlöschung 193, 195
– Sternpunkt-Erde-Spannung 191
– Stromkreislänge, maximale 193
– Überspannung, transiente 195
– Überspannung, zeitweilig 195
– Vor- und Nachteile 195

– Wiederzündung Erdschluss 195
– Zeigerbild 192

Klemmengrößen
– Längsfehlertor 34
– Querfehlertor 34
Kohärenz 121
Komponentensystem 32
Konduktion 155
Kurzschluss unsymmetrisch 31, *siehe auch* Fehlerart
Kurzschlussfestigkeit
– mechanisch 3, 155, *siehe auch* mechanische KS-Festigkeit
– thermisch 3, 13, 155, *siehe auch* thermische KS-Festigkeit
Kurzschlussstrom
– 1-poliger KS 3
– 3-poliger KS 3
– aktive Betriebsmittel 14
– Änderungszustand 22
– Anfangskurzschlusswechselstrom 4, 5, 9, 24, 26
– Anfangskurzschlusswechselstromleistung 26, 27
– Ausschaltwechselstrom 5, 11
– Ausschaltwechselstrom asymmetrisch 12
– Beeinflussung 3
– Berechnung 4
– Berechnung exakt 19
– Berechnung genähert 20
– Berechnung mit Maschen- und Knotensätzen 19
– Berechnung mit Überlagerungsverfahren 20
– Berechnung nach Norm 20
– Berechnung Näherungsverfahren 19
– Dauerkurzschlussstrom 5, 12
– Durchgangsimpedanz 25
– Einschalten Drosselspule 6
– Erdungsanlage 3
– Erregergrad Synchronmaschine 19
– Ersatzspannung 24
– Ersatzspannungsquelle 23
– Ersatzspannungsquelle an der Fehlerstelle 20
– Faktor κ 9, 10
– Faktor λ 13
– Faktor μ 11
– Faktor m 13
– Faktor n 13

– Faktoren 4
– generatorfern 6, 7
– generatornah 4, 6, 7
– Gleichanteil 5, 6, 157, 166
– Gleichstromanteil 4
– Gleichstromzeitkonstante 5
– Hauptleiter 163, 164
– Kenngröße 3, 4, 6, 9
– Korrekturfaktor Impedanz 15, 24
– KS im Spannungsmaximum 7
– KS im Spannungsnulldurchgang 7
– Kurzschlussimpedanz 5, 6, 23–25
– Kurzschlussleistung 26, 27
– Kurzschlussstrombegrenzung 28
– Mindestschaltverzug 11
– Mitsystemersatzschaltung Betriebsmittel 14
– Netzinnenimpedanz 27
– Nullphasenwinkel 5
– passive Betriebsmittel 15
– Rückwärtseinspeisung an der Fehlerstelle 22
– Schutzeinstellung 3
– Spannungsbeiwert 23
– Spannungsqualität 3
– stationärer Ausgangszustand 22
– Stoßkurzschlussstrom 5, 9
– Stromkraft 163
– Stromteilerregel 25
– subtransiente Zeitkonstante 5
– Teilkurzschlussstrom 3, 24
– Teilkurzschlussstrom Ersatznetz 26
– Teilleiter 163, 164
– thermisch gleichwertiger Kurzschlussstrom
    5, 13
– Transformatorstufenstellung 19
– transiente Zeitkonstante 5
– Überlagerungsverfahren 19, 21
– Umrechnung auf Bezugsspannungsebene 16
– Umrechnung auf Bezugsspannungsebene
    Beispiel 16
– unsymmetrisch 3
– Vergleich Querfehlerarten 72
– Vernachlässigungen Normverfahren 23
– Vollumrichterbeitrag 25
– Vollumrichternachbildung 16
– Wechselanteil 157, 166
– Wechselstromanteil 4, 5
– Zeitkonstanten 6
– Zeitverlauf 3, 7, 157

Kurzschlussstrombegrenzung 28
– I_S-Begrenzer 28
– Maßnahmen 28, 29
– Maßnahmen nicht schaltend 28
– Strombegrenzer 28
Kurzunterbrechung 211, *siehe auch*
    Automatische Wiedereinschaltung

Längsfehler 31, 32, *siehe auch* Fehlerart
Längsfehler unsymmetrisch
– Vorgehensweise 44
Lastfluss 81, *siehe auch*
    Übertragungsverhältnisse
Leitwarte 150
Löschgrenze 192

mechanische KS-Festigkeit
– Auslegung 163
– Biegelinie 175
– Biegemoment 163, 174, 176
– Biegemoment, Maximum 175
– Biegemomentenverlauf 174, 176
– Biegespannung 163, 176, 179
– Biegespannung, gesamte 179
– Biegespannung, Hauptleiter 179
– Biegespannung, Teilleiter 179
– Biegespannung, zulässig 179
– Biegespannung, zulässige 163
– Biot-Savart, Gesetz 165
– Dehngrenze 179
– dynamische Beanspruchung 178
– dynamische Belastung 166
– Einfeldträger 174
– Faktor α 180
– Faktor β 176
– Faktor q 177, 179
– Faktoren V 178, 180
– Hauptleiterbiegemoment, Maximum 176
– Hauptleiterkraft 167
– Hauptleiterkraft, Maximum 168, 169, 180
– Hauptleiterkraft, Zeitverlauf 169
– Lager, Sammelschiene 174
– Leiterseile 163
– Lorentzkraft 165
– Magnetfeld 165
– Mehrfachlagerung 175
– Mehrfeldträger 174
– Sammelschiene 164
– Spannung, mechanische 179

– Streckgrenze 179
– Stromkraft 167
– Stromkraft, Maximum 167
– Stromkraft, Zeitverlauf 166
– Stützer 163, 173, 180
– Stützpunktkraft 180
– Teilleiter 172
– Teilleiterbiegemoment, Maximum 176
– Teilleiterkraft 172
– Teilleiterkraft, Maximum 173
– Überprüfung 180
– Umbruchkraft 180
– Widerstandsmoment 163, 176
– wirksamer Abstand 173
– wirksamer Leiterabstand 172, 173
– Zwischenstück 173, 177
Mehrfachfehler 32, 74, *siehe auch* Fehlerart
Minutenreserveleistung 119
Mittelzeitmodell 121

Netzleitwarte 149
niederohmige Sternpunkterdung 184, 207
– Automatische Wiedereinschaltung 209, 211
– Einsatzgebiet 211
– Erdfehlerfaktor 209
– Erdkurzschlussstrom 208, 209
– Erdkurzschlussstrom, Einstellung 210
– Erdkurzschlussstrom, Größenordnung 208
– Erdkurzschlussstrom, Maximalwerte 208
– Erdungsaufwand 211
– Fehlerklärungszeit 209
– Impedanzverhältnis 208, 209
– induktive Beeinflussung 208
– Lichtbogenfehler 209, 211
– Mitsystemimpedanz 207
– nicht wirksam geerdet 209, 210
– Nullsystemimpedanz 207
– Schritt- und Berührungsspannungen 208, 211
– starre Sternpunkterdung 207
– Sternpunkt-Erde-Impedanz 207
– Sternpunkt-Erde-Spannung 208, 209
– strombegrenzend 208–210
– teilstarre Sternpunkterdung 207
– Überspannung, zeitweilige 209
– Verlagerungsspannung 208, 211
– Vor- und Nachteile 210
– wirksam geerdet 209

Präqualifizierung 120
Primärregelleistung 119
Primärregelung 119
Punktmodell 121

Querfehler 31, 32, *siehe auch* Fehlerart
Querfehler unsymmetrisch
– Vorgehensweise 44

Regelleistung 119
– Anforderungen 120
– Auktion 120
Regelleistungsbereitstellung 141
Regelzone 140, 148
Reihenkompensation 105
Resonanzsternpunkterdung 184, 196
– Abstimmung 203
– Dämpfung 198, 204
– Doppelerdkurzschluss 206
– Einsatzgebiet 204
– Erdfehlerfaktor 197
– Erdschlussstrom 196, 197
– Erdschlusswischer 204, 206
– induktive Beeinflussung 206
– intermittierender Erdschluss 206
– kapazitive Unsymmetrie 202, 207
– kapazitiver Erdschlussstrom 196, 197
– KNOSPE 207
– kurzzeitige niederohmige SPE 207
– Leiter-Erde-Spannungen 197, 202
– Löschgrenze 196, 204
– Mitsystemimpedanz 196
– Netzausdehnung, maximal 204
– Nullsystemimpedanz 196
– Oberschwingungsströme 200
– Petersen-Spule 196
– Reststrom 197, 198, 200, 202
– Reststrom, Betrag 198
– Reststrom, Blindanteil 198
– Schritt- und Berührungsspannungen 206
– Selbstlöschung 204, 206
– Sonderfälle 198
– Spulenausgleichsvorgang 206
– Sternpunktbelastbarkeit 205
– Sternpunktbildner 205
– Sternpunkt-Erde-Spannung 197
– Sternpunkt-Erde-Spannung, Normalbetrieb 202
– Sternpunkt-Erde-Strom 196

– Stromkreislänge, maximal 204
– Tauchkernspule 204
– Überkompensation 198, 204
– Überspannung, transiente 206
– Überspannung, zeitweilige 206
– Überwachung Kompensationsgrad 207
– Unsymmetrie, künstliche 203
– Unsymmetriefaktor 202, 204
– Unterkompensation 198
– Verlagerungsspannung 202
– Verlagerungsspannung, Normalbetrieb 202
– Verlustwinkel Kabel 199
– Verstimmung 198
– Verstimmung, Einstellung 203, 204
– Vor- und Nachteile 206
– Wirkreststrom 198
– Zeigerbild 201
Ringnetz
– Mittelspannung 83

Schritt- und Berührungsspannungen 183
Schrittspannungen 3
Sekundärregelleistung 119
Sekundärregelung 119, 120
Sekundenreserve 119, *siehe auch*
    Primärregelung
Selbstregeleffekt 120
Spannungsstabilität 93
Spannungswiederkehr 183
Stabilität 93
– Einmaschienenproblem 94
– Stabilitätsreserve 102
Stabilität, statisch
– künstliche 102
– künstliche, äußere Kennlinie 102
Stabilität, statische 93, 94, 119
– Annahmen 95
– Arbeitspunkt, instabil 102
– Arbeitspunkt, stabiler 101
– Arbeitspunkte 100
– Bewegungsgleichung 95
– Eigenwertanalyse 97
– Ersatzschaltung 95
– künstliche 105
– Linearisierung 95
– Stabilitätsbedingung 100
– Stabilitätsreserve 100
– Stabilitätsverbesserung 104
– synchronisierende Leistung 96

– vereinfacht Analyse 100
– Zustandsdifferentialgleichung 95
– Zustandsdifferentialgleichung, linearisiert
    96, 97
Stabilität, transiente 93, 105, 119
– Abschaltzeit 117
– Annahmen 106
– Anziehungsbereich Arbeitspunkt 105
– Beschleunigungszeitfläche 110
– Bewegungsgleichung 107, 108
– Einschwingverhalten 105
– Ersatzschaltung 105
– fast valving 117
– Fehlerklärungszeit, maximale 107, 112
– gegenseitige transiene Winkel 117
– Grenzwinkel 111
– Instabilität 111
– Kohärenz 117
– Maschinengruppe 117
– maximaler Winkel 111
– Mehrmaschinenproblem 117
– Nichtlinearität 105
– numerische Integration 105
– Polradwinkel, resultierend 108
– Polradwinkelverlauf 105
– Schwingkurve 112
– Stabilitätsbedingung 111
– Stabilitätsverbesserung 117
– Störungen 105
– Systemzustände 106
– Trajektorie 112
– transiente Spannung 108
– transienter Winkel 108, 110
– Verzögerungszeitfläche 111, 117
– Winkelzeitverlauf 111
– Winkelzentrum 118
– Zeigerbild 107
– Zustandsdifferentialgleichung 105
Stabilitätsklassen 93
Stabilitätsverlust 93
starres Netz 27
Sternpunktbildner 205
Sternpunkt-Erde-Impedanz 183
Sternpunkt-Erde-Verlagerungsspannung 183
Sternpunkterdung 183
– Aufladevorgang 213
– Automatische Wiedereinschaltung 211
– Doppelerdkurzschluss 215
– Entladevorgang 213

– Erd(kurz)schlussstrom 187
– Erd(kurz)schlussstrom, transiente Vorgänge 213
– Erdfehlerfaktor 189
– Ersatzschaltung, allgemeine 185
– Ersatzschaltung, Näherungen 185, 187
– Ersatzschaltung, Symmetrische Komponenten 186
– Faktor *m* 187
– Fehlerstrom 187
– Fehlertor 186
– Fehlertorimpedanz 186
– Gegensystemimpedanz 186
– Impedanzverhältnis *m* 187, 191
– kapazitiver Erdschlussstrom 187, 190
– konduktiver Erdschlussstrom 187, 190
– Leiter-Erde-Spannungen 188, 189
– Löschgrenze 192
– Mitsystemimpedanz 186
– Nullsystemimpedanz 186
– Spulenausgleichsvorgang 213
– Sternpunkt-Erde-Spannung 188
– Sternpunkt-Erde-Strom 188
– Sternpunktimpedanz 185
– transiente Ausgleichsvorgänge 214
– Übersicht 216, 217
– Überspannungen, transiente 213
– Verlagerungsspannung 183
Sternpunkterdungsart 183, 184
– Anteile 216
– Erdschlusskompensation 184
– freier Sternpunkt 184
– isolierter Sternpunkt 184
– niederohmige Sternpunkterdung 184
– Resonanzsternpunkterdung 184
Symmetrische Komponenten 32
– Parallelfehler 33
– Serienfehler 33
Synchronismus 93, 94
Synchronmaschine
– asynchroner Betrieb 93
– Erregergrad 105
– Leistungs-Winkel-Kennlinie 100
– Polradwinkel, resultierend 108
– Spannungsregler 102
– Synchronismus 93, 94
– Wirkleistungs-Winkel-Kennlinie 109
Systemdienstleistung 119

Temperaturänderung 156
– Zeitkonstante 157
– Zeitverlauf 156
Tertiärregelleistung 119
Tertiärregelung 119, 120
thermisch gleichwertiger Kurzschlussstrom 157
thermische KS-Festigkeit 157
– Anfangstemperatur 161
– aufeinanderfolgende Kurzschlüsse 159
– Auslegung 162, 163
– Bemessungskurzschlussdauer 158, 163
– Bemessungskurzzeitstrom 158
– Bemessungskurzzeitstromdichte 161
– Einsekundenstrom 158
– Endtemperatur, max. zul. 161
– Erwärmungsvorgang 155
– Faktor *m* 158
– Faktor *n* 158
– generatorferner Kurzschluss 158
– Kabel 162
– Leiterschienen 162
– Leiterseile 162
– temperaturabhängige Widerstandserhöhung 160
– thermisch gleichwertiger Kurzschlussstrom 157
– thermisch wirksame Kurzschlussstromdichte 160, 162
– thermisch wirksamer Kurzschlussstrom 160, 163
Transformator
– Sternpunktbelastbarkeit 205

Übergabeleistung 141, 142
Überspannung
– 1-poliger Erd(kurz)schluss 183
Übertragungsverhältnisse 81
– Auftrennung Ringnetz 87, 88, 92
– Ausgleichsstrom 88, 89, 91
– beidseitig gespeister Knoten 87
– Drehmomentensatz 89
– einseitig gespeiste Leitung 81, 83
– Ersatzschaltung, reell 83, 85
– Knoten minimaler Spannung 87, 92
– Längsspannungsabfall 82
– Leitungsimpedanz, modifiziert 83
– minimale Spannung 81
– Querspannungsabfall 82

– Ringnetz, gleiche Speisepunktspannungen
    87, 89
– Ringnetz, ungleiche Speisepunktspannungen
    87, 89
– Spannungsabfall 82
– Spannungsabfall, maximal 83, 84, 86, 87
– Spannungsfall 82
– Stromverteilung 89
– Stromverteilung, Bestimmung 87
– Stromverteilung, endgültig 88, 91, 92
– Stromverteilung, vorläufig 88, 90
– Überlagerungsverfahren 89
– Übertragungswinkel 82
– Verzweigungen, Behandlung 86
– Vorgehensweise, allgemein 88
– Zeigerbild Leitungsabschnitt 81
– Zeigerbild Leitungsabschnitt, mehrere
    Abnahmen 84
– zweiseitig gespeiste Leitung 87
unsymmetrische Fehler 31, *siehe auch* Fehlerart
Unterbrechung unsymmetrisch 31, *siehe auch*
    Fehlerart

Verbundbetrieb 140
Verbundsystem 119
Verlagerungsspannung
– gestörter Betrieb 183
– ungestörter Betrieb 183
Verschiebungsfaktor 84

Wärmekapazität 155
– spezifisch 155
Wärmekraftwerk 126
– Festdruckbetrieb 126
– Gleitdruckbetrieb 126
Wärmeleitfähigkeit 155
Wärmeleitwert 155
Wärmestrom 155, 157
Winkelstabilität 93
– Kleinsignal- 93, *siehe auch* Stabilität,
    statische
– transiente Stabilität 93
Winkelzentrum 118, 119, 122

Zweipoltheorie 38